理化检测人员培训系列教材

丛书主编　靳京民

金属材料化学分析

董清华　刘亚莉　马增敏　姜世娟　吴志鸿　田小亭
赵　华　黄　辉　王　玥　杨利峰　刘　瑜　　等编著

机械工业出版社

本书为理化检测人员培训系列教材之一。全书共八章，内容包括：化学分析基础知识、化学分析常用方法、金属材料中常见元素的化学分析方法、金属材料的气体分析、近紫外-可见分光光度法、原子吸收分光光度法、原子发射光谱分析法、X 射线荧光光谱分析法。每章末附有与之配套的思考题，涵盖了金属材料化学分析所必需的基础知识、经典的化学分析方法及常用的仪器分析方法。本书理论结合实际，具有很强的指导意义和很高实用价值，适用于冶金、机械、航天、航空、船舶、有色、化工等行业中具有一定专业基础知识、从事理化检测工作的技术人员，还可作为培训和自学用书。

图书在版编目（CIP）数据

金属材料化学分析/董清华等编著．—北京：机械工业出版社，2021.10
理化检测人员培训系列教材
ISBN 978-7-111-68898-3

Ⅰ.①金…　Ⅱ.①董…　Ⅲ.①金属材料-化学分析-技术培训-教材
Ⅳ.①TG115.3

中国版本图书馆 CIP 数据核字（2021）第 159136 号

机械工业出版社（北京市百万庄大街 22 号　邮政编码 100037）
策划编辑：吕德齐　责任编辑：吕德齐　贺　怡
责任校对：张　征　封面设计：鞠　杨
责任印制：李　昂
唐山三艺印务有限公司印刷
2022 年 1 月第 1 版第 1 次印刷
184mm×260mm · 19.5 印张 · 484 千字
0001—2500 册
标准书号：ISBN 978-7-111-68898-3
定价：89.00 元

电话服务　　　　　　　　　网络服务
客服电话：010-88361066　　机　工　官　网：www.cmpbook.com
　　　　　010-88379833　　机　工　官　博：weibo.com/cmp1952
　　　　　010-68326294　　金　书　网：www.golden-book.com
封底无防伪标均为盗版　机工教育服务网：www.cmpedu.com

序

当今世界正在经历百年未有之大变局，我国经济发展面临的国内外环境发生了深刻而复杂的变化。当前，科技发展水平以及创新能力对一个国家的国际竞争力的影响越来越大。理化检测技术的水平是衡量一个国家科学技术水平的重要标志之一，理化检测工作的发展和技术水平的提高对于深入认识自然界的规律，促进科学技术进步和国民经济的发展都起着十分重要的作用。理化检测技术作为技术基础工作的重要组成部分，是保障产品质量的重要手段，也是新材料、新工艺、新技术工程应用研究，开发新产品，产品失效分析，产品寿命检测，工程设计，环境保护等工作的基础性技术。在工业制造和高新技术武器装备的科研生产过程中，需要采用大量先进的理化检测技术和精密设备来评价产品的设计质量和制造质量，这在很大程度上依赖于检测人员的专业素质、能力、经验和技术水平。只有合格的理化检测技术人员才能保证正确应用理化检测技术，确保理化检测结果的可靠性，从而保证产品质量。

中国兵器工业集团有限公司理化检测人员技术资格鉴定工作自2005年开展以来，受到公司有关部门领导及各企事业单位的高度重视，经过16年的发展和工作实践，已经形成独特的理化检测技术培训体系。为了进一步加强和规范公司理化检测人员的培训考核工作，提高理化检测人员的技术水平和学习能力，并将兵器行业多年积累下来的宝贵经验和知识财富加以推广和普及，自2019年开始，我们组织多位兵器行业内具有丰富工作经验的专家学者，在《兵器工业理化检测人员培训考核大纲》和原内部教材的基础上，总结了多年来在理化检测科研和生产工作中的经验，并结合国内外的科技发展动态和现行有效的标准资料，以及兵器行业、国防科技工业在理化检测人员资格鉴定工作中的实际情况，围绕生产工作中实际应用的知识需求，兼顾各专业的基础理论，编写了这套《理化检测人员培训系列教材》。

这套教材共六册，包括《金属材料化学分析》《金属材料力学性能检测》《金相检验与分析》《非金属材料化学分析》《非金属材料性能检测》和《特种材料理化分析》，基本涵盖了兵器行业理化检测中各个专业必要的理论知识和经典的分析方法。其中《特种材料理化分析》主要是以火药、炸药和火工品为检测对象，结合兵器工业生产特点编写的检测方法；《非金属材料化学分析》是针对有机高分子材料科研生产的特点，系统地介绍了有机高分子材料的化学分析方法。每册教材都各具特色，理论联系实际，具有很好的指导意义和实用价值，可作为有一定专业知识基础、从事理化检测工作的技术人员的培训和自学用书，也可作为高等院校相关专业的教学参考用书。

这套教材的编写和出版，要感谢中国兵器工业集团有限公司、中国兵器工业标准化研究所、辽沈工业集团有限公司、内蒙古北方重工业集团有限公司、山东非金属材料研究所、西安近代化学研究所、北京北方车辆集团有限公司、内蒙古第一机械集团股份有限公司、内蒙金属材料研究所、西安北方惠安化学工业有限公司、山西北方兴安化学工业有限公司、辽宁庆阳特种化工有限公司、泸州北方化学工业有限公司、甘肃银光化学工业集团有限公司等单位的相关领导和专家的支持与帮助！特别要感谢中国兵器工业集团有限公司于同局长、张辉处长、王菲菲副处长、王树尊专务、朱宝祥处长，中国兵器工业标准化研究所郑元所长、孟冲云书记、康继纲副所长、马茂冬副所长、刘播雨所长助理、罗海盛主任、杨帆主任等领导的全力支持！感谢参与编写丛书的各位专家和同事！是他们利用业余时间，加班加点、辛勤付出，才有了今天丰硕的成果！也要特别感谢原内部教材的作者赵祥聪、胡文骏、董霞等专家所做的前期基础工作，以及对兵器工业理化检测人员培训考核工作所做出的贡献。还要感谢机械工业出版社的各专业编辑，他们对工作认真负责的态度，是这套教材得以高质量正式出版的保障！在编写过程中，还得到了广大理化检测人员的关心和支持，他们提出了大量建设性意见和建议，在此一并表示衷心的感谢！

由于理化检测技术的迅速发展，一些标准的更新速度加快，加之我们编写者的水平所限，书中难免存在不足之处，恳请广大读者提出批评和建议。

丛书主编　靳京民

前　言

分析化学也被称为分析科学，是研究获取物质化学组成、含量和结构信息的方法学及相关理论与技术的科学，是科学研究和国民经济建设的基础之一。金属材料化学分析是以试验为基础、理论与实践紧密结合的应用技术学科，对金属材料的开发、利用和产品质量控制都起着非常重要的作用。

金属材料在国民经济、国防建设和人民生活等各方面都有着极其广泛的应用。金属材料中碳、硅、锰、硫、磷等元素对材料性能影响十分显著：碳含量的高低直接影响钢铁的组织变化；硅是脱氧剂，钢中硅含量增加，会相应地提高材料的屈服强度和抗拉强度，但又会降低材料的伸长率和断面收缩率，显著降低其冲击韧性；磷、硫是钢中的有害元素，炼钢中过量的硫会降低材料的韧性和延展性，造成钢材在热加工过程中开裂。因此，要了解并掌握金属的性能，研发性能更加优异的金属材料，必须准确分析化学元素的含量。

金属材料化学分析采用重量分析、滴定分析、分光光度分析、原子光谱分析等手段从金属物料（矿石、矿物、中间产物及产品等）中获取材料中元素的种类及含量等信息。这在很大程度上依赖于操作人员的专业素质、能力、经验和水平，只有合格的检测技术人员才能正确应用化学分析检测技术，确保分析结果的可靠性。

中国兵器工业集团有限公司理化检测工作有着非常深厚的专业基础和规范的科学程序。理化检测人员的技术资格鉴定工作一直受到公司有关部门领导的高度重视。公司多年来一直致力于理化检测人员技术资格鉴定培训与考核工作，为理化检测工作积累了大量的人才。为了贯彻习近平总书记在十九大报告中强调的"坚持走中国特色强军之路，全面推进国防和军队现代化"的要求，适应世界新军事革命发展趋势和国家安全需求，紧密结合兵器理化检测从业人员资格鉴定的实际情况和需要，全面吸取兵器行业理化检测人员资格鉴定与认证工作中的经验，在借鉴国内外相关资料的基础上，由兵器行业内长期从事该项工作的专家精心编写了本书，适合作为兵器及其他行业金属材料化学分析人员的培训教材。

本书内容包括化学分析基础知识、化学分析常用方法、金属材料中常见元素的化学分析方法、金属材料的气体分析、近紫外-可见分光光度法、原子吸收分光光度法、原子发射光谱分析法、X射线荧光光谱分析法。既体现了知识的系统性，又突出了内容的实用性。本书注意内容的精选和创新，整理汇集了作者所积累的金属材料常见元素分析技术，对于每种分析手段，除了概述原理和仪器结构，还介绍了相关应用实例，同时参考和引用了大量现行的国家标准、行业标准及校准检定规程，涉及标准溶液制备、实验室分析用水、化学试剂、分析天平，以及实验室安全检测方法，使本书更准确、严谨。书中涉及的计量单位和符号全部采用国家法定计量单位和符号，名词术语均与相关的现行国家标准一致，分析实例和推荐的标准均为现行国家标准和行业内广泛认同的可靠方法。对于提高读者的理论水平、业务素质和实际工作能力都有很大的帮助。

本书既可作为各行业金属材料化学分析人员的公共培训教材，也可作为化学分析工作者的参考书。

由于本书内容涉及行业内许多实际应用知识，编写难度较大，并且编写人员学识水平、经验和资料来源有限，书中难免有疏漏和不妥之处，恳请读者提出宝贵意见。

作　者

目 录

第一章

化学分析基础知识

第一节 概 述

化学分析是以物质的化学反应为基础的分析，化学分析历史悠久，它是分析化学的基础，也称为经典分析。分析化学是化学学科的重要分支之一，包括化学分析和仪器分析。它是研究获取物质化学组成、含量和结构信息的方法学及相关理论与技术的科学，它以化学基本理论和试验技术为基础，并吸收了物理、生物、统计、电子计算机、自动化等方面的知识，从而解决科学、技术所提出的各种分析问题。

一、分析化学的任务和作用

分析化学的任务是鉴定物质的化学组成，包括对各种元素、化合物、原子、离子和有机官能团等的定性和定量分析；确定物质的化学结构、晶体结构、空间分布、存在形态（价态、配位态、结晶态）及其与物质性质的关系等。随着科学技术的发展，现代分析化学的任务已不只局限于测定物质的组成和结构，而是要对物质的形态、微区、薄层及化学生物活性等做出瞬时追踪、无损检测和在线监测等分析和过程控制。

分析化学在国民经济建设、环境保护、科学研究的发展中，都起到了重要的作用。特别是在国防建设、武器装备的研制和生产，以及新型材料的开发研究等方面，都离不开"分析"这一重要过程。所以，人们将分析化学比作国民经济建设、环境保护、科学研究和国防建设的"眼睛"。

二、分析化学方法的分类

（一）结构分析、定性分析和定量分析

根据分析任务不同，分析方法可分为结构分析、定性分析和定量分析。

结构分析是对被测物质的物质结构进行的分析；定性分析是为检测物质中原子、原子团、分子等成分的种类而进行的分析；定量分析是为测定物质中化学成分的含量而进行的分析。

（二）无机分析和有机分析

根据测定对象的不同，分析方法可分为无机分析和有机分析。

分析对象是无机物的分析，称为无机分析；分析对象是有机物的分析，称为有机分析。

（三）化学分析（经典分析）和仪器分析

根据测定原理和使用仪器的不同，分析方法又可分为化学分析和仪器分析。

1. 化学分析（经典分析）

化学分析（经典分析）是对物质的化学组成进行以化学反应为基础的定性或定量的分析方法。由于反应类型的不同、操作方法不同，化学分析法又分为：

（1）称量分析　通过称量操作，测定试样中待测组分的质量，来确定其含量的一种分析方法。旧称为重量分析法。

（2）滴定分析　通过滴定操作，根据滴定所需滴定剂的体积和浓度，来确定试样中待测组分含量的一种分析方法。

2. 仪器分析

仪器分析是以物质的物理和化学性质为基础并借用较精密的仪器测定被测物质组成、含量及化学结构的分析方法。仪器分析法又分为：

（1）光学分析　主要有分光光度法、原子吸收法、发射光谱法及荧光分析法等。

（2）电化学分析　常用的有电位法、电导法、电解法、极谱法和库仑分析法等。

（3）色谱分析　常用的有气相色谱法和液相色谱法等。

（4）其他分析　质谱分析法、X射线分析法和核磁共振分析法等。

（四）常量分析、半微量分析、微量分析和超微量分析

此分类方法是根据试样质量和试液体积的不同而分的（见表1-1）。

表1-1　常量分析、半微量分析、微量分析和超微量分析的试样质量和试液体积

方法	试样质量/g	试液体积/mL
常量分析	>0.1	>10
半微量分析	0.01~0.1	1~10
微量分析	0.001~0.01	0.01~1
超微量分析	<0.001	<0.01

（五）常量组分分析、微量组分分析和痕量组分分析

此分类方法是根据被测组分含量的不同而分的（见表1-2）。

表1-2　常量组分分析、微量组分分析和痕量组分分析的被测组分含量

方法	被测组分含量(%)
常量组分分析	>1
微量组分分析	0.01~1
痕量组分分析	<0.01

（六）例行分析和仲裁分析

按生产要求不同，可将分析工作分为例行分析和仲裁分析。

1. 例行分析

例行分析是指一般化验室配合生产的日常分析，也称为常规分析。

2. 仲裁分析

仲裁分析是在不同单位对分析结果有争议时，要求有关单位用指定的方法进行准确的分析，以判断原分析结果的可靠性，又称为裁判分析。

第二节　试样的称量

一、天平

天平是化验室必备的常用仪器之一，它是精确测定物质质量的重要计量仪器。

（一）天平的分类

天平可以有多种分类方法，主要是按操作方式、构造原理、用途、量值传递范围和准确度级别来划分为不同的类别。

（1）按操作方式分　天平按操作方式可分为：自动天平和非自动天平。

（2）按构造原理分　天平按构造原理可分为：杠杆式天平、扭力天平和电子天平。

杠杆式天平（又称为机械天平），它分为等臂双盘天平和不等臂双刀单盘天平。双盘天平又分为摆动天平和阻尼天平。阻尼天平有老式的空气阻尼天平、部分机械加码天平（半自动电光天平）、全机械加码天平（全自动电光天平）等。

（3）按用途分　天平按用途可分为：标准天平、微量天平、分析天平、工业天平、物理天平、热天平等。

（4）按量值传递范围分　天平按量值传递范围可分为：标准天平和工作天平两类。

（5）按准确度级别分　天平按准确度级别可分为：特种准确度天平、高准确度天平、中准确度天平和普通准确度天平。

（二）天平的主要技术参数

（1）最大称量　又称为最大载荷，表示天平可称量的最大值。

（2）分度值　分为实际分度值和检定分度值。

1）实际分度值（d）：指相邻两个示值之差。

2）检定分度值（e）：用于划分天平级别与进行计量检定的，以质量单位表示的值。

分度值又称为感量，是天平标尺一个分度对应的质量。

在天平某一盘上增加平衡小砝码，其质量值为 m，此时天平指针沿标牌移动的分度数为 n，二者之比即为感量 S，其单位为 mg。感量表达式见式（1-1）。

$$S = \frac{m}{n} \tag{1-1}$$

感量在 1mg~100mg 之间的称为普通天平，适用于一般粗略称量用，通常称量几克到几百克的物质；感量在 0.1mg 的天平称为分析天平，一般化验室常用最大称量为 100g~200g，适用于精确分析，称取样品、标样和称量分析等，称量常在数十克；感量在 0.01mg 的天平称为微量天平，又称十万分之一克天平，称量常在数毫克，适用于有机半微量分析或微量分析与精密分析。

（三）天平称量原理及特点

1. 等臂双盘机械天平的称量原理

等臂双盘机械天平是依据杠杆原理制成的一种衡量仪器。它的基本原理是当杠杆平衡时两力对支点所形成的力矩相等，即：力×力臂＝重力×重力臂。

2. 不等臂单盘天平的称量原理

单盘天平只有两个刀，一个是支点刀，一个是承重刀。砝码和被称物在同一悬挂系统中，在称量时加上被称物体，减去悬挂系统上的砝码，使横梁始终保持全载平衡状态。即用放置在秤盘上的被称物替代悬挂系统中的砝码，使横梁保持原有的平衡状态位置，所减去的砝码的质量等于被称物的质量。

特点：感量恒定，不存在不等臂性影响，操作简便，称量速度快。

3. 电子天平的称量原理

电子天平是依据电磁力与重力平衡的原理制成的一种衡量仪器。它的基本原理是把通电导线放在磁场中时，导线将受到电磁力，力的方向可以用左手定则来判定。当磁感应强度不变时，力的大小与流过线圈的电流成正比。重物的重力方向向下，电磁力的方向向上，两个力相平衡。

特点：使用寿命长、性能稳定、灵敏度高、操作方便；称量速度快、精度高；具有自动校正、超载指示、故障报警、自动去皮功能；具有质量电信号输出功能，可连接计算机、打印机，实现称量、记录和计算的自动化，扩大其功能。

（四）天平的结构

1）等臂双盘机械天平的结构可分为外框部分、立柱部分、横梁部分、悬挂系统、制动系统、光学读数系统和机械加码装置。

2）不等臂单盘天平的结构可分为外框部分、起升部分、横梁部分、悬挂系统、光学读数系统和机械加码装置。

3）电子天平的结构可分为外框部分，秤盘，支架，连杆，电源控制电路，电磁力系统，位移传感器、调节器和放大器，数字显示系统。

（五）天平的使用方法

1. 等臂双盘机械天平的使用方法

（1）使用前的检查　检查天平是否处于水平状态，天平盘上是否清洁，如有灰尘应用软毛刷刷净；检查横梁、吊耳、秤盘安放是否正确，砝码是否齐全，环砝码安放位置是否合适。

（2）天平零点的调整　天平的零点定义为无负载（空载）情况下，天平处于平衡状态时指针的位置。慢慢旋转停动手钮，开启天平，等指针摆动停止后，指示线和投影屏上的零线重合，读数即为零点；如指示线偏离零线，可用调零杆调整使指示线与投影屏零线重合；如用调零杆调不到零位，就要用天平横梁上的平衡螺钉来调节。

（3）称量方法　视天平型号将要称量的样品放在天平左盘或右盘中央，估计物品大约质量，将砝码放在右盘或左盘，用手慢慢半开天平停动手钮，观察指针偏转情况，如果指针偏向物品一侧，则表明物品重，需添加适量砝码；如果指针偏向砝码一侧，则表明物品轻，需减去适量砝码，一般调整指数盘使投影屏读数在 0~10 之间。砝码读数与投影屏读数之和，即为所称量物品的质量。

2. 不等臂单盘天平的使用方法

1）使用前检查天平的水准器是否水平，如不水平，调整天平底板下的两个前脚螺钉使底板处于水平状态。检查天平盘是否清洁，如有灰尘应用软毛刷刷净。

2）检查及调整天平零点。转动停动手钮，均匀缓慢地转 90°，使天平处于"全开"状态，待天平摆动停止后，读取零点。转动天平右后方的调零手钮，使投影屏上标尺的 "00"线位于夹线正中间位置，即为零点，关闭天平。

3）称量。在天平关闭状态下，将称量物体放在秤盘中央，向后轻轻旋转停动手钮约30°，使天平处于 "半开"状态进行减码。依次逐个轻轻转动 10g~90g 减码手轮，同时观察投影屏，当标尺由向正偏移到出现向负偏移时，随即退回一个数，回到出现正偏移；按同样操作依次调定 1g~9g、0.1g~0.9g 砝码组。轻转停动手钮 "关闭"天平，然后缓缓转动停动手钮使天平处于 "全开"状态，待微分标尺停止移动，按顺时针方向转动微读旋钮，至读数刻度夹入双线内，重复一次关开天平，若天平的平衡位置没有改变，即可读取称量结果，记录读数，准确至 0.1mg。

3. 电子天平的使用方法

1）使用前检查天平是否水平，如不水平，调整水平。

2）称量前接通电源预热 30min，或按说明书的要求预热。

3）校准：用内装校准砝码或外部自备有修正值的校准砝码进行。也可按说明书的校准程序进行。

4）称量：按下显示屏的开关键，待显示稳定的零点后，将物品放在秤盘上，关上防风门，显示稳定后即可读取称量值。操纵相应的按键可以实现 "去皮" "增重" "减重"等称量功能。

5）清洁：污染时用含少量中性洗涤剂的柔软布擦拭，勿用有机溶剂和化纤布。样品盘可清洗，充分干燥后装到天平上。

（六）电子天平常见故障及排除

电子天平常见故障及排除方法见表 1-3。

表 1-3　电子天平常见故障及排除方法

天平故障	产生原因及排除方法
开启天平后无显示	①天平未接通电源，检查未接通原因并重新接通 ②天平显示器开关未开启，按<ON>键 ③瞬时干扰，可重新开关天平或重新插入电源插头 ④微型熔丝损坏，可调换熔丝。如再次烧坏，必须请检修单位解决
正常开启后，一段时间内出现单方向漂移	预热时间不够，磁传感器的元件未达到热平衡，排除方法：按规定时间预热后再使用
显示器仅显示上部线段	①超过最大载荷，应立即减少载荷 ②内部记忆校准数据可能破坏，可按说明书的 "校准天平"操作顺序重新校准，约数秒后即显示校准结果 ③秤盘未安装好，取出秤盘重新安装
显示器仅显示下部线段	未放上秤盘或秤盘未安装好，重新安装秤盘
校准过程中，显示器上只出现 "……"	天平放置的环境太差，防风窗没有关闭，改善电子天平的放置环境，关闭所有防风窗
校准过程中，出现 "CAL Err"（校准错误）	①校准前，留有物体在秤盘上，移走秤盘上的物体后，再执行校准 ②采用了错误的外校准砝码，更换正确的外校准砝码 ③电子天平放置的环境太差，校准失败，改变校准环境后再校准
空载时，零点不稳定，上、下双方向漂移	电子天平放置的环境太差，防风窗未关闭，改善环境，关闭称量室的防风窗

（七）天平的维护与保养

1）天平内应放置干燥剂，避免天平受潮。干燥剂以变色硅胶为最好，并需经常烘干，严禁使用浓硫酸和氯化钙等具有腐蚀性的物质作干燥剂。

2）称量具有腐蚀性、吸湿性或挥发性的物质时，必须放在称量瓶或其他密闭的容器内进行，以免腐蚀天平零部件。

3）天平启动或关闭动作要轻，称量不得超过最大载荷。

4）天平应有专人管理，负责日常维护和清洁卫生，并按检定周期进行检定。

二、试样的称量方法

（一）固定称样法

固定称样法也称为指定质量的称量方法。在天平上准确称出容器的质量，然后在天平上增加欲称取质量数的砝码，用药勺盛试样，在容器上方轻轻振动，使试样徐徐落入容器，调整试样的量直至达到指定质量。称量完毕后，将试样全部转入试验容器中。

该方法适用于称量不吸水、在空气中稳定的固体试样，如金属、矿石等。

（二）减量称量法

减量称量法是首先称取装有试样的称量瓶的质量，再称取倒出部分试样后称量瓶的质量，二者之差即是试样的质量。

该方法因减少了被称量物质与空气接触的机会，因此适用于易吸水、易氧化或与二氧化碳反应的物质，及同一试样多份称量。

（三）挥发性液体试样的称量

用软质玻璃管吹制一个具有细管的球泡，称为安瓿瓶，用于吸取挥发性试样，熔封后进行称量。先称出空安瓿瓶质量，然后将球泡部在火焰中微热，赶出空气，立即将毛细管插入试样中，同时将安瓿瓶球部浸在冰浴中，待试样吸入到所需量后，移开试样瓶，使毛细管部试样吸入，用小火焰熔封毛细管收缩部分，将熔下的毛细管部分赶去试样，和安瓿瓶一起称量，两次称量之差即为试样的质量。

该方法适用于易挥发液体的称量，如：发烟硫酸、发烟硝酸、盐酸、氨水等。

三、影响试样称量的主要因素

（一）被称物情况变化的影响

1）被称物表面吸附水分的变化，如：烘干的称量瓶暴露在空气中表面会吸附一层水分而使质量增加，空气湿度不同，吸附的水分不同，因此要求称量试样的速度要快。

2）试样能吸收或放出水分或试样本身有挥发性，应将此类试样放置在带磨口盖的称量瓶中称量，如果灼烧产物有吸湿性，应盖上坩埚盖称量，并加快称量速度。

3）被称物温度与天平温度不一致，如果被称物温度较高，能引起天平两臂膨胀伸长程度不一致，其温度高的天平盘上方有上升的热气流，使被测物称量结果小于真实值，因此烘干或灼烧的器皿必须在干燥器内冷却至室温后再称量。

（二）天平和砝码的影响

天平和砝码不准确带来的误差属于系统误差，因此应按国家计量检定规程规定的期限对天平和砝码进行计量检定，通常检定周期为1年，使用频繁的可缩短检定周期；双盘天平横梁的不等臂性，给称量带来不确定因素；砝码的名义值与真实值之间存在误差。通常质量大的砝码其质量允差也大，在称量中要特别注意这一问题，在称量的试样量较少时，应设法不更换克组大砝码以减小称量误差。在精密的分析工作中，需使用砝码修正值。

（三）环境因素的影响

由于环境不符合要求，如振动、气流、天平室温太低或有波动性，使天平的变动性增大。

（四）空气浮力的影响

当物体的密度与砝码的密度不同时，所受的空气浮力也不同，空气浮力对称量的影响可进行校正。在同一试验中，标准物和试样同时称量，空气浮力的影响可以抵消大部分，因此一般可忽略此误差。

（五）操作者造成的误差

由于操作者不小心或缺乏经验可能出现过失而造成称量的不确定性。如看错砝码、标尺，天平摆动未停就读数等。操作者开关天平过重、吊耳脱落、天平水平不对或由于容器受摩擦而产生静电等都会使称量不准确。

第三节 主要试验器皿及其他物品的性质、用途和使用要求

一、玻璃器皿

（一）常用玻璃器皿

玻璃器皿的主要化学成分是 SiO_2、CaO、Na_2O、K_2O，在玻璃中加入 B_2O_3、Al_2O_3、ZnO、BaO 等可以使玻璃具有不同的性质和用途。如：特硬玻璃和硬质玻璃属高硼硅酸盐玻璃，热稳定性高，耐温度的急剧变化，耐酸性、耐水性好，适用于制作烧器，可直接加热。

玻璃器皿具有透明、耐热、耐腐蚀、不导电、易清洗的特点，在化验室中被大量使用。

但玻璃器皿不耐氢氟酸和碱的腐蚀，因此不能用玻璃器皿储存碱性溶液，更不能用玻璃磨口塞，应使用聚乙烯等塑料容器。氢氟酸及含氟的盐类或反应生成上述产物的溶液同样也不能储存在玻璃容器中。

常用玻璃仪器的名称、用途见表 1-4。

表 1-4 常用玻璃仪器的名称、用途

名称	主要用途	使用注意
烧杯	配制溶液、溶样等	受热应均匀，一般不可烧干
三角烧瓶	加热处理试样和容量分析滴定	受热应均匀，一般不可烧干，磨口三角烧瓶加热时要求打开塞
碘瓶	碘量法或其他生成挥发性物质的定量分析	受热应均匀，一般不可烧干，碘瓶加热时要求打开塞
圆(平)底烧瓶	加热及蒸馏液体	一般避免直接火焰加热，隔石棉网或各种加热套、热浴加热
圆底蒸馏烧瓶	蒸馏；也可作少量气体发生反应器	
凯氏烧瓶	消解有机物质	置于石棉网上加热，瓶口方向勿对向自己及他人

（续）

名称	主要用途	使用注意
洗瓶	装纯水洗涤仪器或装洗涤液洗涤沉淀	玻璃洗瓶带磨口塞，可以装热水，也可置于石棉网上加热；塑料洗瓶装热水温度不得超过60℃，不可加热
量筒 量杯	粗略地量取一定体积的液体用	不能加热，不能在其中配制溶液，不能在烘箱中烘烤
容量瓶（量瓶）	配制准确体积的标准溶液或被测溶液	一般不能在烘箱内烘烤，不能直接用火加热，可水浴加热
滴定管	容量分析滴定操作	不能加热，不能长期存放碱液，碱管不能放与橡胶作用的溶液
移液管（单标线吸量管）	准确地移取一定量的液体	不能加热，上端和尖端不可磕破
分度吸量管	准确地移取各种不同量的液体	同移液管
称量瓶	称量标准物质、样品；测水分或在烘箱中烘标准物质	不可盖紧磨口塞烘烤
试剂瓶、细口瓶、广口瓶、下口瓶	用于存放液体（或固体）试剂	不能加热，不能在瓶内配制在操作过程中放出大量热量的溶液，存放碱液时应使用橡胶塞
滴瓶	装需滴加的试剂	
漏斗	过滤沉淀	不可直接用火加热
分液漏斗	分开两种互不相溶的液体，用于萃取分离、富集	不可加热
试管 普通试管 离心试管	定性分析检验离子，离心试管可在离心机中借离心作用分离溶液和沉淀	硬质玻璃制的试管可直接在火焰上加热，但不能骤冷；离心管只能水浴加热
比色管	比色分析	不可直接用火加热；注意保持管壁透明，不可用去污粉刷洗
吸收管	吸收气体样品中的被测物质	通过气体的流量要适当，可直接用火加热
冷凝管	用于冷却蒸馏出的液体	不可骤冷骤热；注意从下口进冷却水，上口出水
抽气管	射水造成负压，抽滤	上端接水龙头，侧端接抽滤瓶
抽滤瓶	抽滤时接收滤液	属于厚壁容器，能耐负压，可加热
表面皿	盖烧杯及漏斗等	不可直接用火加热，直径要略大于所盖容器
玻璃研钵	研磨固体试剂及试样等	不能撞击，不能烘烤，不能研磨与玻璃作用的物质
干燥器	保持烘干或灼烧过的物质的干燥，也可干燥少量制备的产品	底部放变色硅胶或其他干燥剂，盖磨口处涂适量凡士林，不可将红热的物体放入
蒸馏水蒸馏器	制取蒸馏水	防止爆沸（加素瓷片），要隔石棉网用火焰均匀加热
砂芯玻璃漏斗（细菌漏斗）	过滤	必须抽滤，不能骤冷骤热，不能过滤氢氟酸、碱等
砂芯玻璃坩埚	在重量分析中烘干需称量的沉淀	

（二）玻璃器皿的洗涤

一般玻璃器皿，如烧杯、锥形瓶等，用毛刷蘸肥皂液或合成洗涤剂刷洗，然后用自来水冲洗干净，如有油污，可选用适当溶剂去除或用加温的铬酸洗液（尽量不用）浸泡数分钟至数十分钟，用自来水冲洗，直至洗涤液全部冲洗干净，最后用纯水冲洗3次，备分析使用。洗净的玻璃器皿倒置时内壁应均匀润湿，不挂水珠。

根据污染情况的不同，也可采用化学清洗法。如氯化银沉淀可溶于氨水中；玻璃器皿上粘附有钨酸、硅酸盐类物质时，可用碱液来溶解；有特殊洗涤要求的可进行蒸汽洗涤、强酸浸泡等洗涤方法。

常用洗涤液的配方及使用方法见表1-5。

表1-5　常用洗涤液的配方及使用方法

洗涤液及其配方	使用方法
铬酸洗液(尽量不用) 研细的重铬酸钾 20g 溶于 40mL 水中，慢慢加入 360mL 浓硫酸	去除器皿壁上残留的油污，用适量洗涤液润洗或浸泡数小时或一夜，洗涤液可重复使用
工业盐酸[浓或(1+1)]	用于洗去碱性物质及大多数无机物残渣
纯酸洗液 (1+1)、(1+2)或(1+9)[①]的盐酸或硝酸(除去汞、铅等重金属杂质)	常规方法洗干净的仪器浸泡于纯酸洗液中 24h 可除去微量离子
碱性洗液 氢氧化钠 100g/L 水溶液	水溶液加热(可煮沸)使用，去油效果较好，煮沸时间太长会腐蚀玻璃
氢氧化钠-乙醇(异丙醇)洗液 120g 氢氧化钠溶于 150mL 水中，用 95% 的乙醇稀释至 1L	去除油污和某些有机物
碱性高锰酸钾洗液 30g/L 的高锰酸钾和 1mol/L 的氢氧化钠等体积混合	洗涤油污及某些有机物，器皿壁上会有二氧化锰析出，用盐酸或草酸、硫酸亚铁、亚硫酸钠等还原剂去除
酸性草酸或酸性羟胺洗液 称取 10g 草酸或 1g 盐酸羟胺，溶于 100mL(1+4)[①]盐酸溶液中	去除氧化性物质，如高锰酸钾洗液洗后产生的二氧化锰，必要时加热使用
硝酸-氢氟酸洗液 50mL 氢氟酸+100mL 硝酸+350mL 水混合，储于塑料瓶中盖紧	利用氢氟酸腐蚀玻璃的性质去除玻璃、石英器皿表面的金属离子 不可用于洗涤量器、玻璃砂芯坩埚、吸收池及光学玻璃零件 于通风柜中使用，注意安全，须戴防护手套
碘-碘化钾溶液 1g 碘和 2g 碘化钾溶于水中，用水稀释至 100mL	洗涤硝酸银污染物，如用硝酸银滴定后留下的黑褐色污染物，沾过硝酸银的白瓷水槽
有机溶剂 汽油、二甲苯、乙醚、丙酮、二氯乙烷等	去除油污和溶于该溶剂的有机物，使用时注意其毒性及可燃性 用乙醇配制的指示剂溶液的干渣可用盐酸-乙醇(1+2)[①]洗液洗涤
乙醇、浓硝酸(不能事先混合)	一般方法难以洗涤的少量有机物残留用此法，于容器中加入不多于 2mL 的乙醇，加入 4mL 浓硝酸，静置片刻，立即发生激烈反应，放出大量热及二氧化氮，反应停止后再用水冲洗，操作在通风橱中进行，不可塞住容器，做好防护

① 详见第二章第三节中比例浓度的解释。

洗涤注意事项：

1）洗涤液的选择要考虑是否能有效去除污染物。

2）洗涤过程中不要引入新的干扰物质，特别是微量分析。

3）所选择的洗涤液不能腐蚀玻璃器皿，不污染环境。

4）如果沾污严重，那么在使用铬酸洗液时，废液不能直接倒入下水道，应回收进行解毒处理。

(三) 玻璃器皿的干燥方法

一般定量分析用的烧杯、锥形瓶等玻璃器皿清洗干净即可使用，而用于有机分析的器皿大多要求干燥、没有水迹。因此应根据不同要求来干燥试验器皿。干燥方法有以下几种：

（1）晾干　不急用的玻璃器皿，用纯水洗净后，倒置在器皿架上或置于带有透气孔的玻璃柜中自然干燥，并注意防尘。

（2）烘干　洗净的器皿控去水分，置于烘箱或红外干燥箱中于 105℃ ~ 120℃ 烘 1h 左右，砂芯玻璃滤器、带实心玻璃塞的及厚壁的仪器烘干时要缓慢升温并不可过高，以免烘裂，移液管、容量瓶等玻璃量器烘干温度不得超过 150℃，以免引起容积变化。

（3）吹干　用少量乙醇、丙酮或四氯化碳等有机溶剂润洗的玻璃器皿，待有机溶剂流净后，用电吹风机吹，开始先用冷风，再用热风干燥，该方法要求通风要好，并避免接触明火，以防止有机溶剂挥发引发火灾及造成人员中毒和空气污染。

(四) 常用玻璃量器的检定

常用玻璃量器包括滴定管、分度吸管、单标线吸管、单标线容量瓶、量筒、量杯等，按 JJG 196—2006《常用玻璃量器检定规程》规定进行。常用玻璃量器的分类、形式、准确度等级及标称容量见表1-6。

表1-6　常用玻璃量器的分类、形式、准确度等级及标称容量

量器分类		形式	准确度等级	标称容量/mL（cm³）
滴定管	无塞、具塞、三通活塞、自动定零位滴定管	量出	A 级 B 级	5、10、25、50、100
	座式滴定管 夹式滴定管			1、2、5、10
单标线吸管		量出	A 级 B 级	1、2、3、5、10、15、20、25、50、100
分度吸管	流出式	量出	A 级 B 级	1、2、5、10、25、50
	吹出式		A 级 B 级	0.1、0.2、0.25、0.5、1、2、5、10
单标线容量瓶		量入	A 级 B 级	1、2、5、10、25、50、100、200、250、500、1000、2000
量筒	具塞	量入	—	5、10、25、50、100、200、250、500、1000、2000
	不具塞	量出 量入		
量杯		量出		5、10、20、50、100、200、250、500、1000、2000

对于准确度要求很高的分析，如仲裁分析、标准样品分析等，所使用的量器应用衡量法进行精确校正。衡量法是指从被检量器中取得一定体积的水，然后将水准确称量，根据测定的质量值 m 和测定水温所对应的 $K(t)$ 值，即可求出被检玻璃量器20℃时的实际容量。

$K(t)$ 值列于 JJG 196—2006 附录 B，与被检玻璃量器的体胀系数、砝码密度、实验室空气的密度、检定时蒸馏水或去离子水的温度、对应温度下的密度等有关，可查表获得。

检定环境条件要求，室温（20±5）℃，且室温变化不得大于1℃/1h；水温与室温之差不得大于2℃；检定介质为纯水（蒸馏水或去离子水），应符合 GB/T 6682—2008《分析实验

室用水规格和试验方法》要求。

（五）容量瓶的正确使用

1）选择容量瓶的刻线应在颈部的适中位置。

2）容量瓶须经检定合格，一般常量分析中可使用 B 级容量瓶，但用于标准溶液配制等精密分析时均应使用 A 级容量瓶。

3）检查容量瓶的容积应与要求一致。

4）试漏，加水至刻线附近，盖好瓶塞，一手顶着瓶塞，另一手的指尖顶住瓶底边沿，倒置 2min，观察有无水渗漏，再将瓶塞转动 180°，再试一次，确认不漏后，将瓶塞与瓶口用皮筋等系好。

5）用容量瓶定容操作时，要转移的溶液必须冷却到室温。

6）稀释时先用水或溶剂稀释到总容积的 3/4，摇匀，再加水至刻线下 1cm 处，放置 0.5min～1min 后再稀释到刻度，视线一定要平视直到弯液面下沿与刻度相切。

7）摇匀稀释后的溶液时，应用一只手顶住瓶塞，另一只手的手指顶住瓶底边沿，倒置，让气泡上升，摇匀，再直立起来，如此重复。

8）需要干燥的容量瓶，可用冷风吹干或自然晾干。

9）容量瓶用水清洗，如有油污，可倒入洗涤液摇动或浸泡，再用自来水冲洗干净，但不能用毛刷刷洗内壁。

（六）滴定管的正确使用

1. 滴定管的分类

根据所装溶液性质的不同分为：酸式滴定管和碱式滴定管两种。

（1）酸式滴定管　下端是玻璃活塞开关控制滴定速度。用于盛装酸液、中性和氧化性溶液，不能装碱液，避免玻璃被腐蚀，活塞不能转动。

（2）碱式滴定管　下端为一橡胶管，管内有一玻璃珠，比橡胶管内径略大，控制滴定速度，胶管下端连一尖嘴玻璃管，用于盛装碱性溶液和无氧化性溶液。凡能与胶管反应的溶液都不能装，如：高锰酸钾、重铬酸钾、硝酸银、碘和酸溶液。

2. 滴定管的准备

（1）酸式滴定管的准备

1）活塞旋转检验。将酸式滴定管直立于滴定管架上，用手旋转活塞，检查活塞与活塞槽是否配套吻合。

2）涂凡士林。使用酸式滴定管时，为使玻璃旋塞旋转灵活而又不致漏水，一般需在旋塞上涂一薄层凡士林。方法是：把滴定管平放于试验台上，先取下旋塞上的小橡胶圈，再取下旋塞，用滤纸将旋塞擦干净，再将旋塞槽的内壁擦干净，用食指蘸取少量凡士林涂在旋塞两头，沿周围各涂一薄层，涂完后，将旋塞插入槽中然后向同一方向转动，直到从外面观察时，全部透明为止。

3）试漏。滴定管使用前应先检查是否漏水。关闭活塞，将滴定管装水至"0"线以上，置于滴定管架上，直立静止 2min，用滤纸在活塞周围和滴定管尖端检查有无水滴渗出。没有渗出，将活塞旋转 180°，静止 2min，观察是否漏水。酸式滴定管的活塞和活塞槽应密合不漏水且转动灵活，否则须重新涂油。

4）洗涤。无明显污染时，可直接用自来水冲洗，有油污时使用洗衣粉溶液，当滴定管内壁非常脏时，可用铬酸洗液浸泡数分钟或几小时。再用自来水充分冲净，最后用纯水润洗三次，每次加入纯水后，也是边转动边向管口倾斜使水布满全管，并稍微振荡，立起以后，打开旋塞使水流出一些以冲洗出口管，然后关闭旋塞，将其余的水从上端口倒出。在每次倒出水时，注意尽量不使水残留。滴定管要洗涤到装满水后再放出时，内外壁全部为一层薄水膜湿润而不挂水珠即可，否则说明未洗净，必须重洗。

（2）碱式滴定管的准备

1）检查玻璃珠是否适中、橡胶管有无老化及滴定管尖端是否完好。橡胶管老化及管尖端破损应及时更换，玻璃珠太小或不光滑会漏液，太大则操作不方便。

2）试漏。将滴定管装水至"0"线以上，使管尖端充满溶液，然后置于滴定管架上，直立静止2min，仔细观察滴定管内液面是否下降或管尖端是否有液滴渗出。如有漏液，应更换大小合适、表面光滑的玻璃珠或橡胶管重新试漏。

3）洗涤。与酸式滴定管洗涤操作基本相同，不同点是应取下橡胶管、取出玻璃珠和尖嘴管，以避免洗液直接接触胶管使其变硬损坏。

3. 滴定管的操作

（1）酸式滴定管的操作　先用摇匀的标准溶液润洗滴定管三次；关闭活塞，用左手前三指拿住滴定管上部无刻度处（若拿有刻度的部位，滴定管会因受热膨胀而造成体积误差），并让滴定管稍微倾斜，右手拿住试剂瓶往滴定管中倾倒溶液，使溶液沿滴定管内壁慢慢流下，直到"0.00"刻度以上再用右手拿住滴定管上部无刻度处，在下面放一承接溶液的烧杯，左手迅速打开活塞，溶液急速冲出，赶出气泡，使尖嘴内充满液体。若气泡未赶尽，则可重复进行多次，直至将气泡完全赶出。补充溶液于滴定管的"0.00"刻度线以上，转动活塞放掉多余的溶液，调节液面到"0.00"刻度线处，用一干净的烧杯内壁碰去悬在滴定管尖端的液滴，右手摇动锥形瓶，左手控制活塞进行滴定。拇指在前，食指和中指在后，三指平行轻轻握住活塞柄，无名指与小指在活塞下方和滴定管之间的直角内向手心弯曲，转动活塞时，食指和中指微微弯曲，掌心呈空心，以免将活塞顶出而造成漏液。

（2）碱式滴定管的操作　用摇匀的标准溶液润洗滴定管三次，装操作液于"0.00"刻度线以上。使橡胶管弯曲，尖嘴管倾斜向上，用左手拇指和食指捏住玻璃珠所在部位稍上处，捏开玻璃珠，使溶液从管口喷出，这时应一边挤捏橡胶管，一边将管尖嘴放直，待橡胶管放直后，松开拇指和食指，对光检查橡胶管内及下端尖嘴玻璃管内是否有气泡。若有气泡，可重复上述操作，直至气泡排尽。

补充溶液于滴定管的"0.00"刻度线以上，用左手拇指和食指捏住玻璃珠所在部位稍上处橡胶管，放掉多余的溶液，调节液面到"0.00"刻度线处。用一干净的烧杯内壁碰去悬在滴定管尖端的液滴。将滴定管垂直地夹在滴定管架上，将锥形瓶放在滴定管架瓷板上，使滴定管尖端距锥形瓶口3cm～5cm高。

滴定时用左手拇指和食指捏挤橡胶管，使之与玻璃珠形成缝隙，溶液即从缝隙中流出；停止滴定时，要先松开拇指和食指，注意不能挤捏玻璃珠下面的橡胶管，否则放开手时，会有空气进入玻璃管而形成气泡。右手摇瓶，摇瓶时右手的前三指拿住瓶颈，转动腕关节，向同一方向做圆周运动。滴定管插入锥形瓶口1cm～2cm，边滴边摇瓶。眼睛注意观察锥形瓶中溶液颜色的变化，以便准确地确定滴定终点。

滴定开始时滴落点周围没有明显的颜色变化，滴定速度可以快些，一般每秒3滴～4滴为宜，并边滴边摇瓶；接近计量点时，要放慢滴定速度，每加 1 滴或半滴要充分摇动直至溶液颜色突变指示到达滴定终点。读取滴定管的读数并记录数据。再倒出管中剩余溶液，洗净滴定管备用。

4. 滴定管的读数

滴定管的读数不准确是造成滴定分析误差的主要原因之一，为了准确读数，应遵守以下规则：

1）读数时，可将滴定管垂直夹持在滴定管架上，或用右手拇指和食指拿住滴定管上端无刻度处，使管身自由垂直读取读数。

2）注入溶液或放出溶液，应静置 1min~2min 待附在内壁上的溶液流下后再读数，即使放出溶液速度很慢，也应 30s 后再读数。

3）无色或浅色溶液，读数时视线应与弯月面下缘实线的最低点相切。深色溶液如高锰酸钾，视线应与液面两侧的最高点相切。初读与终读应选用同一标准。

4）滴定时，最好每次都从零位开始或接近零的任一刻度开始。这样可固定在某一段体积范围内滴定，减少测量误差。

常量滴定管（50mL、25mL，最小分度值为 0.1mL）应读到 0.01mL；半微量滴定管的分析容积为 10mL，最小分度值为 0.05mL，应读到 0.005mL；微量滴定管（1mL、2mL、5mL、10mL，分度值 0.01mL）应读到 0.001mL，并立即将数据写在记录本上。

（七）吸量管的正确使用

1. 吸量管的分类

吸量管的分类、形式、准确度等级及标称容量见表 1-6。

吸量管按其刻度的不同分为单标线吸量管（又称移液管）和分度吸量管两类，是转移液体用的具有精确容积刻度的玻璃管状器具，也是滴定分析中最基本的量器之一。

（1）单标线吸量管　单标线吸量管为量出式（Ex）计量玻璃仪器。是一根两端细长而中间膨大的玻璃管，管下端出口缩至很小，以防止溶液过快流出而造成损失。管颈上部刻有一环形标线，膨大部分标有它的容积及标定温度，表示在一定温度（一般为 20℃）下移出液体的体积。单标线吸量管必须符合 GB/T 12808—2015《实验室玻璃仪器　单标线吸量管》的要求。

（2）分度吸量管　分度吸量管是具有分刻度的玻璃管，分为流出式和吹出式两种，流出式又分为有等待时间和无等待时间两种。可以准确量取不同体积的溶液，其准确度不如单标线吸量管。分度吸量管必须符合 GB/T 12807—1991《实验室玻璃仪器　分度吸量管》的要求。

2. 吸量管的洗涤

1）洗涤前检查管口和管尖有无破损→用自来水洗内外壁→用洗液洗涤→用自来水充分冲洗→用蒸馏水洗涤内壁 3 次→放净蒸馏水→用滤纸吸（不是擦）去管外壁和管尖端内残存的水→置于吸量管架上备用。洗净后的吸量管内壁完全湿润不挂水珠，检查方法是将吸量管充液，观察弯月面边缘是否变形，如变形则重新洗涤。

2）脏的吸量管可在大量筒或高型玻璃缸中用洗液浸泡一段时间。

3. 移取溶液的方法

1）将待吸溶液摇匀，用少量待吸溶液洗涤内壁 3 次，管尖端残留的溶液用滤纸吸去，溶液从下端尖口排出（不从管上口排出，已吸溶液不回流到原液烧杯或容量瓶中）。

2）吸量管插入待吸液面1cm~2cm，边吸边往下插，始终保持此深度，待管内液面上升至标线以上1cm~2cm处时，右手食指堵住管口，将吸量管提出液面，吸量管外壁和尖端黏附的液体用滤纸吸去。

3）调节液面：左手取一干净的烧杯，将吸量管尖紧靠烧杯内壁，管身垂直，标线与视线在同一水平，微微松开食指，或微微旋转吸量管，管内液面缓慢下降，直至弯月面下缘与标线上缘相切为止，立即用食指紧压管口，使溶液不再流出。若管尖有液滴，则将管尖紧靠烧杯内壁除去，将吸量管小心移至承接的容器中，为控制液面，食指应微潮湿又不能太湿。

4）放出溶液：垂直、靠壁、停留15s。吸量管垂直，接收器倾斜约30°。

原则上同一试验使用同一支吸量管。使用分度吸量管每次从"0"刻度开始放所需体积，不能从任意地方开始。

管口上刻有"吹"字的吹出式吸量管，使用时必须使管内的溶液全部流出，末端的溶液也应吹出，不允许保留。

二、石英玻璃器皿

石英玻璃器皿的主要化学成分是SiO_2，其含量在99.95%以上。石英玻璃器皿具有耐高温性，能在1100℃以下使用，短时间可到1400℃，具有相当好的透明度，耐酸性能好，除氢氟酸和磷酸以外，任何浓度的有机酸和无机酸都不与石英玻璃发生反应，甚至在高温下也是如此，同时石英能透过紫外线。

实验室常用的石英器皿有石英烧杯、石英容量瓶、石英坩埚、石英蒸发皿、石英舟、石英管、石英比色皿、石英蒸馏器等。

石英玻璃器皿的洗涤方法与普通玻璃器皿的洗涤方法相同。

三、瓷器皿

瓷器皿的耐高温性能好，能在1200℃以下使用，耐酸碱的化学腐蚀性能比玻璃好，瓷制品比玻璃坚固，且价格便宜。

常用的瓷制器皿有蒸发皿（蒸发液体、熔融石蜡等）、坩埚（灼烧沉淀及高温处理试样等）、瓷管（燃烧管）（高温燃烧法测定碳、氢、硫等元素）、瓷舟（盛装燃烧法的试样）、研钵（研磨固体试样）、试验板（定性分析点滴试验或滴定分析外用指示剂法确定终点）、布氏漏斗（抽滤法过滤）等。

四、铂器皿

铂器皿的熔点高（1773.5℃），在空气中灼烧不起变化，能耐熔融的碱金属碳酸盐及氟化氢的腐蚀，它是热的良导体，它的表面吸附水汽很少。

铂器皿一般不可接触（特别是在高温下）K_2O、Na_2O、KNO_3、$NaNO_3$、KCN、NaCN、Na_2O_2、Ba（OH）$_2$、LiOH固体，王水，卤素溶液或能产生卤素的溶液，易还原金属的化合物和金属（如Ag、Hg、Pb、Sn、Cu等）及其盐类，含碳的硅酸盐，磷、砷、硫及其化合物，Na_2S、NaSCN等；铂坩埚壁较软，拿取铂坩埚时不能太用力，以免变形及引起凹凸；不可用玻璃棒等尖头物体从铂皿中刮出物质；铂器皿用煤气灯加热时，只可在氧化焰中加热，不能在含有碳粒和含有碳氢化合物的还原焰中灼烧，以免碳与铂化合生成脆性的碳化铂；在铂器皿灰化滤纸时，不可使滤纸着火，红热的铂器皿不可骤然浸入冷水中，以免发生裂纹；灼烧铂器皿时不能与其他金属接触，取下灼烧的铂坩埚时，必须用包有铂尖的坩埚钳；未知成分的试样不能在铂器皿中加热或接触；铂器皿必须保持清洁光亮，以免有害物质继续与铂作用。

铂器皿的清洁方法：可用稀盐酸或稀硝酸煮沸洗涤（切不可两酸混用）；如稀酸尚不能洗净，则需用焦硫酸钾、碳酸钠或硼砂熔融洗涤；如仍有污点或表面发黑，则可用水浸润无尖锐棱角的细砂轻轻摩擦，使表面恢复光泽。

五、其他器皿

1）金器皿耐腐蚀性很强，但因其熔点较低（1063℃），所以它的使用范围受到一定限制。熔融的碱金属氢氧化物对金不侵蚀，所以用金坩埚较好。要注意绝不可使金器皿接触王水，因为金遇王水很快就会被腐蚀。

2）银器皿较金器皿的价格便宜，它同样不受氢氧化钾或钠的侵蚀，在熔融状态下仅在接近空气的边缘略起作用。但银的熔点为960℃，不能在火焰上直接加热，以免表面形成氧化银。银易与硫作用生成硫化银，不可在银坩埚中分解和灼烧含硫物质，不许使用碱性硫化溶剂。熔融状态时，铝、锌、铅等金属盐都能使银坩埚变脆，银坩埚不可用于熔融硼砂，不可用酸浸取熔融物，特别是不能接触浓酸。银坩埚的质量经灼烧会变化，故不适用于沉淀的称量。银器皿可用于蒸发碱性溶液。

3）镍器皿的熔点较高，为1455℃，强碱与镍几乎不起作用，镍坩埚可用于氢氧化钠熔融，也可用于过氧化钠熔融，但不能在镍坩埚中熔融含铝、锌、锡、铅、汞等金属盐和硼砂。镍易溶于酸，浸取熔融物时不可用酸。由于镍在空气中生成氧化膜，加热时质量有变化，所以镍坩埚亦不能作恒重沉淀用。

4）铁器皿易生锈，耐碱腐蚀性不如镍，但它价格低廉，仍可在做过氧化钠熔融时代替镍坩埚使用。

5）塑料器皿有聚乙烯、聚丙烯及聚四氟乙烯制品等。聚四氟乙烯器皿耐热性好，最高工作温度为250℃，能耐一切浓酸、浓碱、强氧化剂的腐蚀，在王水中煮沸时也不起变化，并且电绝缘性好，易切削加工。聚四氟乙烯烧杯和坩埚可用于处理氢氟酸样品。

6）刚玉器皿耐高温，硬度大，对酸碱有相当的抗腐蚀能力。刚玉坩埚在某些情况下可以代替镍、铂坩埚。

7）玛瑙研钵硬度大，与很多化学试剂不起作用，但不能受热，不可放在烘箱中烘烤，不能与氢氟酸接触，主要用于研磨各种物质。

六、其他物品

化学分析实验室中其他常用的物品还有煤气灯、酒精（喷）灯、水浴锅、铁架台、石棉网、双顶丝、万能夹、烧杯夹、坩埚钳、滴定台、移液管架、漏斗架、试管架、螺旋夹、弹簧夹、打孔器、橡胶塞、软木塞等。

第四节　标准物质

标准物质是具有一种或多种良好特性，可用来校准测量器具、评价测量方法或确定其他材料特性的物质。在化学分析测量中，标准物质经常被用作实现测量溯源性的主要工具。通过使用已经建立了溯源性的有证标准物质，可以在保证测量结果质量的前提下，大大简化实验室实现测量溯源性的程序。

一、标准物质的定义

标准物质是指具有足够均匀和稳定的特定特性的物质，其特性被证实适用于测量中或标称特性检查中的预期用途。标准物质涵盖了有证标准物质这一从属概念。

有证标准物质是指附有由权威机构发布的文件，提供使用有效程序获得的具有不确定度和溯源性的一个或多个特性值的标准物质。该定义认为，特性包含有"量"和"标称特性"；值包含有"量值"和"标称特性值"。因此，对应着特性值的双重含义，不确定度也包含有给量定值时的"测量不确定度"和给标称特性赋值时的不确定度。"溯源性"也包含有量值的（计量学）溯源性和有标称特性值的溯源性。

二、标准物质的分级

各国有证标准物质等级划分的情况不尽相同，我国将有证标准物质分为两个等级：一级标准物质和二级标准物质。

一级标准物质是由国家级计量实验室或经国家计量主管部门考核确认具有相应能力的行业内机构制备，采用基准测量方法或其他准确、可靠的方法对其特性量值进行认定，认定测量的准确度达到国内最高水平并相当于国际水平。一级标准物质主要用来标定比它低一级的标准物质，或者用来检定、校准高准确度的测量仪器，或用于评价和研究参考测量方法及标准测量程序，或在要求高准确度测量的其他关键场合下应用。

二级标准物质是由地方或行业计量行政主管部门经考核确认具备相应技术能力的机构制备，采用准确、可靠的方法或直接与一级标准物质相比较的方法对其特性量值进行认定，认定测量准确度能满足现场测量准确度的要求。二级标准物质一般是为了满足本机构实验室工作需要和社会一般检测要求的标准物质，作为工作标准直接用于现场方法的研究和评价，保证日常实验室内的质量以及不同实验室之间的质量，即用来评定日常分析操作的测量不确定度。

三、标准物质的分类

目前国际相关组织和各国国家计量机构对标准物质的分类标准不同，分类的情况也千差万别，这给标准物质使用者带来了极大的不便。现根据标准物质特性所反映的学科特点、标准物质的应用领域及标准物质的物理形态三种分类方法，分别介绍如下。

（一）按标准物质特性所反映的学科特点分类

这种分类方法把标准物质分为：化学成分或纯度标准物质、物理（物理化学）特性标准物质、工程技术特性标准物质、生物化学量标准物质。

比较典型的有国际实验室认可合作组织（ILAC）的分类，它将标准物质的特性分为五大类：

1. 化学成分类标准物质

化学成分类标准物质根据化学组成又可分为单一成分标准物质和基体标准物质两大类。

单一成分标准物质是纯物质（单质或化合物），或纯度、浓度、熔点、熔化熔值、黏度、紫外可见光吸光率、闪点等参考值已精确确定的纯物质的溶液。此类标准物质主要用于分析仪器的检定或校准；基体标准物质通常是被分析物以天然状态存在于其天然环境中的真实材料（天然基体标准物质），应选择与测试样品基体相似的基体标准物质，且基体标准物质中经精确认定的分析物含量应尽量与被测样品相近，此类标准物质最重要的用途是分析测量方法的测试和确认。

与单一成分标准物质的使用情况不同，基体标准物质在分析过程之初便被引入，因此它们用于评价整个分析过程的质量，包括样品萃取、清洗、浓缩和最终测量等步骤。基体标准物质也可以通过合成制备，但合成基体标准物质在使用时可能与天然基体标准物质有差异。

2. 生物和临床特性类标准物质

生物和临床特性类标准物质是与化学成分类相似的标准物质，但以一种或多种生化或临床特性表征，如酶活性。

3. 物理特性类标准物质

这类标准物质是以一种或多种物理特性表征的标准物质，如熔点、黏度、密度。

4. 工程特性类标准物质

这是以一种或多种工程特性表征的标准物质，如硬度、拉伸强度和表面特性。

5. 其他特性类标准物质

除上述特性类之外的标准物质。

（二）按标准物质的应用领域分类

此种分类方法是根据标准物质所预期的应用领域或学科进行分类。国际标准化组织/标准样品委员会（ISO/REMCO）及我国均是采用这种方法对标准物质进行分类的，具体分类明细见表1-7。

表 1-7 按应用领域或学科分类的标准物质

序号	ISO/REMCO	中国
1	地质学	钢铁成分分析
2	核材料、放射性材料	有色金属及金属中气体成分分析
3	有色金属	建材成分分析
4	塑料、橡胶、塑料制品	核材料成分分析及放射性测量
5	生物、植物、食品	高分子材料特性测量
6	临床化学	化工产品成分分析
7	石油	地质矿产成分分析
8	有机化工产品	环境化学分析
9	物理学和计量学	临床化学分析与药品成分分析
10	物理化学	食品成分分析
11	环境	煤炭石油成分分析和物理特性测量
12	黑色金属	工程技术特性测量
13	玻璃、陶瓷	物理特性与物理化学特性测量
14	生物医学、药物	—
15	纸	—
16	无机化工产品	—
17	技术和工程	—

（三）按标准物质的物理形态分类

根据物质的基本物理形态将标准物质分为气态标准物质、液态标准物质和固态标准物质。标准物质的每一种状态都有其固有的特征和特别要关注的技术问题。

气态标准物质，常称为标准气体或校准气体，主要应用于气体分析，包括气体混合物成分分析、纯气体中痕量杂质的分析和气体物理化学特性的测量，如气体燃料的热值。在操作和处置气态标准物质时，应牢记气体的挥发性几乎是无形物质的特性，它们只可在封闭体系内进行处置。

液态标准物质常常是包含规定量的单个或多个特定（被）分析物的水溶液，如重金属离子溶液。它们典型的用途是校准分析仪器，如对原子吸收分光光度计的校准。不过，校准溶液不仅限于元素分析，其他用途还有：痕量有机化合物在有机溶剂中的溶液用于环境分析，血清物质的溶液用于临床分析，无机盐溶液用于电导的测量。

固态标准物质有许多不同形式，从金属圆盘到粉末，各种形态都有。固态标准物质不仅要提供整体特性，还要提供局部特性，如表层成分；或者提供空间分布特性，如多孔物质中的孔径分布。固态标准物质的应用范围同样很广，既有从金属到食品成分量的分析，又包含对各种物理化学特性的测量。

四、标准物质的主要用途

标准物质具有测量标准的属性。标准物质，尤其是有证标准物质，广泛应用于仪器校准、建立计量溯源性、材料赋值、测量方法/程序的确认/验证，以及测量质量控制。

（一）作为校准中的测量标准

有证标准物质可作为校准中的测量标准，通过不间断的校准链，以相对直接的方式实现测量结果对选定参照对象，如测量单位定义、约定参考标尺、约定测量程序或有证标准物质本身的计量溯源性。

有证标准物质用于测量系统的校准时，应考虑物理形态、定值特性的适宜性、标准物质的互换性和基体效应、特性值的范围及与测量范围的相关性、特性值的不确定度水平等诸多因素。

（二）建立计量溯源性

标准物质是进行量值传递、实现测量准确一致的手段之一。通过不同等级的标准物质，依序将国际单位制基本测量单位的量值传递到实际测量中去，这个准确度由高至低的过程，称为量值的"传递过程"。而在实际测量中，需要检验现场测量中的量值是否准确。使用标准物质，按准确度由低至高地逐级进行量值的追溯，直至基本测量单位，这一过程常称为量值的"溯源过程"。

在量值传递溯源体系中，不同等级的标准物质构成了体系的层级。SI 基本测量单位是统一标准物质量值的"标度"，它体现了测量的最高准确度，是确定标准物质量值并进行传递溯源的基础。

在标准物质家族中，用基准方法进行认定定值测量的标准物质也被称为基准物质，基准标准物质是一类具有最高计量学品质的标准物质，主要用于在高端建立分析测量结果对 SI 单位的溯源性。

（三）用于材料赋值

有证标准物质常用于材料赋值。如果赋值过程中用到的相关设备经过了适当校准，并采取了充分的质量保证与质量控制措施，就有可能通过该有证标准物质建立特性值对规定测量单位的计量溯源性。

在化学成分量测量领域，标准物质，例如纯物质标准物质和校准用溶液标准物质，常用于通过混合、稀释等手段制备其他工作用标准物质或校准物，它们的特性值及不确定度部分取决于用于制备的标准物质的特性值及不确定度，并受到制备程序和环境条件的影响。标准物质为其他材料赋值的另一种情况是应用酸碱中和、氧化还原、络合、沉淀等经典化学反应原理，进行称量滴定法或容量滴定法分析。如：采用邻苯二甲酸氢钾纯度标准物质对氢氧化钠溶液进行滴定，并为其赋值。

（四）用于测量方法/程序的确认/验证

测量方法/程序确认的要素包括定性的或半定量的，如同一性、选择性、稳健性等；而大部分测量方法和确认的特性都是定量的，如正确度、精密度、检出限、定量限、工作范围和线性范围等。通过方法确认，可以得到测量结果不确定度评定的大部分信息，并借此有效建立测量结果的计量溯源性。

有证标准物质主要用于测量准确度确认，确认时需要采用待评价方法来确定一组重复测量的平均值和标准偏差，与标准物质的特性量值进行比较。标准物质亦可用于其他确认目的，质量控制物质或其他未经定值的标准物质也可用于方法确认，但由于所提供的特性值缺少计量溯源性，因此适合评估与精密度相关的量度，如测量重复性标准偏差或复现性标准偏差。

（五）用于测量质量控制

质量控制主要是针对实验室测试活动和测试结果的质量进行评价，通过所使用的方法的分析结果及与有证标准物质的认定值或标准值的偏倚来判定分析操作是否失控，分析结果的可靠性和准确性是否置于预期设定的要求之内。

测量质量控制可以采取多种形式，包括实验室内部质量控制和外部质量控制。

五、我国的标准物质管理

我国现行的标准物质管理办法是 1987 年 7 月 10 日由原国家计量局根据《中华人民共和国计量法实施细则》第六十一条、第六十三条的规定，组织制定并批准发布的。标准物质管理办法规定，企业、事业单位制造标准物质，必须具备与所制造的标准物质相适应的设施、人员和分析测量仪器设备，应进行定级鉴定，并经评审取得标准物质定级证书。

国防专用标准物质是指由原中华人民共和国国防科学技术工业委员会（简称国防科工委）组织研制、审批和公布的，用于国防科技工业量值传递和溯源特殊需要的标准物质（《国防专用标准物质管理办法》，2002 年，国防科工委）。按级别分为一级国防专用标准物质和二级国防专用标准物质。

军用标准物质是指由原国防科工委组织研究、制备、审批、公布，用于中国人民解放军和国防科技工业系统统一量值特殊需要的标准物质（《军用标准物质管理办法》，1992 年，国防科工委）。按级别分为一级军用标准物质和二级军用标准物质。

第五节 化学试剂

化学试剂是化学分析中必不可少的物质，化学试剂质量的好坏直接影响分析结果的准确度。因此，应了解化学试剂分类、规格、性质、用途及使用方法，正确选择和使用化学试剂，以避免因选用不当而影响分析结果的准确度，给科研、生产及生命安全造成不应有的损失。

一、化学试剂的分类

化学试剂的种类有很多，世界各国对化学试剂的分类和分级的标准不尽一致，尚无统一的分类方法。目前应用较多的是按化学试剂组成和用途进行的分类，这种分类方法也为国内外的试剂公司所采用。化学试剂按其用途分为一般试剂、基准试剂、无机试剂、有机试剂、色谱试剂与制剂、指示剂与试纸、仪器分析试剂、生化试剂等。

二、常见的化学试剂

（1）基准试剂　是一类用于标定滴定分析标准溶液的标准参考物质，可作为滴定分析中的标准物质用，也可精确称量后直接配制标准溶液。主成分的含量一般在 99.95% ~ 100.05%，杂质含量略低于或相当于优级纯试剂，化学组成恒定。

（2）优级纯试剂　是一种主成分含量高、杂质含量低的试剂，主要用于精密的科学研究和测定工作。

（3）分析纯试剂　质量略低于优级纯，杂质含量略高，用于一般科学研究和重要的测定。

（4）化学纯试剂　质量较分析纯试剂差，但高于试验试剂，用于工厂、教学试验的一般分析工作。

（5）实验试剂　杂质含量更多，但比工业品纯度高，主要用于普通的试验与研究。

三、化学试剂的标识

GB/T 15346—2012《化学试剂　包装及标志》规定用不同标签颜色标记化学试剂的级别，见表1-8。

表1-8　试剂级别与对应的标签颜色

序号	级别		颜色
1	通用试剂	优级纯	深绿色
		分析纯	金光红色
		化学纯	中蓝色
2	基准试剂		深绿色
3	生物染色剂		玫红色

四、化学试剂的保管

1）易燃易爆试剂应储存于铁柜中，柜顶应有通风口。严禁在化验室存放大于20L的瓶装易燃液体。易燃易爆药品不要放在冰箱内（防爆冰箱除外）。

2）相互混合或接触后可产生激烈反应、燃烧、爆炸、放出有毒气体的两种或两种以上化合物（多为强氧化剂和强还原剂）不能混放。

3）腐蚀性试剂宜放在塑料瓶、陶瓷盘或桶中；要注意化学药品的存放期限，一些试剂在存放过程中会逐渐变质，甚至形成危害物。

4）药品柜和试剂溶液均应避免阳光直晒及靠近暖气等热源，要求避光的试剂应装于棕色瓶中或用黑纸或黑布包好后存于暗柜中。

5）无标签或标签无法辨认的试剂都要当成危险物品在重新鉴别后小心处理，不可随便乱扔以免引起严重后果。

6）剧毒品应锁在专门的毒品柜中，建立双人登记签字领用制度。

五、化学试剂的使用注意事项

1）化学试剂在使用前，首先应注意检查瓶签上标明的级别、纯度及分子式是否与分析规程（工艺、方法）的要求相符，否则不可随意使用。

2）注意检查化学试剂有无标签或变质（变色、水解），无标签或变质的不能使用。

3）使用前，特别是未启瓶盖前一定要注意，将试剂瓶的表面擦拭干净，以防试剂被灰尘污染。

4）使用有结块的固体试剂时一定要注意，不能直接用药勺、玻璃棒等工具去捣碎，一定要使用事先清洗干净并干燥的工具，以防带入其他杂质，使整瓶试剂受到污染。

5）量取液体试剂时一定要注意，吸液管不能直接插入试剂瓶中量取，以免整瓶试剂受到污染。

6）配制试剂时一定要注意，按试剂的性质和有效期适量配制。用多少取多少，剩余试剂千万不能倒回原试剂瓶中。

7）一定要注意，取用完试剂后，及时盖好试剂瓶瓶盖。特别是易吸水、易变质的试剂，这一点尤为重要。

8）一定注意，按要求配好的试剂，必须贴上具有名称、浓度、分子式和配制日期的标签。

9）对不稳定的试剂，应装入棕色瓶中保存（如硝酸银等），并放置在阴凉处，防止分解氧化。

10）倒取液体试剂时一定要注意，用手握有标签的一侧，防止试液滴流侵蚀标签。

11）打开易挥发试剂时一定要注意不可将瓶口对准脸部或其他人；特别是夏季高温时，应先将试剂冷却后再打开。

12）用简单方法辨别试剂时，一定要注意不能用鼻子对准试剂瓶口直接吸气或用舌头尝试，这种做法极易中毒。

13）对玻璃有腐蚀的试剂，如氢氧化钠、氟化铵溶液等，一定要注意贮于塑料瓶中。

第六节　分析实验室用水

一、分析实验室用水规格

根据 GB/T 6682—2008《分析实验室用水规格和试验方法》的规定，分析实验室用水分为三个等级：一级水、二级水和三级水。

一级水用于有严格要求的分析试验，包括对颗粒有要求的试验。如高效液相色谱分析用水。

二级水用于无机痕量分析等试验。如原子吸收光谱分析用水。

三级水用于一般化学分析试验。

分析实验室用水规格见表1-9。

表 1-9　分析实验室用水规格

项目	一级水	二级水	三级水
外观(目视观察)	无色透明液体		
pH 值范围(25℃)	—	—	5.0~7.5
电导率(25℃)/(mS/m) ≤	0.01	0.10	0.50
可氧化物质[以(O)计]/(mg/L) <	—	0.08	0.4
吸光度(254nm,1cm 的光程) ≤	0.001	0.01	—
蒸发残渣(105℃±2℃)含量/(mg/L) ≤	—	1.0	2.0
可溶性硅(以 SiO_2 计)含量/(mg/L)	0.01	0.02	—

二、分析实验室用水的制备方法及储存

1）一级水可用二级水经过石英设备蒸馏或离子交换混合床处理后，再经 $0.2\mu m$ 微孔膜过滤来制取，不可储存，使用前制备。

2）二级水可用离子交换或多次蒸馏等方法制取，储存于密闭的专用聚乙烯容器中。

3）三级水可用蒸馏、去离子（离子交换及电渗析法）或反渗透等方法制取。储存于密闭的、专用聚乙烯容器中，也可以使用密闭的、专用玻璃容器储存。

三、分析实验室用水的试验方法

分析实验室用水的试验方法参见 GB/T 6682—2008《分析实验室用水规格和试验方法》，按照标准方法规定的项目进行检测。一般化学分析试验使用的三级水通过测定电导率和化学方法检验，在配制溶液前有必要做空白试验，以确定分析用水是否满足要求。

一级水、二级水难以测定其真实的 pH 值，因此不必测定。

一级水、二级水的电导率需用新制备的水"在线"测定。

一级水的可氧化性物质和蒸发残渣难以测定，可用其他条件和制备方法保证一级水的质量。

（一）标准方法

1. pH 值范围

量取 100mL 水样，按 GB/T 9724—2007《化学试剂 pH 值测定通则》规定测定。

2. 电导率

用电导仪测定电导率。一级水、二级水测定电导率时，配备电极常数为 $0.01cm^{-1}$ ~ $0.1cm^{-1}$ 的"在线"电导池，将电导池装在水处理装置流动出水口处，调节水流速，赶净管道及电导池内的气泡，进行测量。并使用温度自动补偿。

三级水测定时，配备电极常数为 $0.1cm^{-1} \sim 1cm^{-1}$ 的电导池，取 400mL 水样于锥形瓶中，插入电导池进行测量，并使用温度自动补偿。

如电导仪没有温度自动补偿功能，可装"在线"热交换器或恒温水浴槽控制水温在 $25℃ \pm 1℃$，或记录实际水温进行换算。

需要注意：测量用的电导仪和电导池应定期进行校准。

3. 可氧化性物质

量取 1000mL 二级水（200mL 三级水）置于烧杯中，加入 5.0mL（20%）的硫酸（三级水加入 1.0mL 硫酸），混匀。加入 1.0mL 高锰酸钾标准滴定溶液 $[c(1/5KMnO_4) = 0.01 mol/L]$，混匀，盖上表面皿，加热至沸腾并保持 5min，溶液的粉红色不得完全消失。

4. 吸光度

按 GB/T 9721—2006《化学试剂　分子吸收分光光度法通则（紫外和可见光部分）》规定进行测定。

将水样分别注入 1cm 和 2cm 的吸收池中，于 254nm 处，以 1cm 吸收池中的水样为参比，测定 2cm 吸收池中水样的吸光度。若仪器灵敏度不够，可适当增加测量吸收池的厚度。

5. 蒸发残渣

量取 1000mL 二级水（500mL 三级水），将水样分几次加入到旋转蒸发器的蒸馏瓶中，于水浴上减压蒸发（避免蒸干），待水样蒸至剩余 50mL 时，停止加热。将其转移至已在 $105℃ \pm 2℃$ 恒量的蒸发皿中，用 5mL ~ 10mL 水样分 2 次 ~ 3 次冲洗蒸馏瓶，将洗液合并至蒸发皿中，按 GB/T 9740—2008《化学试剂　蒸发残渣测定通用方法》的规定测定。

6. 可溶性硅

量取 520mL 一级水（270mL 二级水），注入铂器皿中，在防尘条件下，亚沸蒸发至 20mL，停止加热，冷却至室温，加 1.0mL 钼酸铵（50g/L），摇匀，放置 5min 后，加 1.0mL 草酸溶液（50g/L），摇匀，放置 1min 后，加 1.0mL 对甲氨基酚硫酸盐溶液（2g/L），摇匀。移入比色管中，稀释至 25mL，摇匀，于 60℃ 水浴中保温 10min。溶液所呈蓝色不得深于标准比色溶液 [0.50mL 二氧化硅标准溶液（0.01mg/mL）用水稀释至 20mL 后，与同体积试液同时同样处理]。

（二）一般方法

标准方法严格但检测所需时间较长，一般化学分析工作用的纯水可用测定电导率和化学方法检验。

1. 钙、镁阳离子的检验

用移液管移取 100mL 水样，置于 250mL 烧杯中，加 10mLpH = 10 的氨-氯化铵缓冲溶液，加 2 滴 ~ 3 滴 5g/L 的铬黑 T 指示剂，溶液呈蓝色为合格。

2. 氯离子检验

用移液管移取 100mL 水样，置于 200mL 烧杯中，加入 0.5mL 硝酸（1+3）和 1mL 硝酸银（20g/L）溶液，用玻璃棒搅拌，静止 10min。溶液中看不到乳白色混浊为合格。

取同体积不加上述试剂的蒸馏水进行比较。

3. 氧化性的测定

量取 100mL 水样置于 200mL 烧杯中，加 2mL 硫酸溶液和 0.15mL 高锰酸钾标准滴定溶液 $[c(1/5KMnO_4) = 0.01mol/L]$，将混合物煮沸 3min，冷却至室温。另取一份不加上述试剂的蒸馏水 100mL 与其比较，如在试样水中能看到浅玫瑰色，则氧化性合格（观察时可用白纸作背景）。

4. pH 值测定

指示剂法，取水样 10mL，加甲基红指示剂 2 滴，不显红色；另取 10mL 水样，加溴麝香草酚蓝指示剂 5 滴，不显蓝色即为合格。

用于测定微量硅、磷的纯水，需先对纯水进行空白试验，再应用于试剂的配制。

第七节　试样的分解

在一般分析工作中，液体和气体试样采样后可直接进行分析，固体试样除用干法分析（如光电直读光谱分析、X 射线荧光光谱分析等）以外，通常要先将试样分解，制成溶液后再进行分析测定。因此试样的分解是分析工作的开始，是重要步骤之一。

一、试样分解的概念

使待测组分转入溶液的过程称为试样的分解。

二、分解试样的一般要求

1. 待测组分分解完全

试样应分解完全，待测组分全部转入溶液。若未全部转入溶液，以下两种情况可以接受：①少至可忽略不计；②可采用其他方法测得。

例如测定钢中全铝时，先用酸分解试样，经过滤，残渣经灼烧，再加熔剂熔融，水浸取，可测得残渣中的铝。

2. 待测组分不应挥发

试样分解过程中待测组分不应有挥发损失。

例如在测定钢铁中的磷含量时，若单独采用盐酸分解试样，则由于盐酸的还原性会使钢中磷部分呈挥发性的磷化氢（PH_3）而损失，使测定结果偏低。应当采用氧化性的酸（如硝酸）分解。

3. 不应引入被测组分和干扰物质

分解过程中不应引入被测组分和干扰物质。可能引入被测组分和干扰物质的主要是溶（熔）剂和容器。

（1）溶（熔）剂　要充分了解溶（熔）剂的物理、化学性质，不同的试样采取不同的分解方法，以避免溶（熔）剂在分解试样时带来误差。如：测定磷时，显然不能用磷酸来溶解试样。测定硅酸盐中的钠含量时，不能用碳酸钠熔融来分解试样。测定微量组分时，还应考虑试剂中杂质的引入，可做试剂空白抵消。若试剂中杂质含量较高时，可考虑试剂提纯。

（2）容器　要充分了解容器材质的组成，不同的试样采取不同的容器进行分解，以避免容器被腐蚀后，可能引入被测组分干扰测定。如：测定钢中的微量硼时，要用石英锥形瓶溶解试样，不能采用普通玻璃锥形瓶；测定铝合金中的硅含量时，用氢氧化钠溶解试样，应采用聚四氟乙烯或银制烧杯，不能采用玻璃烧杯；测定铬铁中的硅含量时，用碳酸钠和过氧化钠分解试样，要用镍坩埚或铁坩埚熔融，不能采用瓷坩埚。

三、分解试样的方法

试样的品种繁多，因此应随试样性质的不同而采用不同的分解方法。常用的分解方法有溶解法和熔融法两种。

（一）溶解法

溶解就是将试样溶解于水、酸、碱或其他溶剂中。

因为溶解比较简单、快速，所以分解试样应尽可能采用溶解的方法。如果试样不能溶解或溶解不完全时，才采用熔融法。

溶解法根据所使用溶剂的不同，可分为酸溶法和碱溶法。水作溶剂，只能溶解一般可溶性盐类。

1. 酸溶法

酸溶法是利用酸的酸性、氧化还原性和络合性使试样中被测组分转入溶液的方法。

常用作溶剂的酸有盐酸、硝酸、硫酸、磷酸、高氯酸、氢氟酸，以及它们的混合酸。

（1）盐酸　氯化氢（HCl）溶于水后叫作盐酸，其相对密度为 1.19g/mL，质量分数为 36%～38%，$c(HCl)=12mol/L$，与水的共沸点为 110℃。溶解时是利用 H^+ 的酸性、Cl^- 的络合作用和还原作用来分解试样的。

在金属的电位次序中，位于氢以前的金属或其合金都能溶于盐酸。其反应式为

$$M+nHCl=MCl_n+\frac{n}{2}H_2\uparrow$$

式中　M——金属；

　　　n——金属离子价数。

多数金属的氯化物易溶于水，只有 $AgCl$、Hg_2Cl_2、$PbCl_2$ 难溶于水。

盐酸能分解许多金属氧化物、氢氧化物和碳酸盐类矿物。如

$$CuO+2HCl=CuCl_2+H_2O$$
$$Al(OH)_3+3HCl=AlCl_3+3H_2O$$
$$BaCO_3+2HCl=BaCl_2+H_2O+CO_2\uparrow$$

盐酸还能分解一部分硫化物。如

$$CdS+2HCl=CdCl_2+H_2S\uparrow$$
$$FeS+2HCl=FeCl_2+H_2S\uparrow$$

盐酸中的 Cl^- 与某些金属离子（如 Fe^{3+} 等）形成络离子，帮助溶解。

盐酸中的 Cl^- 对 MnO_2、Pb_3O_4 等有还原性，也能帮助溶解。反应式为

$$MnO_2+4HCl=MnCl_2+Cl_2\uparrow+2H_2O$$
$$Pb_3O_4+8HCl=3PbCl_2+Cl_2\uparrow+4H_2O$$

金属铜不溶于盐酸，但在盐酸溶液中加入适量的过氧化氢，金属铜就溶解了。反应式为

$$Cu+2HCl+H_2O_2=CuCl_2+2H_2O$$

含铬镍很高的合金钢、铝合金也都可用 $HCl+H_2O_2$ 分解。

微碳铬铁可直接用盐酸分解。

（2）硝酸　硝酸的分子式为 HNO_3，相对密度为 1.42g/mL，质量分数为 65%～70%，

$c(HNO_3) = 16mol/L$，与水的共沸点为 120.5℃。浓硝酸是最强的酸和最强的氧化剂之一，随着硝酸的稀释，其氧化性能亦随之降低。硝酸作为溶剂，兼有酸的作用和氧化作用，溶解能力强而快。除铂、金和某些稀有金属外，硝酸能与绝大部分金属作用生成硝酸盐。几乎所有的硝酸盐都易溶于水。

硝酸被还原的程度，是根据硝酸的浓度和金属活泼的程度决定的，浓硝酸一般被还原为 NO_2，稀硝酸通常被还原为 NO。若硝酸很稀，而金属相当活泼时，则生成 NH_3，而 NH_3 与过量 HNO_3 作用生成 NH_4NO_3。例如

$$Cu + 4HNO_3(浓) = Cu(NO_3)_2 + 2NO_2\uparrow + 2H_2O$$
$$3Pb + 8HNO_3(稀) = 3Pb(NO_3)_2 + 2NO\uparrow + 4H_2O$$
$$4Mg + 10HNO_3(极稀) = 4Mg(NO_3)_2 + NH_4NO_3 + 3H_2O$$

铁、铝、铬、铌、钽、锆、钛等金属用浓硝酸处理，表面易形成一层致密的不溶性氧化膜，使金属钝化不再进一步溶解。

锑、锡与浓硝酸作用生成含氧酸（$HSbO_3$、H_2SnO_3）沉淀。

分析钢铁中铬、钼、钒等元素时，常滴加硝酸破坏碳化物。

用硝酸分解试样后，生成低价氮的氧化物，对下一步测定有影响，需要把溶液煮沸将其除去。

（3）硫酸 硫酸的分子式为 H_2SO_4，相对密度为 1.84g/mL，质量分数约为 98.3%，$c(H_2SO_4) = 18mol/L$，沸点为 338℃。

稀硫酸分解能力不如盐酸，但浓硫酸在高温时是一种相当强的氧化剂，且沸点高，分解温度较高。常用硫酸分解锑、砷、锡、钛等金属及其合金。也可溶解铁、钴、镍、锌等金属及其合金。用稀硫酸溶解生铁、铸铁试样来测定硅含量时，即使存在较高浓度的硅也不会发生聚合，而在硝酸介质中就会发生聚合。

硫酸中加入硫酸铵或硫酸钾，可提高硫酸沸点，用于分解锆及其合金、镍合金、钨合金、钼合金、铁合金、碳化钨及二氧化钛等。除钙、锶、钡、铅及一价汞的硫酸盐难溶于水外，其他金属的硫酸盐都易溶于水。

应用最广的方法是：先将试样用盐酸、硝酸、氢氟酸等低沸点酸分解，如这些酸的阴离子 Cl^-、NO_3^-、F^- 对下一步测定有干扰，则可加入硫酸（沸点高），加热至冒硫酸烟即可将上述阴离子全部赶出。

（4）磷酸 磷酸的分子式为 H_3PO_4，相对密度为 1.69g/mL，质量分数约为 85%，$c(H_3PO_4) = 15mol/L$，沸点为 213℃。

磷酸是中强酸，加热至 300℃左右时，生成聚磷酸与焦磷酸。磷酸、聚磷酸、焦磷酸对金属离子都有较强的络合作用。

由于磷酸的酸性，高溶解温度及其络合能力，因此具有良好的分解效能。

有些难溶于其他酸的矿石，如铬铁矿、钛铁矿、铌铁矿、金红石都能被磷酸分解。

不能用盐酸溶解的氧化铁粉，可用磷酸很容易地分解。

磷酸溶样的缺点是：如加热温度过高，时间过长，会析出难溶于水的焦磷酸盐沉淀，使下一步测定无法进行；磷酸对玻璃器皿腐蚀严重；溶样后冷却过久，再用水稀释，会析出凝胶。为避免上述缺点的发生，应将试样研磨细一些，温度低一些，时间短一些，并不断摇动，有微烟就停止加热，冷却至 60℃ ~70℃ 即用水稀释。

（5）高氯酸 高氯酸的分子式为 $HClO_4$，相对密度为 1.67g/mL，质量分数约为 70%，$c(HClO_4)=12mol/L$，沸点为 203℃。热浓的高氯酸有强的酸性和氧化性。

用高氯酸分解试样并加热至冒烟时，可将铬氧化为 $Cr_2O_7^{2-}$，钒氧化为 VO_3^-，硫氧化为 SO_4^{2-}。高氯酸冒烟赶走盐酸、硝酸、氢氟酸等低沸点酸后，残渣加水很容易溶解，而用硫酸蒸发后的残渣则常常不易溶解。除 K^+、NH_4^+ 等少数离子外，其他金属的高氯酸盐都是可溶的。高氯酸冒烟状态加入盐酸或氯化钠，可将铬生成氯化铬酰（CrO_2Cl_2）挥发除去。加入氢溴酸，可将砷、锑、锡从溶液中驱除掉。高氯酸常被用来溶解铬矿石、不锈钢、钨铁及氟矿石等。

热、浓高氯酸遇有机物，会发生爆炸。当试样含有机物时，应先用浓硝酸破坏并蒸发有机物，然后再加高氯酸。高氯酸蒸发的浓烟容易在通风道中凝聚，故经常使用高氯酸的通风橱和烟道应定期用水冲洗，以免在热蒸汽通过时，凝聚的高氯酸与尘埃、有机物作用，引起燃烧或爆炸。

（6）氢氟酸 氢氟酸的分子式为 HF，相对密度为 1.13g/mL，质量分数约为 40%，$c(HF)=22mol/L$。与水共沸点为 120℃。氢氟酸是一种弱酸，F^- 具有很强的络合能力。

氢氟酸和大多数金属均能产生反应，反应后，金属表面生成一层难溶的金属氟化物，阻止进一步反应。因此，它常与硝酸、硫酸或高氯酸混合作为溶剂。因氢氟酸腐蚀玻璃、陶瓷器皿，故用氢氟酸分解试样应在铂器皿或聚四氟乙烯器皿中进行。氢氟酸对人体有毒性和腐蚀性，皮肤被氢氟酸灼伤溃烂，不易愈合，使用时应特别小心，万一接触皮肤，要立即用水冲洗。

（7）混合溶剂 在实际工作中常用混合溶剂，因为混合溶剂具有更强的溶解能力。最常用的混合溶剂主要有以下几种：

1）盐硝混酸：盐硝混酸具有很强的酸性、Cl^- 的络合能力和 NO_3^- 的强氧化能力。它可以溶解单独用盐酸或硝酸所不能溶解的贵金属，如铂、金等以及难溶的硫化汞等物质。根据被溶解样品的性质，可调整盐酸和硝酸的比例，最常用的有王水（$HCl:HNO_3=3:1$）、逆王水（$HCl:HNO_3=1:3$）、$HCl:HNO_3:H_2O=1:1:2$ 等。高合金钢样品的分解多采用盐硝混酸，溶样完全，速度快。

2）硫磷混酸：硫磷混酸兼具有硫酸很强的酸性及高温时的强氧化能力、磷酸的强络合能力。测定钢中铬、钼、钒、钨时，都采用硫磷混酸分解试样，只有在冒烟时才能把这些元素的碳化物分解完全，否则测定结果偏低。

3）硝酸+氢氟酸：硝酸+氢氟酸兼具有硝酸的酸性及氧化能力、氢氟酸的强络合能力。用来分解硅、钛、铌、钽、锆、钨、锡等金属及其合金，如硅铁、硅石、硅钙合金、硅锰合金、钨锆合金等。分解时生成金属离子与氟的络合物，使分解顺利进行，不会导致水解沉淀。

（8）密闭溶解法 在密闭容器中，用酸或混合酸加热分解试样时，由于蒸汽压增高，酸的沸点提高，可以加热至较高的温度，因而使酸溶法的分解效率提高。在常压下难溶于酸的物质，在加压下就可以溶解。例如，用氢氟酸-高氯酸在加压条件下，可分解刚玉（Al_2O_3）、钛铁矿（$FeTiO_3$）、铬铁矿（$FeCr_2O_4$）、钽铌铁矿 $[FeMn(Nb、Ta)_2O_6]$ 等难溶试样。另外，在加压下消煮一些生物试样，可以大大缩短消化时间。

2. 碱溶法

常用的碱溶法是配制 200g/L～300g/L 的氢氧化钠溶液作溶剂，溶解铝及铝合金样品。

$$2Al+2NaOH+2H_2O = 2NaAlO_2+3H_2\uparrow$$

此反应可在聚四氟乙烯烧杯或银烧杯中进行。为加快溶解速度，可滴加过氧化氢助溶，样品溶解后用硝酸酸化，可测定铝合金中的硅、铁、铜、锰、镁、锌、镍、钛、锡、铅等元素。

（二）熔融法

熔融分解是利用酸性或碱性熔剂与试样混合，在高温下进行复分解反应，将试样中的全部组分转化为易溶于水或酸的化合物（如钠盐、钾盐、硫酸盐及氯化物等）。

由于熔融时反应物的浓度和温度都比溶剂溶解时高得多，所以分解试样的能力比溶解法强得多。但熔融时要加入大量熔剂，因而熔剂本身的离子和其杂质将被带入试液中。另外坩埚受腐蚀后引入坩埚材料也会使试液受到沾污。

熔融法操作比溶解法复杂，所以尽管熔融法分解能力很强，也只有在溶剂溶解不了试样的情况下才应用。

根据所用熔剂的不同，熔融法分为以下两种。

1. 酸性熔剂熔融法

焦硫酸钾熔融法是有代表性的酸性熔剂熔融法。

焦硫酸钾在高温条件下分解产生 SO_3，反应方程式为 $K_2S_2O_7 = K_2SO_4+SO_3$，呈酸性。利用焦硫酸钾的酸性，可熔融分解碱性或中性氧化物。常用于分解铁、铝、钛、锆、铌、钽等的氧化矿物，碱性与中性耐火材料等。钢中全铝的分析，就是采用焦硫酸钾作熔剂进行熔融处理的。

要特别注意焦硫酸钾在 300℃ 开始分解，其熔点为 420℃，如温度高至 500℃～600℃，则 SO_3 快速释出，所以熔融时温度不宜太高；焦硫酸钾对瓷坩埚有轻微腐蚀性，使瓷坩埚中的铝、钛等元素进入试液，如要准确测定铝、钛等元素，可在石英坩埚或铂坩埚中熔融样品。

如果试样中含有易水解的组分，最好用稀硫酸浸取熔块。在铌、钽等元素的测定中，还常用酒石酸、草酸等络合剂防止沉淀。另外硫酸氢钾可以代替焦硫酸钾，它在加热时脱去水分，即得焦硫酸钾。

$$2KHSO_4 = K_2S_2O_7+H_2O$$

但脱水时有起泡现象，易溅失。可在脱水完成后再加入试样。

氟氢化钾可用于分解铌、钽、铍、稀土等氧化矿物。其他酸性熔剂很少使用。

2. 碱性熔剂熔融法

碱性熔剂熔融法主要用于酸性氧化物（硅酸盐、黏土）、酸性炉渣、酸不溶残渣等试样的分解。

常用的碱性熔剂有碳酸钠（Na_2CO_3，熔点为 852℃）、碳酸钾（K_2CO_3，熔点为 891℃）、氢氧化钠（NaOH，熔点为 328℃）、氢氧化钾（KOH，熔点为 360℃）、过氧化钠（Na_2O_2，熔点为 460℃）和它们的混合熔剂。下面分别介绍：

（1）Na_2CO_3 或 K_2CO_3　实际工作中经常把 Na_2CO_3 和 K_2CO_3 两者混合使用，可将熔点降到 700℃ 左右，用来分解硅酸盐、硫酸盐等。如分解钠长石（$NaAlSi_3O_8$）和重晶石（$BaSO_4$）时，采用 Na_2CO_3 熔融，反应方程式为

$$NaAlSi_3O_8+3Na_2CO_3 = NaAlO_2+3Na_2SiO_3+3CO_2\uparrow$$

$$BaSO_4 + Na_2CO_3 = BaCO_3 + Na_2SO_4$$

配制硅标准溶液时，采用 Na_2CO_3 与二氧化硅（SiO_2）熔融，水浸取制成。

采用 Na_2CO_3 熔融时，空气可以把某些元素氧化成高价状态，为了使氧化更完全，有时用 $Na_2CO_3 + KNO_3$ 的混合熔剂。例如分解含硫、砷、铬的矿物质时，用 $Na_2CO_3 + KNO_3$ 的混合熔剂熔融，将它们氧化为 SO_4^{2-}、AsO_4^{3-}、CrO_4^{2-}。

常用的混合熔剂还有 $Na_2CO_3 + S$，用来分解含砷、锑、锡的矿石，把它们转化为可溶的硫代酸盐，如锡石（SnO_2）的分解反应为

$$2SnO_2 + 2Na_2CO_3 + 9S = 2Na_2SnS_3 + 3SO_2\uparrow + 2CO_2\uparrow$$

（2）Na_2O_2　Na_2O_2 是强氧化性、强腐蚀性的碱性熔剂，能分解许多难溶物质，如铬铁、硅铁、锡石、独居石、黑钨矿、辉钼矿等，并可将其中大部分元素氧化成高价状态。

有时为了保护坩埚，减缓反应的剧烈程度，可将它与 Na_2CO_3 混合使用。如 2g Na_2CO_3 垫坩埚底，加入 3g Na_2O_2，将样品与 Na_2O_2 混合均匀，上面再覆盖 1g Na_2O_2。

用 Na_2O_2 作熔剂时，不应让有机物存在，否则极易发生爆炸。

（3）NaOH 或 KOH　NaOH 与 KOH 都是低熔点强碱性溶剂，常用于铝土矿、硅酸盐等的分解。

在分解难溶矿物时，可用 NaOH 与少量 Na_2O_2 混合，或将 NaOH 与少量 KNO_3 混合，作为氧化性的碱性熔剂。

（三）混合熔剂烧结法（或称为混合熔剂半熔法）

此法是在低于熔点的温度下，让试样中的某些成分与固体试剂发生反应，生成易溶于水或酸的化合物。

和熔融法相比，烧结法的温度较低，加热时间较长，不易损坏坩埚。

常用的半熔混合剂有：①2 份 MgO + 3 份 Na_2CO_3；②1 份 MgO + 2 份 Na_2CO_3；③1 份 ZnO + 2 份 Na_2CO_3。它们被广泛用来分解矿石，亦可用作煤、焦炭、石墨等碳素材料中全硫量的测定。

MgO 或 ZnO 的作用在于：熔点高，可预防 Na_2CO_3 在灼烧时熔合；试剂保持着松散状态，使样品氧化得更快、更完全；反应产生的气体也容易逸出。

（四）坩埚材料的选择

由于熔融是在高温下进行的，而且熔剂又具有极大的化学活性，所以如何选择进行熔融的坩埚材料就成为很重要的问题。

在选择坩埚时，首先要保证分析的准确度，使引入的坩埚材料尽可能少，或对下一步测定没有影响，其次要使坩埚尽可能少受损失，降低成本。

表 1-10 列出了常用熔剂和应选用的坩埚材料，仅供工作时参考，符号"+"表示可以用此种材料的坩埚进行熔融，符号"-"表示不宜用此种材料的坩埚进行熔融。

表 1-10　常用熔剂和应选用的坩埚材料

熔剂	坩埚					
	铂	铁	镍	瓷	石英	银
无水 Na_2CO_3（K_2CO_3）	+	+	+	-	-	-
6 份无水 Na_2CO_3 + 0.5 份 KNO_3	+	+	+	-	-	-

（续）

熔剂	坩埚					
	铂	铁	镍	瓷	石英	银
2 份无水 Na_2CO_3+1 份 MgO	+	+	+	+	+	−
1 份无水 Na_2CO_3+2 份 MgO	+	+	+	+	+	−
2 份无水 Na_2CO_3+1 份 ZnO	−	−	−	+	+	−
Na_2O_2	−	+	+	−	−	+
1 份无水 Na_2CO_3+1 份研细的结晶硫磺	−	−	−	+	+	−
硫酸氢钾	+	−	−	+	+	−
氢氧化钠（钾）	−	+	+	−	−	+
1 份 KHF_2+10 份焦硫酸钾	+	−	−	−	−	−
硼酸酐	+	−	−	−	−	−

第八节　实验室安全知识和三废处理

根据实验室工作的特点，实验室的安全包括防火、防爆、防毒、防腐蚀，保证压力容器和气瓶的安全、电气的安全，以及防止环境的污染等方面。

一、化学实验室安全守则

1）实验室应配备足够数量的安全用具，如灭火器、护目镜、洗眼器、沙箱、冲洗龙头、防护屏、急救药箱等。化学检测人员应了解这些用具的使用方法、放置位置，清楚化验室内煤气阀、水阀和电源开关位置，必要时及时关闭。

2）化学检测人员必须认真学习检测工艺规程和有关安全技术规程，了解设备性能及操作中可能发生事故的原因，掌握预防和处理的方法。

3）进入实验室工作时必须穿戴工作服，女同志应将长发扎起、戴工作帽，不应穿工作服进入食堂等非工作场所。在进行任何有可能碰伤、刺激或烧伤眼睛的工作时必须戴防护镜，接触浓酸、浓碱的工作人员还应戴胶皮手套及工作帽。

4）实验室内每瓶试剂必须贴有明显的与内容相符的标签，标明试剂名称、浓度及配制日期，严禁盛装与标签内容不符的其他试剂。

5）实验室内禁止吸烟、吃东西，不准用试验器皿作茶杯或餐具。

6）实验室停止供水、供电、供气时，应立即将水源、电源、气源全部关闭，以防恢复供水、供电、供气时，由于开关未关而发生事故。离开实验室时应检查水、电、煤气及各种压缩空气管道是否关闭。

7）严禁用明火蒸馏易燃液体，蒸馏过程中不得离开，以防温度过高或冷却水突然中断酿成事故。

8）夏季或室温较高时开启易挥发的试剂瓶（如乙醚、丙酮、浓盐酸、浓氢氧化铵时）

应先用流水冷却后再开启，瓶口不能对着自己或他人。

9）取下正在加热至近沸腾的水或溶液时，应先用烧杯夹将其轻轻摇动后才能取下，防止其爆沸，飞溅伤人。

10）高温物体（如刚从高温炉中取出的坩埚和瓷舟等）要放在耐火石棉板上或磁盘中，附近不得有易燃物，须称量的坩埚待稍冷却后方可移至干燥器中冷却。

11）实验室内各种精密贵重仪器设备应制定安全操作规程，由专人负责管理，并由被授权的人员操作。未经授权人同意或未掌握安全操作规程前不得随意动用。

二、实验室一般安全知识

（一）防火、防爆和灭火常识

1. 防火、防爆

1）实验室内应备有灭火、急救和个人防护用具。

2）经常检查燃气管道是否漏气。

3）操作、倾倒易燃液体时应远离火源，同时采取防静电措施。

4）加热易燃液体时必须在水浴或严密的电热板上缓慢进行，严禁用明火或电炉直接加热。蒸馏易燃物时应先通冷却水后通电，试验时应随时注意冷凝器的工作状态。

5）酒精灯内的酒精不得超过容量的2/3。务必在灭火后添加酒精。灭火时应用帽盖，不可直接用嘴吹灭。酒精灯应用火柴点燃，不可用另一个正燃的酒精灯来点。

6）易爆试剂，如高氯酸、过氧化物应放在低温处保存，不可和其他易燃物放在一起。易发生爆炸的操作不得对着人进行，必要时操作人员应戴面具或使用防护挡板。

7）严禁可燃物与氧化剂一起研磨。

8）易燃液体废液不得倒入下水道，应设置专用储具收集。

9）煤气灯、电炉周围严禁有易燃物品。电烘箱周围严禁放置可燃、易燃及挥发性液体。不得烘烤放出易燃蒸汽的物料。

2. 灭火

实验室应配备灭火器，各种灭火器适用的火灾类型及场所不同。常用灭火器的适用范围如下：

（1）二氧化碳灭火器　扑灭油类、易燃液体、气体，以及电器设备初起的火灾。

（2）干粉灭火器　扑灭油类、可燃液体、气体，以及电器设备初起的火灾，灭火速度快。

（3）合成泡沫灭火器　扑灭非水溶性可燃液体、油类和一般固体物质等。

实验室应选择适当的灭火器，试验员都应熟知灭火器的使用方法，并定期检查灭火器材，按有效期更换灭火剂。

发生火灾应立即切断电源，关闭燃气阀门，用湿布或石棉布覆盖灭火。火势较猛时，根据具体情况，选择适当灭火器灭火，同时拨打火警电话。

（二）化学毒物的中毒和救治方法

一些常见中毒伤害的救治：

（1）酸类（盐酸、硫酸、硝酸）　首先用大量流动水冲洗，再用2%碳酸氢钠水溶液清洗，最后用清水冲洗。误服者，初服可洗胃，时间长忌洗胃以防穿孔。应立即服用7.5%氢氧化镁悬液 60mL，鸡蛋清调水或奶 200mL。氢氟酸除用大量水冲洗外，可将伤处浸入饱和硫酸镁溶液（冰镇）或 70%乙醇溶液（冰镇）。

（2）强碱类　迅速用水、柠檬汁、2%乙酸或硼酸冲洗。误服者给服稀乙酸或柠檬汁 500mL，或 0.5%的盐酸 100mL～500mL，再服蛋清水、牛奶、淀粉糊、植物油等。

（3）铬酸、重铬酸钾等铬化物　用 50g/L 硫代硫酸钠溶液清洗。

（三）腐蚀、化学灼伤、烫伤、割伤及其防治

1）剧毒药品应严格遵守保管、领用制度。发生撒落时，应立即收起并做解毒处理。

2）严禁试剂入口及以鼻直接接近瓶口进行鉴别。如需鉴别，应将试剂瓶口远离鼻子，以手轻轻煽动，稍闻即止。

3）处理有毒的气体、产生蒸气的药品及有毒有机溶剂（如氮氧化物、溴、氯、硫化氢、汞、砷化物、甲醇、乙腈、吡啶等）时，必须在通风橱内进行。取有毒试样时必须站在上风口。

4）取用腐蚀性药品，如强酸、强碱、浓氨水、浓过氧化氢、氢氟酸、冰乙酸和溴水等，应尽可能戴上防护眼镜和手套，操作后立即洗手。如瓶子较大，应一手托住底部，一手拿住瓶颈。

5）稀释硫酸时，必须在烧杯等耐热容器中进行，必须在玻璃棒不断搅拌下，缓慢地将酸加入到水中。溶解氢氧化钠、氢氧化钾等时会大量放热，也必须在耐热的容器中进行。浓酸和浓碱必须在各自稀释后再进行中和。

6）取下沸腾的水或溶液时，需先用烧杯夹夹住摇动后再取下，以防使用时液体突然剧烈沸腾溅出伤人。

7）切割玻璃管（棒）及将玻璃管插入橡胶塞时极易受割伤，应按规程操作，垫以厚布。向玻璃管上套橡胶管时，应选择合适直径的橡胶管，并以水、肥皂水润湿，玻璃管口先烧圆滑。把玻璃管插入橡胶塞时，应握住塞子的侧面进行。

（四）高压气瓶的安全使用

1. 几种常见气瓶的颜色标志

氧气瓶是天蓝色，氢气瓶是深绿色，氮气瓶是黑色，氦气瓶是棕色，纯氩气瓶是灰色。

2. 气瓶的存放及安全使用

1）不同的气体配专用的减压阀，为防止气瓶充气时装错发生爆炸，可燃气体钢瓶（如氢气、乙炔）的螺纹是反扣（左旋）的，非可燃气体则为正扣（右旋）的。开气时应站在气体出口的侧面，动作要慢，减少气流摩擦，防止产生静电。气瓶必须存放在阴凉、干燥、严禁明火、远离热源的房间，防止暴晒。使用中的气瓶要直立固定在专用支架上。

2）搬运气瓶要轻拿轻放，防止摔掷、敲击、滚滑或剧烈震动。搬前要带上安全帽，以防不慎摔断瓶嘴发生事故。钢瓶必须具有两个橡胶防振圈。乙炔瓶严禁横卧滚动。

3）气瓶及压力表应按规定定期做技术检验、耐压试验。

4）易起聚合反应的气体钢瓶，如乙烯、乙炔等，应在贮存期限内使用。

5）氧气瓶及其专用工具严禁与油类接触，氧气瓶内外不得有油类存在。

6）氧气钢瓶、可燃性气体钢瓶与明火距离应不小于 10m，达不到时应有可靠隔热防护措施，并不得小于 5m。

7）瓶内气体不得全部用尽，一般应保持 0.2MPa～1MPa 的余压，防止其他气体倒灌。

（五）安全用电常识

1. 电击防护

触电事故主要是指电击。人体受电击伤害的程度取决于施加的电压和人体的电阻。不能引起生命危险的电压称为安全电压，一般规定为 36V。电击防护的主要措施有：①电器设备完好，绝缘好；②要有良好的保护接地；③使用漏电保护器。

2. 静电的危害及防护

（1）静电的危害 静电是在一定的物体中或其表面上存在电荷。一般 3kV~4kV 的静电电压会使人有不同程度的电击感觉。静电危害主要有：危及大型精密仪器的安全及静电电击危害。

（2）静电防护的措施

1）防静电区不要使用塑料地板、地毯或其他绝缘性好的地面材料，可以铺设导电性地板。

2）在易燃易爆场所穿戴防静电服装；高压带电体应有屏蔽措施，以防止人体感应产生静电。

3）进入实验室可通过接触金属接地棒消除人体从外界带来的静电。

4）提高环境空气中的相对湿度，降低物体表面电阻使静电逸散。

3. 用电安全守则

1）不得私自拉接临时供电线路。

2）不准使用不合格的电气设备，室内不得有裸露的电线。

3）正确使用闸刀开关，不能若即若离，以防止由于接触不良而出现打火花。禁止将电线头直接插入插座内使用。

4）新购电气设备使用前必须全面检查，确认没问题并接好地线后方可使用。

5）电源或电气设备使用时发生跳闸或保险丝烧断现象，应先查明原因，在排除故障后方可合闸或更换保险丝。

6）擦拭电气设备时应将电源全部切断。严禁用潮湿的手接触电气设备和用湿布擦电门。

7）使用高压电源工作时，要穿绝缘鞋，戴绝缘手套并站在绝缘垫上。

8）使用烘箱和高温炉时，必须确认自动控温装置可靠，以免温度过高发生危险，不得把含有大量易燃易爆溶剂的物品送入烘箱和高温炉中加热。

三、实验室三废处理

分析化学实验过程中，也要产生"三废"，其中大多数废气、废液、废渣都是有毒物质，还有些剧毒物质和致癌物质。试验过程中产生的"三废"量比较小，种类繁多，组成复杂。因此，一般没有统一的处理方法。

（1）废气 分析试验中所排有毒气体的量都不太大，可以通过排风设备排出室外，被空气稀释。毒气量大时必须经过吸收处理，然后才能排出。

（2）废液 可燃有机毒物废液必须收集在废液桶，统一送至燃烧炉，供给充分的氧气，使其完全燃烧，生成二氧化碳和水。对于大量使用的有机溶剂，可通过萃取、蒸馏、精馏等手段回收再用。对于剧毒废液及含致癌物废液，其量再少也要经过处理达到排放标准才能排放。

（3）废渣 要求对含汞、镉、砷、六价铬、铅、氰化物、黄磷及其他可溶性剧毒废渣，必须专设具有防水、防渗措施的存放场所，并禁止埋入地下和排入地面水体。

四、采用标准

实验室安全知识的具体内容及安全管理要求参见 GB/T 27476《检测实验室安全》系列标准和专业领域实验室安全标准、国家有关法规、实验室安全知识手册等。

思 考 题

1. 简述天平按设计原理分为几类。
2. 简述天平的使用应遵循哪些规则。
3. 什么是天平零点，如何调整天平零点？
4. 简述试样的称量方法有几种。
5. 简述影响试样称量的主要因素有哪些。
6. 玻璃仪器常用的干燥方法有哪些？
7. 铂器皿使用的注意事项有哪些？
8. 简述滴定管、容量瓶、移液管的洗涤方法。
9. 简述试样分解的一般要求。分解试样的方法有几种？
10. 简述熔融法分解试样的优缺点。
11. 简述化验室常用化学试剂的级别及标识。
12. GB/T 6682—2008《分析实验室用水规格和试验方法》中将分析实验室用水分为几个等级？一般化学分析试验用几级水？分析用水的制备方法有哪些？
13. 简述标准物质的基本特性有哪些。
14. 标准物质是如何分类的？
15. 简述标准物质的主要用途有哪些。
16. 简述化学分析实验室的危险性有哪些。
17. 简述化学毒物的中毒和救治方法。
18. 简述气瓶的存放和安全使用注意事项有哪些。
19. 简述静电的危害及防护。
20. 简述实验室的废气、废液、废渣应如何处理。

第二章

化学分析常用方法

第一节 溶液配制及浓度计算

一、溶液的基本知识

（一）溶液的定义

一种以分子、原子或离子状态分散于另一种物质中构成的均匀而又稳定的体系叫溶液。溶液由溶质和溶剂组成，用来溶解别种物质的物质叫溶剂，能被溶剂溶解的物质叫溶质。溶剂可以是固体、液体和气体。按溶剂的状态不同，溶液可分为固态溶液（如合金）、液态溶液和气态溶液（如空气），一般所说的溶液是指液态溶液。水是一种很好的溶剂，由于水的极性较强，能溶解很多极性化合物，特别是离子晶体，因此，水溶液是一类最重要、最常见的溶液。一般情况下，无特殊说明的溶液均指水溶液。

物质分散成微粒分布在另一物质中形成的混合物称为分散体系，被分散的物质称为分散相，分散相所在的介质称为分散介质。例如，氯化银分散在水中，氯化银是分散相，水是分散介质。

按照分散相粒子的大小，可把分散体系分为真溶液（简称溶液）、胶体溶液和悬浊液三种，分散相的粒子直径小于 1nm 的分散体系称为溶液，分散相的粒子直径在 1nm~100nm 的分散体系称为胶体溶液，分散相的粒子直径大于 100nm 的分散体系称为悬浊液。

溶液中溶质和溶剂的规定没有绝对的界限，只有相对的意义。通常把单独存在和组成溶液时状态相同的物质称为溶剂。例如，氯化钠的水溶液，水是溶剂，氯化钠是溶质。如果是两种液体相混溶，把量多的物质称为溶剂。例如，20% 的酒精水溶液，水是溶剂，乙醇是溶质；含 5% 甲醇的乙醇溶液，甲醇是溶质，乙醇是溶剂。

（二）溶解过程

在一定温度下，将固体物质放于水中，溶质表面的分子或离子由于本身的运动和受到水分子的吸引，克服固体分子间的引力，逐渐分散到水中，这个过程叫作溶解。

在溶解的同时，还进行着一个相反的过程，即已溶解的溶质粒子不断运动，与未溶解的溶质碰撞，重新被吸引到固体表面上，这个过程叫作结晶。当溶解速度等于结晶速度时，溶液的浓度不再增加，达到饱和状态，这时存在着动态平衡。把在一定条件下达到饱和状态的溶液叫作饱和溶液，称还能继续溶解溶质的溶液为不饱和溶液。

在溶解过程中，溶液的体积也发生变化，溶质和溶剂的体积之和并不是溶液的体积，乙醇和水混合后体积减小，而苯和乙酸混合后体积增大，这一现象说明，溶解过程不是一个机械混合过程，而是一个物理—化学过程。

为了加速溶解，可以采取研细溶质、搅动、振荡和加热溶液的方法。

（三）溶解度

物质在水中溶解能力的大小可用溶解度来衡量。在一定温度下，某种物质在 100g 水中达到溶解平衡状态时所溶解的克数称为该物质在水中的溶解度。例如：在 20℃ 时，氯化钾在 100g 水中最多能溶解 34.0g，氯化钾的溶解度就是 34.0g/100g 水。

影响物质溶解度的因素有很多，其中温度的影响较大，大多数固体物质的溶解度随温度升高而增加，例如，硝酸钾在 0℃ 时的溶解度为 18g，而在 100℃ 时的溶解度为 246g。

在常温下，在 100g 水中，溶解度在 10g 以上的物质称为易溶物质；溶解度在 1g~10g 的物质称为可溶物质；溶解度在 1g 以下的物质称为微溶及难溶物质。但这并不是严格的分类方法。

二、分析化学中常用的法定计量单位

（一）物质的量

"物质的量"是一个物理量的整体名称，不要将"物质"与"量"分开来理解，它是表示物质的基本单元多少的一个物理量，国际上规定的符号为 n，并规定它的单位名称为摩尔，符号为 mol，中文符号为摩。

1mol 是指系统中的物质单元 B 的数目与 $0.012kg\,^{12}C$ 的原子数目相等。系统中物质单元 B 的数目是 $0.012kg\,^{12}C$ 的原子数的几倍，物质单元 B 的物质的量 n_B 就等于几摩尔。在使用摩尔时其基本单元应予以指明，它可以是原子、分子、离子、电子及其他粒子和这些粒子的特定组合。例如，在表示硫酸的物质的量时：

1）以 H_2SO_4 作为基本单元，98.08g 的硫酸，其中 H_2SO_4 的单元数与 $0.012kg\,^{12}C$ 的原子数目相等，这时硫酸的物质的量为 1mol。

2）以 $1/2\,H_2SO_4$ 作为基本单元，98.08g 的硫酸，其中 $1/2H_2SO_4$ 的单元数是 $0.012kg\,^{12}C$ 的原子数目的 2 倍，这时硫酸的物质的量为 2mol。

由此可见，相同质量的同一物质，由于所采用的基本单元不同，其物质的量也不同。物质的量的单位在分析化学中除用 mol 外，还常用 mmol。在使用摩尔时，应注明基本单元。例如：1mol H 具有质量 1.008g；1mol H_2 具有质量 2.016g；1mol（$1/2Na_2CO_3$）具有质量 53.00g；1mol（$1/5KMnO_4$）具有质量 31.60g。

（二）质量

质量习惯上称为重量，用符号 m 表示。质量的单位为千克（kg），在分析化学中常用克（g）、毫克（mg）和微克（μg）。它们的关系为：1kg = 1000 g，1g = 1000mg，1mg = 1000μg。

（三）体积

体积或容积用符号 V 表示，国际单位为立方米（m^3），在分析化学中常用升（L）、毫升（mL）和微升（μL）。它们的关系为：$1m^3 = 1000L$，1L = 1000mL，1mL = 1000μL。

（四）摩尔质量

摩尔质量的定义是质量（m）除以物质的量（n）。摩尔质量的符号为 M，单位为千克/

摩（kg/mol），即 $M=\dfrac{m}{n}$。摩尔质量在分析化学中是一个非常有用的量，单位常用克/摩（g/mol）。当已确定了物质的基本单元后，就可知道其摩尔质量。

常用物质的摩尔质量见表 2-1。

表 2-1　常用物质的摩尔质量

名称	化学式	式量	基本单元	$M/(g/mol)$	化学反应式
盐酸	HCl	36.46	HCl	36.46	$HCl+OH^-=H_2O+Cl^-$
硫酸	H_2SO_4	98.08	$\frac{1}{2}H_2SO_4$	49.04	$H_2SO_4+2OH^-=2H_2O+SO_4^{2-}$
草酸	$H_2C_2O_4\cdot2H_2O$	126.08	$\frac{1}{2}H_2C_2O_4\cdot2H_2O$	63.04	$H_2C_2O_4+2OH^-=2H_2O+C_2O_4^{2-}$
邻苯二甲酸氢钾	$KHC_8H_4O_4$	204.21	$KHC_8H_4O_4$	204.21	$KHC_8H_4O_4+NaOH=KNaC_8H_4O_4+H_2O$
氢氧化钠	NaOH	40.00	NaOH	40.00	$NaOH+H^+=H_2O+Na^+$
氨水	$NH_3\cdot H_2O$	35.05	$NH_3\cdot H_2O$	35.05	$NH_3+H^+=NH_4^+$
碳酸钠	Na_2CO_3	105.99	$\frac{1}{2}Na_2CO_3$	53.00	$Na_2CO_3+2H^+=2Na^++H_2O+CO_2\uparrow$
高锰酸钾	$KMnO_4$	158.04	$\frac{1}{5}KMnO_4$	31.61	$MnO_4^-+8H^++5e=Mn^{2+}+4H_2O$
重铬酸钾	$K_2Cr_2O_7$	294.18	$\frac{1}{6}K_2Cr_2O_7$	49.03	$Cr_2O_7^{2-}+14H^++6e=2Cr^{3+}+7H_2O$
氯化钠	NaCl	58.45	NaCl	58.45	$NaCl+AgNO_3=AgCl\downarrow+NaNO_3$
硝酸银	$AgNO_3$	169.9	$AgNO_3$	169.9	$AgNO_3+NaCl=AgCl\downarrow+NaNO_3$

（五）摩尔体积

摩尔体积的定义为体积（V）除以物质的量（n）。摩尔体积的符号为 V_m，国际单位为立方米/摩（m^3/mol）。常用单位为升/摩（L/mol）。即

$$V_m=\frac{V}{n} \tag{2-1}$$

（六）元素的相对原子质量

元素的相对原子质量是指元素的平均原子质量与 ^{12}C 原子质量的 1/12 之比。

元素的相对原子质量用符号 A_r 表示，此量的量纲为 1，以前称为原子量。例如：Fe 的相对原子质量是 55.85，Cu 的相对原子质量是 63.50。

（七）物质的相对分子质量

物质的相对分子质量是指物质的分子或特定单元平均质量与 ^{12}C 原子质量的 1/12 之比。物质的相对分子质量用符号 M_r 表示。此量的量纲为 1，以前称为分子量。例如：CO_2 的相对分子质量为 44.01；$1/3H_3PO_4$ 的相对分子质量为 32.67。

分析化学中常用的法定计量单位见表 2-2。

表 2-2　分析化学中常用的法定计量单位

量的名称	量的符号	单位名称	单位符号	可选用的计量单位	备注
物质的量	n	摩尔	mol	$mmol, \mu mol$	SI 基本单位

（续）

量的名称	量的符号	单位名称	单位符号	可选用的计量单位	备注
质量	m	千克	kg	$g,mg,\mu g,ng$	SI 基本单位
体积	V	立方米	m^3	$L(dm^3)$ $mL(cm^3)$	国家选定的非国际单位制单位
摩尔质量	M	千克/摩	kg/mol	g/mol	$M=m/n$
摩尔体积	V_m	立方米/摩	m^3/mol	L/mol,mL/mol	$V_m=V/n$
密度	ρ	千克/立方米	kg/m^3	$g/cm^3,g/mL$	$\rho=m/V$
相对原子质量	A_r				以前称为原子量
相对分子质量	M_r				以前称为分子量

三、分析化学的计算基础

（一）等物质的量规则

等物质的量规则定义为：凡反应进行达到定量完全时，此时消耗的各反应物和生成的各产物的物质的量相等。表达式如下：

反应物的物质的量＝生成物的物质的量

即： 标准物的物质的量＝待测物的物质的量

反应达到定量完全时的这一点，称为理论终点（也称化学计量点），根据指示剂改变颜色而停止滴定的这一点，称为滴定终点。

用 c_B 表示物质 B 的物质的量浓度（下节作详细介绍），n_B 表示物质 B 的物质的量，可得到式（2-2）（其中 X 表示待测物）

$$n_B=n_X \tag{2-2}$$

由于 $c_B=\dfrac{n_B}{V_B}$，$c_X=\dfrac{n_X}{V_X}$，$n_B=c_BV_B$，$n_X=c_XV_X$；所以 $c_BV_B=c_XV_X$。

以上公式是分析化学计算的依据。

等物质的量规则是为计算方便而提出的规则，使用时的关键问题是确定基本单元。

（二）基本单元的确定

在滴定分析中常用的方法有酸碱滴定法、氧化还原滴定法、络合滴定法和沉淀滴定法。确定这些反应中物质的基本单元，有如下两种方式：

1. 包括化学计量数在内的化学式作为基本单元

例 1： $H_2SO_4+2NaOH=Na_2SO_4+2H_2O$

在配平的化学方程式中，H_2SO_4 的计量数为 1，其基本单元就是 H_2SO_4。NaOH 的计量数 2，其基本单元就是 2NaOH。因此按等物质的量规则，反应到达理论终点时则

$$c(H_2SO_4)V(H_2SO_4)=c(2NaOH)V(2NaOH)$$

例 2： $Na_2CO_3+2HCl=2NaCl+CO_2+H_2O$

在配平的化学方程式中，Na_2CO_3 的计量数为 1，其基本单元就是 Na_2CO_3。HCl 的计量数 2，其基本单元就是 2HCl。因此按等物质的量规则，反应到达理论终点时则

$$c(Na_2CO_3)V(Na_2CO_3)=c(2HCl)V(2HCl)$$

例 3：$KMnO_4$ 与 Fe^{2+} 在酸性介质中反应

$$MnO_4^- + 5Fe^{2+} + 8H^+ = 5Fe^{3+} + Mn^{2+} + 4H_2O$$

Fe^{2+} 与 $KMnO_4$ 的基本单元分别定为 MnO_4^-、$5Fe^{2+}$，反应到达理论终点时则

$$c(5Fe^{2+})V(5Fe^{2+}) = c(MnO_4^-)V(MnO_4^-)$$

写成通式反应为：$aA + bB = cY + dZ$

分别以 aA、bB 为基本单元。反应到达理论终点时则

$$c(aA)V(aA) = c(bB)V(bB)$$

这种方式确定基本单元很方便，但前提是配平方程式。

2. 以实际最小单元作为基本单元

例 1：H_2SO_4 与 $NaOH$ 反应，实际反应的最小粒子是 H^+ 与 OH^-。

离子式为 $\qquad\qquad H^+ + OH^- = H_2O$

因此选择包含了 1 个 H^+ 或 1 个 OH^- 的化学式作为基本单元，即：$1/2H_2SO_4$、$NaOH$ 为基本单元，对应 1 个 H_2SO_4 有 2 个 $NaOH$ 得到 2 个质子。对应 $1/2H_2SO_4$ 有 1 个 $NaOH$ 得到 1 个质子。

例 2：$KMnO_4$ 与 Fe^{2+} 在酸性介质中反应：

离子方程式为 $\qquad MnO_4^- + 5e + 8H^+ = Mn^{2+} + 4H_2O$

$$Fe^{2+} - e = Fe^{3+}$$

反应中最小单元是电子，1 个 MnO_4^- 接受 5 个电子，其基本单元为 $1/5MnO_4^-$，1 个 Fe^{2+} 在反应中失去 1 个电子，其基本单元为 Fe^{2+}。上述两个反应到达理论终点时，分别有如下关系

$$c\left(\frac{1}{5}MnO_4^-\right)V\left(\frac{1}{5}MnO_4^-\right) = c(Fe^{2+})V(Fe^{2+})$$

$$c\left(\frac{1}{2}H_2SO_4\right)V\left(\frac{1}{2}H_2SO_4\right) = c(NaOH)V(NaOH)$$

这种选择基本单元方法符合定义，作为滴定分析来讲，也是最佳选择方法。

上述两种方法，无论用哪种方法确定基本单元，都应完成以下步骤：

1）写出化学反应方程式，按照规律将方程式配平。

2）根据方程式，找出待测组分与标准物质在化学上的计量关系。

3）选出标准物质的基本单元。

4）根据方程式，确定其他待测组分的基本单元。

5）求待测组分基本单元的摩尔质量。

通常情况下，滴定分析中各种反应基本单元的确定方法为：酸碱以质子得失数、EDTA（乙二胺四乙酸）络合滴定以 1∶1 关系、氧化还原以电子得失数为依据确定基本单元。

四、溶液浓度表示方法

（一）质量分数（w_B）

定义：溶质 B 的质量与混合物的质量之比，符号为 w_B。

通常以 100g 溶液中所含溶质的克数表示，即

$$w_B = \frac{m_B}{m} \tag{2-3}$$

式中　m_B——溶质的质量，g；

　　　m——溶液的质量，溶液的质量=溶质的质量+溶剂的质量，g。

市售的液体试剂一般都以质量分数表示。例如，市售硫酸标签上标明97%，表示此硫酸溶液100g中含97g硫酸和3g水。37%的盐酸是指100g盐酸溶液中含37g氯化氢和63g水。

（二）体积分数（φ_B）

定义：物质B的体积与相同温度和压力时的混合物体积之比，符号为φ_B。

通常以100mL溶液中所含溶质（市售液体试剂原液）的毫升数表示，即

$$\varphi_B = \frac{V_B}{V} \tag{2-4}$$

式中　V_B——溶质B的体积，mL；

　　　V——溶液的体积，mL。

例如，3%（φ）H_2O_2溶液，表示100mL溶液中含3mL市售H_2O_2（28%~30%）。

（三）质量浓度（ρ_B）

定义：物质B的质量除以混合物的体积，符号为ρ_B。

通常以1L溶液中所含固体溶质的克数表示，即

$$\rho_B = \frac{m_B}{V} \tag{2-5}$$

式中　m_B——溶质的质量，g；

　　　V——溶液的体积，L。

例如，100g/L NH_4Cl溶液，表示1L溶液中含100g NH_4Cl。配制时称取100g固体NH_4Cl，溶于少量水中，然后用水稀释至1L。

（四）物质的量浓度（c_B）

定义：物质B的物质的量除以混合物的体积，符号为c_B。即

$$c_B = \frac{n_B}{V} \tag{2-6}$$

式中　c_B——物质的量浓度，mol/L；

　　　n_B——物质B的物质的量，mol；

　　　V——溶液的体积，L。

凡涉及物质的量时，必须用元素符号或化学式指明基本单元。例如：

$c(H_2SO_4)=1$mol/L硫酸溶液，表示1L溶液中含98.08g H_2SO_4。

$c(1/2H_2SO_4)=1$mol/L硫酸溶液，表示1L溶液中含49.04g H_2SO_4。

$c(KMnO_4)=1$mol/L高锰酸钾溶液，表示1L溶液中含158.04g $KMnO_4$。

$c(1/5KMnO_4)=1$mol/L高锰酸钾溶液，表示1L溶液中含31.61g $KMnO_4$。

（五）比例浓度（V_A+V_B）

比例浓度是指A体积液体溶质与B体积溶剂相混时二者的体积比。

例如，（1+5）HCl 溶液，表示 1 体积市售盐酸与 5 体积水相混合而成的溶液。有些分析规程中写成（1：5）HCl，意思完全相同，现行标准中统一采用（1+5），而不用（1：5）。

（六）滴定度（T）

定义：被滴定物质的质量除以标准滴定溶液的体积，用符号 T 表示。

滴定度有两种表示方法：

1. T_s

以每毫升标准溶液中所含滴定剂（溶质）的克数表示的浓度，常用符号 T_s 表示，其中脚注 s 代表滴定剂的化学式，T_s 的单位为 g/mL。

$$T_s = \frac{溶质的质量}{标准溶液的体积} = \frac{m}{V}$$

例如，$T_{HCl} = 0.001012g/mL$ 的盐酸溶液，表示每毫升此溶液含有 0.001012g 纯 HCl。这种滴定度表示法在分析结果计算时不太方便，故使用不广泛。

2. $T_{s/x}$

以每毫升标准溶液所相当的被测物的克数表示的浓度，常用符号 $T_{s/x}$ 表示，其中 s 代表滴定剂的化学式，x 代表被测物的化学式，$T_{s/x}$ 的单位为 g/mL。

$$T_{s/x} = \frac{被测物的质量}{标准溶液的体积} = \frac{m_x}{V}$$

例如，$T_{HCl/Na_2CO_3} = 0.005316g/mL$ 的盐酸溶液，表示每毫升此标准的盐酸溶液相当于 0.005316g Na_2CO_3。这种滴定度表示法对分析结果计算十分方便，故使用比较广泛。

五、一般溶液的配制和计算

一般溶液是指非标准溶液，它在分析工作中常作为溶解样品、调节 pH 值、分离或掩蔽离子、显色等使用。配制一般溶液时精度要求不高，试剂的质量由架盘天平称量，体积用量筒量取即可。

（一）质量分数溶液的配制和计算

1. 溶质是固体物质

$$m_1 = mw_B \qquad m_2 = m - m_1$$

式中　m_1——固体溶质的质量，g；

　　　m_2——溶剂的质量，g；

　　　m——欲配溶液的质量，g；

　　　w_B——欲配溶液的质量分数。

例：欲配制质量分数是 10% 的氯化钠溶液 500g，如何配制？

解：$m_1 = mw_B = 500g \times 10\% = 50g$

　　$m_2 = m - m_1 = 500g - 50g = 450g$

配法：称取 50g NaCl，加 450g 水，混匀。

2. 溶质是浓溶液

由于浓溶液取用量以量取体积较为方便，故一般需查阅酸碱溶液浓度-密度关系表，查得溶液的密度，计算出体积，然后进行配制。计算依据是溶质的总量稀释前后不变。

$$\rho_0 V_0 w_0 = \rho V w$$

$$V_0 = \frac{\rho V w}{\rho_0 w_0} \tag{2-7}$$

式中　V_0——浓溶液的体积，mL；

　　　ρ_0——浓溶液的密度，g/mL；

　　　w_0——浓溶液的质量分数；

　　　V——欲配溶液的体积，mL；

　　　ρ——欲配溶液的密度，g/mL；

　　　w——欲配溶液的质量分数。

　　例：欲配制质量分数为 30% 的硫酸溶液（$\rho = 1.22\text{g/mL}$）500mL，如何配制？（市售硫酸溶液的 $\rho_0 = 1.84\text{g/mL}$，$w_0 = 96\%$）

　　已知：$\rho = 1.22\text{g/mL}$，$\rho_0 = 1.84\text{g/mL}$，$V = 500\text{mL}$，$w = 30\%$，$w_0 = 96\%$。

　　求：应量取 $\rho_0 = 1.84\text{g/mL}$，$w_0 = 96\%$ 的市售硫酸溶液多少毫升（$V_0 = ?$）。

　　解：$$V_0 = \frac{1.22\text{g/mL} \times 500\text{mL} \times 30\%}{1.84\text{g/mL} \times 96\%} = 103.6\text{mL}$$

　　配法：量取市售硫酸溶液 103.6mL，在不断搅拌下慢慢倒入水中，冷却后用水稀释至 500mL，混匀。

（二）体积分数溶液的配制和计算

$$V_0 = V\varphi_B \tag{2-8}$$

式中　φ_B——欲配制溶液的体积分数。

　　例：欲配制体积分数为 2% 的硝酸溶液 500mL，如何配制？

　　解：$V_0 = V\varphi_B = 500\text{mL} \times 2\% = 10\text{mL}$

　　配法：量取市售 10mL 硝酸溶液，加入到约 400mL 水中，加水稀释至 500mL 混匀。

（三）质量浓度溶液的配制和计算

$$m_B = V\rho_B \tag{2-9}$$

式中　m_B——固体溶质的质量，g；

　　　V——欲配溶液的体积，L；

　　　ρ_B——欲配溶液的质量浓度，g/L。

　　例：欲配 100g/L 的氢氧化钠溶液 500mL，如何配制？

　　解：$m_B = V\rho_B = \dfrac{500}{1000}\text{L} \times 100\text{g/L} = 50\text{g}$

　　配法：称取 50g 固体氢氧化钠，溶于水，冷却后，用水稀释至 500mL，混匀。

（四）物质的量浓度溶液的配制和计算

根据 $c_B = \dfrac{n_B}{V}$，$n_B = \dfrac{m_B}{M_B}$，可得

$$m_B = n_B M_B = c_B V M_B$$

式中　m_B——固体溶质的质量，g；

　　　c_B——欲配溶液物质的量浓度，mol/L；

　　V ——欲配溶液的体积，L；

　　M_B ——溶质的摩尔质量，g/mol。

　　M_B 为选定的基本单元的摩尔质量，摩尔质量的数值就是指定基本单元的化学式的式量，单位为 g/mol。

1. 溶质是固体物质

例：欲配制碳酸钠溶液 500mL，$c(Na_2CO_3) = 0.5mol/L$，如何配制？

已知：$c_B = c(Na_2CO_3) = 0.5mol/L$，$V = 500mL = 0.5L$，$M_B = M(Na_2CO_3) = 106g/mol$。

求：碳酸钠溶液中固体碳酸钠的质量。

解：$m(Na_2CO_3) = c(Na_2CO_3)VM(Na_2CO_3) = 0.5mol/L \times 0.5L \times 106g/mol = 26.5g$

配法：称取 26.5g 碳酸钠溶于水中，并用水稀释至 500mL，混匀。

2. 溶质是浓溶液

例：欲配制磷酸溶液 500mL，$c(H_3PO_4) = 0.5mol/L$，如何配制？（浓磷酸溶液的物质的量浓度为 15mol/L）

已知：$c_浓 = 15mol/L$，$c_稀 = c(H_3PO_4) = 0.5mol/L$，$V_稀 = 500mL = 0.5L$。

求：应量取浓磷酸溶液多少毫升？

解：由于溶液在稀释前后，其中溶质的物质的量不变，因此可用下式计算

$$c_浓 V_浓 = c_稀 V_稀$$

$$V_浓 = \frac{c_稀 V_稀}{c_浓} = \frac{0.5mol/L \times 500mL}{15mol/L} = 17mL$$

配法：量取 17mL 浓磷酸溶液，加入到约 400mL 水中，加水稀释至 500mL，混匀。

常用酸、碱试剂的密度和物质的量浓度见表 2-3。

表 2-3　常用酸、碱试剂的密度和物质的量浓度

试剂名称	化学式	相对分子质量	密度 ρ/（g/mL）	质量分数 w（%）	物质的量浓度 c_B[1]/（mol/L）
硫酸	H_2SO_4	98.08	1.84	96	18
盐酸	HCl	36.46	1.19	37	12
硝酸	HNO_3	63.01	1.42	70	16
磷酸	H_3PO_4	98.00	1.69	85	15
冰醋酸	CH_3COOH	60.05	1.05	99	17
高氯酸	$HClO_4$	100.46	1.67	70	12
氢氟酸	HF	20.01	1.14	42	24
氨水	$NH_3 \cdot H_2O$	17.03	0.90	28	15

① c_B 以化学式为基本单元。

六、标准溶液的配制和计算

（一）滴定分析用标准溶液的配制和计算

已知准确浓度的溶液叫作标准溶液。滴定分析用标准溶液是用来滴定被测物的，浓度要求准确到四位有效数字。常用的浓度是物质的量浓度和滴定度，它们的配制方法有两种——直接法和标定法。

1. 直接法

在分析天平上准确称取一定量已干燥的基准物质溶于水后，转入已校正的容量瓶中用水稀释至刻度，摇匀，即可算出其浓度。

常用基准物质见表2-4。

表2-4　常用基准物质

名称	化学式	式量	使用前的干燥条件
碳酸钠	Na_2CO_3	105.99	首次使用270℃~300℃干燥2h~3h，后续使用于140℃~150℃下干燥2h
邻苯二甲酸氢钾	$KHC_8H_4O_4$	204.23	105℃~110℃干燥3h~4h
重铬酸钾	$K_2Cr_2O_7$	294.18	120℃±2℃干燥3h~4h 或140℃~150℃干燥2h~3h
三氧化二砷	As_2O_3	197.84	70℃~80℃干燥2h~3h 放在硫酸干燥器内冷却备用
草酸钠	$Na_2C_2O_4$	134.00	115℃~120℃干燥3h~4h
氯化钠	$NaCl$	58.44	首次使用500℃~600℃灼烧2h~3h，再次使用于140℃~150℃干燥2h~3h
硝酸银	$AgNO_3$	169.87	在浓硫酸干燥器中干燥至恒重

注：烘干后的基准物，除说明者外，均存放于硅胶干燥器中冷却备用。

（1）物质的量浓度标准溶液的配制和计算

例，欲配 $c\left(\dfrac{1}{6}K_2Cr_2O_7\right) = 0.1000mol/L$ 标准溶液1000mL，如何配制？

已知：$c_B = c\left(\dfrac{1}{6}K_2Cr_2O_7\right) = 0.1000mol/L$，$V = 1000mL = 1L$，$M_B = 49.03g/mol$。

求：配制浓度为0.1000mol/L的重铬酸钾标准溶液1000mL，需准确称量多少克的重铬酸钾基准试剂？

解：根据公式 $m_B = c_B V M_B$ 求出

$$m(K_2Cr_2O_7) = 0.1000mol/L×1L×49.03g/mol = 4.903g$$

配法：准确称取已烘干的4.903g的重铬酸钾基准试剂溶于水，移入1L容量瓶中，加水稀释至刻度，摇匀。

（2）滴定度标准溶液的配制和计算　计算公式如下

$$T_s = \frac{s}{x}T_{s/x} \qquad m = T_s V$$

式中　T_s——1mL滴定液中含滴定剂s的克数表示的浓度，g/mL；

　　　s——按反应方程式确定的滴定剂（s）的质量，g；

　　　x——按反应方程式确定的被测物（x）的质量，g；

　　　$T_{s/x}$——滴定度，g/mL；

　　　V——欲配标准溶液的体积，mL；

　　　m——滴定剂的质量，g。

例：欲配 $T_{AgNO_3/Cl^-} = 0.001000g/mL$ 溶液1000mL，如何配制？

解：滴定反应为 $AgNO_3 + Cl^- = AgCl\downarrow + NO_3^-$

$$T_s = \frac{s}{x}T_{s/x} = \frac{169.9g}{35.45g}×0.001000g/mL = 0.004793g/mL$$

$$m = T_s V = 0.004793 \text{g/mL} \times 1000 \text{mL} = 4.793 \text{g}$$

配法：准确称取 4.793g 硝酸银基准物质溶于水，移入 1L 棕色容量瓶中，加水稀释至刻度，摇匀。

2. 标定法

很多物质不符合基准物质的条件。例如，浓盐酸中氯化氢很易挥发，固体氢氧化钠易吸收水分和二氧化碳，高锰酸钾不易提纯等。它们都不能直接配制标准溶液。一般是先将这些物质配成近似所需浓度的溶液，再用基准物质（标准物质）测定其准确浓度，这一操作叫作标定。标定的方法有两种：

（1）用基准物（标准物质）标定　准确称取一定量的基准物（标准物质），溶于水后用待标定的溶液滴定至反应完全。根据所消耗待标定溶液的体积和标准物质的质量，计算出待标定溶液的准确浓度。计算公式为

$$c_B = \frac{m_A}{V_B M_A} \qquad (2\text{-}10)$$

式中　c_B——待标定溶液的物质的量浓度，mol/L；

m_A——标准物质的质量，g（mg）；

M_A——标准物质的摩尔质量，g/mol；

V_B——消耗待标定溶液的体积，L（mL）。

例：配制 0.1mol/L 盐酸标准溶液 1000mL，并用标准物质碳酸钠标定出准确浓度，如何进行？

解：根据 $c_浓 V_浓 = c_稀 V_稀$

$$V_浓 = \frac{c_稀 \ V_稀}{c_浓} = \frac{0.1 \text{mol/L} \times 1000 \text{mL}}{12 \text{mol/L}} \approx 8.3 \text{mL}$$

配制：量取 8.3mL 浓盐酸，注入 1000mL 水中，摇匀，浓度近似为 0.1mol/L。

标定：称取已干燥的碳酸钠基准物质 0.15g~0.2g（准确至 0.0002g），溶于 50mL 水中，加 10 滴溴甲酚绿-甲基红混合指示剂，用 0.1mol/L 盐酸溶液滴定至溶液由绿色变为暗红色，煮沸 2min，冷却后，继续滴定至溶液呈暗红色。

浓度计算：若基准物质碳酸钠的质量为 0.1608g，消耗盐酸溶液 30.12mL。

则，

$$c(\text{HCl}) = \frac{m(\text{Na}_2\text{CO}_3)}{V(\text{HCl}) M\left(\frac{1}{2}\text{Na}_2\text{CO}_3\right)} = \frac{0.1608 \text{g}}{\frac{30.12}{1000} \text{mL} \times 53.00 \text{g/mol}} = 0.1007 \text{mol/L}$$

一般标定需平行测定 3~5 份，取平均值。

（2）用基准溶液标定　准确称取一定量的基准物质，溶于水，并在容量瓶中配成一定体积，即成基准溶液，它的浓度可以算得。然后取出部分此溶液，标定待标溶液。计算公式为

$$c_B V_B = c_A V_A$$

式中　c_B——待标定溶液的物质的量浓度，mol/L；

V_B——待标定溶液的体积，mL；

c_A——基准溶液的物质的量浓度，mol/L；

V_A——基准溶液的体积，mL。

例：称量 1.5064g 干燥碳酸钠溶于水，移入 250mL 容量瓶中，用水稀释至刻度，摇匀。移取 25.00mL 此基准溶液于锥形瓶中，加 50mL 水，同上法用待标定盐酸溶液滴定至终点。若消耗盐酸溶液 27.98mL，则此盐酸溶液的准确浓度为多少？

已知：$V = 250\text{mL} = 0.25\text{L}$，$M\left(\frac{1}{2}Na_2CO_3\right) = 53.00\text{g/mol}$，$m\left(\frac{1}{2}Na_2CO_3\right) = 1.5064\text{g}$，

$V(HCl) = 27.98\text{mL}$，$V\left(\frac{1}{2}Na_2CO_3\right) = 25\text{mL}$。

求：盐酸标准溶液的准确浓度为多少？

解：根据 $m_B = c_B V M_B$，导出

$$c\left(\frac{1}{2}Na_2CO_3\right) = \frac{m\left(\frac{1}{2}Na_2CO_3\right)}{V M\left(\frac{1}{2}Na_2CO_3\right)}$$

$$c\left(\frac{1}{2}Na_2CO_3\right) = \frac{1.5064\text{g}}{0.25\text{L} \times 53.00\text{g/mol}} = 0.1137\text{mol/L}$$

又根据 $c_B V_B = c_A V_A$，导出

$$c(HCl) = c\left(\frac{1}{2}Na_2CO_3\right) V\left(\frac{1}{2}Na_2CO_3\right) / V(HCl)$$

$$c(HCl) = \frac{0.1137\text{mol/L} \times 25.00\text{mL}}{27.98\text{mL}} = 0.1016(\text{mol/L})$$

答：盐酸标准溶液的准确浓度为 0.1016mol/L。

（3）物质的量浓度 c_s 和滴定度 $T_{s/x}$ 的相互换算

$$T_{s/x} = c_s \cdot \frac{1}{1000} \cdot M_x$$

式中　M_x——被测物的摩尔质量，g/mol。

例：已知 $c(HCl) = 0.1007\text{mol/L}$ 的盐酸溶液，相当于 T_{HCl/Na_2CO_3} 为多少？

解：　　　　$2HCl + Na_2CO_3 = 2NaCl + H_2O + CO_2 \uparrow$

$$T_{HCl/Na_2CO_3} = 0.1007\text{mol/L} \times \frac{1}{1000} \times 53.00\text{g/mol} = 0.005337\text{g/mL}$$

答：该滴定度为 0.005337（g/mL）。

（二）微量分析用离子标准溶液的配制和计算

微量分析如光度法、原子吸收法等所用的离子标准溶液的单位常用 mg/mL、μg/mL 等表示，配制时需用基准物质或纯度在分析纯以上的高纯试剂配制。浓度低于 0.1mg/mL 的标准溶液，常在临用前用较浓的标准溶液在容量瓶中稀释而成。计算公式为

$$m = \frac{\rho V}{f \times 1000} \tag{2-11}$$

式中　m——纯试剂的质量，g；

　　　ρ——欲配离子液的浓度，mg/mL；

　　　V——欲配离子液的体积，mL。

$$f = \frac{\text{试剂中欲配组分的式量}}{\text{试剂的式量}}$$

例1：欲配1mg/mL Cl$^-$标准溶液1000mL，如何配制？

解：用基准氯化钠配制

$$f = \frac{Cl^-}{NaCl} = \frac{35.45}{58.44} = 0.6066$$

$$m = \frac{1mg/mL \times 1000mL}{0.6066 \times 1000} = 1.649g$$

配法：准确称取1.649 g已干燥的氯化钠溶于水，移入1000mL容量瓶中，用水稀释至刻度，摇匀。

例2：欲配100μg/mL Cr（Ⅵ）标准溶液1000mL，如何配制？

解：用重铬酸钾配制

$$f = \frac{2Cr(\text{Ⅵ})}{K_2Cr_2O_7} = \frac{2 \times 52.00}{294.18} = 0.3535$$

$$m = \frac{\rho V}{f \times 1000} = \frac{0.1mg/mL \times 1000mL}{0.3535 \times 1000} = 0.2829g$$

配法：准确称取0.2829g的重铬酸钾基准物质（已干燥）溶于水，移入1000mL容量瓶中，用水稀释至刻度，摇匀。

（三）常用标准滴定溶液的配制和标定

1. 酸标准滴定溶液

酸标准滴定溶液一般有盐酸、硫酸、高氯酸等标准溶液，最常用的是盐酸标准溶液，浓度一般为0.1mol/L，有时也需要用1mol/L或0.01mol/L。盐酸标准滴定溶液一般用间接法配制，即先用盐酸溶液配制成近似浓度的溶液，然后用基准物质进行标定。标定用的基准物质主要有无水碳酸钠和硼砂。

2. 碱标准滴定溶液

碱标准滴定溶液一般有氢氧化钠、氢氧化钾、碳酸钠等标准溶液，最常用的是氢氧化钠标准滴定溶液，浓度一般为0.1mol/L，有时也需要用1mol/L或0.01mol/L。氢氧化钠因易吸收空气中的二氧化碳和水分，称得的质量不能代表纯氢氧化钠的质量，因此该类标准溶液不能用直接法配制，而要用间接法配制。即先用氢氧化钠溶液配制成近似浓度的溶液，然后用基准物质标定。标定氢氧化钠溶液可以用草酸、草酸氢钾、苯甲酸等物质，但最常用的基准物质是邻苯二甲酸氢钾。

3. 高锰酸钾标准滴定溶液

高锰酸钾常含有少量杂质，如硫酸盐、氯化物及硝酸盐等，因此不能用直接法配制标准滴定溶液。为了配制较稳定的高锰酸钾标准滴定溶液，可称取稍多于理论量的高锰酸钾固体，溶于一定体积的蒸馏水中，加热煮沸，冷却后贮存于棕色瓶中，在暗处放置几天，使溶液中可能存在的还原性物质完全氧化。然后过滤除去析出的二氧化锰沉淀，再进行标定。标定用的物质一般有二水合草酸、草酸钠、硫酸亚铁铵、三氧化二砷、高纯铁等，其中最常用的是草酸钠基准物质。

4. 硫代硫酸钠标准滴定溶液

硫代硫酸钠（$Na_2S_2O_3 \cdot 5H_2O$）一般都含有少量杂质，如硫酸盐、碳酸盐、氯化物等，因此不能用直接法配制标准滴定溶液，只能先配制成近似浓度的溶液，然后再进行标定。标定用的基准物质主要有碘酸钾、溴酸钾、重铬酸钾、高纯铜等，其中最常用的是重铬酸钾基准物质。配制硫代硫酸钠标准滴定溶液时，为了去除水中的二氧化碳和杀死细菌，应用新煮沸并冷却了的蒸馏水，并加入少量碳酸钠（约 0.02%）使溶液呈微碱性，有时为了避免细菌的作用，还加入少量碘化汞（10mg/L）。为了避免日光促进硫代硫酸钠的分解，溶液应保存在棕色瓶中，放置暗处，经 8 天~14 天再标定。长期保存的溶液，隔 1 个月~2 个月标定一次，若发现溶液变浑，应弃去重配。

5. EDTA 标准滴定溶液

EDTA 是乙二胺四乙酸的简称，微溶于水，难溶于酸和一般有机溶剂，但易溶于氨性溶液或苛性碱溶液中，生成相应的盐溶液。因此分析工作中常应用它的二钠盐（即乙二胺四乙酸二钠盐）间接法配制标准溶液，用 $Na_2H_2Y \cdot 2H_2O$ 表示，习惯上也称为 EDTA。用于标定 EDTA 溶液的基准物质溶液很多，一般根据具体试验选择标定用基准物质溶液和指示剂。

以上简要介绍了几种常用的标准滴定溶液的配制和标定。标准滴定溶液配制和标定的具体要求参见 GB/T 601—2016、GJB 1886A—2019 和 GB/T 602—2002。

（四）配制溶液的注意事项

1）分析试验所用的溶液应用纯水配制，容器应用纯水洗三次以上。特殊要求的溶液应先做纯水的空白值检验。如配制硝酸银溶液，应检验水中有无 Cl^-；配制用于 EDTA 络合滴定的溶液，应检验水中有无 Ca^{2+}、Mg^{2+} 等阳离子。

2）溶液要用带塞的试剂瓶盛装；见光易分解的溶液要装于棕色瓶中；挥发性试剂，例如用有机溶剂配制的溶液，瓶塞要严密；见空气易变质及放出腐蚀性气体的溶液也要盖紧，长期存放时要用蜡封住；浓碱液应用塑料瓶装，如装在玻璃瓶中，要用橡胶塞塞紧，不能用玻璃磨口塞。

3）每瓶试剂溶液必须标明名称、规格、浓度和配制日期，按照实验室管理的要求，要有统一标识。

4）溶液储存时可能有以下原因使溶液变质，应予以注意：

① 玻璃与水和试剂作用，或多或少会被侵蚀（特别是碱性溶液），使溶液中含有钠、钙、硅等杂质。某些离子易被吸附于玻璃表面，这对于低浓度的离子标准溶液不可忽略。因此，除另有规定外，应严格按 GB/T 602—2002 规定的"在常温（15℃~25℃）下，保存期一般为二个月"执行，浓度特别低的标准溶液要在使用时由高浓度的溶液稀释。

② 由于试剂瓶密封不好，空气中的二氧化碳、氧气、氨气或酸雾侵入使溶液发生变化，如氨水吸收二氧化碳生成碳酸氢铵，碘化钾溶液见光易被空气中的氧气氧化生成碘而变为黄色，氯化亚锡、硫酸亚铁、亚硫酸钠等还原剂溶液易被氧化。

③ 某些溶液见光分解，如硝酸银、汞盐等。有些溶液放置时间较长后逐渐水解，如铋盐、锑盐等。硫代硫酸钠还能受微生物作用逐渐使浓度变低。

④ 某些络合滴定指示剂溶液放置时间较长后会发生聚合和氧化反应等，不能敏锐指示终点，如铬黑 T、二甲酚橙等。

⑤ 由于易挥发组分的挥发，使浓度降低，导致试验出现异常现象。

5）配制酸溶液时，应把酸倒入水中。对于溶解时放热较多的试剂，不可在试剂瓶中配制，以免炸裂。如配制硫酸溶液时，应将浓硫酸缓缓倒入水中，边倒边搅拌，必要时以冷水冷却烧杯外壁。

6）用有机溶剂配制溶液时（如配制指示剂溶液），有机物溶解较慢，应不断搅拌，或在热水浴中温热溶液，但不可直接加热。

有机溶剂大都有毒，应在通风柜内操作。为避免有机溶剂不必要的蒸发，配制时应加盖预防。易燃溶剂使用时要远离明火。

7）配置碘溶液时，应将碘溶于较浓的碘化钾水溶液中再稀释到相应的浓度。

配制易水解的盐类水溶液时，应先在溶液中加入适量的酸，充分溶解后，再以稀酸稀释至所需的浓度。例如：在配制氯化亚锡溶液时，应先在溶液中加入适量的酸，充分溶解防止水解。一旦操作不当，发生了水解，即使加入再多的酸，也很难溶解沉淀。

8）不能用手直接接触有腐蚀性或有剧毒的溶液，防止皮肤灼伤或中毒。对剧毒废液应做解毒处理，不可直接倒入下水道，防止环境污染。

第二节　酸碱滴定法

一、酸碱质子理论

酸碱滴定法所涉及的反应是酸碱反应，酸碱反应平衡的基础理论是酸碱质子理论。根据质子理论，凡是能给出质子的物质是酸，凡是能接受质子的物质是碱，酸碱反应的实质是质子的转移。它们之间的关系可用下式表示

$$酸 \rightleftharpoons 质子 + 碱$$

按照质子理论很容易解释氨水为什么显碱性。因为氨气接受水提供的质子，所以氨水显碱性。其反应为

$$NH_3 + H_2O = NH_4^+ + OH^-$$

酸失去质子后变成碱，而碱接受质子变成酸，它们相互依存的关系叫作共轭关系。这种因一个质子的得失而互相转变的每一对酸碱，称为共轭酸碱对。

例如

$$HAc \rightleftharpoons H^+ + Ac^-$$

$$酸_1 \qquad 碱_1$$

$$H_2O + H^+ \rightleftharpoons H_3O^+$$

$$碱_2 \qquad 酸_2$$

二、酸碱离解平衡

酸碱的强弱取决于物质给出或接受质子能力的强弱。给出质子的能力越强，酸性就越强；反之就越弱。同样，接受质子的能力越强，碱性就越强；反之就越弱。

在共轭酸碱对中，如果酸越容易给出质子，酸性越强，则其共轭碱对质子的亲和力就越弱，就越不容易接受质子，碱性就越弱。例如：$HClO_4$、HCl 都是强酸，它们的共轭碱 ClO_4^-、Cl^- 都是弱碱。反之酸越弱，给出质子的能力越弱，则其共轭碱就越容易接受质子，因而碱性就越强。例如：NH_4^+、HS^- 等都是弱酸，它们的共轭碱 NH_3 是较强的碱，S^{2-} 则是强碱。

三、水的电离平衡与 pH 的意义

为了理解酸碱滴定的原理以及如何选择恰当的指示剂，必须了解在酸碱滴定过程中，溶液中 $[H^+]$ 变化的规律，特别是理论终点附近 $[H^+]$ 变化的情况。而一般酸碱滴定所利用的中和反应是在水溶液中进行的，因此，首先了解水的电离问题是十分必要的。

纯水是一个很弱的电解质，其中很小一部分水分子按下式电离

$$2H_2O \rightleftharpoons H_3O^+ + OH^-$$

一般简写为

$$H_2O \rightleftharpoons H^+ + OH^-$$

因此，水既是弱酸，可以电离出很少的 H^+，又是弱碱，可以同时电离出 OH^-。这个电离进行得很不完全，经试验测定，在 25℃ 时，纯水中 $[H^+]=[OH^-]=10^{-7}$ mol/L。

水的电离也是一种动态平衡，其电离平衡用式（2-12）表示

$$\frac{[H^+][OH^-]}{[H_2O]} = K \tag{2-12}$$

因为电离的部分极少，所以水分子的浓度 $[H_2O]$ 可以看作是不变的（等于 55.5 mol/L）。把它归并到常数项中去，于是得到式（2-13）：

$$[H^+][OH^-] = K[H_2O] = K_W \tag{2-13}$$

K_W 也是一个常数，叫作水的离子积常数，它只随温度而变，在室温下，可以采用 $K_W = 1 \times 10^{-14}$。

对水的电离平衡应该有这样的理解：在水溶液中，总是同时存在 H^+ 和 OH^- 的；纯水是中性的，但并不是其中不含 H^+ 和 OH^-，而是由于 $[H^+]=[OH^-]$；在酸性水溶液中，并非不含 OH^-，而是由于 $[H^+]>[OH^-]$；同理，在碱性水溶液中，并非不含 H^+，而是由于 $[OH^-]>[H^+]$；但无论是在酸性、中性还是碱性水溶液中，$[H^+]$ 与 $[OH^-]$ 的乘积总等于一常数，即 K_W 值。

例如：在 0.1mol/LNaOH 溶液中，$[OH^-]=0.1$ mol/L。

$$[H^+] = \frac{1 \times 10^{-14}}{0.1 \text{mol/L}} = 1 \times 10^{-13} \text{mol/L}$$

在 0.1mol/L 的 $NH_3 \cdot H_2O$ 溶液中，$[OH^-]=1.34 \times 10^{-3}$ mol/L。

$$[H^+] = \frac{1 \times 10^{-14}}{1.34 \times 10^{-3} \text{mol/L}} = 7.46 \times 10^{-12} \text{mol/L}$$

在 0.1mol/L 的 HAc 中，$[H^+]=1.34 \times 10^{-3}$ mol/L。

$$[OH^-] = \frac{1 \times 10^{-14}}{1.34 \times 10^{-3} \text{mol/L}} = 7.46 \times 10^{-12} \text{mol/L}$$

在纯水中，$[H^+]=[OH^-]=\sqrt{K_w}=10^{-7}$ mol/L

因此在水溶液中，当 $[H^+]>10^{-7}$ mol/L 时，$[H^+]>[OH^-]$，表现为酸性；当 $[H^+]<10^{-7}$ mol/L 时，$[H^+]<[OH^-]$，表现为碱性。所以，可以用 $[H^+]$ 统一表达溶液的酸碱性及其强度。

许多化学反应都是在 $[H^+]$ 浓度很低的溶液中进行的。由于直接用 $[H^+]$ 来表达溶液的酸碱度有时很不方便，因此常用 $[H^+]$ 的负对数来表达，这个值叫作氢离子指数，用符

号 pH 来表示

$$pH = -\lg[H^+]$$

pH 的表示法很适用于浓度较小的情况，因为在弱酸性到弱碱性范围内，溶液酸度的显著变化主要体现在 $[H^+]$ 的数量级上。采用它的负对数 pH 就可以较方便地把 $[H^+]$ 的微小差别用一个简单数字表达出来，例如 $[H^+]$ 由 10^{-8} mol/L 变到 10^{-5} mol/L，$[H^+]$ 绝对量变化并不大，但相对量 $[H^+]$ 增加了 10^3 倍，用 pH 值表示即由 8 降到 5，减小了三个单位。

现将溶液酸度和 pH 的关系，用表 2-5 的方式做个对照说明。

表 2-5 酸度、碱度、pH、pOH 对照表

$[H^+]$	10^0	10^{-2}	4×10^{-4}	10^{-5}	10^{-7}	10^{-9}	4×10^{-10}	10^{-12}	10^{-14}
$[OH^-]$	10^{-14}	10^{-12}	$\frac{1}{4}\times10^{-10}$	10^{-9}	10^{-7}	10^{-5}	$\frac{1}{4}\times10^{-4}$	10^{-2}	10^0
pH	0	2	3.4	5	7	9	9.4	12	14
pOH	14	12	10.6	9	7	5	4.6	2	0

$$\xleftarrow{\hspace{3cm}} \underset{\text{酸性增强}}{\overset{\text{强酸性} \qquad \text{弱酸性}}{\rule{5cm}{0.4pt}}} \quad \text{中性} \quad \underset{\text{碱性增强}}{\overset{\text{弱碱性} \qquad \text{强碱性}}{\rule{5cm}{0.4pt}}} \xrightarrow{\hspace{3cm}}$$

把前面举的例子中的 $[H^+]$ 换算成 pH 值如下：

0.1mol/L HCl $[H^+] = 0.1$ mol/L $pH = 1.00$

0.1mol/L HAc $[H^+] = 1.34\times10^{-3}$ mol/L $pH = 2.87$

0.1mol/L $NH_3 \cdot H_2O$ $[H^+] = 7.46\times10^{-12}$ mol/L $pH = 11.13$

0.1mol/L NaOH $[H^+] = 1\times10^{-13}$ mol/L $pH = 13.00$

因 $[H^+][OH^-] = K_W = 1\times10^{-14}$

若符号两边分别取负对数，则

$$-\lg[H^+] - \lg[OH^-] = -\lg K_W = 14$$

所以
$$pH + pOH = 14$$
$$pOH = 14 - pH$$

四、酸碱指示剂

(一) 指示剂的变色原理

酸碱指示剂都是比较复杂的有机弱酸或有机弱碱。其之所以在不同酸度时，它们会呈现不同的颜色，是由于溶液酸度的变化会引起这类指示剂的结构发生变化。先以常用的甲基橙为例，它是一个弱碱，在溶液中存在以下电离平衡：

当溶液中的 H^+ 浓度增加时，电离平衡向右移动，当红色离子成为甲基橙的主要存在形态时，溶液便呈红色；相反，溶液中 OH^- 浓度增大时，电离平衡向左移动，当黄色离子成为主要存在形态时，溶液则呈黄色。

又如酚酞是弱酸，其电离平衡为：

在酸性溶液中，有大量的 H^+ 存在，酚酞电离平衡向左移动，酚酞变为无色离子，即酸色形；在碱性溶液中，电离平衡向右移动，酚酞逐步转变为红色离子，即碱色形，当 OH^- 浓度足够大时，溶液即呈红色。

像甲基橙那类指示剂，其酸色形与碱色形都具有特征的颜色，故称作双色指示剂；而像酚酞这类指示剂，只有碱色形具有颜色，这类指示剂则称为单色指示剂。

（二）指示剂的变色范围

酸碱指示剂变色的内因是指示剂结构的变化，外因是溶液 pH 值的变化。下面将更进一步说明指示剂颜色变化与溶液酸度的关系。以 "HIn" 代表指示剂的酸色形，以 "In" 代表指示剂的碱色形，指示剂的电离平衡可用下式表示

$$HIn \rightleftharpoons H^+ + In^-$$

相应的电离平衡表达式为

$$K_{HIn} = \frac{[H^+][In^-]}{[HIn]} \tag{2-14}$$

或改写为

$$\frac{[In^-]}{[HIn]} = \frac{K_{HIn}}{[H^+]} = \frac{[碱色形]}{[酸色形]} \tag{2-15}$$

由于 K_{HIn} 为一常数，[碱色形]／[酸色形] 只取决于 [H^+]。从电离平衡的观点看，在任何 [H^+] 下，溶液中指示剂的酸色形和碱色形总是同时存在的，但是对于人的眼睛来说，辨色能力是有限的，当 [酸色形] > [碱色形] 到足够程度时，便只能看到指示剂的酸色形，即溶液呈指示剂的酸色；同理，当指示剂的 [碱色形] > [酸色形] 到足够程度时，我们便只能看到指示剂的碱色形，这时溶液即呈指示剂的碱色。只有在 [酸色形] 与 [碱色形] 相近时，溶液才呈现为指示剂酸色与碱色的混合色，这种混合色叫作过渡色。例如，我们可以配制一系列 pH 值不同的溶液，各加入一滴甲基橙溶液，观察到的结果为：

pH<3.1 时，溶液呈红色（酸色）

pH≥4.4 时，溶液呈黄色（碱色）

pH 值在 3.1~4.4 范围内溶液呈一系列由橙红渐变到橙黄的过渡颜色。这个可以看到指示剂颜色变化的 pH 值范围，称为指示剂的变色范围，也叫变色间隔。

指示剂的 K_{HIn} 不同，变色范围也不同，当 [HIn]=[In$^-$] 时，[H$^+$]=K_{HIn}，此时的 pH 值为指示剂的理论变色点。但由于人们的眼睛对不同颜色敏感程度不同，实际观察到的变色点与理论变色点有一定差异。人眼观察到有一点颜色变化特别明显，如甲基橙当 pH≈4 时，能看到显著的橙色，这一点也就是滴定终点。通常以 pT 表示指示剂变色最明显的这一点，而这一点也称指示剂的滴定指数。甲基橙的 pT = 4。

一般指示剂的变色范围不大于 2 个 pH 单位，不小于 1 个 pH 单位。这是从理论上推导出的变色范围，它只能说明变色范围的由来。因为人们的视觉对各种颜色的敏感程度不同，所以试验测得的变色范围常小于 2 个 pH 单位，几种常用的酸碱指示剂及其变色范围见表 2-6。

表 2-6 几种常用的酸碱指示剂及其变色范围

指示剂	颜色			pK_{HIn}	pT	变色间隔（18℃）pH	每 10mL 被滴定溶液中指示剂的用量
	酸色	过渡	碱色				
百里酚蓝（酸）（第一步电离）	红	橙	黄	1.7	2.6	1.2~2.8	1~2 滴 0.1%水溶液
甲基黄（碱）	红	橙黄	黄	3.3	3.9	2.9~4.0	1 滴 0.1%的 90%乙醇溶液
溴酚蓝（酸）	黄		紫	4.1	4	3.0~4.6	1 滴 0.1%水溶液
甲基橙（碱）	红	橙	黄	3.4	4	3.1~4.4	1 滴 0.1%水溶液
溴甲酚绿（酸）	黄	绿	蓝	4.9	4.4	4.0~5.6	1 滴 0.1%水溶液
甲基红（酸）	红	黄红	黄	5.2	5	4.4~6.2	1 滴 0.2%水溶液
溴甲酚紫（酸）	黄		紫	6.1	6	5.2~6.8	1 滴 0.1%水溶液
溴百里酚蓝（酸）	黄	绿	蓝	7.3	7	6.0~7.6	1 滴 0.1%水溶液
酚红（酸）	黄	橙	红	7.8	7	6.4~8.0	1 滴 0.1%水溶液
百里酚蓝（酸）（第二步电离）	黄		蓝	8.9	9	8.0~9.6	1~5 滴 0.1%水溶液
酚酞（酸）	无色	粉红	红	9.1		8.0~10.0	1~2 滴 0.1%乙醇溶液
百里酚酞（酸）	无色	淡蓝	蓝	10.0	10	9.4~10.6	1 滴 0.1%乙醇溶液

（三）混合指示剂

在酸碱滴定中，有时需要把滴定终点的位置限制在一个狭窄的 pH 间隔里以得到所需的准确度，这时可采用混合指示剂，混合指示剂有两种。

1. 由两种指示剂按一定比例配成的混合溶液

这种指示剂能在狭窄的 pH 间隔里产生明显的颜色变化。例如甲酚红与百里酚蓝混合指示剂（按 1+3 质量比配制），其变化情况可见表 2-7。

显然，混合指示剂 pH 的变色间隔大大缩小（8.2~8.4），只需 0.2pH 单位改变，就能观察到明显的颜色变化。

表 2-7 混合指示剂色调的变化

指示剂	pH	
甲酚红	7.2（黄色）	8.8（紫色）
百里酚蓝	8.0（黄色）	9.6（蓝色）
甲酚红+百里酚蓝（1+3 质量比）	8.2（粉色）	8.4（紫色）

2. 在某一指示剂中加入一种不随溶液氢离子浓度变化而改变颜色的"惰性染料"

由于指示剂颜色与"惰性染料"颜色的加合，使变色更清楚。例如甲基橙指示剂与靛蓝磺酸钠染料相混合（按 1+2.5 质量比）。其变化情况见表 2-8。这种颜色的变化就敏锐得多了，这种混合指示剂特别适合于灯光下滴定。

表 2-8　混合指示剂色调的变化

指示剂	pH		
	3.1	4.0	4.4
甲基橙	红	橙	黄
靛蓝磺酸钠	蓝	蓝	蓝
甲基橙+靛蓝磺酸钠	紫	灰	黄绿

还有一类酸碱混合指示剂是由几种指示剂混配而成。这种指示剂能在不同的 pH 值下显出不同的颜色，通常称为万用指示剂，也称广范围指示剂。如将纸条浸在这种指示剂的溶液中，再晾干，就制成 pH 试纸。它能在不同的 pH 值下显示出不同颜色。将其与标准色板相比较，就可以粗略地测出溶液的 pH 值。常见混合酸碱指示剂及其变色范围见表 2-9。

表 2-9　常见混合酸碱指示剂及其变色范围

指示剂组成（体积）	变色点 pH 值	颜色	
		酸色	碱色
1. 甲基橙,0.1%水溶液(1) 2. 靛蓝磺酸钠,0.25%水溶液(1)	4.1	紫	绿
1. 溴甲酚绿,0.1%乙醇溶液(1) 2. 甲基橙,0.02%水溶液(1)	4.3	橙	绿
1. 溴甲酚绿,0.1%乙醇溶液(3) 2. 甲基红,0.2%乙醇溶液(1)	5.1	酒红	绿
1. 溴甲酚绿-钠,0.1%水溶液(1) 2. 氯酚红-钠,0.1%水溶液(1)	6.1	黄绿	蓝紫
1. 溴甲酚紫-钠,0.1%水溶液(1) 2. 溴百里酚蓝-钠,0.1%水溶液(1)	6.7	黄	紫蓝
1. 溴百里酚蓝-钠,0.1%水溶液(1) 2. 酚红-钠,0.1%水溶液(1)	7.5	黄	紫
1. 甲酚红-钠,0.1%水溶液(1) 2. 百里酚蓝-钠,0.1%水溶液(3)	8.3	黄	紫
1. α-萘酚酞,0.1%乙醇溶液(1) 2. 酚酞,0.1%乙醇溶液(3)	8.9	淡红	紫
1. 酚酞,0.1%乙醇溶液(1) 2. 百里酚酞,0.1%乙醇溶液(1)	9.9	无色	紫
1. 酚酞,0.1%乙醇溶液(1) 2. 尼尔蓝,0.2%乙醇溶液(2)	10.0	蓝-(紫)-红	

五、滴定过程中溶液 pH 值的变化情况及指示剂的选择

为了在酸碱滴定中选择一个适宜的指示剂指示滴定终点，就必须知道在整个滴定过程中溶液 pH 值的变化情况，尤其是在理论终点附近加入一滴酸或碱所引起 pH 值的改变。前文已经讲到，当溶液的 pH 值改变时，指示剂的颜色也随之改变，看来似乎最好是选择这样的指示剂，其变色点的 pH 值恰好是理论终点的 pH 值。但这是很难做到的，首先是不一定在任一情况下都能找到一种指示剂的 pT 正好等于理论终点的 pH 值；其次是确定 pT 这一点也

有±0.3pH单位的偏差；再者没法正好加入等物质的量的溶液，即使小心加入几分之一滴，也是难以做到恰好等物质的量。事实上滴定分析仪器的误差就有0.1%，因此只要误差小于0.1%就可以了。

在滴定过程中溶液pH值的变化用曲线来表示就是滴定曲线。下面讨论强碱滴定强酸或强酸滴定强碱的滴定曲线和指示剂的选择。

使用强碱滴定强酸，溶液中H^+浓度的计算依据是

$$c_1V_1 = c_2V_2$$

式中　c_1、V_1——标准溶液的浓度和体积；

　　　c_2、V_2——被滴定的酸或碱的浓度和体积。

现以$c(NaOH) = 0.1000mol/L$滴定20.00mL $c(HCl) = 0.1000mol/L$溶液为例，说明强碱滴定强酸的原理。为说明滴定过程中溶液pH值的变化，将滴定全过程分为滴定前、滴定开始到化学计量点前、化学计量点和化学计量点后四个阶段来说明。

（一）滴定前

溶液的pH值由HCl溶液的初始浓度决定

$$c(HCl) = [H^+] = 0.1000(mol/L)$$
$$pH = -lg[H^+] = -lg10^{-1} = 1.00$$

（二）滴定开始到化学计量点前

1）当加入18.00mL NaOH溶液时，中和了18.00mL HCl溶液，剩下未中和的HCl是2.00mL，此时溶液的体积变为20.00mL+18.00mL，溶液中$[H^+]$应为

$$[H^+] = \frac{0.1000mol/L \times 2.00mL}{20.00mL + 18.00mL} = 5.26 \times 10^{-3}mol/L$$
$$pH = -lg5.26 \times 10^{-3} = 2.28$$

2）当加入19.98mL NaOH溶液时，溶液中只剩下0.02mL HCl未中和，此时溶液的体积为20.00mL+19.98mL，溶液中$[H^+]$应为

$$[H^+] = \frac{0.1000mol/L \times 0.02mL}{20.00mL + 19.98mL} = 5.00 \times 10^{-5}mol/L$$
$$pH = -lg5.00 \times 10^{-5} = 4.30$$

（三）化学计量点

当加入20.00mL NaOH溶液时，溶液中HCl全部被中和，反应生成NaCl，此时溶液中的$[H^+]$由水的电离决定

$$[H^+] = [OH^-] = \sqrt{K_w} = \sqrt{10^{-14}}mol/L = 10^{-7}mol/L$$
$$pH = 7.00$$

（四）化学计量点后

当加入20.02mL NaOH溶液时，溶液的pH值仅由过量的NaOH浓度来决定。

$$[OH^-] = \frac{0.1000mol/L \times 0.02mL}{20.00mL + 20.02mL} = 5.00 \times 10^{-5}mol/L$$
$$pOH = -lg[OH^-] = -lg5.00 \times 10^{-5} = 4.30$$
$$pH = 14 - pOH = 14 - 4.30 = 9.70$$

用类似的方法可以计算滴定过程中各点的pH值，其数值见表2-10。

表 2-10　用 0.1000mol/L NaOH 溶液滴定 20.00mL 0.1000mol/L HCl 溶液
滴定过程中各点的 pH 值

加入的 NaOH 溶液		剩余 HCl /mL	过量 NaOH/mL	$[H^+]/(mol/L)$	pH 值
%	mL				
0	0.00	20.00		1.00×10^{-1}	1.00
90.00	18.00	2.00		5.26×10^{-3}	2.28
99.00	19.80	0.20		5.02×10^{-4}	3.30
99.90	19.98	0.02		5.00×10^{-5}	4.30 ⎫
100.0	20.00	0.00		1.00×10^{-7}	7.00 ⎬ 突跃范围
100.1	20.02		0.02	2.00×10^{-10}	9.70 ⎭
101.0	20.20		0.20	2.00×10^{-11}	10.70
110.0	22.00		2.00	2.10×10^{-12}	11.70
200.0	40.00		20.00	3.00×10^{-13}	12.50

　　如果以溶液的 pH 值为纵坐标，以 NaOH 加入的量为横坐标作图，即可得到如图 2-1 所示的曲线，这就是强碱滴定强酸的滴定曲线。

　　从图 2-1 可见，在滴定开始时，曲线是比较平的，随着滴定的进行，曲线逐渐向下倾斜，在化学计量点前后发生最大的变化，过化学计量点曲线又比较平。这里必须指出，纵轴是用 pH 值表示的，表示 $[H^+]$ 的相对改变。滴定开始时，溶液的 pH 值改变很小，这是因为此时溶液中存在大量过量的酸，开始时要使 pH 值改变一个单位，也就是要将溶液中 $[H^+]$ 降低到原来的十分之一，或者说要把 90% 的酸中和，需要加入 18mL NaOH 溶液。由于溶液中酸含量的减少，如继续再使 $[H^+]$ 降低到此时的十分之一，只需 1.8mL NaOH 溶液。因此，溶液中酸含量越低，则加入碱而引起的 pH 值改变也越大。当滴定到只剩半滴（即 0.02mL）HCl 溶液时，溶液的 pH 值为 4.3，这时再加一滴（0.04mL）

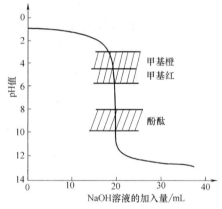

图 2-1　0.1000mol/L NaOH
溶液滴定 20.00mL 0.1000mol/L
HCl 溶液的滴定曲线

NaOH 溶液，则不仅将剩下的半滴 HCl 溶液中和，还过量了半滴 NaOH 溶液，此时溶液的 pH 值为 9.7。在此一滴之差可使溶液由酸性变为碱性，pH 值由 4.3 变为 9.7，即 $[H^+]$ 改变二十五万倍。由图 2-1 所示曲线可以看到，在化学计量点前后千分之一出现了接近垂直的一段，或者说出现了一个 pH 值突然的改变，溶液的 pH 值突然改变又称滴定突跃。用 0.1000mol/L NaOH 溶液滴定 0.1000mol/L HCl 溶液时，突跃为 pH = 4.3～9.7。此后 $[H^+]$ 的改变又逐渐变小，情况与前半段相似。

　　很明显，一切变色范围在 pH = 4.3～9.7 的各种指示剂均可作这类滴定的指示剂，如酚酞、甲基红、甲基橙均可使用。若以甲基橙为指示剂，理论终点前溶液显酸性，甲基橙显红色，当滴定到甲基橙刚变为黄色时，溶液的 pH = 4.4，从表 2-10 可见，这时未中和的 HCl

溶液不到半滴，即不到所需 HCl 溶液总量的 0.1%，因此滴定误差也不超过 0.1%。从滴定分析来看已经很令人满意了。

如果反过来改用 0.1000mol/L HCl 溶液滴定 0.1000mol/L NaOH 溶液，滴定曲线的形状与图 2-1 相同但位置相反。酚酞和甲基红都可作指示剂。如果采用甲基橙作指示剂，那么是从黄色滴定到橙色（pH = 4），将有 +0.2% 的误差，必须校正。

必须指出，强碱滴定强酸的滴定突跃范围不仅与体系的性质有关，还与溶液的浓度有关。根据上面的计算方法可以计算 1.000mol/L NaOH 溶液滴定 1.000mol/L HCl 溶液及 0.01000mol/L NaOH 溶液滴定 0.01000mol/L HCl 溶液的滴定曲线。图 2-2 所示为不同浓度强碱滴定不同浓度强酸的滴定曲线。

曲线说明，酸碱浓度增大十倍，滴定突跃范围的 pH 值间隔就增加两个单位，如用 1.000mol/L NaOH 溶液滴定 1.000mol/L HCl 溶液的突跃范围为 3.3 ~ 10.7，那么，若以甲基橙为指示剂，变色点 pH = 4 就处于突跃范围之内，也就是说，滴定误差小于 0.1%，不需要校正。相反，酸碱浓度减小十倍，滴定突跃范围的 pH 值间隔也减

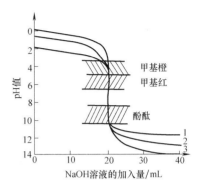

图 2-2 用不同浓度 NaOH 溶液滴定 20.00mL 相应浓度 HCl 溶液的滴定曲线

各曲线滴定剂浓度：1—0.01mol/L

2—0.1mol/L 3—1mol/L

小两个单位，如用 0.01000mol/L NaOH 溶液滴定 0.01000mol/L HCl 溶液的突跃范围为 5.3 ~ 8.7，由于滴定突跃范围小了，指示剂的选择就受到限制，要使误差 <0.1%，那么只有甲基红是合适的。若用甲基橙作指示剂，误差可达 1%。

六、酸碱标准溶液的配制与标定

酸碱滴定中最常用的标准溶液是 HCl 和 NaOH，一般浓度常配成 0.1mol/L。

（一）酸标准溶液

HCl 标准溶液一般不是直接配制的，而是先配成大致浓度然后用基准物质标定。取密度为 1.18g/mL ~ 1.19g/mL 的 HCl 溶液约 8.5mL，加水稀释至 1L，摇匀即成浓度约为 0.1mol/L 的 HCl 溶液。

用于标定 HCl 溶液的基准物质最常用的是无水碳酸钠（Na_2CO_3）。

Na_2CO_3 易制得很纯，价格便宜，易得到可靠的结果，但其摩尔质量小，有强烈的吸湿性，用前必须在 270℃ ~ 300℃ 高温下灼烧至恒重，然后密封于瓶内，保存于干燥器中，冷却至室温备用，下次继续使用时应在 140℃ ~ 150℃ 干燥 2h。

HCl 标准溶液的标定：

称取 0.15g ~ 0.2g（准确至 0.0002g）已干燥的 Na_2CO_3，置于 250mL 锥形瓶中，加水 50mL 使之溶解，加甲基橙指示剂 1 ~ 2 滴，用欲标定的 HCl 标准溶液滴定，直到锥形瓶中的溶液由黄色转变为橙色，煮沸 2 min，冷却后，继续滴定至橙色即为终点。

一般需平行测定 3 ~ 5 份，取平均值。

HCl 标准滴定溶液的浓度按式（2-16）计算

$$c(\mathrm{HCl}) = \frac{m(\mathrm{Na_2CO_3})}{V(\mathrm{HCl})M\left(\frac{1}{2}\mathrm{Na_2CO_3}\right)} \tag{2-16}$$

式中　$m(\mathrm{Na_2CO_3})$——称取 $\mathrm{Na_2CO_3}$ 的质量，g；

　　　　$V(\mathrm{HCl})$——消耗 HCl 标准溶液的体积，L；

$M\left(\frac{1}{2}\mathrm{Na_2CO_3}\right)$——$\frac{1}{2}\mathrm{Na_2CO_3}$ 的摩尔质量，g/mol。

（二）碱标准溶液

NaOH 具有很强的吸湿性，也易吸收空气中的 CO_2，因此不能用直接法配制标准溶液，而必须先配成大致浓度的溶液，然后标定。

蒸馏水中含有 CO_2，NaOH 试剂中也含有一些 $\mathrm{Na_2CO_3}$，影响碱滴定酸，使终点不易观察，因此配制 NaOH 标准滴定溶液必须把 CO_3^{2-} 除掉。

1. 制备不含 CO_3^{2-} 的 NaOH 溶液的方法

1）先制成饱和的 NaOH 溶液，由于 $\mathrm{Na_2CO_3}$ 不溶于饱和的 NaOH 溶液中，离心后沉降于底部，取上层清液用刚煮沸除去 CO_2 的冷蒸馏水稀释成所需浓度的溶液。

2）加 $\mathrm{BaCl_2}$ 或 $\mathrm{Ba(OH)_2}$ 溶液于 NaOH 溶液中，将 CO_3^{2-} 变为 $\mathrm{BaCO_3}$ 沉淀除去。

3）取稍过量的 NaOH，用蒸馏水冲洗，除去其表面上的 $\mathrm{Na_2CO_3}$，然后将 NaOH 溶解，用煮沸冷却的蒸馏水稀释至所需体积。

配制的 NaOH 标准溶液应与空气隔绝，避免再吸收 CO_2。

常用来标定 NaOH 标准溶液的基准物质有邻苯二甲酸氢钾（$\mathrm{KHC_8H_4O_4}$）、草酸（$\mathrm{H_2C_2O_4}$）等。

$\mathrm{KHC_8H_4O_4}$ 容易制得很纯，没有结晶水，可以在 125℃ 以下烘干，在空气中不吸水，易溶于水，摩尔质量大，是较好的基准物质。它与 NaOH 的作用如下

应选用酚酞作指示剂。

2. NaOH 标准溶液的标定

称取 0.5 g（准确至 0.0002 g）在 105℃~110℃ 烘至恒重的 $\mathrm{KHC_8H_4O_4}$，置于 250mL 锥形瓶中，加入 50mL 沸腾的蒸馏水，摇动使其溶解，继续加热至沸腾。加 2 滴~3 滴 10g/L 酚酞指示剂，用欲标定的 0.1mol/L NaOH 溶液滴定，直到溶液在摇动后仍保持淡红色时即为终点。

NaOH 标准溶液的浓度按式（2-17）计算

$$c(\mathrm{NaOH}) = \frac{m(\mathrm{KHC_8H_4O_4})}{V(\mathrm{NaOH})M(\mathrm{KHC_8H_4O_4})} \tag{2-17}$$

式中　$m(\mathrm{KHC_8H_4O_4})$——称取 $\mathrm{KHC_8H_4O_4}$ 的质量，g；

　　　　$V(\mathrm{NaOH})$——消耗 NaOH 标准溶液的体积，L；

　$M(\mathrm{KHC_8H_4O_4})$——$\mathrm{KHC_8H_4O_4}$ 的摩尔质量，g/mol。

第三节　络合滴定法

一、概述

利用络合反应进行的滴定分析方法称为络合滴定法。

例如，用 $AgNO_3$ 标准溶液测定电镀液中 CN^- 的含量，反应式如下

$$Ag^+ + 2CN^- \Longleftrightarrow [Ag(CN)_2]^-$$

当滴定到化学计量点时，稍过量的 $AgNO_3$ 标准滴定溶液与 $[Ag(CN)_2]^-$ 反应生成 $Ag[Ag(CN)_2]$ 白色沉淀，使溶液变混浊，指示滴定终点的到达。反应式如下

$$Ag^+ + [Ag(CN)_2]^- \Longleftrightarrow Ag[Ag(CN)_2]\downarrow$$

作为络合滴定的反应必须符合以下条件：

1）生成的络合物要有确定的组成，即中心离子与络合剂严格按一定比例化合。

2）生成的络合物要有足够的稳定性。

3）络合反应速度要足够快。

4）有合适的指示剂或其他方法反映滴定终点的到达。

虽然能够形成无机络合物的反应很多，而能用于滴定分析的并不多，原因是许多无机络合反应常常是分级进行的，并且络合物的稳定性较差，因此计量关系不易确定，滴定终点不易观察，致使络合滴定的方法受到很大局限。

自 20 世纪 40 年代开始发展了有机络合剂，它们与金属离子的络合反应能满足上述要求，因此在生产和科研中得到广泛应用，络合滴定法也从此成为一种重要的化学分析方法。

目前使用最多的是氨羧络合剂。利用氨羧络合剂与金属离子的络合反应来进行的滴定分析方法称为氨羧络合滴定。

氨羧络合剂大部分是以氨基二乙酸基团 $[-N(CH_2COOH)_2]$ 为基体的有机络合剂（或称螯合剂），这类络合剂中含有络合能力很强的氨氮（$\ddot{N}$）和羧氧（$-C-\ddot{O}-$）这两种配位原子，它们能与多数金属离子形成稳定的可溶性络合物。氨羧络合剂的种类很多，其中最常用的是乙二胺四乙酸，简称 EDTA。

二、EDTA 及其分析应用方面的特性

（一）EDTA 的性质

EDTA 的结构式为

$$\begin{array}{c} HOOCCH_2 \\ \\ ^-OOCCH_2 \end{array} \!\!\!> \!\! N \!-\! CH_2 \!-\! CH_2 \!-\! H^+ \!\!<\!\!\! \begin{array}{c} CH_2COO^- \\ \\ CH_2COOH \end{array}$$

EDTA 用 H_4Y 表示。微溶于水（22℃时，每 100mL 水溶解 0.02g），难溶于酸和一般有机溶剂，但易溶于氨性溶液或碱性溶液中，生成相应的盐溶液。因此分析工作中常应用它的二钠盐，即乙二胺四乙酸二钠盐，用 $Na_2H_2Y \cdot 2H_2O$ 表示，习惯上也称为 EDTA。

$Na_2H_2Y \cdot 2H_2O$ 是一种白色结晶状粉末，无臭无味、无毒、易精制、稳定。室温下其饱和溶液的浓度约为 0.3mol/L，水溶液接近中性。

EDTA 在水溶液中的逐级电离平衡如下

$$H_6Y^{2+} \Longrightarrow H^+ + H_5Y^+; \qquad K_{a1} = 10^{-0.9}$$

$$H_5Y^+ \Longrightarrow H^+ + H_4Y; \qquad K_{a2} = 10^{-1.6}$$

$$H_4Y \Longrightarrow H^+ + H_3Y^-; \qquad K_{a3} = 10^{-2.0}$$

$$H_3Y^- \Longrightarrow H^+ + H_2Y^{2-}; \qquad K_{a4} = 10^{-2.67}$$

$$H_2Y^{2-} \Longrightarrow H^+ + HY^{3-}; \qquad K_{a5} = 10^{-6.16}$$

$$HY^{3-} \Longrightarrow H^+ + Y^{4-}; \qquad K_{a6} = 10^{-10.26}$$

在任一水溶液中，EDTA 总是以 H_6Y^{2+}、H_5Y^+、H_4Y、H_3Y^-、H_2Y^{2-}、HY^{3-}、Y^{4-} 七种形式存在。只是在不同的酸度下，各种形式所占比例不同而已。在 pH<1 时，EDTA 主要以 H_6Y^{2+} 的形式存在。在 pH>10.26 时，主要以 Y^{4-} 的形式存在。

（二）EDTA 与金属离子络合的特点

1）由于 EDTA 同时具有氨氮和羧氧两种络合能力很强的配位基，因此 EDTA 几乎能与元素周期表中绝大部分金属的离子络合，形成五环结构的稳定络合物。

2）无论金属离子是几价的，它们大多数都是以 1∶1 的关系络合，少数高价金属离子如 Zr（Ⅳ）、Mo（Ⅴ）例外，它们一般与 EDTA 形成 2∶1 的络合物，同时释放出两个 H^+，反应式如下

$$M^{2+} + H_2Y^{2-} \Longrightarrow MY^{2-} + 2H^+$$

$$M^{3+} + H_2Y^{2-} \Longrightarrow MY^- + 2H^+$$

$$M^{4+} + H_2Y^{2-} \Longrightarrow MY + 2H^+$$

3）络合物易溶于水。EDTA 与金属离子形成的络合物大多带电荷，因此能够溶于水中，大多数反应迅速，所以络合滴定可以在水溶液中进行。

4）生成颜色加深的络合物。EDTA 与无色金属离子配位时，生成无色的络合物；与有色金属离子配位时，则生成有色的络合物，如：

NiY^{2-}	CuY^{2-}	CoY^{2-}	MnY^{2-}	CrY^-	FeY^-
蓝绿	深蓝	紫红	紫红	深紫	黄

这些络合物的颜色都比原金属离子的颜色深。滴定这些离子时，浓度要稀一些，否则影响终点观察。

三、络合平衡

（一）络合物的稳定常数

金属离子与 EDTA 形成络合物的稳定性，可用该络合物的稳定常数 $K_稳$ 来表示。为简便起见可略去电荷而写成

$$M + Y \Longrightarrow MY$$

按质量作用定律得其平衡常数为

$$K_{MY} = \frac{[MY]}{[M][Y]}$$

K_{MY} 称为绝对稳定常数，通常称为稳定常数。这个数值越大，络合物就越稳定。表 2-11 列出了一些常见金属离子与 EDTA 形成的络合物的稳定常数 $\lg K_{MY}$ 的值。

表 2-11　常见金属离子与 EDTA 形成的络合物的稳定常数 lg K_{MY} 的值

金属离子	lgK_{MY}	金属离子	lgK_{MY}	金属离子	lgK_{MY}
Li	2.79	Ti^{3+}	21.3	Zn^{2+}	16.50
Na$^+$	1.66	Cr^{3+}	23.4	Cd^{2+}	16.46
Be^{2+}	9.3	Mn^{2+}	13.87	Hg^{2+}	21.70
Mg^{2+}	8.7	Fe^{2+}	14.32	Al^{3+}	16.13
Ca^{2+}	10.69	Fe^{3+}	25.1	Ga^{3+}	20.30
Sr^{2+}	8.73	Co^{2+}	16.31	In^{3+}	25.00
Sc^{2+}	23.1	Co^{3+}	36	Tl^{3+}	37.8
Y^{3+}	18.09	Ni^{2+}	18.62	Sn^{2+}	22.11
La^{3+}	15.50	Cu^{2+}	18.80	Pb^{2+}	18.04
Ce^{3+}	15.98	Ag$^+$	7.32	Bi^{3+}	27.94

(二) 络合物的表观稳定常数

金属离子与 EDTA 之间的反应称为主反应。除主反应外，还可能存在副反应，如溶液中的 OH$^-$ 能与金属离子发生水解反应生成一系列羟基络合物如：M(OH)，M(OH)$_2$，M(OH)$_3$…M(OH)$_n$ 等。溶液中的 H$^+$ 与 EDTA 阴离子发生反应生成一系列酸根离子如 HY，H$_2$Y…H$_6$Y。其各种反应如下所示

$$
\begin{array}{ccc}
\text{M} & + \quad \text{Y} & \Longrightarrow \text{MY(主反应)} \\
\text{OH}^- \updownarrow & \updownarrow \text{H}^+ & \\
\text{M(OH)} & \text{HY} & \\
\vdots & \vdots & \\
\text{M(OH)}_n & \text{H}_6\text{Y} &
\end{array}
$$
副反应

在有副反应存在的情况下，K_{MY} 就不能反应 M 与 Y 络合时的实际情况。在副反应中最重要的是 H$^+$ 作用的影响，由于 H$^+$ 的存在，使 M 与 Y 的主反应的络合能力下降，这种现象称为酸效应。

设：[Y] 为游离的 EDTA 的浓度，[Y]$_\text{总}$ 为未与 M 络合的 EDTA 的总浓度

$$[Y]_\text{总} = [Y] + [HY] + [H_2Y] + [H_3Y] + [H_4Y] + [H_5Y] + [H_6Y]$$

在一定的 pH 值下，[Y]$_\text{总}$ 与 [Y] 之间有一系数关系

$$\alpha_{Y(H)} = \frac{[Y]_\text{总}}{[Y]} \tag{2-18}$$

$\alpha_{Y(H)}$ 称为络合剂的酸效应系数，简称酸效应系数。酸效应系数通常数值很大。因此常用 lg$\alpha_{Y(H)}$ 表示。表 2-12 列出了不同 pH 值时 EDTA 的 lg$\alpha_{Y(H)}$。

表 2-12　不同 pH 值时 EDTA 的 $\lg\alpha_{Y(H)}$

pH	$\lg\alpha_{Y(H)}$	pH	$\lg\alpha_{Y(H)}$	pH	$\lg\alpha_{Y(H)}$
0.0	23.64	3.4	9.70	6.8	3.55
0.4	21.32	3.8	8.85	7.0	3.32
0.8	18.08	4.0	8.44	7.5	2.78
1.0	18.01	4.4	7.64	8.0	2.26
1.4	16.02	4.8	6.84	8.5	1.77
1.8	14.27	5.0	6.60	9.0	1.29
2.0	13.51	5.4	5.69	9.5	0.83
2.4	12.19	5.8	4.98	10.0	0.45
2.8	11.09	6.0	4.65	11.0	0.07
3.0	10.60	6.4	4.06	12.0	0.00

从表 2-12 可以看出，pH 值越小，$\lg\alpha_{Y(H)}$ 越大，即 [Y] 越低。所以酸度不同，EDTA 与金属离子的络合能力就不同。

$$\alpha_{Y(H)} = \frac{[Y]_{总}}{[Y]}$$

$$[Y] = \frac{[Y]_{总}}{\alpha_{Y(H)}} \tag{2-19}$$

$$K_{MY} = \frac{[MY]}{[M][Y]_{总}/\alpha_{Y(H)}} = K'_{MY}\alpha_{Y(H)} \tag{2-20}$$

$$\lg K'_{MY} = \lg K_{MY} - \lg\alpha_{Y(H)} \tag{2-21}$$

式中　K'_{MY}——条件稳定常数，随着酸度的增大而减小。

例：已知 $\lg K_{MgY} = 8.69$。

在 pH = 10 时，$\lg\alpha_{Y(H)} = 0.45$

则 $\lg K'_{MY} = \lg K_{MgY} - \lg\alpha_{Y(H)} = 8.69 - 0.45 = 8.24$

在 pH = 5 时，$\lg\alpha_{Y(H)} = 6.45$

则 $\lg K'_{MY} = \lg K_{MgY} - \lg\alpha_{Y(H)} = 8.69 - 6.45 = 2.24$

通过以上计算可知 $\lg K_{MgY}$ 在不同的 pH 值下，与 $\lg K'_{MY}$ 的数值相差很大。因此用 $\lg K'_{MY}$（即用条件稳定常数）更能定量地说明络合物在某一 pH 值时的实际稳定程度。

（三）络合反应的完全程度

在络合滴定中要求络合反应能够定量地完成，这样才能使测定误差在允许范围内，使测定达到一定的准确度。络合反应能否定量地完成，主要看这个络合物的 K'_{MY} 的值（在此所指的 K'_{MY} 是表示络合物笼统的条件稳定常数）。有时为明确表示那些组分发生副反应，就将 "′" 写在发生副反应的组分的右上方。例如，滴定剂发生副反应就可写成 K_{MY}；若金属离子与滴定剂都发生了副反应，就写成 $K_{M'Y'}$ 等。

通过上例的计算说明络合物的稳定性受溶液 pH 值的影响很大。因此在实际工作中应更多采用条件稳定常数。

用络合滴定反应的条件稳定常数、测定时对准确度的要求，以及被测金属离子的浓度，

可推导出如下关系

$$K'_{MY} \lg c \geqslant 6$$

以此作为金属离子能否用络合滴定法准确测定的判断依据。

四、EDTA 的酸效应曲线

如果设金属离子浓度为 0.01mol/L，则滴定条件要求

$$\lg K'_{MY} \geqslant 8 \tag{2-22}$$

根据

$$\lg K'_{MY} = \lg K_{MY} - \lg \alpha_{(H)} \tag{2-23}$$

移项

$$\lg \alpha_{(H)} = \lg K_{MY} - \lg K'_{MY} \tag{2-24}$$

将式（2-22）代入（2-24）式，得

$$\lg \alpha_{(H)} \leqslant \lg K_{MY} - 8 \tag{2-25}$$

将各种金属离子的 $\lg K_{MY}$ 值代入（2-25）式，即可计算出用 EDTA 滴定金属离子相对应的最大 $\lg \alpha_{(H)}$ 值。从表 2-12 查出与它相对应的 pH 值，将金属离子的 $\lg K_{MY}$ 值与 pH 值绘成如图 2-3 所示的曲线，即 EDTA 的酸效应曲线或林旁曲线。图中金属离子位置所对应的 pH 值，就是滴定这种金属离子时所允许的最小 pH 值。

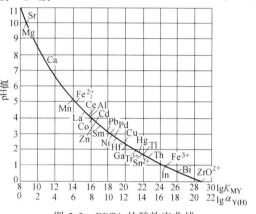

图 2-3　EDTA 的酸效应曲线

（金属离子浓度为 0.01mol/L）

五、金属指示剂

在络合滴定中，通常利用一种能与金属离子生成有色络合物的显色剂指示滴定过程中金属离子浓度的变化。这种显色剂称为金属指示剂。

（一）金属指示剂的变色原理

金属指示剂大多是一种有机染料，能与某些金属离子生成有色络合物，此络合物的颜色与金属指示剂的颜色不同。下面举例说明。

例：用 EDTA 标准溶液滴定 Mg，加入铬黑 T（以 H_3In 表示其分子式）为指示剂，在 pH = 10 的缓冲溶液中为蓝色，与 Mg^{2+} 离子络合后生成红色络合物。反应如下

$$Mg^{2+} + HIn^{2-} \Longleftrightarrow MgIn^- + H^+$$
$$\text{蓝色} \qquad \text{红色}$$

当以 EDTA 溶液进行滴定时，H_2Y^{2-} 逐渐夺取络合物中的 Mg^{2+} 而生成了更稳定的络合物 MgY^{2-}，反应如下

$$MgIn^- + H_2Y^{2-} \Longleftrightarrow MgY^{2-} + H^+ + HIn^{2-}$$
$$\text{红色} \qquad\qquad\qquad \text{蓝色}$$

滴定直到 $MgIn^-$ 完全转变为 MgY^{2-}，同时游离出蓝色 HIn^{2-}。当溶液由红色变为纯蓝色时，即为滴定终点。

（二）金属指示剂应具备的条件

1）金属指示剂本身的颜色应与金属离子和金属指示剂形成络合物的颜色有明显的区别。只有这样才能使终点颜色变化明显。

2）指示剂与金属离子形成络合物的稳定性应适当的小于 EDTA 与金属离子形成的络合物的稳定性。金属离子与指示剂所形成络合物的稳定性要符合

$$\lg K_{\text{MIn}'} > 4$$

同时还要求

$$\lg K_{\text{MY}'} - \lg K_{\text{MIn}'} \geqslant 2$$

3）指示剂不与被测金属离子产生封闭现象。有时金属指示剂与某些金属离子形成极稳定的络合物，其稳定性超过 $\lg K_{\text{MY}'}$，以致在滴定过程中虽然滴入了过量的 EDTA，但是也不能从金属指示剂络合物中夺取金属离子（M），因而无法确定滴定终点。这种现象称为指示剂的封闭现象。

4）金属指示剂应比较稳定，以便于储存和使用。但有些金属指示剂本身放置于空气中易被氧化破坏，或发生分子聚合作用而失效。为避免金属指示剂失效，对那些稳定性差的金属指示剂可用中性盐混合配成固体混合物储存备用。也可以在金属指示剂溶液中加入防止其变质的试剂，如在铬黑 T 溶液中加三乙醇胺等。

（三）常用的金属指示剂

常用的金属指示剂见表 2-13。

表 2-13 常用的金属指示剂

指示剂	适宜 pH 值	颜色变化		直接滴定的离子	指示剂的配制	注意事项
		In	MIn			
铬黑 T （eriochrome black T）简称 BT 或 EBT	8～10	蓝	红	pH = 10，Mg^{2+}、Zn^{2+} Cd^{2+}、Pb^{2+}、Mn^{2+}、稀土元素离子	1∶100NaCl （固体）	Fe^{3+}、Al^{3+}、Cu^{2+}、Ni^{2+} 等离子会封闭 EBT
酸性铬蓝 K （acid chrome blue K）	8～13	蓝	红	pH = 10，Mg^{2+}、Zn^{2+}、Mn^{2+} pH = 13，Ca^{2+}	1∶100NaCl （固体）	
二甲酚橙 （xylenol orange）简称 XO	<6	亮黄	红	pH<1，ZrO^{2+} pH = 1～3.5，Bi^{3+}、Th^{4+} pH = 5～6，Tl^{3+}、Zn^{2+}、Pb^{2+}、Cd^{2+}、Hg^{2+}、稀土元素离子	0.5% 水溶液	Fe^{3+}、Al^{3+}、Ni^{2+}、Ni^{IV} 等离子会封闭 XO
磺基水杨酸 （sulfo-salicylic acid）简称 ssa	1.5～2.5	无色	紫红	pH = 1.5～2.5，Fe^{3+}	5% 水溶液	ssa 本身无色，FeY^- 呈黄色
钙指示剂 （calcon-carboxylic acid）简称 NN	12～13	蓝	红	pH = 12～13，Ca^{2+}	1∶100NaCl （固体）	Ti（IV）、Fe^{3+}、Al^{3+}、Cu^{2+}、Ni^{2+}、Co^{2+}、Mn^{2+} 等离子会封闭 NN
PAN [1-（2-pyridylazo）-2-naphthol]	2～12	黄	紫红	pH = 2～3，Th^{4+}、Bi^{3+} pH = 4～5，Cu^{2+}、Ni^{2+} Pb^{2+}、Cd^{2+}、Zn^{2+}、Mn^{2+}、Fe^{2+}	0.1% 乙醇溶液	PAN 在水中溶解度小，为防止 PAN 僵化，滴定时需加热

六、混合离子的分别滴定

由于 EDTA 能和多种金属离子形成稳定的络合物，而实际的分析对象常常比较复杂，在被滴定溶液中常可能存在多种金属离子，在滴定时很可能相互干扰，因此，在混合离子中如何分别滴定某一种或某几种离子是络合滴定中要解决的重要问题。

（一）用控制溶液酸度的方法进行分别滴定

当溶液中有两种金属离子共存时，用 $\Delta \lg K' \geqslant 5$ 作为判断能否利用控制酸度进行分别滴定的条件。当溶液中有两种以上金属离子共存时，能否用控制溶液酸度的方法进行分别滴定，应首先考虑络合物稳定常数最大和络合物稳定常数与它相近的那两种离子。

（二）用掩蔽和解蔽的方法进行分别滴定

如果被测金属离子的络合物与干扰离子的络合物的稳定常数相差不大（$\Delta \lg K'$ 值小），那么就不能用控制酸度的方法进行分别滴定，此时可利用掩蔽剂来降低干扰离子的浓度以消除干扰。但必须注意干扰离子存在的量不能太大，否则会得不到满意的结果。掩蔽方法有络合掩蔽法、沉淀掩蔽法和氧化还原掩蔽法等。将一些离子掩蔽，对某种离子进行滴定以后，使用另一种试剂破坏这些离子（或一种离子）与掩蔽剂所生成的络合物，使该种离子从络合物中释放出来，这种作用称为解蔽，所用试剂称为解蔽剂。

（三）预先分离

当用控制溶液酸度进行分别滴定或掩蔽干扰离子都有困难时，只能进行预先分离。分离的方法有很多，如离子交换分离法、挥发法、沉淀法等。

（四）用其他络合剂滴定

除 EDTA 外，其他络合剂与金属离子形成络合物的稳定性各有其特点，可以选择不同络合剂进行滴定，以提高滴定的选择性。如 EGTA［乙二醇双（乙-氨基乙基醚）四乙酸］、EDTP［四（乙-羟丙基）乙二胺］、CyDTA（环己二胺四乙酸）等。

七、络合滴定的方式和应用

（一）络合滴定的方式

在络合滴定中，采用不同的滴定方式可以扩大络合滴定的应用范围。常用的滴定方式有以下四种：

（1）直接滴定　用 EDTA 标准溶液直接滴定待测离子，这种方法操作简便，一般情况下引入误差较少，故在可能范围内应尽量采用直接滴定法。但在下列任何一种情况下，不宜采用：

1）待测离子（如 SO_4^{2-}、PO_4^{3-} 等离子）不与 EDTA 形成络合物，或待测离子（如 Na^+ 等）与 EDTA 形成的络合物不稳定。

2）待测离子（如 Ba^{2+}、Sr^{2+} 等离子）虽能与 EDTA 形成稳定的络合物，但缺少变色敏锐的指示剂。

3）待测离子（如 Al^{3+}、Cr^{3+} 等离子）与 EDTA 的络合速度很慢，本身又易水解或封闭指示剂。

（2）间接滴定　对于上述 1）的情况，可以采用间接滴定，即加入过量的、能与 EDTA 形成稳定络合物的金属离子作沉淀剂，以沉淀待测离子，过量沉淀剂用 EDTA 滴定。或将沉淀分离、溶解后，再用 EDTA 滴定其中的金属离子。

（3）返滴定　对于上述 2）和 3）两种情况，一般采用返滴定。即先加入过量的 EDTA 标准溶液，使待测离子完全络合后，再用其他金属离子标准溶液返滴定过量的 EDTA。

（4）置换滴定　用一种络合剂置换待测金属离子与 EDTA 络合物中的 EDTA，然后用其他金属离子标准溶液滴定释放出来的 EDTA。此外，还可以用待测金属离子置换出另一络合物中的金属离子，然后用 EDTA 滴定之。

（二）络合滴定的应用示例

1. 萤石中氟化钙含量的测定——EDTA 容量法

（1）试剂　盐酸（1+1）；钙试剂：本品与氯化钠研匀；氢氧化钠（20+80）；三乙醇胺（1+1）；EDTA 标准溶液（0.01mol/L）。

（2）分析步骤　称取萤石试样 0.2000g 于 250mL 烧杯中，加盐酸（1+1）15mL 加热溶解后，取下冷却过滤，过滤出的溶液，稀释于 250mL 容量瓶中，用单标线吸管吸取 20mL 于 500mL 三角瓶中，加 10mL 氢氧化钠（20+80）溶液，5mL 三乙醇胺（1+1）溶液，加少量钙试剂，用 EDTA 标准溶液滴定到溶液由粉色变为蓝色为终点。

（3）计算　氟化钙的质量分数"$w(CaF_2)$"按式（2-26）计算，以"%"表示。

$$w(CaF_2) = \frac{cV \times 78.08}{1000m \frac{V_1}{V_0}} \times 100\% \qquad (2-26)$$

式中　c——EDTA 标准滴定溶液的物质的量浓度，mol/L；

$\quad\quad V$——滴定消耗 EDTA 标准滴定溶液的体积，mL；

$\quad\quad V_0$——试液总体积，mL；

$\quad\quad V_1$——分取试液的体积，mL；

$\quad\quad m$——称取试样的质量，g；

$\quad$78.08——氟化钙的摩尔质量，g/mol。

2. 氧化铝粉中氧化铝的测定——络合滴定法

（1）试剂　焦硫酸钾（固体）；盐酸（1+1）；乙二铵四乙酸钠（3%）；氨水（20%）；刚果红试纸；六次甲基四胺（30%）；二甲酚橙（0.2%）；醋酸锌标准溶液（0.03mol/L）；氟化钠（固体）。

（2）分析步骤　称取试样 0.2000g 于石英坩埚中，上面加入焦硫酸钾搅拌均匀于 950℃ 马弗炉熔融，至熔清为止。冷却后用水浸出，滴加盐酸（1+1）溶解，于 250mL 容量瓶中稀释。

分取 25mL 上述溶液于三角瓶中，加入 10mL 水，5mL 乙二铵四乙酸钠（3%），用氨水（20%）中和，直到刚果红试纸由蓝变紫红色为止。加入六次甲基四胺（30%）10mL 加热煮沸 3min，取下冷却，加二甲酚橙少许，用醋酸锌标准溶液滴定至浅红色出现，再加入 1.0g 氟化钠，加热 3min，取下冷却继续用醋酸锌标准溶液滴定至浅红色为终点，记下消耗的体积。

（3）计算　三氧化二铝质量分数"$w(Al_2O_3)$"按式（2-27）计算，以"%"表示。

$$w(Al_2O_3) = \frac{cV \times 50.97}{1000m \frac{V_1}{V_0}} \times 100\% \qquad (2-27)$$

式中　c——醋酸锌标准溶液的物质的量浓度，mol/L；

$\quad\quad V$——消耗醋酸锌标准溶液的体积，mL；

$\quad\quad V_0$——试液总体积，mL；

$\quad\quad V_1$——分取试液的体积，mL；

$\quad\quad m$——称取试样的质量，g；

$\quad$50.97——被测物质基本单元 $[(Al_2O_3)/2]$ 的摩尔质量，g/mol。

八、EDTA 标准溶液的配制和标定

（一）配制

1) 如果 EDTA 纯度达到基准水平，可直接称量配制。

2) 一般情况下，称取略多于计算量的分析纯 EDTA 溶于水，配制成大致浓度，然后进行标定。

（二）标定

标定 EDTA，最好用被测金属元素的纯金属，用同种指示剂，按试样测定的条件进行。也可用制得很纯的金属盐进行标定，如 ZnO、$CaCO_3$、MgO、$CuSO_4 \cdot 5H_2O$ 等。

第四节　氧化还原滴定法

一、概述

氧化还原滴定法是以氧化还原反应为基础的滴定分析法。氧化还原反应是基于电子转移的反应，反应机理比较复杂；有许多反应的速度较慢；有的反应除了主反应外，还伴随有各种副反应；有时介质对反应也有较大的影响。因此，在讨论氧化还原反应时，除从平衡观点判断反应的可行性外，还应考虑反应机理、反应速度、反应条件及滴定条件等问题。

可以用于滴定分析的氧化还原反应是很多的。根据所用的氧化剂和还原剂不同，可将氧化还原滴定法分为高锰酸钾法、重铬酸钾法、碘量法、溴酸钾法及铈量法等。

氧化还原滴定法的应用很广泛，可以用来直接测定氧化性或还原性物质，也可以用来间接测定一些能与氧化剂或还原剂发生定量反应的物质。氧化还原反应中常有诱导反应发生，它对滴定分析往往是不利的，应设法避免。但是如果严格控制试验条件，也可以利用诱导反应对混合物进行选择性滴定或分别滴定。

氧化还原反应的实质是电子在两个电对之间的转移过程，转移的方向是由电极电位（简称电位）的高低来决定的。

二、电极电位

电极电位：无论是电子导体还是离子导体，根据物理化学理论，凡是固相颗粒同液相物质接触，在其界面上必定产生偶电层，它是一封闭的、均匀的偶电层，因而不形成外电场，期间的电位差称为电极电位。

（一）标准电极电位

为了定量表示电极转移电子能力的大小，在此提出标准电极电位的概念。虽然电极电位的大小主要取决于物质的本性，但它还与温度、浓度、介质组成等因素有关，为了便于比较，规定组成电极的有关物质的浓度为 1mol/L，有关气体的压力为 101.33kPa，温度为 298.15K，在这种条件下测得的电极电位为该电极的标准电极电位，以符号 φ^0 表示（简称标准电位）。

各种电极的标准电极电位就是在标准状态下，由被测电极与标准氢电极组成原电池，通过测定其电动势而求得被测电极的电极电位。将各种电极的标准电极电位按值从小到大的顺

序排列成表，该表叫作标准电极电位表。

部分电对的标准电极电位表（298.15K）见表 2-14。

（二）条件电极电位

简称条件电位，是指在一定介质条件下，氧化态和还原态的总浓度均为 1mol/L 或它们的浓度比为 1 时，校正了各种因素影响后电对的实际电极电位，它在一定条件下为一常数，不随氧化态和还原态总浓度的改变而改变。

表 2-14　部分电对的标准电极电位表（298.15K）

电对		氧化态+ne＝还原态		φ^0/V
K^+/K	氧化能力增强	$K^+ + e = K$	还原能力减弱	−2.925
Zn^{2+}/Zn		$Zn^{2+} + 2e = Zn$		−0.763
Fe^{2+}/Fe		$Fe^{2+} + 2e = Fe$		−0.44
H^+/H_2		$H^+ + 2e = H_2$		0.000
Sn^{4+}/Sn^{2+}		$Sn^{4+} + 2e = Sn^{2+}$		+0.154
Cu^{2+}/Cu		$Cu^{2+} + 2e = Cu$		+0.34
Fe^{3+}/Fe^{2+}		$Fe^{3+} + e = Fe^{2+}$		+0.771
Ag^+/Ag		$Ag^+ + e = Ag$		+0.7999
F_2/F^-		$F_2 + 2e = 2F^-$		+2.87

条件电极电位受氧化态、还原态物质的离子强度、副反应和介质酸度等条件的影响。

（三）电极电位和能斯特方程式

对于可逆（可逆电对是指能很快建立氧化还原平衡，其实际电位遵从能斯特方程式）的氧化还原电对的电极电位，可利用能斯特方程式计算。

氧化还原半反应为

$$Ox + ne \rightleftharpoons Red$$
$$\text{氧化型} \qquad \text{还原型}$$

氧化还原电对的电极电位由能斯特方程式求得

$$\varphi_{(Ox/Red)} = \varphi^0_{(Ox/Red)} + \frac{RT}{nF}\ln\frac{a_{(Ox)}}{a_{(Red)}} \qquad (2\text{-}28)$$

式中　$\varphi_{(Ox/Red)}$——Ox/Red 在非标准状态下电对的电极电位；

$\varphi^0_{(Ox/Red)}$——电对的标准电极电位；

$a_{(Ox)}$——氧化型的活度；

$a_{(Red)}$——还原型的活度；

R——气体常数，$R = 8.314J/(K \cdot mol)$；

T——温度，K；

F——法拉第常数，$F = 96485C/mol$；

n——半反应中转移的电子数。

将以上常数代入式（2-28）中，并取常用对数，于 25℃时得

$$\varphi_{(Ox/Red)} = \varphi^0_{(Ox/Red)} + \frac{0.059}{n}\lg\frac{a_{(Ox)}}{a_{(Red)}} \qquad (2\text{-}29)$$

由式（2-29）可见，电对的电极电位与氧化型和还原型的活度有关，而标准电极电位是

指在一定温度下（通常为25℃），氧化还原半反应中各组分的标准状态，即离子或分子的活度等于1mol/L或活度比率为1时（若反应中有气体参加，则其分压等于101.325kPa）的电极电位。

在应用能斯特方程式时还应考虑下述两个因素，即离子强度及氧化型或还原型的存在形式。我们通常知道的是溶液中的浓度而不是活度，为简化起见，往往忽略溶液中离子强度的影响，以浓度代替活度来进行计算，但在实际工作中，溶液的离子通常是较大的，这种影响往往不能忽略。此外，当溶液组成改变时，电对的氧化型和还原型的存在形式也随之改变，从而引起电极电位的变化。因此，用能斯特方程式计算有关电对的电极电位时，如果采用该电对的标准电极电位，不考虑这两个因素，则计算的结果与实际情况就会相差较大。

在实际应用中，可变化为一般通式

$$\varphi_{(Ox/Red)} = \varphi^0_{(Ox/Red)} + \frac{0.059}{n} \lg \frac{a_{(Ox)}}{a_{(Red)}}$$

$$\varphi_{(Ox/Red)} = \varphi^0_{(Ox/Red)} + \frac{0.059}{n} \lg \frac{\gamma_{(Ox)} \alpha_{(Red)} c_{(Ox)}}{\gamma_{(Red)} \alpha_{(Ox)} c_{(Red)}}$$

$$\varphi^{0'}_{(Ox/Red)} = \varphi^0_{(Ox/Red)} + \frac{0.059}{n} \lg \frac{\gamma_{(Ox)} \alpha_{(Red)}}{\gamma_{(Red)} \alpha_{(Ox)}}$$

式中　$\gamma_{(Ox)}$ 和 $\gamma_{(Red)}$——氧化型和还原型的活度系数；

　　　$\varphi^{0'}_{(Ox/Red)}$——条件电极电位，它是在特定条件下，氧化型和还原型的总浓度均为1mol/L或它们的浓度比率为1时的实际电极电位，它在条件不变时为一常数。

标准电极电位与条件电极电位的关系，与在络合反应中的稳定常数 K 和条件稳定常数 K' 的关系相似。显然，在引入条件电极电位后，处理问题的方法就比较符合实际情况了。

条件电极电位的大小说明在外界因素影响下，氧化还原电对的实际氧化还原能力。应用条件电极电位比用标准电极电位能更正确地判断氧化还原反应的方向、次序和反应完成的程度。在缺乏有关数据的情况下，亦可采用标准电极电位并通过能斯特方程式来考虑外界因素的影响。

三、氧化还原滴定

（一）滴定方法

根据被测定物质的氧化还原性能，氧化还原滴定的方法有直接滴定法、返滴定法和间接滴定法。

（二）滴定条件

用于氧化还原滴定法的氧化还原反应必须符合下列条件：

1）定量反应。要求反应接近完全（达到99.9%），一般要求两电对的电位之差大于0.4V，氧化态电极电位与还原态电极电位之间的差值越大，平衡常数越大，反应越完全。

2）快速反应。要求氧化还原滴定反应瞬间完成，如果反应速度慢，可通过加热或加入催化剂加快反应速度。

3）准确指示终点。能够用适当的滴定指示剂或其他方法准确指示滴定终点。

4）共存物质无干扰，或干扰能被消除。

（三）滴定曲线

氧化还原滴定过程中电极电位的变化在化学计量点附近有一个突跃。现以 0.1000mol/L $Ce(SO_4)_2$ 溶液滴定在 1mol/L H_2SO_4 溶液中的 0.1000mol/L Fe^{2+} 溶液为例说明可逆的、对称的氧化还原的滴定曲线。

滴定反应为：$Ce^{4+}+Fe^{2+}=Ce^{3+}+Fe^{3+}$。

滴定开始后，溶液中存在两个电对，根据能斯特方程式，两个电对的电极电位分别为

$$\varphi_{(Fe^{3+}/Fe^{2+})} = \varphi^{0'}_{(Fe^{3+}/Fe^{2+})} + 0.059\lg\frac{c_{[Fe(III)]}}{c_{[Fe(II)]}} \qquad \varphi^{0'}_{(Fe^{3+}/Fe^{2+})} = 0.68V$$

$$\varphi_{(Ce^{4+}/Ce^{3+})} = \varphi^{0'}_{(Ce^{4+}/Ce^{3+})} + 0.059\lg\frac{c_{[Ce(IV)]}}{c_{[Ce(III)]}} \qquad \varphi^{0'}_{(Ce^{4+}/Ce^{3+})} = 1.44V$$

在滴定过程中，每加入一定量滴定剂，反应达到一个新的平衡，此时两个电对的电极电位相等，即 $\varphi_{(Fe^{3+}/Fe^{2+})} = \varphi_{(Ce^{4+}/Ce^{3+})}$。因此，溶液中各平衡点的电位可选用便于计算的任何一个电对来计算。

化学计量点前，溶液中存在未被氧化的 Fe^{2+}，滴定过程中电极电位的变化可根据 Fe^{3+}/Fe^{2+} 电对计算：$\varphi_{(Fe^{3+}/Fe^{2+})} = \varphi^{0'}_{(Fe^{3+}/Fe^{2+})} + 0.059\lg\frac{c_{[Fe(III)]}}{c_{[Fe(II)]}}$，此时 $\varphi_{Fe^{3+}/Fe^{2+}}$ 的值随溶液中 $c_{Fe(III)}/c_{Fe(II)}$ 的改变而变化。

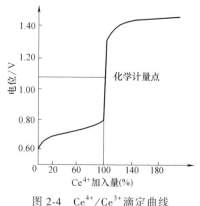

化学计量点时，$\varphi_{(Fe^{3+}/Fe^{2+})} = \varphi_{(Ce^{4+}/Ce^{3+})} = \varphi_{eq}$（化学计量点时的电极电位）；化学计量点后，加入了过量的 Ce^{4+}，因此可利用 Ce^{4+}/Ce^{3+} 电对来计算

$$\varphi_{(Ce^{4+}/Ce^{3+})} = \varphi^{0'}_{(Ce^{4+}/Ce^{3+})} + 0.059\lg\frac{c_{[Ce(IV)]}}{c_{[Ce(III)]}}$$

此时，$\varphi_{(Ce^{4+}/Ce^{3+})}$ 的值随溶液中 $c_{[Ce(IV)]}/c_{[Ce(III)]}$ 的改变而变化。

以加入标准溶液量的百分比为横坐标，电极电位为纵坐标，绘制氧化还原滴定曲线，如图 2-4 所示。

图 2-4　Ce^{4+}/Ce^{3+} 滴定曲线

（四）滴定终点的确定

氧化还原滴定法终点的指示方法有电位指示法和指示剂法。

用电位法指示氧化还原滴定终点，是把电位测定与氧化还原滴定结合在一起的滴定方法。本节重点讨论指示剂滴定法。

在氧化还原滴定中，可利用指示剂在化学计量点附近时颜色的改变来指示终点。常用的指示剂有以下几类。

1. 氧化还原指示剂

氧化还原指示剂大多是结构复杂的有机化合物。它们具有氧化还原性，它们的氧化型与还原型具有不同的颜色。例如

$$In(Ox)+ne \rightleftharpoons In(Red)$$

氧化型　　n 个电子　　还原型

一种颜色　　　　　　另一种颜色

指示剂的氧化还原反应是可逆反应。显然，当用氧化剂作标准溶液时，所选用的指示剂本身应是还原型的。随着氧化剂标准溶液的滴入，被测定的还原性物质的量逐渐降低。当滴定到达理论终点时，稍过量的氧化剂标准溶液将指示剂由还原型氧化成氧化型从而使溶液的颜色由一种颜色转变成另一颜色，指示滴定终点的到达。现以常用的氧化还原指示剂二苯胺磺酸钠为例，说明到达理论终点时颜色变化的情况。

二苯胺磺酸钠是二苯胺的衍生物，易溶于水，常配成 0.2% ~ 0.5% 的水溶液。在酸性溶液中主要以二苯胺磺酸的还原态形式存在，此时溶液为无色。当它被氧化后，就以二苯联苯胺磺酸紫的氧化态形式存在，此时溶液为紫色。反应式如下所示

二苯胺磺酸(无色)

二苯联苯胺磺酸紫(紫色)

当用重铬酸钾溶液滴定 Fe^{2+} 到达理论终点时，稍过量的重铬酸钾将二苯胺磺酸由无色的还原型氧化为红紫色的氧化型，指示终点到达。

各种氧化还原指示剂都有其特有的标准电极电位。选择指示剂时，应该选用指示剂变色范围的电位值在滴定曲线突跃范围内的氧化还原指示剂。指示剂的条件电极电位和滴定终点的电位越接近滴定误差越小。表 2-15 列出了一些重要的氧化还原指示剂的条件电极电位及颜色变化。

表 2-15 一些重要的氧化还原指示剂的条件电极电位及颜色变化

指示剂	$\varphi^{0'}$ In/V [H^+] = 1mol/L	颜色变化	
		氧化型	还原型
次甲基蓝	0.36	蓝	无色
二苯胺	0.76	紫	无色
二苯胺磺酸钠	0.84	红紫	无色
邻苯氨基苯甲酸	0.89	红紫	无色
邻二氮杂菲-亚铁	1.06	浅蓝	红
硝基邻二氮杂菲-亚铁	1.25	浅蓝	紫红

2. 自身指示剂

有些标准溶液或被滴定物质本身具有颜色，而其反应产物无色或颜色很浅，则滴定时无须另外加入指示剂，它们本身的颜色变化起着指示剂的作用，这种物质叫自身指示剂。

高锰酸钾法就是利用高锰酸钾标准溶液具有的深紫色，以其自身颜色的改变指示滴定终点的到达。例如，高锰酸钾标准溶液与还原性物质在酸性溶液中反应时

$$2MnO_4^- + 5C_2O_4^{2-} + 16H^+ \Longrightarrow 2Mn^{2+} + 10CO_2 \uparrow + 8H_2O$$

反应后生成的 Mn^{2+} 在极稀的溶液中呈无色。因此当到达理论终点时，稍过量的半滴高锰酸钾标准溶液，就足以使溶液变为淡粉色，以指示滴定终点的到达。

3. 专属指示剂

碘遇淀粉呈现蓝色是碘的特征反应。因此在碘量法中，就以淀粉为指示剂指示滴定终点

的到达。淀粉是碘量法的专属指示剂。例如在碘量法中，当用碘标准溶液测定还原性物质硫代硫酸钠的含量时

$$I_2 + 2Na_2S_2O_3 \rightleftharpoons 2NaI + Na_2S_4O_6$$

当反应到达理论终点时，稍过量的碘标准溶液与溶液中的淀粉指示剂反应形成浅蓝色的物质，指示滴定终点的到达。

四、几种常用的氧化还原滴定方法

（一）高锰酸钾法

1. 方法简介

高锰酸钾滴定法是利用高锰酸钾作氧化剂进行滴定分析的方法。

高锰酸钾（$KMnO_4$）是一种较强的氧化剂，在强酸性溶液中与还原剂作用时获得五个电子，还原为 Mn^{2+}。

$$MnO_4^- + 8H^+ + 5e \rightleftharpoons Mn^{2+} + 4H_2O \qquad \varphi^0 = 1.491V$$

在弱酸或碱性溶液中与还原剂作用获得三个电子，还原为 MnO_2。

$$MnO_4^- + 2H_2O + 3e \rightleftharpoons MnO_2\downarrow + 4OH^- \qquad \varphi^0 = 0.58V$$

生成的褐色 MnO_2 沉淀，实际上是 $MnO_2 \cdot H_2O$ 水合物。所以高锰酸钾是一种应用广泛的氧化剂。

在强酸性反应中 $KMnO_4$ 获得五个电子，所以 $KMnO_4$ 的基本单元为（$1/5KMnO_4$）。在弱酸或碱性反应中 $KMnO_4$ 获得三个电子，所以 $KMnO_4$ 的基本单元为（$1/3KMnO_4$）。但在实际应用中很少用后一种反应，因为反应后生成的 MnO_2 为棕色沉淀，影响终点的观察。在酸性溶液中的反应常用 H_2SO_4 酸化而不用 HNO_3，因为 HNO_3 是氧化性酸，可能与被测物反应；也不用 HCl，因为 HCl 中的 Cl^- 有还原性也能与 $KMnO_4$ 反应。

利用 $KMnO_4$ 作氧化剂可用直接法测定还原性物质，也可用间接法测定氧化性物质，此时先将一定量的还原剂标准溶液加入到被测定的氧化性物质中，待反应完毕后，再用 $KMnO_4$ 标准溶液返滴剩余量的还原剂标准溶液。用高锰酸钾法进行测定是以 $KMnO_4$ 自身为指示剂。

2. 标准溶液的配制

市售 $KMnO_4$ 纯度仅在99%左右，其中含有少量的 MnO_2 及其他杂质，同时蒸馏水中也常含有还原性物质如尘埃、有机物等，这些物质都能使 $KMnO_4$ 还原。因此 $KMnO_4$ 标准溶液不能用直接法配制，必须先配制成近似浓度，然后再用标准物质标定。为此，采用下列步骤配制：

1）称取稍多于计算用量的 $KMnO_4$，溶解于一定体积的蒸馏水中，将溶液加热煮沸，保持微沸1h，并放置2天~3天，使还原性物质完全被氧化。

2）用微孔玻璃漏斗过滤，除去 MnO_2 沉淀，滤液移入棕色瓶中保存，避免 $KMnO_4$ 见光分解。

一般配制的 $KMnO_4$ 溶液，经小心配制并存放在暗处，在半年内浓度改变不大。但如果需用0.01mol/L左右的 $KMnO_4$ 溶液，那么应该用纯净的蒸馏水临时稀释，立即标定和使用，不宜长期储存。

3. 标准滴定溶液的标定

标定 $KMnO_4$ 标准滴定溶液的标准物质有很多，如 $Na_2C_2O_4$、$H_2C_2O_4 \cdot 2H_2O$ 和纯铁丝

等。其中常用的是 $Na_2C_2O_4$，因为它易于提纯、稳定，没有结晶水，在 105℃ ~ 110℃ 烘干 2h 即可使用。标定反应如下

$$2MnO_4^- + 5C_2O_4^{2-} + 16H^+ \rightleftharpoons 2Mn^{2+} + 10CO_2 \uparrow + 8H_2O$$

此反应速度较慢，为加速反应应注意以下几点：

（1）温度 将溶液加热到 75℃ ~ 85℃，在此条件下进行滴定。但如果温度超过 90℃，则 $C_2O_4^{2-}$ 会部分分解

$$2H^+ + C_2O_4^{2-} \rightleftharpoons CO_2 \uparrow + CO \uparrow + H_2O$$

温度低于 60℃ 时，反应速度太慢。

（2）酸度 酸度应保持在 $c(H^+) = 1mol/L$ 左右，酸度过低，则 MnO_4^- 会部分还原为 MnO_2，出现棕色沉淀；酸度过高会使 $C_2O_4^{2-}$ 分解。

（3）滴定速度 开始滴入第一滴 $KMnO_4$ 溶液时褪色很慢，因为此时溶液中还没有生成能使反应加速进行的 Mn^{2+}（Mn^{2+} 在此反应中为催化剂）。在第一滴 $KMnO_4$ 没有褪色以前，不要加入第二滴。等到几滴 $KMnO_4$ 起了作用，产生了 Mn^{2+}，滴定速度可加快。但不能使 $KMnO_4$ 溶液像流水般地滴下去，那样易使 $KMnO_4$ 在热溶液中分解。

$$4MnO_4^- + 12H^+ \rightleftharpoons 4Mn^{2+} + 5O_2 \uparrow + 6H_2O$$

近终点时要慢加并不断搅拌。至溶液呈淡粉色在半分钟内不消失为止，此时即达终点。

4. 计算公式

$$2MnO_4^- + 5C_2O_4^{2-} + 16H^+ \rightleftharpoons 2Mn^{2+} + 10CO_2 \uparrow + 8H_2O$$

从反应式得知 $KMnO_4$ 获得五个电子，其基本单元为（$1/5KMnO_4$），摩尔质量 $M(1/5KMnO_4) = 31.61g/mol$；$Na_2C_2O_4$ 丢失两个电子，其基本单元为（$1/2Na_2C_2O_4$），摩尔质量 $M(1/2Na_2C_2O_4) = 67.00g/mol$

$$c(1/5KMnO_4) = \frac{m(1/2Na_2C_2O_4)}{V(1/5KMnO_4)M(1/2Na_2C_2O_4)} \tag{2-30}$$

（二）重铬酸钾法

1. 方法简介

重铬酸钾法是以重铬酸钾（$K_2Cr_2O_7$）为标准滴定溶液进行滴定的氧化还原法。$K_2Cr_2O_7$ 是一个强氧化剂，标准电极电位 $\varphi^0 = 1.33V$。在酸性溶液中，被还原为 Cr^{3+}。

$$Cr_2O_7^{2-} + 14H^+ + 6e \rightleftharpoons 2Cr^{3+} + 7H_2O$$

从反应式中得知 $K_2Cr_2O_7$ 获得六个电子，其基本单元为（$1/6K_2Cr_2O_7$），摩尔质量 $M(1/6K_2Cr_2O_7) = 49.03g/mol$。

$K_2Cr_2O_7$ 是稍弱于 $KMnO_4$ 的氧化剂，它与 $KMnO_4$ 对比，具有以下优点：

1）$K_2Cr_2O_7$ 溶液较稳定，置于密闭容器中，浓度可保持较长时间不改变。

2）$K_2Cr_2O_7$ 的 $\varphi^0_{(Cr_2O_7^{2-}/2Cr^{3+})} = 1.33V$，与氯的 $\varphi^0_{(Cl_2/2Cl^-)} = 1.33V$ 相等，因此可在 HCl 介质中进行滴定，不会因 $K_2Cr_2O_7$ 氧化 Cl^- 而产生误差。

3）$K_2Cr_2O_7$ 容易制得纯品，因此可作标准物质用直接法配制成标准溶液。但用 $K_2Cr_2O_7$ 法测定样品需要用氧化还原指示剂。常用的指示剂是二苯胺磺酸钠或邻苯氨基苯甲酸。

4) 重铬酸钾法总是在酸性溶液中使用，反应简单，$Cr_2O_7^{2-}$ 被还原为 Cr^{3+}，无中间价态生成。

2. 标准滴定溶液的配制

$K_2Cr_2O_7$ 可用直接法配制，但在配制前需要在 105℃~110℃ 之间将 $K_2Cr_2O_7$ 烘干至质量恒定。$K_2Cr_2O_7$ 物质的量浓度按式（2-31）计算

$$c(1/6K_2Cr_2O_7) = \frac{m(K_2Cr_2O_7)}{V(1/6K_2Cr_2O_7)M(1/6K_2Cr_2O_7)} \tag{2-31}$$

如要配制 1L 0.1000mol/L 1/6$K_2Cr_2O_7$ 标准溶液，可称取 4.903g $K_2Cr_2O_7$ 标准物质溶于水稀释至 1L。

（三）碘量法

1. 方法简介

碘量法是利用碘（I_2）的氧化性和 I^- 的还原性来进行滴定的分析方法。其半电池反应为

$$I_2 + 2e = 2I^-$$

由于固体 I_2 在水中的溶解度很小（0.00133mol/L），故实际应用时通常将 I_2 溶解在 KI 溶液中，此时 I_2 在溶液中以 I_3^- 的形式存在

$$I_2 + I^- = I_3^-$$

半电池反应为

$$I_3^- + 2e = 3I^- \qquad \varphi^{0'} = 0.545V$$

但为方便起见，I_3^- 一般仍简写为 I^-。

由 $I_2/2I^-$ 电对的条件电极电位或标准电极电位可见，I_2 是一种较弱的氧化剂，能与较强的还原剂（如 Sn（Ⅱ）、Sb（Ⅲ）、As_2O_3、S^{2-}、SO_3^{2-} 等）作用，因此可用 I_2 标准滴定溶液直接滴定这类还原性物质，这种方法称为直接碘量法。另一方面，I^- 为一中等强度的还原剂，能被一般氧化剂（如 $K_2Cr_2O_7$、$KMnO_4$、H_2O_2、KIO_3 等）定量氧化而析出 I_2，析出的 I_2 可用还原剂 $Na_2S_2O_3$ 标准滴定溶液滴定

$$I_2 + 2S_2O_3^{2-} = 2I^- + S_4O_6^{2-}$$

因而可间接测定氧化性物质，这种方法称为间接碘量法。

由于 I_2 的氧化能力不强，能被 I_2 氧化的物质有限，而且受溶液中 H^+ 浓度的影响较大，所以直接碘量法的应用受到一定的限制。但是，凡能与 KI 作用定量地析出 I_2 的氧化性物质及能与过量 I_2 在碱性介质中作用的物质，都可用间接碘量法测定。

在上述反应中，$Na_2S_2O_3$ 失去一个电子，I_2 获得两个电子，I_2 的基本单元为 $1/2I_2$，$M(1/2I_2) = 126.92g/mol$，$Na_2S_2O_3$ 的基本单元为 $Na_2S_2O_3 \cdot 5H_2O$，$M(Na_2S_2O_3 \cdot 5H_2O) = 248.2g/mol$。

碘量法的终点常用淀粉指示剂来确定。直接碘量法的终点是从无色变蓝色，间接碘量法的终点是从蓝色变无色。

$$\text{淀粉} \underset{S_2O_3^{2-}}{\overset{I_2}{\rightleftharpoons}} \text{吸附化合物}$$

$$\text{无色} \qquad \text{蓝色}$$

淀粉溶液应在滴定近终点时加入，如果过早地加入，淀粉会吸附较多的 I_2，使滴定结果

产生误差。

淀粉溶液应用新鲜配制的，若放置过久，则与 I_2 形成的络合物不呈蓝色而呈紫色或红色。这种红紫色吸附络合物，在用 $Na_2S_2O_3$ 滴定时褪色慢，终点不敏锐。

碘量法一般在中性或弱酸性溶液中及低温（<25℃）下进行滴定。I_2 溶液应保存于棕色密闭的容器中。在间接碘量法中，氧化析出的 I_2 必须立即进行滴定，滴定最好在碘量瓶中进行。为了减少 I^- 与空气的接触，滴定时不应剧烈摇荡。

2. 标准滴定溶液的配制和标定

（1）碘标准滴定溶液的配制和标定　用升华法制得的纯 I_2，可作为标准物质用直接法配制。分析纯 I_2 常含有杂质，只能配制成大致浓度的溶液，再用标准物质标定。

由于 I_2 难溶于水，但易溶于 KI 溶液生成 I_3^- 络离子

$$I_2 + I^- \Longrightarrow I_3^-$$

配制时应先将 I_2 溶于 400g/L 的 KI 溶液中，再用水稀释到所需体积。稀释后溶液中 KI 的浓度应保持在 40g/L 左右。

I_2 易挥发，在日光照射下易发生以下反应

$$I_2 + H_2O \Longrightarrow HI + HIO$$

因此，溶液应保存在带严密塞子的棕色瓶中，并放置在暗处。由于 I_2 溶液腐蚀金属和橡胶，所以滴定时应装在棕色酸式滴定管中。

标定 I_2 标准溶液常用的标准物质是 As_2O_3。应将称准的 As_2O_3 溶于 NaOH 溶液中，再用 HCl 中和至中性或微酸性。滴定时在溶液中加入固体 $NaHCO_3$，以中和反应中生成的 H^+。以保持溶液 pH 值约为 8。总反应式为

$$AsO_3^{3-} + I_2 + 2HCO_3^- \Longrightarrow AsO_4^{-3} + 2I^- + 2CO_2 \uparrow + H_2O$$

反应式中量的关系为

$$As_2O_3 \Longleftrightarrow 2AsO_3^{3-} \Longleftrightarrow 2I_2 \Longleftrightarrow 4e$$

即

$$n(AsO_3) = n(2AsO_3^{3-}) = n(2I_2) = n(4e)$$

所以，As_2O_3 的基本单元为 $1/4As_2O_3$，$M(1/4As_2O_3) = 49.46g/mol$，$I_2$ 的物质的量浓度计算式为

$$c(1/2I_2) = \frac{m(As_2O_3)}{V(1/2I_2)M(1/4As_2O_3)} \tag{2-32}$$

除用 As_2O_3 作标准物质标定 I_2 标准滴定溶液的浓度外，也可用 $Na_2S_2O_3 \cdot 5H_2O$ 标准溶液来标定。

（2）$Na_2S_2O_3$ 标准滴定溶液的配制和标定　$Na_2S_2O_3 \cdot 5H_2O$ 容易风化，常含有一些杂质（如 S、Na_2SO_4、NaCl、Na_2CO_3 等），并且配制的溶液不稳定易分解，所以只能用间接法配制。

1）配制。$Na_2S_2O_3 \cdot 5H_2O$ 不稳定的原因有三个：

与溶解在水中的 CO_2 反应

$$Na_2S_2O_3 + CO_2 + H_2O \Longrightarrow NaHCO_3 + NaHSO_3 + S \downarrow$$

与空气中的氧反应

$$2Na_2S_2O_3 + O_2 \Longrightarrow 2Na_2SO_4 + 2S \downarrow$$

与水中的微生物反应

$$Na_2S_2O_3 \underset{微生物}{\rightleftharpoons} Na_2SO_3 + S\downarrow$$

根据上述原因，$Na_2S_2O_3$ 溶液的配制应采取下列措施：

① 用新煮沸冷却后的蒸馏水配制，以杀死微生物，赶走溶于水中的 O_2 和 CO_2；

② 配制时加入少量 Na_2CO_3（浓度为 0.2g/L），使溶液呈弱碱性，抑制微生物的生长；

③ 将配制的溶液置于棕色瓶中，放置 8 天~14 天，此时溶液浓度已经稳定，再用标准物质标定。若发现溶液浑浊，应丢弃或过滤后重新标定。

2）标定。标定 $Na_2S_2O_3$ 标准滴定溶液的标准物质有 $K_2Cr_2O_7$、KIO_3、$KBrO_3$ 等。由于 $K_2Cr_2O_7$ 价廉易提纯，因此常用作基准物质。

在用 $K_2Cr_2O_7$ 标定时，可取 20mL~25mL $K_2Cr_2O_7$ 标准溶液，放在碘瓶中，加入 1.5g KI，加入 15mL~20mL HCl（1+5），加盖放置 5min 后，加水 100mL，用 $Na_2S_2O_3$ 标准滴定溶液滴定至浅黄色后加入淀粉溶液，再滴定至亮绿色为终点。

第一步反应：$Cr_2O_7^{2-} + 6I^- + 14H^+ \longrightarrow 2Cr^{3+} + 3I_2 + 7H_2O$。

第二步反应：$2Na_2S_2O_3 + I_2 \longrightarrow Na_2S_4O_6 + 2NaI$。

现对两步反应所需要的条件说明如下：

为什么第一步反应进行中要加入过量的 KI 和 HCl，反应后又要放置在暗处 5min？

实践证明这一反应速度较慢，需要放置 5min 后反应才能定量完成。加入过量的 KI 和 HCl 不仅是为了加快反应速度，也为了防止 I_2 的挥发。此时生成 I_3^- 络离子。由于 I^- 在酸性溶液中易被空气中的氧氧化，I_2 易被日光照射分解，故需置于暗处避免日光。

为什么第一步反应后，第二步反应用 $Na_2S_2O_3$ 溶液滴定前要加入大量水稀释？

由于第一步反应要求在强酸性溶液中进行，而 $Na_2S_2O_3$ 与 I_2 的反应必须在弱酸性或中性溶液中进行，因此需加水稀释以降低酸度，防止 $Na_2S_2O_3$ 分解。此外，由于 $Cr_2O_7^{2-}$ 的还原产物是 Cr^{3+}，显墨绿色，妨碍终点的观察，稀释后使溶液中 Cr^{3+} 的浓度降低，墨绿色变浅，使终点易于观察。但如果到终点后溶液又迅速变蓝则表示 $Cr_2O_7^{2-}$ 与 I^- 的反应不完全，也可能是由于放置时间不够，或溶液稀释过早，遇此情况应另取一份重新标定。

3）$Na_2S_2O_3$ 浓度的计算

$$K_2Cr_2O_7 + 6KI + 7H_2SO_4 \longrightarrow Cr_2(SO_4)_3 + 4K_2SO_4 + 3I_2 + 7H_2O$$
$$I_2 + 2Na_2S_2O_3 \longrightarrow 2NaI + Na_2S_4O_6$$

反应中量的关系为 $Cr_2O_7^{2-} \Longleftrightarrow 3I_2 \Longleftrightarrow 6S_2O_3^{2-} \Longleftrightarrow 6e$。

$Cr_2O_7^{2-}$ 的基本单元为 $1/6K_2Cr_2O_7$，$M(1/6K_2Cr_2O_7) = 49.03g/mol$，

$Na_2S_2O_3 \cdot 5H_2O$ 的基本单元为 $Na_2S_2O_3 \cdot 5H_2O$，$M(Na_2S_2O_3 \cdot 5H_2O) = 248.2g/mol$。

$$c(Na_2S_2O_3) = \frac{m(K_2Cr_2O_7)}{V(Na_2S_2O_3)M(1/6K_2Cr_2O_7)} \tag{2-33}$$

第五节　重量分析法

一、概述

重量分析法是利用称量物质的质量进行测定的方法。用这种方法做测定时，通常先用适

当的方法把被测组分与其他组分分离，然后称量，由称得的质量计算试样中该组分的含量。根据分离方法的不同，重量分析法又分为挥发法、沉淀法和电解法。

（一）挥发法

若被测组分是挥发性的，或与试剂反应后能生成气体的，则可用加热或蒸馏等方法使其挥发除去，然后从减轻的重量（失重）计算被测组分的含量；或者用某种吸收剂吸收挥发出的气体，根据吸收剂增加的重量（增重）计算被测组分含量。例如，欲测焦炭样品的水分，可将试样在适宜温度下 $105\text{℃} \sim 110\text{℃}$ 烘干，根据失重来计算试样中的水分含量。又如，欲测定某样品中的碳含量时，在高温炉中，通氧使试样中的碳燃烧生成 CO_2，用碱石棉吸收所生成的 CO_2，根据碱石棉的增重来计算试样中的碳含量。

（二）沉淀法

沉淀法是使欲测组分成为难溶化合物从溶液中沉淀出来，经过滤、洗涤、干燥或灼烧后进行称量，从称得的质量计算其含量。例如，测定焦炭中的硫含量时，先将硫转化为 SO_4^{2-} 并进入溶液，再加入过量的 $BaCl_2$，使其形成 $BaSO_4$ 沉淀，然后经过滤、洗涤等操作，将获得的 $BaSO_4$ 在 $800\text{℃} \sim 900\text{℃}$ 下灼烧至恒重，从称得的 $BaSO_4$ 质量计算出试样中的硫含量。沉淀出来的物质叫作沉淀式，干燥或灼烧后进行称量的物质叫作称量式。在上述 $BaSO_4$ 的情况下，称量式和沉淀式是一致的，都是 $BaSO_4$。

（三）电解法

利用电解的原理，使待测金属离子在电极上还原析出，然后根据电极增加的重量，计算被测组分含量的方法。仅用于铜、金、银等少数金属元素的分析。

以上三种重量分析法以沉淀法应用最多，涉及的理论也比较多，以下着重介绍沉淀法。

二、重量分析法的特点

（一）准确度高

由于称量误差小（一般可准确到 0.1mg），如果整个分析过程中其他环节进行得也比较完善，那么重量分析法可以获得很准确的分析结果（一般可以做到相对误差小于 $0.1\%\sim0.2\%$）。在准确度要求很高时，沉淀所夹带的其他杂质或由于沉淀溶解所造成的损失还可以用适当的方法加以校正。因此，物质中组分的准确含量常以重量分析法测定的结果作为标准。因为重量分析法只靠称取物质质量而获得分析结果，不依赖于标准溶液或标准曲线，所以称重量分析法为绝对测量法，常用于仲裁分析、标准物质的定值等。

（二）操作手续繁杂

重量分析法要经溶样、沉淀、过滤、洗涤、灼烧、称量等手续，耗费时间，不适应要求很快报告分析结果的工业生产和科学研究的要求。一般来说，若有其他方法可以代替，就尽量避免采用重量分析法。

使用重量分析法进行分析，为了获得准确的结果，在分析过程中沉淀的形成是十分关键的一步，因此必须熟悉沉淀的性质，控制形成沉淀的条件，以使沉淀完全、纯净，符合重量分析法的要求。

三、重量分析法对沉淀的要求

为了减少重量分析法的误差，保证足够的准确度，对所得的沉淀应有如下的要求：

1）沉淀的溶解度必须很小，保证沉淀基本上完全，不致因沉淀的溶解损失影响分析结果的准确度。

2）沉淀物力求纯净，尽量避免被其他杂质污染。

3）沉淀应易于过滤和洗涤。

4）沉淀经烘干或灼烧后应具有确定的化学组成，性质稳定，不受空气中的水和二氧化碳的影响。称量式的相对分子质量应该比较大，这样可以减少称量误差。

四、影响沉淀溶解度的因素

沉淀与溶解是互为依存、互相转化的，绝对的沉淀完全，在事实上是不存在的。在重量分析中，我们只需要求沉淀的溶解损失控制在称量误差范围之内，便可以认为是沉淀完全。例如，在进行常量分析时，沉淀的溶解损失不超过 0.1mg 便可以认为沉淀完全。如果溶液的总量为 500mL，则沉淀的溶解度要小于 0.02mg/100mL。但是，常见的难溶晶形沉淀的溶解度与上述要求相比，仍显得比较大，见表 2-16 所列数据。

表 2-16　几种难溶物质室温下的溶解度　　（单位：mg/100mL 水）

物质	溶解度	物质	溶解度
AgCl	0.15	$PbSO_4$	4.2
$BaSO_4$	0.24	$MgNH_4PO_4 \cdot 6H_2O$	20（无水）
$CaC_2O_4 \cdot H_2O$	0.67（无水）	$KClO_4$	1800
$CaCO_3$	1.5	$Fe_2O_3 \cdot xH_2O$	≤0.01

从表 2-16 的数据来看，除无定形的含水 Fe_2O_3 外，其余几种难溶晶形沉淀物质的溶解度都比较大，用它们作沉淀式似乎并不合适。但是，事物的矛盾都是依一定条件转化的，这个矛盾可通过改变沉淀式形成的条件加以解决。下面进一步讨论影响沉淀生成的各种因素。

（一）同离子效应——加入过量的沉淀剂

根据同离子效应，加入过量的沉淀剂可使沉淀的溶解度显著降低。现以 $BaSO_4$ 沉淀反应为例，说明过量沉淀剂对 $BaSO_4$ 溶解度的影响。从表 2-16 可知，在室温下 $BaSO_4$ 在 100mL 水中的溶解度是 0.24mg。设在沉淀生成时，溶液的总体积为 500mL，则 $BaSO_4$ 的溶解损失应为 （0.24×5）mg = 1.2mg，这样大的溶解损失引起的误差是相当可观的。但是，如果在溶液中加入过量的沉淀剂，使溶液中过量的 Ba^{2+} 浓度增高至 0.005mol/L，此时 $BaSO_4$ 的溶解度可计算如下：

因 $BaSO_4$ 的溶度积

$$K_{SP} = [Ba^{2+}][SO_4^{2-}] = 1.1 \times 10^{-10} \, mol^2/L^2 （20℃时）$$

当溶液中 Ba^{2+} 浓度 $[Ba^{2+}] = 0.005mol/L$ 时，则 SO_4^{2-} 的浓度应为

$$[SO_4^{2-}] = \frac{1.1 \times 10^{-10} \, mol^2/L^2}{5 \times 10^{-3} \, mol/L} = 2.2 \times 10^{-8} \, mol/L$$

即此时溶液中 $BaSO_4$ 的溶解度为 2.2×10^{-8} mol/L，所以在 500mL 溶液中溶解损失量为：2.2×10^{-8} mol/L×0.5×233.3 = 0.0025mg。

此值远远小于称量误差 0.1mg，可以认为 $BaSO_4$ 实际上沉淀完全。由此可见，在重量分析过程中欲使沉淀完全应保证有过量沉淀剂存在。但必须指出，沉淀剂也并不是过量越多越好，有时过多的沉淀剂反而会引起溶解度增大。实践经验表明，通常沉淀剂以过量 50% 为宜。

（二）盐效应

由于溶液中大量强电解质盐类的存在，常常会引起沉淀溶解度的增加，这种现象称为盐效应。一般来说，组成这种强电解质盐的离子价数越高、浓度越大，或者组成沉淀的离子价数越高，盐效应越显著。盐效应产生的原因主要是由于溶液中正、负离子之间的互相吸引束缚了离子的运动所造成的。溶液中离子浓度越大，这种束缚力越显著；这样就使得（被沉淀）离子在溶液中的有效浓度降低，而促使（被沉淀）离子从沉淀相进入液相的机会增加，从而加大了沉淀的溶解度。

（三）络合效应

若溶液中存在络合剂与被沉淀的离子形成络合物，就会影响沉淀的完全程度。形成的络合物越稳定，这种影响就越大。有时过多的沉淀剂也会与被沉淀的离子形成络合物而促使沉淀部分溶解，这也是避免使用太过量的沉淀剂的原因之一。

（四）酸度的影响

溶液的酸度对沉淀溶解度的影响是比较大的，除强酸盐沉淀外（如卤化银或 $BaSO_4$ 等），绝大部分的弱酸盐或弱碱盐沉淀的完全性和溶液的酸度有很大关系。现以 CaC_2O_4 沉淀为例加以说明。

CaC_2O_4 沉淀在溶液中有如下平衡

$$CaC_2O_4 \Longleftrightarrow Ca^{2+} + C_2O_4^{2-}$$
$$\Big\Updownarrow H^+$$
$$HC_2O_4^- \xrightarrow{\ H^+\ } H_2C_2O_4$$

显然，若增大溶液中的 H^+ 浓度时，生成难电离的 $HC_2O_4^-$，就会降低溶液中 $C_2O_4^{2-}$ 的浓度，破坏 CaC_2O_4 的沉淀平衡，促使 CaC_2O_4 的溶解。

（五）温度的影响

大多数沉淀的溶解度随着溶液温度的增高而增大。为了避免沉淀的溶解损失，过滤、洗涤等操作必须在溶液冷却至室温时进行。

以上讨论的几个问题主要针对溶解度较大的晶形沉淀而言。对无定形沉淀如 $Fe_2O_3 \cdot xH_2O$ 来说，因其溶解度甚小，沉淀时除须注意溶液酸度及有无络合剂存在外，其他因素引起的溶解损失不是问题的主要方面。但须指出，这一类沉淀在沉淀、过滤、洗涤等过程中如处理不当，容易形成胶体分散在液相，这就是所谓的"胶溶"现象。这种胶体颗粒非常细小，极易透过滤纸而使沉淀造成巨大损失。所以应该采取相应的措施以避免这种现象。一般来说，无定形沉淀应该在有适量电解质的存在下，在热的、较浓的溶液中进行。适量电解质的存在主要是为了促使胶体颗粒凝聚。

五、影响沉淀纯度的因素

在重量分析过程中，要求获得的沉淀是纯净的，其中不应混有其他杂质。但完全的纯净是没有的，既然沉淀是从溶液中析出的，它就不可避免地、或多或少地夹带溶液中所含有的其他物质。定量分析的任务就是要使这些杂质的总量控制在允许范围之内，以不影响分析的准确度为准则。为此必须了解在沉淀形成的过程中，杂质混入沉淀的各种原因，从而找出减少杂质混入的方法，以获得合乎定量标准的纯净沉淀。

杂质混入主要发生在沉淀生成的时候。常常可以观察到这种现象，在一定操作条件下，某些物质本身并不能单独形成沉淀，但当溶液中一种物质形成沉淀时，它们能够随同生成的沉淀一起沉淀析出，这种现象叫作共沉淀。共沉淀现象可以发生在沉淀的表面，也可以发生在沉淀的内部。前一种情况称为吸附共沉淀，后一种情况因为杂质包藏在沉淀内部，所以称为包藏共沉淀。

（一）吸附共沉淀

杂质吸附在沉淀的表面称为吸附共沉淀。这种现象的发生是由于沉淀表面离子和沉淀内部的离子所处的情况不同，位于晶格内部的离子，其各个方面都有带相反电荷的离子与其相吸引；处于晶格表面的离子与溶液接触的一面还有余价，由于静电引力的作用，能选择性地吸引溶液中某些带相反电荷的离子，而使沉淀微粒表面带有电荷，而带电微粒又吸引溶液中另一些异性离子，这些离子又称抗衡离子，这样，就使沉淀表面吸附了杂质。必须指出：这种吸附作用是有选择性的。当溶液中有数种离子存在时，沉淀表面首先吸附与晶格离子相同的离子，或者与晶格离子形成的化合物溶解度最小或离解度最小的那种离子。这个规律称为吸附规则。

图 2-5 所示为沉淀表面吸附的示意图。例如用过量的 $AgNO_3$ 沉淀碘化物时，析出 AgI 沉淀。如果溶液中除过量的 $AgNO_3$ 外，还有 K^+、Na^+、Ac^- 等离子，AgI 沉淀表面将首先吸附溶液中的相同离子 Ag^+，而不是 K^+ 或 Na^+，作为抗衡离子被吸附到沉淀表面附近的是 Ac^- 而不是 NO_3^-，因为 AgAc 的溶解度小于 $AgNO_3$ 的溶解度。结果是 AgI 表面吸附了一层 AgAc 杂质。

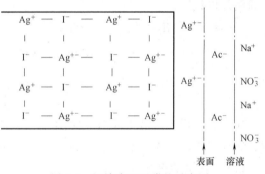

图 2-5　沉淀表面吸附的示意图

沉淀表面吸附杂质的量除与杂质离子的性质有关外，还与下列因素有关：

1）与沉淀的总表面积有关。如果相同重量的沉淀，沉淀颗粒越小，则总的表面积越大，吸附的杂质也越多。晶形沉淀颗粒比较大，所以表面吸附现象不严重；而无定形沉淀的颗粒非常小，表面吸附成为沉淀被沾污的主要原因。

2）与溶液中杂质的浓度有关。杂质浓度越大，沉淀吸附的杂质量也越多。

3）与操作溶液的温度有关。因为吸附过程是一个放热过程，因此溶液的温度增高，杂质的吸附量就减少。这就是无定形沉淀要在热溶液中进行的原因。

（二）包藏共沉淀

沉淀过程中当继续不断加入沉淀剂时，沉淀不断生成，被先形成的沉淀所吸附的杂质尚来不及离开沉淀表面就被后面生成的沉淀所覆盖，于是杂质就被包藏在沉淀内部。这种现象在沉淀剂迅速加入时尤其显著。杂质包藏量的多少，也符合吸附规则。

（三）共沉淀对分析结果的影响

共沉淀对分析结果的影响如何，应根据具体情况做具体分析，不应笼统地得出"偏高"或"偏低"的结论。例如，以 $BaCl_2$ 为沉淀剂测定 SO_4^{2-} 时，如果 $BaSO_4$ 里混有 $Ba(NO_3)_2$ 共沉淀物，当沉淀灼烧后，$Ba(NO_3)_2$ 转化为 BaO。这部分 BaO 是净加入的，所以使分析结果偏高。但是，如果测定对象是 Ba^{2+}，当混入 $Ba(NO_3)_2$ 时，灼烧后获得的 BaO 的相对分子质量远小于 $BaSO_4$，所以使测定结果偏低。又如，若在 $BaSO_4$ 中混入 H_2SO_4，沉淀灼烧时，H_2SO_4 逸出，将使测定 SO_4^{2-} 的结果偏低。但此时若是测定 Ba^{2+}，则对分析结果并无影响。

（四）减少共沉淀的方法

1）降低被吸附离子的浓度，必要时事先进行化学分离，将这些杂质除去。

2）改进操作规程，选择恰当的沉淀条件。

3）沉淀后，将沉淀放置一段时间进行陈化。

4）选择合适的洗涤液洗涤沉淀。

5）再沉淀，必要时将第一次获得的沉淀用适当的方法溶解后再进行沉淀。

六、沉淀的条件和称量式的获得

为了获得准确的分析结果，就要求沉淀完全、沾污少而又易于过滤和洗涤。从前面的讨论可以看出，这些要求之间是互相矛盾的。如单从沉淀的完全程度考虑，则要求沉淀式的溶解度越小越好，但是沉淀式溶解度越小越容易生成小晶体或胶体，导致共沉淀增加，并且给过滤和洗涤带来了困难。为了解决这个矛盾，往往在沉淀过程中先增大沉淀的溶解度，例如在热溶液中进行沉淀，然后将溶液冷却使沉淀完全后再过滤。总之，应该灵活地运用已经掌握的理论知识，对待不同的物质，根据它们不同的特性，选择最佳的沉淀条件，就能够满足重量分析对沉淀的要求。

（一）形成晶形沉淀的条件

要生成较大晶形沉淀，就必须减慢结晶核的生成速度。为控制晶体的生长速度，应创造以下条件：

1）沉淀要在适当稀的溶液中进行，这样结晶核形成的速度就慢，容易形成较大的晶体颗粒。

2）在不断搅拌的情况下慢慢加入沉淀剂，尤其在开始时，要避免溶液局部形成过饱和溶液，生成过多的结晶核。

3）要在热溶液中进行沉淀。因为在热溶液中沉淀的溶解度一般都增大，这样可使溶液的过饱和度相对降低，从而使晶核生成的较少。同时在较高的温度下晶体吸附的杂质量也较少。

4）过滤前进行陈化处理。在生成晶形沉淀时，有时并非立刻沉淀完全，而是需要一定时间，此时小晶体逐渐溶解，大晶体继续成长，这个过程称为陈化作用。陈化作用的发生是由于小晶体的溶解度比大晶体的溶解度大，在同一溶液中，对小晶体是饱和溶液，而对大晶体即为过饱和溶液，这时就会有沉淀在大晶体表面上析出。同时溶液对小晶体又变为不饱和了，于是小晶体继续溶解。由于小晶体的不断溶解，大晶体不断地长大，如此反复进行，使沉淀转化为便于过滤和洗涤的大颗粒晶体。

陈化作用不仅可使沉淀晶体颗粒长大，还可使沉淀更为纯净，由于晶体颗粒长大使总表面积变小，吸附杂质的量就少了。加热和搅拌可加速陈化作用，缩短陈化时间。

（二）形成无定形沉淀的条件

首先要注意避免形成胶体溶液，其次要使沉淀式成较为紧密的形状以减少吸附，因此要求沉淀的条件为：

1）在热溶液中进行，既可防止形成胶体溶液，又可减少杂质的吸附量。

2）加入电解质（如挥发性的铵盐等）作凝结剂，破坏胶体溶液。

3）在浓溶液中，迅速加入沉淀剂并不断搅拌可促使微粒凝聚。

4）沉淀完全后用热水冲稀。在浓溶液中进行沉淀时，会增加杂质吸附量，因此沉淀后立即加入热水充分搅拌，可使被吸附的杂质离子离开沉淀表面转入溶液中。

5）冲稀后立即过滤，因为这类沉淀不需要陈化而且趁热过滤可以加快过滤速度。

（三）沉淀的过滤和洗涤

1. 如何获得易于过滤和洗涤的沉淀

重量分析中要求沉淀有易于过滤和洗涤的结构。按物理性质的不同，可以粗略地将沉淀分成两类：一类是晶形沉淀，如 $BaSO_4$、$CaC_2O_4 \cdot H_2O$ 等；另一类是无定形沉淀，如 Fe_2O_3、xH_2O 等；而介于两者之间的有凝乳状沉淀，例如 $AgCl$、AgI 等。它们之间的差别主要是颗粒大小不同。晶形沉淀的颗粒直径约为 $0.1\mu m \sim 1\mu m$，颗粒最大；无定形沉淀的颗粒最小，其直径约为 $0.02\mu m$ 或者更小；凝乳状沉淀的颗粒大小则介于它们两者之间。由于沉淀颗粒大小不同，所以过滤时的难易程度也不相同。一般来说，粗大的晶体颗粒易于过滤和洗涤，且其总表面积小，吸附的杂质也少。而无定形沉淀是疏松的、凝胶状的、体积庞大的沉淀，因为颗粒小，所以总表面积很大，吸附、包藏杂质多，过滤和洗涤比较困难。那么，怎样才能获得易于洗涤、过滤的沉淀呢？当然，沉淀是什么形式，首先决定于沉淀化合物本身的性质，但是沉淀的条件也与此密切相关。改变沉淀条件，有时就可以改变沉淀的形状。例如，用尿素水解的均匀沉淀法，能够获得明显晶形的 $Fe(OH)_3$ 沉淀。因此，严格控制沉淀条件就能够获得合乎要求的易于过滤和洗涤的沉淀。

2. 沉淀的过滤和洗涤

沉淀的过滤常用滤纸或过滤漏斗。使用什么滤纸，采用何种方式过滤，视沉淀的性质和要求而定。例如，细小的晶形 $BaSO_4$ 沉淀，需要用致密的滤纸，否则晶体颗粒会穿过滤纸孔。而胶状的 $Fe_2O_3 \cdot xH_2O$ 沉淀则应用较粗的滤纸，否则过滤太慢也难洗净。

有些沉淀无须灼烧只要在 $250℃$ 下烘干恒重，就不应使用滤纸而使用过滤漏斗。过滤漏斗有两种，即微孔玻璃砂芯漏斗和瓷质的古氏坩埚。

沉淀的洗涤是纯净沉淀的重要手段。对洗涤的要求应是尽可能地将杂质有效地洗去，而又不使沉淀有明显的损失。如果使用同体积的洗涤液，一般是用少量洗涤液多洗几次要比用较大量的洗涤液少洗几次的效果好。

洗涤的另一个问题是如何选择洗涤液。一般要求洗涤剂既能有效地洗去沉淀中所含杂质，又能使沉淀的溶解度降低以减少沉淀的损失，最后还要求洗涤剂的成分在沉淀灼烧时能够全部挥发或分解出去。具体选择洗涤剂可参照以下几个方面：

1）对溶解度较大的沉淀如 CaC_2O_4，可选用沉淀剂的稀溶液，如用 $10g/L$ 的 $(NH_4)_2C_2O_4$ 作洗涤剂，可以减少沉淀的溶解损失。

2）对溶解度很小的无定形沉淀，如 $Fe_2O_3 \cdot xH_2O$，应用电解质（例如 NH_4NO_3）的稀溶液洗涤。

3）对溶解度很小的晶形沉淀也可以用冷蒸馏水洗涤。

4）热的洗涤液洗涤效果好，又易于过滤，但沉淀的溶解损失也较大，不适用于溶解度较大的沉淀。

（四）称量式的获得

各种沉淀都多少含有一些水分，在称量前都需要在适当的温度下烘干。有些物质的沉淀式并不适合作为称量式，需要灼烧转换为另一种形式进行称量。

少数物质虽有固定组成，但加热时容易分解、挥发或氧化，可以在洗涤完成后，再用乙醇、乙醚或丙酮等易挥发的有机溶剂洗涤 2 次~3 次，然后在室温或稍高的温度下干燥以后即可称量，例如电解铜等。

有些物质可在 100℃~200℃烘干，除去所含水分及易挥发的酸类，不需要高温灼烧也能有固定的组成。这种方法比较简便，例如 AgCl、丁二酮肟镍等都可以在适当温度下烘干称量。

多数物质需要在高温灼烧后才能获得有确定组成的称量式物质。例如 $BaSO_4$ 需在 800℃~900℃下灼烧才能除去水分。含水二氧化硅（$SiO_2 \cdot xH_2O$）需在 1000℃~1200℃下灼烧才能完全脱水成 SiO_2。

七、重量分析结果计算

重量法是根据所得沉淀的质量，换算成被测组分的含量。分析结果常以被测组分的质量分数来表示。一般计算公式为

$$w_B = \frac{m_B}{m}$$

(2-34)

式中　w_B——被测组分的质量分数；

m_B——被测组分的质量，g；

m——试样的质量，g。

计算中的主要问题是如何将沉淀质量换算为被测组分的质量分数。下面以实例来说明。

例：测定焦炭中 S 的含量（$BaSO_4$ 重量法）。称取试样 0.9905g，最后得 $BaSO_4$ 沉淀 0.2184g，计算试样中 S 的质量分数。

解：先求出 $BaSO_4$ 中 S 的质量

$$\begin{array}{cc} BaSO_4 & S \\ 233.4 & 32.06 \\ 0.2184 & m_S \end{array}$$

$$m_S = 0.2184g \times \frac{32.06}{233.4} = 0.03000g$$

试样中 S 的质量分数为

$$w_S = \frac{m_S}{m} = \frac{0.03000g}{0.9905g} = 0.0303 = 3.03\%$$

上例说明，被测物 S 的质量是由沉淀称量式的质量乘以被测组分的式量与称量式的式量

之比

$$\frac{Ar(S)}{Mr(BaSO_4)} = \frac{32.06}{233.4} = 0.1374$$

式中 $Ar(S)$——S 的相对原子质量；

　　$Mr(BaSO_4)$——$BaSO_4$ 的相对分子质量。

这个比值称为换算因数或化学因数。上式的比值是 $BaSO_4$ 对 S 的换算因数。

因此，根据 $BaSO_4$ 沉淀的质量及 $BaSO_4$ 对 S 的换算因数，就可以计算出试样中 S 的质量分数。

$$w_S = \frac{m(BaSO_4) \times \dfrac{Ar(S)}{Mr(BaSO_4)}}{m} \times 100\%$$

换算因数一般都可以在分析化学手册中查到。

第六节　沉淀滴定法

一、概述

沉淀滴定法是以沉淀反应为基础的一种滴定分析方法。

在分析工作中，虽然能形成沉淀的反应很多，但并不是所有的沉淀反应都能用于滴定分析。用于沉淀滴定法的沉淀反应必须符合下列几个条件：

1）生成的沉淀应具有恒定的组成，而且溶解度必须很小（一般小于 10^{-6}g/mL）。

2）沉淀反应必须迅速、定量地进行。

3）沉淀的吸附现象不影响滴定结果和终点的确定。

4）能够用适当的指示剂或其他方法确定滴定的终点。

由于上述条件的限制，能用于沉淀滴定法的反应就不是很多。目前用得较广的是生成难溶银盐的反应，例如

$$Ag^+ + Cl^- = AgCl \downarrow$$
$$Ag^+ + SCN^- = AgSCN \downarrow$$

这种利用生成难溶银盐反应的测定方法称为银量法，用银量法可以测定 Cl^-、Br^-、I^-、Ag^+、SCN^- 等离子。

在沉淀滴定法中，除了银量法外，还有利用其他沉淀反应的方法。

例如，$K_4[Fe(CN)_6]$ 与 Zn^{2+}，四苯硼酸钠 $NaB(C_6H_5)_4$ 与 K^+ 形成沉淀的反应

$$2K_4[Fe(CN)_6] + 3Zn^{2+} = K_2Zn_3[Fe(CN)_6]_2 \downarrow + 6K^+$$
$$NaB(C_6H_5)_4 + K^+ = KB(C_6H_5)_4 \downarrow + Na^+$$

都可用于沉淀滴定法。

本节将主要介绍银量法。银量法可分为直接法和间接法。直接法是用 $AgNO_3$ 标准溶液直接滴定被沉淀的物质。间接法是先于待测定试液中加入一定过量的 $AgNO_3$ 标准溶液，再用 NH_4SCN 标准溶液来滴定剩余的 $AgNO_3$ 溶液。

二、银量法滴定终点的确定

(一) 莫尔法——用铬酸钾作指示剂

莫尔法是以 K_2CrO_4 为指示剂，$AgNO_3$ 标准溶液为滴定剂，于中性或弱碱性溶液中滴定 Cl^- 等的分析方法。该方法中指示剂用量和滴定酸度是两个主要的影响因素。

以测定 Cl^- 为例，在含有 Cl^- 的中性溶液中，加入 K_2CrO_4 指示剂，用 $AgNO_3$ 标准溶液滴定。由于 AgCl 的溶解度比 Ag_2CrO_4 小，因此在用 $AgNO_3$ 溶液滴定过程中，AgCl 首先沉淀，待 AgCl 定量沉淀后，过量一滴 $AgNO_3$ 溶液即与 K_2CrO_4 反应，形成砖红色的 Ag_2CrO_4 沉淀，指示终点的到达。

滴定反应和指示剂反应分别为

$$Ag^+ + Cl^- = AgCl\downarrow（白色）\qquad 2Ag^+ + CrO_4^{2-} = Ag_2CrO_4\downarrow（砖红色）$$

根据溶度积原理，化学计量点时溶液中 Ag^+ 和 Cl^- 的浓度为

$$[Ag^+] = [Cl^-] = \sqrt{K_{SP}} = \sqrt{1.8\times10^{-10}}\,mol/L = 1.34\times10^{-5}\,mol/L$$

在化学计量点时，要求刚好析出 Ag_2CrO_4 沉淀以指示终点，此时溶液中 CrO_4^{2-} 浓度应为：

$$[CrO_4^{2-}] = \frac{K_{SP}}{[Ag^+]^2} = \frac{2.0\times10^{-12}}{(1.34\times10^{-5})^2}\,mol/L = 1.1\times10^{-2}\,mol/L$$

指示剂 K_2CrO_4 的浓度对于指示终点有较大影响，CrO_4^{2-} 浓度过高或过低，Ag_2CrO_4 沉淀的析出就会过早或过迟，将产生一定的终点误差。在滴定时，由于 K_2CrO_4 显黄色，当其浓度较高时颜色较深，不易判断砖红色沉淀的出现，因此指示剂的浓度以略低一些为好。但 K_2CrO_4 的浓度降低后，要使 Ag_2CrO_4 析出沉淀，必须多加一些 $AgNO_3$ 溶液，这样，滴定剂就过量了，终点将在化学计量点后出现。因此，实际上加入 K_2CrO_4 的浓度约 $5\times10^{-3}\,mol/L$，由此产生的终点误差一般都小于 0.1%，可以认为不影响分析结果的准确度。若溶液较稀，通常需要以指示剂的空白值对测定结果进行校正。

Ag_2CrO_4 易溶于酸，在酸性溶液中 CrO_4^{2-} 与 H^+ 发生反应而降低 CrO_4^{2-} 的浓度，将影响 Ag_2CrO_4 沉淀的生成。$AgNO_3$ 在强碱性溶液中则沉淀为 Ag_2O。因此莫尔法必须在中性或弱碱性（$pH = 6.5\sim10.5$）溶液中进行。如果试液为酸性或强碱性，需预先中和，然后再滴定。

由于生成的 AgCl 沉淀容易吸附溶液中过量的 Cl^-，使溶液中 Cl^- 浓度降低，与之平衡的 Ag^+ 浓度增加，以致 Ag_2CrO_4 沉淀过早产生，引入误差，故滴定时必须剧烈摇动，使被吸附的 Cl^- 释出。AgBr 吸附 Br^- 比 AgCl 吸附 Cl^- 严重，更要注意剧烈摇动，否则会引入较大误差。

AgI 和 AgSCN 沉淀更强烈地吸附 I^- 和 SCN^-，所以莫尔法不适用于测定 I^- 和 SCN^-。

能与 Ag^+ 生成沉淀的 PO_4^{3-}、AsO_3^{3-}、CO_3^{2-}、S^{2-}、$C_2O_4^{2-}$ 等阴离子，能与 CrO_4^{2-} 生成沉淀的 Ba^{2+}、Pb^{2+} 等阳离子，以及在中性或弱碱性溶液中发生水解的 Fe^{3+}、Al^{3+}、Bi^{3+}、Sn^{4+} 等离子，对测定都有干扰，应预先将其分离。

由于以上原因，莫尔法的应用受到一定限制。此外，它只能用来测定卤素，却不能用 NaCl 标准溶液直接滴定 Ag^+。这是因为在 Ag^+ 试液中加入 K_2CrO_4 指示剂，将立即生成大量的 Ag_2CrO_4 沉淀，在用 NaCl 标准溶液滴定时，Ag_2CrO_4 沉淀转变为 AgCl 沉淀的速度甚慢，使测定无法进行。

若用此法测定试样中的 Ag^+，则应在试液中加入一定过量的 NaCl 标准溶液，然后用 $AgNO_3$ 标准溶液滴定过量的 Cl^-。

（二）佛尔哈德法——用铁铵矾作指示剂

用铁铵矾 $[NH_4Fe(SO_4)_2 \cdot 12H_2O]$ 作指示剂的银量法称为佛尔哈德法。本法又可分为直接滴定法和返滴定法。

1. 直接滴定法测定 Ag^+

在 Ag^+ 的酸性溶液中，加入铁铵矾 $[NH_4Fe(SO_4)_2 \cdot 12H_2O]$ 指示剂，用 NH_4SCN 标准溶液直接进行滴定。滴定过程中首先生成白色 AgSCN 沉淀，滴定到达化学计量点附近，Ag^+ 浓度迅速降低，SCN^- 浓度迅速增加，待过量的 SCN^- 与铁铵矾中的 Fe^{3+} 反应生成红色 $FeSCN^{2+}$ 络合物，即指示终点的到达。

滴定反应和指示剂反应如下

$$Ag^+ + SCN^- = AgSCN \downarrow (白色) \qquad Fe^{3+} + SCN^- = [Fe(SCN)]^{2+}(红色)$$

滴定时，溶液的酸度一般控制在 0.1mol/L～1mol/L，这时，Fe^{3+} 主要以 $Fe(H_2O)_6^{3+}$ 的形式存在，颜色较浅。如果酸度过低，则 Fe^{3+} 易水解，影响红色 $[Fe(SCN)]^{2+}$ 配位化合物的生成。

由于 $[Fe(SCN)]^{2+}$ 不如 AgSCN 稳定，因此从理论上来说，只在 AgSCN 达到化学计量点后，稍过量的 SCN^- 存在，才能指示出终点。事实上，以铁铵矾作指示剂，用 NH_4SCN 溶液滴定 Ag^+ 溶液时，AgSCN 沉淀要吸附溶液中的 Ag^+，使 Ag^+ 浓度降低，SCN^- 浓度增加，以致红色的最初出现会略早于化学计量点。因此滴定过程中也需剧烈摇动，使被吸附的 Ag^+ 及时释放出来。

此法的优点在于它可以用来直接测定 Ag^+。

2. 返滴定法测定卤素离子

用佛尔哈德法测定卤素时采用间接法，即先加入已知过量的 $AgNO_3$ 标准滴定溶液，再以铁铵矾作指示剂，用 NH_4SCN 标准滴定溶液回滴剩余的 Ag^+。

由于 AgSCN 的溶解度小于 AgCl 的溶解度，所以用 NH_4SCN 溶液回滴剩余的 Ag^+ 达到化学计量点后，稍微过量的 SCN^- 可能与 AgCl 作用，使 AgCl 转化为 AgSCN

$$AgCl + SCN^- = AgSCN \downarrow + Cl^-$$

如果剧烈摇动溶液，反应将不断向右进行，直至达到平衡。显然，到达终点时，已多消耗一部分 NH_4SCN 标准滴定溶液。为了避免上述误差，通常可采用以下两种措施：第一，试液中加入一定过量的 $AgNO_3$ 标准滴定溶液之后，将溶液煮沸，AgCl 凝聚，以减少 AgCl 沉淀对 Ag^+ 的吸附。滤去沉淀，并用稀 HNO_3 充分洗涤沉淀，然后用 NH_4SCN 标准滴定溶液回滴滤液中的过量 Ag^+。第二，在滴入 NH_4SCN 标准滴定溶液前加入硝基苯 1mL～2mL，在摇动后，AgCl 沉淀进入硝基苯层中，使它不再与滴定溶液接触，即可避免发生上述 AgCl 沉淀与 SCN^- 沉淀的转化反应。

比较溶度积的数值可知，用本法测定 Br^- 和 I^- 时，不会发生上述沉淀转化反应。但在测定 I^- 时，应先加 $AgNO_3$，再加指示剂，以避免 I^- 对 Fe^{3+} 的还原作用。

由于指示剂溶液中的 Fe^{3+} 在中性或碱性溶液中将形成深色的 $FeOH^{2+}$ 等络合物，甚至产生沉淀，因此佛尔哈德法应该在酸度大于 0.3mol/L 的溶液中进行。

此法的优点在于它可以在酸性溶液中进行滴定，除强氧化剂、氮的低价氧化物、铜盐及汞盐等能与 SCN^- 作用，干扰测定，必须预先除去外，许多弱酸根离子如：PO_4^{3-}、AsO_3^{3-}、CrO_4^{2-} 等都不干扰滴定，因此此方法的选择性高。

第七节 电位分析法

一、概述

电位分析法是电化学分析法的一个重要组成部分。

电化学分析法主要是应用电化学的基本原理和技术研究在化学电池内发生的特定现象，利用物质的组成及含量与它的电化学性质的关系而建立起来的一类分析方法。

电化学分析的特点是灵敏度、准确度都较高，被分析物质的最低分析检出限可达 10^{-12} mol/L 数量级，测量范围宽，不仅可用于组成和含量的定量分析，也可用于结构分析，如进行元素价态和形态分析。仪器设备比较简单，价格低廉，而且容易实现自动化、连续化，适合生产过程中的在线分析。在化工、冶金、医药和环境监测等领域内有较多应用。

根据测量的参数不同，电化学分析法主要分为电位分析法、库仑分析法、极谱分析法、电导分析法及电解分析法等。本节重点讨论电位分析法。

电位分析法是通过测定含有待测溶液的化学电池的电动势，进而求得溶液中待测组分含量的方法。通常在待测电解质溶液中插入两支性质不同的电极，用导线相连组成化学电池。利用电池电动势与试液中离子活度之间一定数量的关系，从而测得离子的活度。它包括直接电位法和电位滴定法。直接电位法是通过测量电池电动势来确定待测离子的活度的方法。电位滴定法是通过测量滴定过程中电池电动势的变化来确定滴定终点的滴定分析法，可用于酸碱、氧化还原等各类滴定反应终点的确定。此外，电位滴定法还可用来测定电对条件电极电位、酸碱的离解常数、络合物的稳定常数等。

电位分析法的关键是如何准确测定电极电位值。利用电极电位值与相应的离子活度遵守能斯特方程式就可达到测定离子活度的目的。

例如将一金属浸入该金属离子的水溶液中，在金属和溶液界面间产生了扩散双电层，两相之间产生了一个电位差，称之为电极电位，其大小可用能斯特方程式来描述

$$\varphi_{(M^{n+}/M)} = \varphi^0_{(M^{n+}/M)} + \frac{RT}{nF}\ln a_{M^{n+}} \tag{2-35}$$

式中 $a_{M^{n+}}$——M^{n+} 的活度。

由式（2-35）看来似乎只要测量出单支电极的电位 $\varphi_{(M^{n+}/M)}$，就可确定 M^{n+} 的活度了，实际上这是不可能的。在电位分析中需要用一支电极电位随待测离子活度不同而变化的电极（称为指示电极）与一支电极电位值恒定的电极（称为参比电极）和待测溶液组成工作电池。设电池为

$$M \mid M^{n+} \parallel 参比电极$$

习惯上把正极写在右边负极写在左边，用 E 来表示电池电动势，则

$$E = \varphi_{(+)} - \varphi_{(-)} + \varphi_L \tag{2-36}$$

式中 $\varphi_{(+)}$——电位较高的正极的电极电位；

$\varphi_{(-)}$——电位较低的负极的电极电位；

φ_L——液体接界电位，其值很小，可以忽略。故

$$E = \varphi_{参比} - \varphi_{(M^{n+}/M)} = \varphi_{参比} - \varphi^0_{(M^{n+}/M)} - \frac{RT}{nF}\ln a_{(M^{n+})} \qquad (2-37)$$

式中　$\varphi_{参比}$——参比电极的电位，$\varphi_{参比}$ 和 $\varphi^0_{(M^{n+}/M)}$ 在温度一定时，都是常数。

只要测出电池电动势 E，就可求得 $a_{(M^{n+})}$，这种方法称为直接电位法。

若 M^{n+} 是被滴定的离子，在滴定的过程中，电极电位 $\varphi_{(M^{n+}/M)}$ 将随 $a_{(M^{n+})}$ 发生突变，相应的 E 也有较大的变化。通过测量 E 的变化就可以确定滴定终点，这种方法称为电位滴定法。

二、参比电极和指示电极

电位分析法中使用的参比电极和指示电极有很多种，某一电极是作为指示电极还是参比电极不是绝对的，在一定条件下可用作参比电极，在另一种情况下，又可用作指示电极。

参比电极是用于测量电池电动势和计量电极电位基准的，因此要求它的电极电位已知而且恒定。标准氢电极是最精确的参比电极，是参比电极的一级标准，它的电位值规定，在任何温度下都是 0V。用标准氢电极与另一电极组成电池，测得的电池两极的电位差值即是另一电极的电极电位。但是标准氢电极制作麻烦，氢气的净化、压力的控制等难以满足要求，而且铂黑容易中毒。因此直接用标准氢电极作参比电极很不方便，实际工作中常用的参比电极是甘汞电极和银-氯化银电极。

电位分析中，还需要另一类性质的电极，它能快速而灵敏地对溶液中参与反应的离子的活度或不同氧化态的离子的活度比产生能斯特响应，这类电极称为指示电极。常用的指示电极主要是金属电极和膜电极两大类，就其结构上的差异可以分为金属-金属离子电极、金属-金属难溶盐电极、汞电极、惰性金属电极、玻璃膜及其他膜电极等。

三、电位滴定法

用指示剂指示滴定终点，操作简便，不需特殊设备，因此指示剂法使用广泛，但也有其不足之处，例如各人眼睛辨别颜色的能力有差异，指示剂法也不能用于有色溶液的滴定；此外，对于某些酸碱滴定例如 $K_a < 10^{-7}$ 的弱酸或 $K_b < 10^{-7}$ 的弱碱的滴定，变色不敏锐，难以判断终点，而电位滴定法在这些方面却表现出优越性。

电位滴定法在滴定分析中应用非常广泛，除能应用于各类滴定分析外，还能用于测定一些化学常数，如酸（碱）的离解常数、电对的条件电极电位等。表 2-17 所示为用于各种滴定法的电极。

表 2-17　用于各种滴定法的电极

滴定方法	参比电极	指示电极
酸碱滴定	甘汞电极	玻璃电极，锑电极
沉淀滴定	甘汞电极，玻璃电极	银电极，硫化银薄膜电极等离子选择性电极
氧化还原滴定	甘汞电极，钨电极，玻璃电极	铂电极
络合滴定	甘汞电极	铂电极，汞电极，银电极，氟离子、钙离子等离子选择性电极

第八节 非水滴定法

水是最常用的溶剂，酸碱滴定一般都在水溶液中进行。但是许多有机试样难溶于水；对于许多弱酸、弱碱，当它们的离解常数小于 10^{-8} 时，在水溶液中不能直接滴定；另外，当弱酸和弱碱并不很弱时，其共轭碱或共轭酸在水溶液中也不能直接滴定。为了解决这些问题，可以采用非水滴定法。

非水滴定法是在非水溶剂中进行的滴定分析方法。较为常见的非水溶剂有：甲醇、乙醇、丙酮等有机溶剂。

非水滴定法除用于酸碱滴定外，还可用于氧化还原滴定、络合滴定和沉淀滴定等，但在酸碱滴定法中应用较广。

一、非水溶剂的种类和性质

非水滴定中常用的溶剂种类很多，根据溶剂的酸碱性可以分成以下四类，即：

（1）两性溶剂 这类溶剂的性质是：既能给出质子，又能接受质子。甲醇、乙醇和异丙醇属于这一类。

（2）酸性溶剂 这类溶剂的性质是：也具有一定的两性，但其酸性显著地较水强，能较易给出质子，是疏质子溶剂。冰醋酸、醋酐、甲酸属于这一类。

（3）碱性溶剂 这类溶剂的性质是：也具有一定的两性，但其碱性较水强，对质子的亲和力比水大，易于接受质子，是亲质子溶剂。乙二胺、丁胺、二甲基甲酰胺属于这一类。吡啶也属于这一类，但吡啶只能接受质子，不能给出质子。

（4）惰性溶剂 给出质子或接受质子的能力都非常弱，或根本没有，惰性溶剂不参与质子转移过程，因此这类溶剂的性质是：只在溶质分子之间进行质子的转移。苯、四氯化碳、氯仿、丙酮、甲基异丁酮都属于这一类。

二、物质的酸碱性与溶剂的关系

物质的酸碱性不但和物质的本质有关，也和溶剂的性质有关。同一种酸，溶解在不同的溶剂中时，它将表现出不同的强度，例如苯甲酸在水中是较弱的酸，苯酚在水中是极弱的酸，但当使用碱性溶剂（如乙二胺）代替水时，苯甲酸和苯酚表现出的酸的强度都有所增强。同理，吡啶、胺类、生物碱及醋酸根阴离子等在水溶液中是强度不同的弱碱，但在酸性溶剂中，它们表现出较强的碱性。溶质的酸碱性不仅与溶剂的酸碱性有关，还与溶剂的介电常数有关。

在进行非水滴定选择溶剂时，还应考虑反应进行的完全程度。在滴定弱酸（碱）时，应选择酸（碱）性更弱的溶剂，而且酸（碱）性越弱，反应越完全。

三、非水滴定的应用

由于采用不同性质的非水溶剂，使一些酸碱的强度得到增强，也增加了反应的完全程度，提供了可以直接滴定的条件，非水滴定扩大了酸碱滴定的应用范围。

利用非水滴定可以测定一些酸类，如磺酸、酚类、酰胺，某些含氮化物和不同的含硫化物。非水滴定还可测定碱类，如脂肪族的伯胺、仲胺、叔胺、芳香胺、环状结构中含有氮的化合物（如吡啶和吡唑）等。此外，非水滴定还可用于某些酸的混合物或碱的混合物的分别测定。

思 考 题

1. 溶质、溶剂和溶液的定义是什么？

2. 什么叫溶解度？要想加速溶解可采取哪些方法？

3. 一般溶液的浓度表示方法有哪几种？

4. （1+3）HCl 溶液，相当于物质的量浓度 $c(HCl)$ 为多少？

5. 什么是反应的化学计量点和滴定终点？

6. 酸碱指示剂为什么能变色？指示剂的变色范围如何确定？

7. 判断在下列 pH 值溶液中，指示剂显何颜色？

1）pH=3.5 溶液，滴入甲基红。

2）pH=7 溶液，滴入溴甲酚绿。

3）pH=4.0 溶液，滴入甲基橙。

4）pH=10.0 溶液，滴入甲基橙。

5）pH=6.0 溶液，滴入甲基红和溴甲酚绿的混合指示剂。

8. 络合滴定反应的必备条件是什么？

9. EDTA 在水中的存在形式有哪些？

10. 金属指示剂应具备的条件是什么？

11. 常用氧化还原滴定法有哪几类？

12. 试比较酸碱滴定、络合滴定和氧化还原滴定的滴定曲线，说明它们的共性和特性。

13. 碘量法的主要误差来源有哪些？

14. 什么叫沉淀式、称量式？重量分析法对两式有何要求？

15. 什么叫同离子效应？什么叫盐效应？沉淀剂过量太多有什么不好？

16. 什么叫共沉淀？什么叫后沉淀？引起共沉淀的原因是什么？

17. 以 H_2SO_4 为沉淀剂沉淀 $BaSO_4$，测定钡含量时：

1）沉淀为什么要在稀溶液中进行？

2）沉淀为什么要在热溶液中进行？

3）沉淀剂为什么要在不断搅拌下加入并要加入稍过量，沉淀完全后还要放置一段时间？

18. 什么是银量法？莫尔法？佛尔哈德法？

19. 在下列情况下，测定结果是偏高、偏低，还是无影响？说出理由。

1）在 pH=4 的条件下，用莫尔法测定 Cl^-。

2）用佛尔哈德法测定 Cl^-，既没有将 AgCl 沉淀滤去或加热促其凝聚，也没有加有机溶剂。

3）在同 2）的条件下测定 Br^-。

20. 简述电位滴定法的基本原理。

21. 玻璃电极在使用前为什么要在蒸馏水中浸泡24h?

22. 欲配制 $c(1/2H_2SO_4) = 4mol/L$ 的 H_2SO_4 溶液2升，应取密度为1.84g/mL，含量为96%的浓 H_2SO_4 多少毫升？（已知 H_2SO_4 的相对分子质量为98。）

23. 欲配制 $c(1/6K_2Cr_2O_7) = 0.2000mol/L$ 的溶液500mL，应如何配制？（ $K_2Cr_2O_7$ 的相对分子质量为294.18。）

24. 用0.2369g无水 Na_2CO_3 标定HCl标准滴定溶液的浓度，消耗22.35mL HCl溶液，试计算该HCl溶液的物质的量浓度？（ Na_2CO_3 的相对分子质量为106.0）

25. 欲配制 (2+3)HNO_3 溶液1000mL，应取浓 HNO_3 试剂和水各多少毫升？怎样配制？

第三章

金属材料中常见元素的化学分析方法

第一节　硅含量的测定

高含量硅一般采用重量法或滴定法测定，中、低含量硅一般采用分光光度法测定。

一、直接挥硅重量法

本法多用于以硅为基体的材料，被列为国家标准的有：

GB/T 5195.8—2006《萤石　二氧化硅含量的测定》，重量法，测定范围：1.50%～40.00%。

GB/T 6901—2017《硅质耐火材料化学分析方法》，8.1 氢氟酸重量法，测定范围：94%～99%。

GB/T 7143—2010《铸造用硅砂化学分析方法》，4.1.2 氢氟酸挥散法测定二氧化硅含量，测定范围：95%。

本法是基于在 HNO_3 存在下将试样中的 Si 与 HF 作用生成 SiF_4，加热使 SiF_4 以气态形式挥去，根据称取试样的质量与挥 Si 后残渣的质量，计算出样品中的硅含量。

硅铁在含 Ca、Al、C 较低时，也可用直接挥硅法测定硅含量。

将试样用 HNO_3、HF 分解，滴入几滴 H_2SO_4，加热蒸干，试样中的 Si 及加入的酸被挥发逸去，将残渣在高温下灼烧后称量，即得到 Fe_2O_3 的质量，将 Fe_2O_3 换算成 Fe，试样质量减去残渣中 Fe 的质量即为 Si 的质量。

二、二氧化硅沉淀重量法

根据脱水方式的不同分为：盐酸脱水重量法、硫酸脱水重量法、高氯酸脱水重量法。

下面重点介绍高氯酸脱水重量法。

（一）方法原理

用酸或碱溶（熔）解样品，以 $HClO_4$ 冒烟使 H_2SiO_3 脱水成为聚合硅酸沉淀，过滤洗涤，于高温下灼烧成 SiO_2 后称量其质量。由于沉淀常含有 Fe、Al、Ti 等元素的氧化物，沉淀不纯净，故用 H_2SO_4-HF 处理，使 Si 生成 SiF_4 挥发除去，再次高温灼烧后称量其质量，由除 Si 前后称量的质量差求得硅含量。

（二）推荐标准

GB/T 223.60—1997《钢铁及合金化学分析方法　高氯酸脱水重量法测定硅含量》，测定范围：0.10%～6.00%。

GB/T 4333.1—2019《硅铁　硅含量的测定　高氯酸脱水重量法和氟硅酸钾容量法》，方法一：高氯酸脱水重量法，测定范围：30.00%～98.00%。

GB/T 20975.5—2020《铝及铝合金化学分析方法　第5部分：硅含量的测定》，重量法，测定范围：10.00%～63.00%。

GB/T 3653.3—1988《硼铁化学分析方法　高氯酸脱水重量法测定硅量》测定范围：0.50%～16.00%。

GB/T 3654.3—2019《铌铁　硅含量的测定　重量法》，测定范围：1.00%～10.00%。

GB/T 5687.2—2007《铬铁、硅铬合金和氮化铬铁　硅含量的测定　高氯酸脱水重量法》，测定范围：0.10%～60.00%。

GB/T 4701.2—2009《钛铁　硅含量测定　硫酸脱水重量法》，测定范围：1.00%～6.00%。

GB/T 4702.2—2008《金属铬　硅含量的测定　高氯酸重量法》，测定范围：0.10%～0.50%。

GB/T 5059.5—2014《钼铁　硅含量的测定　硫酸脱水重量法和硅钼蓝分光光度法》，方法一：硫酸脱水重量法，测定范围：0.50%～2.50%。

GB/T 5686.2—2008《锰铁、锰硅合金、氮化锰铁和金属锰　硅含量的测定　钼蓝光度法、氟硅酸钾滴定法和高氯酸重量法》，方法三：高氯酸重量法，测定范围：0.50%～30.00%。

GB/T 8704.6—2020《钒铁　硅含量的测定　硫酸脱水重量法和硅钼蓝分光光度法》，测定范围：0.10%～3.50%。

YB/T 109.1—2012《硅钡合金　硅含量的测定　高氯酸脱水重量法》，测定范围：30.00%～75.00%。

YB/T 178.1—2012《硅铝合金和硅钡铝合金　硅含量的测定　高氯酸脱水重量法》，测定范围：15.00%～45.00%。

YB/T 547.2—2014《钒渣　二氧化硅含量的测定　高氯酸脱水重量法》，测定范围：10.00%～45.00%。

YB/T 5312—2016《硅钙合金　硅含量的测定　高氯酸脱水重量法》，测定范围：≥50.00%。

GB/T 5121.23—2008《铜及铜合金化学分析方法　第23部分：硅含量的测定》，方法三：重量法，测定范围：>0.40%～5.00%。

YS/T 539.3—2009《镍基合金粉化学分析方法　第3部分：硅量的测定　高氯酸脱水称量法》，测定范围：0.5%～6%。

（三）测定步骤

溶样→脱水→过滤洗涤→灼烧与称量→HF处理（挥Si）→再次灼烧、称量。

1. 溶样

（1）钢铁

1）普通钢（碳素钢、低合金钢）：加HCl或HNO_3溶样。

2）合金钢：加HCl+HNO_3溶样。

3）高镍钢或高铬钢：加HCl溶解后，再加HNO_3。

（2）铝合金　加NaOH+H_2O_2溶样。

（3）铜合金　加 HNO_3、$HCl+H_2O_2$ 或 HNO_3+HCl 混酸溶样。

（4）硅铁、硅钙合金、硅锰合金　加 $Na_2CO_3+Na_2O_2$，700℃~750℃ 熔融 10min~20min，取出，冷却，以酸浸取。

（5）硅酸盐矿、硅酸盐材料　加 $NaOH$、Na_2CO_3、$Na_2CO_3+Na_2O_2$、$Na_2CO_3+Na_2B_4O_7$ 或 $Na_2CO_3+LiBO_2$ 熔融，用酸浸取。

2. 脱水

重量法测定 Si 的关键，在于脱水是否完全。此步骤要将试样溶液中的 Si 转化为聚合硅酸（$SiO_2 \cdot nH_2O$）沉淀析出。根据脱水所用酸的不同可分为：

（1）HCl 脱水　适宜于硅酸盐试样，需在沸水浴上蒸发至干，速度很慢。

（2）H_2SO_4 脱水　保持轻微冒硫酸烟 3min 左右。

冒烟时间太长或温度太高，Al、Cr、Ni、Fe 等会生成难溶的无水硫酸盐，给下一步 HF 处理带来困难。

样品中含有能与 SO_4^{2-} 生成沉淀的元素如：Pb、Ba、Ca、Sr 等，不能采用 H_2SO_4 脱水。

（3）$HClO_4$ 脱水

优点：不容易生成难溶性盐类，脱水快，操作方便，较少发生"冲溅"现象。

缺点：$HClO_4$ 必须洗净，要用热的稀 HCl 和热水充分洗涤，否则残留物在灼烧时会发生"爆溅"。

$HClO_4$ 冒烟时间对测定结果的影响见表 3-1。

表 3-1　$HClO_4$ 冒烟时间对测定结果的影响（采用 Si 的质量分数为 4.31%的硅钢标准物质）

冒烟时间/min	5	10	20	30	40
一次脱水（%）	4.22	4.25	4.25	4.25	4.27

结果表明，冒烟时间为 10min~30min 时测定结果不变，可选用 15min~20min 落在区间内，结果稳定。

$HClO_4$ 用量对测定结果的影响见表 3-2。

表 3-2　$HClO_4$ 用量对测定结果的影响（采用 Si 的质量分数为 4.31%的硅钢标准物质）

$HClO_4$ 用量/mL	10	20	30	40
一次脱水结果（%）	4.23	4.25	4.27	4.27
二次脱水结果（%）			4.30	4.34

结果表明，$HClO_4$ 用量对结果的影响不大，但用量太少而取样量大时，容易在冒烟时出现氧化铁沉淀，甚至出现溶液干涸。一般采用 40mL。

目前列为标准的分析方法，多采用 $HClO_4$ 脱水。

无论采用哪种酸脱水，一次脱水总是不完全的。精确分析时，需采用两次脱水，或者取脱水后的滤液用光度法或其他方法进行 Si 的测定，再对重量法结果进行校正。

3. 过滤洗涤

经脱水后的 H_2SiO_3 是无定形沉淀，在水中有一定的溶解度。为防止溶解，加稀 HCl 后要立即过滤，并用热稀 HCl（5+95）洗至无 Fe^{3+}（SCN^- 检验），再用热水洗至无 Cl^-（$AgNO_3$

检验）。

有资料介绍：NaCl 存在时会增加 H_2SiO_3 的溶解度（见表 3-3）。

表 3-3　加 NaCl 试验的结果（制订 GB/T 223.60—1997 时）

Si 标准值(%)	称样量/g	洗涤程度	测定结果(%)	
0.37	3	不用水洗	0.378	0.371
0.37	3	水洗 3 次	0.363	0.379
0.37	3	水洗 5 次	0.373	0.366
0.37	3	水洗尽 Cl^-	0.372	0.374

结果表明 Cl^- 存在时，对测定结果无影响。

4. 灼烧与称量

$$SiO_2 \cdot nH_2O \xrightarrow{\triangle} SiO_2 + nH_2O$$

将沉淀与滤纸置于铂金坩埚中，经低温炭化，灰化，置于高温炉中灼烧，将沉淀式含水二氧化硅转化为称量式无水二氧化硅。

表 3-4　在不同温度下灼烧 30min 所得结果（Si 的质量分数为 1.21% 的标准试样）

灼烧温度/℃	600	700	800	900	950	1000	1050
测定结果(%)	1.268	1.24	1.23	1.23	1.22	1.22	1.22

结果表明：灼烧温度为 950℃~1050℃ 时，结果一致，一般选用 1000℃。灼烧后放在干燥器中冷却，反复灼烧至恒重（两次称量之差应小于 0.2mg）。

不同的标准采用的灼烧温度略有差别，但都介于 950℃~1100℃ 之间。

参考标准为：

GB/T 223.60—1997，钢的灼烧温度为 1000℃~1050℃。

GB/T 20975.5—2020，铝合金的灼烧温度为 1000℃。

GB/T 4333.1—2019，硅铁合金的灼烧温度为 1050℃~1100℃。

GB/T 5687.2—2007，硅铬合金的灼烧温度为 1050℃。

5. HF 处理

因沉淀中常含有 Fe、Al、Ti、Zr、W 等元素的氧化物，需用 HF 处理

$$SiO_2 + 4HF = SiF_4 \uparrow + 2H_2O$$

其他杂质处理前后质量不变，两次之差即为 SiO_2 实际质量。

加 HF 前加几滴 H_2SO_4，目的是避免 Ti、Nb、Al、Zr 呈氟化物逸出。有资料介绍，可能也有 FeF_3 和 FeF_2 的挥发损失。

再次灼烧、称量。

6. 结果计算

$$w(Si) = \frac{(m_1 - m_2) \times 0.4674}{m} \times 100\% \tag{3-1}$$

式中　m_1——HF 处理前坩埚与沉淀的质量，g；

m_2——HF 处理后坩埚与沉淀的质量，g；

m——试样的质量，g；

0.4674——换算系数，$\frac{Ar(Si)}{Mr(SiO_2)} = 0.4674$。

（四）干扰及消除

1. B

（1）B 的干扰　B 对 Si 的重量法测定产生严重的正干扰。因为 B 与 H_2SiO_3 共沉淀析出，在灼烧过程中，夹杂的 H_3BO_3 有一部分被挥发掉，另一部分转变为 B_2O_3 而留在沉淀中；在 HF 处理沉淀时，又以 BF_3 形态与 SiF_4 一起挥发，造成测定结果偏高。

（2）消除方法

1）用热水洗涤沉淀，洗涤越充分，干扰越小。

2）一般情况下，样品中 B 的质量分数大于 1% 时，都必须用甲醇处理。

B 与甲醇反应生成 $BOCH_3$ 蒸发除去，或用热水洗涤除去。采用甲醇处理消除 B 的干扰，宜在试样用 HCl 溶解后的体积浓缩至 10mL 以下时，加入 40mL 甲醇在低温缓慢挥发（表面皿需移开一小缝）至 10mL 以下，再加 $HClO_4$ 冒烟。

2. F

（1）F 的干扰　F 有负干扰。在蒸发脱水过程中 Si 与 F 生成 $SiF_4\uparrow$，导致结果偏低。

（2）消除方法　一般加入硼砂使之生成 BF_3 除去，过量的 B 再用甲醇处理。

3. W、Mo

（1）W、Mo 的干扰　W、Mo 氧化物即使在低于熔点的情况下也有显著升华现象，挥散 Si 后，在 1000℃ 灼烧时，W、Mo 氧化物部分被挥发，会使结果偏高。

（2）消除方法　含 W、Mo 较高的试样，用 H_2SO_4+HF 处理前，在灼烧沉淀的过程中，需取出铂坩埚用铂丝搅碎沉淀，以加速 W、Mo 挥发。用 H_2SO_4+HF 处理后，为防止 W、Mo 挥发，可于 800℃ 灼烧至恒重。高 W、高 Mo 试样可选 700℃~750℃ 灼烧。

三、氟硅酸钾滴定法

（一）方法原理

用 HNO_3、HF 溶解试样，或用碱溶（熔）后，酸化溶液，在大量 F^- 和 K^+ 存在下，Si 生成 K_2SiF_6 沉淀，经过滤洗涤，加沸水使 K_2SiF_6 水解放出 HF，用 NaOH 标准溶液滴定。

（二）推荐标准

GB/T 16477.4—2010《稀土硅铁合金及镁硅铁合金化学分析方法　第 4 部分：硅量的测定》，方法二：容量法，测定范围：20.00%~50.00%。

GB/T 5686.2—2008《锰铁、锰硅合金、氮化锰铁和金属锰　硅含量的测定　钼蓝光度法、氟硅酸钾滴定法和高氯酸重量法》，方法二：氟硅酸钾滴定法，测定范围：12.00%~30.00%。

（三）测定步骤

溶样→生成 $K_2SiF_6\downarrow$→过滤洗涤→中和游离酸→水解→滴定。

1. 溶样

硅系铁合金，如硅铁，硅锰合金、硅钙合金、稀土硅铁合金、镁硅铁合金。

使用 $HNO_3+HF+H_2O_2$ 溶解试样，HF 除起溶样作用外，还是 $K_2SiF_6\downarrow$ 的组成部分，它的量要加足，H_2O_2 起助溶作用。

为避免 Si 损失，可加入 150g/L KNO_3 的浓 HNO_3 溶液。

要使用塑料烧杯，用塑料搅拌棒搅拌。

2. 生成 K_2SiF_6 沉淀

反应式为

$$H_2SiF_6+2KNO_3 = K_2SiF_6\downarrow +2HNO_3$$

K_2SiF_6 中 F^- 来源于溶样加入的 HF，或另加入 KF。K^+ 来源于加入饱和 KNO_3 或 KF。

适宜的酸度 $c(HNO_3) = 3mol/L \sim 4mol/L$。酸度太高，会增加 K_2SiF_6 的溶解度；酸度太低，易形成其他盐类的氟化物沉淀。温度应小于 25℃（夏天要冷却）。放置 15min 才能反应完全。应避免引入 Na^+，因 Na_2SiF_6 的溶解度比 K_2SiF_6 的溶解度大。

3. 过滤洗涤

目的是除去大部分游离酸。用塑料漏斗过滤，用中速定量滤纸。

采用的洗涤液有以下几种：50g/L KCl；100g/L KNO_3；50g/L KCl+25%乙醇；100g/L KNO_3+10%乙醇。

加入乙醇的目的是为了降低 K_2SiF_6 的溶解度。

洗涤烧杯和沉淀各三次即可，不宜次数太多，否则会造成 K_2SiF_6 溶解损失。

4. 中和游离酸

将沉淀连同滤纸放入原塑料杯中，捣碎，加 20mL 洗涤液（100g/L KF+50%乙醇溶液，或 50g/L KCl+50%乙醇溶液，或 100g/L KNO_3+50%乙醇溶液）。

立即以酚酞作指示剂，在反复搅拌下，用滴定剂 NaOH 标准溶液中和（不计数）至红色刚好不褪色，放置时间过长，K_2SiF_6 会部分水解，造成结果偏低。

5. 水解

加中性沸水 150mL～200mL，反应式为

$$K_2SiF_6+4H_2O = 2KF+H_4SiO_4+4HF。$$

6. 滴定

滴定的反应式为

$$HF +NaOH = NaF+H_2O$$

滴定前应补加几滴酚酞指示剂。滴定结束时，温度要保持不小于 70℃，因水解反应是吸热反应，必要时可用沸水保温。

7. 结果计算

$$w(Si) = \frac{c(NaOH)V\times7.02}{1000m}\times100\% \tag{3-2}$$

式中　$c(NaOH)$——NaOH 标准滴定溶液的物质的量浓度，mol/L；

　　　　V——消耗 NaOH 标准溶液的体积，mL；

　　　　m——试样的质量，g；

　　　　7.02——被测物质基本单元（Si/4）的摩尔质量，g/mol。

按等物质的量规则，因 $n(Si/4) = n(NaOH) = n(HF)$，于是 $M(Si/4) = 28.09/4 = 7.02$。

（四）干扰及消除

1. Al

（1）Al 的干扰　Al 也可生成 K_3AlF_6 沉淀，并能水解释放出 HF，使测定结果偏高。

（2）消除方法　提高沉淀时的酸度，在 6.0mol/L~7.5mol/L H^+ 酸度下，K_2SiF_6 仍可定量沉淀，由于 F^- 的强质子化作用，不能生成 K_3AlF_6 沉淀。

2. Ti

（1）Ti 的干扰　Ti 也可生成 K_3TiF_6 沉淀，并能水解释放出 HF，使测定结果偏高。

（2）消除方法　沉淀前加入 H_2O_2、草酸、草酸铵、柠檬酸等掩蔽剂。

四、硅钼蓝光度法

较高含量的 Si 可采用硅钼黄分光光度法。较低含量的 Si 一般采用硅钼蓝光度法。

（一）方法原理

用酸溶解或碱熔融分解试样，使 Si 以正硅酸或氟硅酸状态存在，在 H^+ 浓度为 0.1mol/L~0.5mol/L 的酸性溶液中，加入钼酸铵生成杂多酸，加入草酸破坏磷、砷钼杂多酸，用还原剂（如硫酸亚铁铵、氯化亚锡或抗坏血酸等）将硅钼杂多酸还原为硅钼蓝，进行光度测定。

（二）推荐标准

GB/T 223.5—2008《钢铁　酸溶硅和全硅含量的测定　还原型硅钼酸盐分光光度法》，测量范围：0.010%~1.00%。

GB/T 20975.5—2020《铝及铝合金化学分析方法　第 5 部分：硅含量的测定》，钼蓝分光光度法，测量范围：0.0010%~15.00%。

GB/T 7731.5—1987《钨铁化学分析方法　钼蓝光度法测定硅量》，测量范围：<1.10%。

GB/T 5121.23—2008《铜及铜合金化学分析方法　第 23 部分：硅含量的测定》，方法二：钼蓝光度法，测量范围：>0.025%~0.40%。

GB/T 5686.2—2008《锰铁、锰硅合金、氮化锰铁和金属锰　硅含量的测定　钼蓝光度法、氟硅酸钾滴定法和高氯酸重量法》，方法一：钼蓝光度法，测定范围：0.001%~0.60%。

GB/T 4698.3—2017《海绵钛、钛及钛合金化学分析方法　第 3 部分：硅量的测定　钼蓝分光光度法》，测定范围：0.010%~0.70%。

GB/T 6609.3—2004《氧化铝化学分析方法和物理性能测定方法　钼蓝光度法测定二氧化硅含量》，测定范围：0.005%~0.30%。

GB/T 13748.10—2013《镁及镁合金化学分析方法　第 10 部分：硅含量的测定　钼蓝分光光度法》，测定范围：0.0020%~1.50%。

GB/T 8647.3—2006《镍化学分析方法　硅量的测定　钼蓝分光光度法》，测定范围：0.0005%~0.0025%。

GB/T 12689.8—2004《锌及锌合金化学分析方法　硅量的测定　钼蓝分光光度法》，测定范围：0.010%~0.050%。

YS/T 281.3—2011《钴化学分析方法　第 3 部分：硅量的测定　钼蓝分光光度法》，测定范围：0.00050%~0.0050%。

GB/T 12690.7—2003《稀土金属及其氧化物中非稀土杂质化学分析方法　硅量的测定　钼蓝分光光度法》，测定范围：0.0010%~0.20%。

GB/T 4324.12—2012《钨化学分析方法　第12部分：硅量的测定　氟化-钼蓝分光光度法》，测定范围：0.0004%~0.030%。

GB/T 13747.12—2019《锆及锆合金化学分析方法　第12部分：硅量的测定　钼蓝分光光度法》，测定范围：0.0010%~0.040%。

YS/T 38.1—2009《高纯镓化学分析方法　第1部分：硅量的测定　钼蓝分光光度法》，测定范围：0.00001%~0.00005%。

YB/T 5329—2009《五氧化二钒　硅含量的测定　硅钼蓝分光光度法》，测定范围：0.1%~0.7%。

YS/T 534.3—2007《氢氧化铝化学分析方法　第3部分：二氧化硅含量的测定　钼蓝光度法》，测定范围：0.005%~0.230%。

YS/T 568.3—2008《氧化锆、氧化铪化学分析方法　硅量的测定　钼蓝分光光度法》，测定范围：0.005%~0.7%。

YS/T 574.3—2009《电真空用锆粉化学分析方法　钼蓝分光光度法测定硅量》，测定范围：0.0005%~0.0025%。

YS/T 520.7—2007《镓化学分析方法　第7部分：硅含量的测定　萃取-钼蓝分光光度法》，测定范围：0.00005%~0.00060%。

（三）测定步骤

溶样→控制酸度→加钼酸铵→加草酸→加硫酸亚铁铵→测定。

1. 溶样

（1）溶样要求

1）能将试样全部分解。

2）能满足显色时的酸度要求（生成硅钼杂多酸）。

3）能使Si转变为非聚合态的正硅酸或氟硅酸，防止硅酸聚合（酸度大，Si含量高，易聚合）。

（2）溶样酸

1）采用H_2SO_4（5+95）溶样，适用于普通钢、铸铁、低合金钢、高速钢、高铬高硅不锈钢、高锰钢和合金工具钢。

优点：单位体积内允许存在的正硅酸浓度较高，甚至硅的质量分数为5%的样品，溶样时也不致硅酸聚合，而使结果偏低。

缺点：溶样速度慢。

2）采用HNO_3（1+3）溶样，适用于溶解普通钢，低合金钢（$w(Si)<0.8\%$）、合金工具钢和高锰钢等。

3）盐硝混酸：$HCl+HNO_3+H_2O=46+16+338$，适用于溶解高铬镍钢。（GB/T 223.5—2008中采用盐硝混酸$HCl+HNO_3+H_2O=180+65+500$或硫硝混酸$H_2SO_4+HNO_3+H_2O=35+45+500$用水稀释至1000mL溶解）

4）$NaOH+H_2O_2$、HNO_3+HF，适用于溶解铝合金。

（3）推荐采用的溶样方法

1）铁：称样 0.1000 g，加 H_2SO_4（5+95）70mL 溶解，加 $KMnO_4$ 氧化，加 $NaNO_2$ 还原，定容至 100mL（干过滤）。

2）普通钢、合金工具钢等：称样 0.5000g，加 HNO_3（1+3）25mL，加过硫酸铵氧化，定容至 100mL。

3）高铬镍钢：称样 0.1g，加 $HCl+HNO_3+H_2O = 46+16+338$ 混酸 35mL，加热溶解，加过硫酸铵氧化，定容至 100mL。

4）铝合金：称样 0.1000g～0.5000g，加 300g/L NaOH 10mL，加 H_2O_2 2mL 左右，加 HNO_3（1+1）15mL 酸化，定容至 100mL（或 250mL）。

5）高硅铝合金：加 HNO_3（1+1）10mL，加 HF 2mL，室温溶解，加硼酸+尿素+水 = 4g+2g+100mL 混合溶液 50mL，定容至 250mL。

2. 控制生成硅钼杂多酸（硅钼黄）时溶液的酸度

一般选择 $c(H^+) = 0.1mol/L \sim 0.5mol/L$。

GB/T 7731.5—1987 中 $c(H^+) = 0.174mol/L$；

GB/T 5121.23—2008 中 $c(H^+) = 0.24mol/L$；

GB/T 223.5—2008 中 $c(H^+) = 0.4mol/L$；

GB/T 20975.5—2020 中 $c(H^+) = 0.5mol/L$。

酸度高，硅钼杂多酸不能形成；酸度低，金属离子水解。

推荐采用的方法：

1）铁：分取 5.00mL 试样溶液，加水 50mL。

2）普通钢：分取 5.00mL 试样溶液+15mL 水，或分取 2.00mL 试样溶液+HNO_3（1+3）0.5mL+15mL 水。

3）高铬镍钢：分取 5.00mL 试样溶液+5mL 水，或分取 10.00mL 试样溶液+10mL 水。

4）铝合金：分取 5.00mL 试样溶液+60mL 水+H_2SO_4（1+35）5mL。

3. 钼酸铵用量和温度

反应式为

$$H_4SiO_4 + 12H_2MoO_4 = H_4(SiMo_{12}O_{40})（黄色硅钼杂多酸）+12H_2O$$

1）由于反应速度慢，故需放置一段时间，见表 3-5。

表 3-5　在不同温度下的放置时间

温度/℃	15	20	25	30	煮沸	低于 5℃，放置再长时间也不会全部生成，结果偏低
放置时间/min	30	20	15	8	0.5	

2）不同钼酸铵的用量见表 3-6。

表 3-6　不同钼酸铵的用量（低合金钢 $w(Si) = 0.47\%$）

5%钼酸铵/mL	1	2	3	4	5	6	7	8	9	10
吸光度 A	0.04	0.62	0.64	0.64	0.64	0.64	0.63	0.57	0.44	0.31

说明钼酸铵的用量在 3mL～7mL 时稳定，选用 5mL。铁含量高时，生成钼酸铁沉淀。

4. 加入草酸（酒石酸）的作用

1）破坏磷、砷与钼形成的杂多酸。加入钼酸铵后，P、As、Si 同时生成 12—Mo 杂多酸，加入草酸（酒石酸）后，能迅速破坏磷、砷钼杂多酸，硅钼杂多酸较稳定，不被破坏。但加入草酸（酒石酸）后，要在30s内加入还原剂，时间过长，硅钼杂多酸也会部分被破坏。

2）草酸与Fe生成$Fe(C_2O_4)_3^{3-}$络合物，使$\varphi(Fe^{3+}/Fe^{2+})$的氧化还原电位降低，有利于还原硅钼杂多酸。

3）溶解钼酸铁沉淀。

草酸用量试验见表3-7。

表 3-7 草酸用量试验（选 $w(Si)=0.47\%$ 的标准物质）

5%草酸/mL	4	6	7	8	9	10	13	15
A	0.145	0.520	0.650	0.670	0.675	0.675	0.675	0.675

说明草酸用量在8mL～15mL时，结果一致，选用10mL。

分解磷（砷）钼杂多酸，也可以采用提高溶液酸度至2.5mol/L～3mol/L的方法来分解磷（砷）钼杂多酸。

5. 加入还原剂

还原剂有硫酸亚铁铵、氯化亚锡、抗坏血酸、亚硫酸钠、1-氨基-2-萘酚-4-磺酸、赤霉素，将硅钼杂多酸还原为硅钼蓝。

反应方程式为

$$\left[SiMo_{12}O_{40}\right]^{4-}+4e+4H^+=\left[Si_{Mo_4(V)}^{Mo_8(VI)}O_{36}(OH)_4\right]^{4-}$$

还原剂用量试验见表3-8。

表 3-8 还原剂用量试验（加入0.05mg Si，在50mL容量瓶中显色）

60g/L 硫酸亚铁铵/mL	1	2	3	4	5	6	7	8
A	0.69	0.75	0.76	0.77	0.77	0.77	0.77	0.78

说明还原剂用量在3mL～8mL时结果一致，选用5mL。

反应很快完成，不必放置。

6. 吸光度测量

根据分光光度计测量波长范围，可选用810nm或650nm～700nm。同一显色溶液，810nm处测量的吸光度高。

溶液至少稳定2h。

参比溶液：分取同样体积的试样溶液，先加草酸，后加钼酸铵。这样便不能生成硅钼杂多酸，还可抵消有色离子的干扰。

（四）干扰及其消除

1. P、As

（1）P、As干扰　P、As也能发生同Si一样的反应故产生正干扰。

（2）消除方法

1）加入络合剂（草酸、酒石酸）。

2）提高酸度至$c(H^+)=2.5mol/L～3mol/L$。

2. 有色离子

（1）有色离子的干扰　Cr、Ni、Co 等有色离子会产生干扰。

（2）消除方法　取同样体积的试样溶液，先加草酸，后加钼酸铵，则 Si 不显色，作参比溶液予以消除。

3. Fe 对灵敏度的影响

（1）Fe 的干扰　Fe 的存在降低工作曲线的灵敏度，但是提高了显色的稳定性。因此，保持一定量的 Fe 是必要的。显色液中含 Fe 0.1g 时灵敏度降为 85%；含 Fe 0.05g 时灵敏度降为 90%；含 Fe 0.02g 时灵敏度降为 95%。

（2）消除方法　在绘制工作曲线时，应加入与试样相当量的 Fe。

4. 钢铁酸不溶残渣中是否含 Si 试验

（1）干扰　酸不溶微量 Si 可能以 Al、Fe、Mn 的硅酸盐的非金属夹杂物形式存在，影响测定结果。

（2）消除方法　将铸铁或高碳钢 2.000 g 加 H_2SO_4(5+95)300mL 溶解后，过滤。将残渣在 1000℃ 灼烧 30min，取出加无水 Na_2CO_3 5g，在 900℃ 熔融 30min，在塑料杯中浸取，用 H_2SO_4(5+95) 调至中性，加入 H_2SO_4(5+95)70mL，以下如前操作，测定硅的质量分数，见表 3-9。

表 3-9　测定硅的质量分数

钢号	材料种类	原结果（%）		测得残渣中硅的质量分数（%）
		w(Si)	w(C)	
鞍钢 6714	铸铁	3.32	3.13	0.018,0.024,0.017,0.022,0.021
鞍钢 7148	铸铁	1.59	2.82	0.025,0.0029,0.005,0.0016,0.0044, 0.0003,0.003
鞍钢 6806	铸铁	3.44	—	0.034,0.030,0.037
鞍钢 6815	D42	4.31	0.065	0.013
武钢 7153	铸铁	1.17	3.69	0.005,0.005
鞍钢 7D12	高碳钢	1.21	1.03	0.001,0.002
西-4	GCr15SiMn	0.512	0.97	0.003,0.005
西-7	T10A	0.22	0.999	0.002
钢院-174	W18Cr4V	0.35	0.75	0
齐钢-24	Cr12MoV	0.26	—	0,0
大连-2	Cr12	0.33	2.20	0,0
上五 02	滚珠钢	0.54	1.01	0
上五 01	滚珠钢	0.26	1.01	0,0.01

以上说明，残渣中存在的酸不溶 Si 很少，可忽略不计。

第二节　锰含量的测定

在酸性溶液中，选择不同的氧化剂，可将 Mn^{2+} 氧化为 Mn^{3+} 或 MnO_4^-，用还原性标准溶液将其滴定为 Mn^{2+}，用滴定法测定样品中的锰含量。

由于 MnO_4^- 显红色，故可选不同的氧化剂将 Mn^{2+} 氧化为 MnO_4^- 后，用光度法测定其含量。

根据氧化剂或介质的不同，建立了很多测定锰的方法，但最常用的为以下几种。

（1）滴定法　适合测定高锰含量的方法有硝酸铵氧化滴定法。适合测定中、低锰含量的方法有过硫酸铵氧化-亚砷酸钠-亚硝酸钠滴定法。

（2）光度法　高碘酸钾氧化光度法，此方法稳定性好，适用于仲裁分析等。过硫酸铵氧化光度法（可在室温下显色），适用于日常批量分析，稳定性不如高碘酸钾氧化光度法。

一、硝酸铵氧化滴定法

（一）方法原理

试样溶解于酸中，在 H_3PO_4 微冒烟的状态下，用 NH_4NO_3 将 Mn^{2+} 定量氧化为 Mn^{3+}，以 N-苯代邻氨基苯甲酸为指示剂，用硫酸亚铁铵标准滴定溶液滴定。

（二）推荐标准

GB/T 223.4—2008《钢铁及合金　锰含量的测定　电位滴定或可视滴定法》，测定范围：2%～25%。

GB/T 5686.1—2008《锰铁、锰硅合金、氮化锰铁和金属锰　锰含量的测定　电位滴定法、硝酸铵氧化滴定法及高氯酸氧化滴定法》，方法二：硝酸铵氧化滴定法，测定范围：50.00%～98.00%。

GB/T 1506—2016《锰矿石　锰含量的测定　电位滴定法和硫酸亚铁铵滴定法》，方法二：硫酸亚铁铵滴定法，测定范围：8.00%～60.00%。

GB/T 5121.14—2008《铜及铜合金化学分析方法　第14部分：锰含量的测定》，方法三：硫酸亚铁铵滴定法，测定范围：>2.50%～15.00%。

（三）测定步骤

溶样→氧化→滴定。

1. 溶样

普通钢：用 15mL H_3PO_4 溶解后，滴加 HNO_3 破坏碳化物。

高合金钢：用王水溶解后，滴加 HNO_3 破坏碳化物，加 H_3PO_4 冒烟。

锰铁、锰硅合金：用 HNO_3 + H_3PO_4 或单用 HNO_3 溶解后，加 H_3PO_4 冒烟。

铝锰合金：用 $HCl+H_2O_2$ 或 $NaOH+H_2O_2$ 溶解后，加 H_3PO_4 冒烟。

铜合金：用 HNO_3 或 $HCl+H_2O_2$ 溶解后，加 H_3PO_4 冒烟。

2. 氧化

（1）氧化的化学反应式

$$Mn(NO_3)_2+H_3PO_4+NH_4NO_3 = MnPO_4+HNO_3+3H_2O+3NO\uparrow$$

$$2MnHPO_4+2NH_4NO_3 = MnPO_4+NH_4NO_2+H_2O$$

$$NH_4NO_2 = N_2\uparrow+2H_2O$$

或：$2MnHPO_4+2NH_4NO_3+2H_3PO_4 = 2NH_4MnH_2(PO_4)_2+HNO_2+H_2O+HNO_3$

（2）氧化剂

1）溴酸盐或碘酸盐：将 Mn^{2+} 氧化为 Mn^{3+} 后，易析出单质 Br 或 I，使溶液成胶状物，加水后不易溶解，不利于下一步分析。

2）HNO_3：只能将部分 Mn^{2+} 氧化为 Mn^{3+}。

3）$HClO_4$：可定量将 Mn^{2+} 氧化为 Mn^{3+}。

4）NH_4NO_3：可定量将 Mn^{2+} 氧化为 Mn^{3+}。

NH_4NO_3 与 $HClO_4$ 是理想的氧化剂。

（3）H_3PO_4 用量　加入 10mL~25mL H_3PO_4 可将 Mn^{2+} 定量氧化为 Mn^{3+}，一般选用 15mL。

（4）氧化温度　见表 3-10。

表 3-10　氧化温度试验结果（取 10mg Mn，用 NH_4NO_3 氧化）

氧化温度/℃	160	180	200	220	240	260	280
锰含量的实测值/mg	9.22	10.0	10.0	10.0	10.0	10.0	8.70

1）试验结果表明，在 180℃~260℃ 加入 NH_4NO_3 氧化能获得满意结果。

2）当选用 NH_4NO_3 作氧化剂时，加热到出现 H_3PO_4 微冒烟，此时温度约 220℃，立即取下，加入 NH_4NO_3。

3）有时不易观察到 H_3PO_4 冒微烟，但当加热到液面平静、有小水珠滚动时，立即取下，也是合适的氧化温度。

4）加热温度过高，易析出焦磷酸盐，不利于下一步的测定。

5）当选用 $HClO_4$ 氧化时，加热到 $HClO_4$ 冒烟，当冒烟至液面出现很多小水珠时，此时温度为 203℃，是氧化合适的温度，即可取下进行下一步操作。

（5）NH_4NO_3 的用量　见表 3-11。

表 3-11　NH_4NO_3 的用量试验结果（取 10mg Mn，改变 NH_4NO_3 的加入量）

NH_4NO_3/g	1.0	1.5	2.0	2.5	3.0	4.0	5.0
锰含量的实测值/mg	9.67	10.0	10.0	10.0	10.0	10.0	10.0

1）试验结果表明，加入 NH_4NO_3 1.5g 以上，结果一致。一般选择加入 2g。

2）如选用 $HClO_4$ 作氧化剂，加入 1g~2g 即可。

3. 滴定

（1）滴定反应方程式

$$2NH_4MnH_2(PO_4)_2 + 2(NH_4)_2Fe(SO_4)_2 + 4H_2SO_4 = 2MnSO_4 + 3(NH_4)_2SO_4 + Fe_2(SO_4)_3 + 4H_3PO_4$$

（2）滴定时 H_2SO_4 的用量　将 Mn 氧化后，分别加入不同量的 H_2SO_4（1+3），然后滴定。结果表明，加入 H_2SO_4 0mL~30mL 对滴定均无影响。GB/T 223.4—2008 采用加入 60mL H_2SO_4（5+95）。

（3）氮氧化物对测定结果的影响　取不同量的 Mn 标准溶液，按操作步骤，加入 NH_4NO_3 后，不排除氮氧化物（黄烟）就进行滴定。氮氧化物对测定结果的影响见表 3-12。

表 3-12　氮氧化物对测定结果的影响

加入 Mn/mg	20	24	10	24	12
锰含量的实测值/mg	18.87	20.06	9.88	22.40	10.11

由表 3-12 可见，不排除黄烟，测定结果显著偏低。

（4）滴定温度　用 NH_4NO_3 氧化后，温度降至 80℃ ~ 100℃ 时，加入 60m LH_2SO_4（5+95），再冷至不同温度下进行滴定。不同温度下 Mn 的加入量和实测值见表 3-13。

表 3-13　不同温度下 Mn 的加入量和实测值

温度/℃	加入量/mg	实测值/mg
18	12	12.06
30	32	32.01
45	32	32.01
47	10	10.00
50	20	19.95
50	10	10.03
80	10	9.98

结果表明，80℃ 以下滴定，对测定结果无影响。

（5）放置时间　加入 60mL H_2SO_4（5+95）后，冷却至室温，再放置一定时间，然后滴定。不同放置时间下 Mn 的加入量和实测值见表 3-14。

表 3-14　不同放置时间下 Mn 的加入量和实测值

放置时间/min	加入量/mg	实测值/mg
5	12.35	12.30
90	12.35	12.32
270	12.35	12.31
360	12.35	12.31

结果表明，放置 6h 以内对测定结果无影响。

（6）指示剂 N-苯代邻氨基苯甲酸的加入时间　当滴定至溶液呈淡粉红色时，加入 2 滴指示剂。滴定至红色消失为终点。

（7）结果计算

$$w(\text{Mn}) = \frac{c(V_3 - V_0) \times 54.94}{1000m} \times 100\% - 1.08w(\text{V}) - 0.40w(\text{Ce}) \qquad (3\text{-}3)$$

式中　c——硫酸亚铁铵标准滴定溶液的浓度，mol/L；

　　　V_0——2 滴 N-苯代邻氨基苯甲酸溶液的校正值，mL；

　　　V_3——滴定 Mn、V、Ce 消耗硫酸亚铁铵标准滴定溶液的体积，mL；

　　　m——称样量，g；

　$w(\text{V})$——样品中 V 的质量分数，%；

$w(\text{Ce})$——样品中 Ce 的质量分数，%；

　54.94——Mn 的摩尔质量，g/mol。

因为 Mn^{3+} 得到 1 个电子，变为 Mn^{2+}，故 $M(\text{Mn}) = Ar(\text{Mn})$。如果样品中 Ce 的质量分数小于 0.01% 或 V 的质量分数小于 0.005%，计算 Mn 的质量分数时可以忽略，式（3-3）可简化为式（3-4）

$$w(\text{Mn}) = \frac{c(V_3 - V_0) \times 54.94}{1000m} \times 100\% \qquad (3\text{-}4)$$

式中　c——硫酸亚铁铵标准滴定溶液的浓度，mol/L；

$\quad\quad V_0$——2 滴 N-苯代邻氨基苯甲酸溶液的校正值，mL；

$\quad\quad V_3$——滴定 Mn、V、Ce 消耗硫酸亚铁铵标准滴定溶液的体积，mL；

$\quad\quad m$——称样量，g；

$\quad$54.94——Mn 的摩尔质量，g/mol。

（四）干扰及消除

（1）干扰　大量 W、Mo、Cr、Ni、Co 无影响。V 与 Mn 一起被定量氧化，并和 Mn 同时被滴定。使结果偏大，应从分析结果中扣除。

（2）消除方法

1）系数校正法：1% 的 V 相当于 1.08% 的 Mn，1% 的 Ce 相当于 0.40% 的 Mn。

2）V 的质量分数未知时可将滴定完 Mn、V 合量的溶液加热至冒烟 2min，取下稍冷，加 60mL 硫酸（5+95），冷却至室温，滴加 $KMnO_4$ 至出现稳定的红色，放置 5min，加 1g 尿素，在不断摇动下，滴加 $NaNO_2$ 至红色消失，加 2 滴 N-苯代邻氨基苯甲酸，用硫酸亚铁铵标准滴定溶液滴定至终点。从合量的体积中减去，然后计算锰含量。

3）指示剂具有还原性，精确分析时要进行校正。校正方法见 GB/T 223.4—2008。

二、亚砷酸钠-亚硝酸钠滴定法

（一）方法原理

试样溶解于酸中，在硫磷混酸介质中，以 $AgNO_3$ 为催化剂，用过硫酸铵将 Mn^{2+} 氧化为 MnO_4^-，用亚砷酸钠-亚硝酸钠标准溶液滴定。

缺点：不能用理论计算。

（二）推荐标准

GB/T 223.58—1987《钢铁及合金化学分析方法　亚砷酸钠-亚硝酸钠滴定法测定锰量》，测定范围：0.10%～2.50%。

GB/T 4701.4—2008《钛铁　锰含量的测定　亚砷酸盐-亚硝酸盐滴定法和高碘酸盐光度法》，方法一：亚砷酸盐-亚硝酸盐滴定法，测定范围：1.00%～4.00%。

（三）测定步骤

溶样→氧化→滴定。

1. 溶样

普通钢：加 30mL 硫磷混酸（150+150+700 水）溶解，滴 HNO_3 破坏碳化物。

高铬镍钢：加王水溶解，加 $HClO_4$ 冒烟，滴 HCl 或 NaCl 挥 Cr，加硫磷混酸。

高硅钢：加王水溶解，加几滴 HF，加硫磷混酸冒烟。

铸铁：硫磷混酸低温加热溶解，滴加 HNO_3 破坏碳化物，煮沸驱尽氮氧化物，用快速滤纸过滤。

2. 氧化

（1）反应式　在酸性溶液中，以 $AgNO_3$ 作催化剂，过硫酸铵 $[(NH_4)_2S_2O_8]$ 将 Mn^{2+} 氧化为 MnO_4^-；过量的过硫酸铵采用煮沸予以分解。

$$2MnSO_4+5(NH_4)_2S_2O_8+8H_2O = 2HMnO_4+5(NH_4)_2SO_4+7H_2SO_4$$

$$2(NH_4)_2S_2O_8+2H_2O = 2(NH_4)_2SO_4+2H_2SO_4+O_2\uparrow$$

（2）酸度 冒烟后，加水 30mL~80mL，$c(H^+)\approx 2mol/L~4mol/L$，结果最好；酸度太高，$Mn^{2+}$氧化不完全；酸度太低时会析出 MnO_2 沉淀。

（3）氧化剂用量

1）$AgNO_3$ 用量：$AgNO_3$(5g/L) 加入 10mL~15mL 为宜。加入过多，滴定终点会不断返红；加入过少，结果会偏低。

2）过硫酸铵：过硫酸铵（200g/L）加入 5mL~20mL 时，结果一致，选用 10mL。

3）氧化煮沸时间：低温加热煮沸 30s 氧化已完全，但过硫酸铵并未全部分解。一般低温加热煮沸 45s。煮沸时间超过 90s，由于 MnO_4^- 分解，将使结果偏低。

4）氧化后放置时间：低温煮沸 45s 后，放置 4h 内结果一致。

5）过硫酸铵溶液的有效放置时间：过硫酸铵溶液配好后，放置时间过长会失效。10℃~20℃时，15 天之内有效。40℃~50℃时（晚上 20℃），超过 8 天失效。最好用前配制。

3. 滴定

滴定前加入 NaCl（2g/L）15mL~25mL 以使 $AgNO_3$ 沉淀，以防止未完全分解的过硫酸铵在 $AgNO_3$ 的催化作用下将被还原的低价锰重新氧化为高价锰。

（1）滴定过程中的反应式

$$2HMnO_4+5Na_3AsO_3+2H_2SO_4 = 2MnSO_4+5Na_3AsO_4+3H_2O$$
$$2HMnO_4+5NaNO_2+2H_2SO_4 = 2MnSO_4+5NaNO_3+3H_2O$$
$$AgNO_3+NaCl = AgCl\downarrow+NaNO_3$$

（2）滴定剂

1）若单用 Na_3AsO_3，只能将 MnO_4^- 还原为 $Mn^{3.3+}$（平均化合价），溶液呈黄绿色或棕色，终点难以判断。

2）若单用 $NaNO_2$，虽能将 MnO_4^- 定量还原为 Mn^{2+}，但作用缓慢；$NaNO_2$ 在酸性溶液中不稳定，易分解。

3）两者合用（$Na_3AsO_3+NaNO_2$），Na_3AsO_3 可加速 NO_2^- 与 MnO_4^- 的作用，$NaNO_2$ 可定量将 MnO_4^- 还原为 Mn^{2+}。溶液由紫红色变为无色（含 Cr 时为淡黄棕色）。

（3）滴定速度 以点滴速度为宜。接近终点时，放慢速度。如成线性滴入，会使结果偏高。

（4）加入 H_3PO_4 的作用

1）加入 H_3PO_4 约 4mL，与 Fe^{3+} 络合生成无色 $[Fe(PO_4)_2]^{3-}$，从而降低了 $\varphi(Fe^{3+}/Fe^{2+})$ 的电位，使滴定终点易于观察。

2）扩大了 Mn 的测定范围。在 H_3PO_4 存在时，100mL 溶液中可容许存在 100 mg Mn。

3）可防止 MnO_4^- 的分解，避免生成 MnO_2 沉淀。

4）可防止生成低价氧化物及滴定时的重氧化作用。

4. 结果计算

结果计算见式（3-5），只能用滴定度计算，无法用理论值计算。

$$w(Mn)=\frac{TV}{m}\times100\%\qquad(3-5)$$

式中　T——亚硝酸钠-亚砷酸钠溶液对锰的滴定度，g/mL；

　　　V——消耗标准滴定溶液的体积，mL；

　　　m——试样的质量，g。

（四）干扰及其消除

1. Cr

（1）Cr 的干扰　铬含量高时，终点不易观察，必须分离。

（2）消除方法　在 $HClO_4$ 冒烟时，滴加 HCl 或 NaCl 使 Cr 成氯化铬酰挥去；或加入 ZnO_2 悬浮液。两种方法效果一致。

2. Co

（1）Co 的干扰　Co 超过 8mg 时，有明显红色。

（2）消除方法　加入 4~5 倍的 Ni 即可。终点变为灰乳白色、灰白绿色或暗灰色。

（五）其他

1. 铸铁试样的石墨残渣中是否含有残余 Mn

将铸铁过滤后的残渣灼烧后，用焦硫酸钾熔融，用 30mL 硫磷混酸浸取。以下按操作步骤进行。氧化后未出现高锰酸的红色。确定铸铁中测定锰含量不必进行冒烟处理。

2. 用 Mn 标准溶液标定 Na_3AsO_3-$NaNO_2$ 时是否需要加入铁基体的试验（见表 3-15）

表 3-15　是否需要加入铁基体试验的结果

Mn 加入量/mg	Na_3AsO_3-$NaNO_2$/mL	
	无铁基体	铁基体 500mg
5.122	10.30	10.30
12.805	25.80	25.80
7.683	15.20	15.30

结果表明，有无铁基体，结果差别不大。习惯上仍然加入铁基体，与试样同样处理。

三、高碘酸钾（钠）氧化光度法

高碘酸钾（钠）氧化光度法具有稳定性好、干扰少的优点；其缺点是反应速度慢，需加热煮沸。

（一）方法原理

试样溶解于酸中，在硫磷混酸介质中，用高碘酸钾将 Mn^{2+} 氧化为 MnO_4^-，测量其吸光度。

（二）推荐标准

GB/T 223.63—1988《钢铁及合金化学分析方法　高碘酸钠（钾）光度法测定锰量》，测定范围：0.010%~2.00%。

GB/T 4333.3—1988《硅铁化学分析方法　高碘酸钾光度法测定锰量》，测定范围：0.100%~0.800%。

GB/T 20975.7—2008《铝及铝合金化学分析方法　第 7 部分：锰含量的测定》，高碘酸钾分光光度法，测定范围：0.0040%~2.00%。

GB/T 5121.14—2008《铜及铜合金化学分析方法　第 14 部分：锰含量的测定》，方法二：高碘酸钾分光光度法，测定范围：>0.030%～2.50%。

GB/T 7731.2—2007《钨铁　锰含量测定　高碘酸盐分光光度法和火焰原子吸收光谱法》，方法一：高碘酸盐分光光度法，测定范围：0.05%～0.70%。

GB/T 8704.9—2009《钒铁　锰含量的测定　高碘酸钾光度法和火焰原子吸收光谱法》，方法一：高碘酸钾光度法，测定范围：0.05%～0.60%。

GB/T 4698.4—2017《海绵钛、钛及钛合金化学分析方法　第 4 部分：锰量的测定　高碘酸盐分光光度法和电感耦合等离子体原子发射光谱法》，方法一：高碘酸盐分光光度法，测定范围：0.005%～3.00%。

GB/T 13748.4—2013《镁及镁合金化学分析方法　第 4 部分：锰含量的测定　高碘酸盐分光光度法》，测定范围：0.050%～2.70%。

GB/T 13747.7—2019《锆及锆合金化学分析方法　第 7 部分：锰量的测定　高碘酸钾分光光度法和电感耦合等离子体原子发射光谱法》，方法一：高碘酸钾分光光度法，测定范围：0.0010%～0.010%。

YB/T 109.4—2012《硅钡合金　锰含量的测定　高碘酸钾盐氧化分光光度法》，测定范围：0.10%～0.50%。

YB/T 178.4—2012《硅铝合金和硅钡铝合金　锰含量的测定　高碘酸盐氧化分光光度法》，测定范围：0.10%～0.50%。

YS/T 539.5—2009《镍基合金粉化学分析方法　第 5 部分：锰量的测定　高碘酸钠（钾）氧化分光光度法》，测定范围：0.01%～2%。

YS/T 568.10—2008《氧化锆、氧化铪化学分析方法　锰量的测定　高碘酸钾分光光度法》，测定范围：0.003%～0.03%。

（三）测定步骤

溶样→显色→吸光度测量。

1. 溶样

普通钢：加 HNO_3(1+4)15mL 溶样。

高硅钢：加 HNO_3 + HF(3～4 滴) 溶样。

铸铁：加 HNO_3 + HF(3～4 滴) 溶样。

高铬镍钢：加 $HCl+HNO_3+H_2O$(1+1+2) 溶样。

试样经以上方法溶解后，再加 $H_3PO_4+HClO_4$ = 3+1 溶液 10mL 冒烟。

高钨钢：加 $H_3PO_4+HClO_4$ = 3+1 溶液 15mL 冒烟。

硅铁：加 HNO_3 + HF 溶样。

铜合金：加 HNO_3 或 $HCl+ H_2O_2$ 溶样，GB/T 5121.14—2008 采用 HBO_3 + HF + HNO_3 混合酸，低温加热溶样。

铝合金：加 NaOH 溶解后加 H_2O_2。

2. 显色

（1）反应式

$$2Mn_3(PO_4)_2+15KIO_4+9H_2O = 6HMnO_4+15KIO_3+4H_3PO_4$$
$$2MnSO_4+5KIO_4+3H_2O = 2HMnO_4+5KIO_3+2H_2SO_4$$

（2）酸度　加入 H_2SO_4(1+1)10mL，总体积 50mL 时，$c(H^+)$ 约为 0.5mol/L～4mol/L。

（3）H_3PO_4 的用量与作用

1）H_3PO_4 用量为 5mL~15mL 时，测定结果一致。

2）H_3PO_4 与 Fe^{3+} 生成无色络合物，避免生成难溶的 FeI_3。

（4）KIO_4 用量　KIO_4 用量为 0.2g~0.8g 时，测定结果一致；选择加入 50g/L KIO_4 10mL。

（5）氧化时间　煮沸 0.5min~8min 时，测定结果一致；选用煮沸 2min~3min。

（6）显色溶液的稳定性　显色溶液非常稳定，43h 内无变化。

（7）用没有还原性物质的水稀释定容　可取纯水+H_2SO_4 酸化+KIO_4 煮沸，冷却备用。

3. 吸光度测量

吸收波长为 530nm。

参比溶液：为避免有色离子干扰，取部分显色溶液滴加 $NaNO_2$ 褪色。

（四）干扰

如存在大量的 Bi^{3+}、Sn^{2+}、Sn^{4+}，溶液会产生混浊。若 Bi、Sn 含量较高，应改用过硫酸铵氧化法。

四、过硫酸铵氧化光度法

过硫酸铵氧化光度法最常用的是室温氧化，亦可加热加快其氧化速度。本法操作简便，有利于批量分析。其缺点是生成的 MnO_4^- 稳定性不如高碘酸钾法。特别是高铬镍试样，最好采用高碘酸钾法。

（一）方法原理

在酸性溶液中，以硝酸银为催化剂，过硫酸铵将 Mn^{2+} 氧化为 MnO_4^- 后，进行 Mn 的光度测定。测定范围：0.010%~2.00%。

（二）测定步骤

溶样→显色→吸光度测量。

1. 溶样

普通钢：加 HNO_3(1+3) 25mL 溶样（普通钢中 Si、Mn、P 等元素联合测定溶液）。

高合金钢：加 HCl+HNO_3 溶样，加 $HClO_4$ 冒烟。

硅铁及硅钙合金：加 HNO_3+HF 溶样，加 $HClO_4$ 冒烟。

铝合金：加 NaOH+H_2O_2 溶样，加 HNO_3 酸化。

试样溶解后，稀释定容至 100mL。

2. 显色

分取 5.00mL，移入 50mL 容量瓶中，加入 $AgNO_3$〔由 10g/L 的 HNO_3(1+3) 配制〕5mL 作催化剂，加入 200g/L 过硫酸铵溶液 5mL，室温下氧化。

（1）酸度　$c(HNO_3)$=0.4mol/L~0.8mol/L，结果一致。选用 0.5mol/L HNO_3 介质，可稳定 2h。

（2）放置时间　25℃ 以上放置 5min；20℃~25℃ 放置 15min；15℃~20℃ 放置 20min；15℃ 以下时在水浴中加热 30s。

3. 吸光度测量

吸收波长为 530nm。

参比溶液：普通钢为水；为避免有色离子干扰，可取部分显色溶液滴加 $NaNO_2$ 或滴加 EDTA 褪色后，作为参比溶液。

第三节 磷含量的测定

磷含量的测定是基于 P 与钼酸铵作用形成磷钼杂多酸而进行重量法、容量法和光度法的测定。

一、二安替比林甲烷磷钼酸重量法

本方法具有分子量大、烘干温度低、换算系数小、准确度高的优点。但操作烦琐。

（一）方法原理

用氧化性酸溶解试样，P 以（H_3PO_4）的形式进入溶液。在 0.24mol/L～0.60mol/L HCl 溶液中，加入二安替比林甲烷、钼酸钠混合沉淀剂，生成二安替比林甲烷磷钼酸沉淀 $[(C_{23}H_{24}N_4O_2)_3H_7P(Mo_2O_7)_6]_2$，经过滤洗涤，于 110℃～115℃烘干，称量。

（二）推荐标准

GB/T 223.3—1988《钢铁及合金化学分析方法 二安替比林甲烷磷钼酸重量法测定磷量》，测定范围：0.01%～0.80%。

（三）测定步骤

溶样→P 的富集分离→P 进入溶液→P 的沉淀→洗涤→烘干→称重→溶解沉淀→再次烘干称量

1. 溶样

用氧化性酸溶样，防止 PH_3 呈气体逸出。加 $HCl+HNO_3$（王水）溶样，加 $HClO_4$ 冒烟。

2. P 的富集分离

为防止某些元素对沉淀 P 的影响，本法以 Be 作载体。用 EDTA 络合干扰元素（Fe、Cr、V），加入 $NH_3 \cdot H_2O$，生成 $Be(OH)_2$ 沉淀载带 P，达到 P 的富集。

（1）$NH_3 \cdot H_2O$ 用量 在 100mL 溶液中，将溶液 pH 值调整为 3～4 后，用量为 5mL～20mL 时，结果一致，选用 10mL。

（2）$Be(OH)_2$ 对 P 的富集效果 试验证明，在 EDTA 存在下，10mg Be 可富集 3mg P。实际操作一般控制在 1mg P 以下，以便于过滤、洗涤等操作。

（3）EDTA 用量 试验证明，3.8g EDTA 可络合 0.5g Fe。

3. P 进入溶液

用 8mL 热 HCl(1+1) 将 $Be(OH)_2$ 溶解于原烧杯，用水洗净滤纸，并稀释至 100mL。

4. P 的沉淀

（1）反应式

$$2H_3PO_4+24(NH_4)_2MoO_4+6C_{23}H_{24}N_4O_2 \cdot H_2O +48HNO_3$$
$$=[(C_{23}H_{24}N_4O_2)_3H_7P(Mo_2O_7)_6]_2 \downarrow +48NH_4NO_3+26H_2O$$

（2）酸度 HCl、HNO_3 介质均可，因 HCl 易溶解 $Be(OH)_2$，故在 HCl 介质中沉淀。对 HCl(1+1) 用量进行试验，见表 3-16。

表 3-16 HCl(1+1) 用量试验 （100mL 容量瓶中，加入 0.200mg P）

HCl(1+1)/mL	2	4	6	8	10	12	14	16
磷含量/mg	0.265	0.198	0.199	0.199	0.195	0.178	0.075	0.030

结果表明，100mL 体积中，有 4mL~10mL HCl(1+1)，P 均可定量沉淀，标准选用 8mL。

（3）沉淀温度 40℃~100℃均可。

（4）沉淀陈化时间 （见表 3-17）

表 3-17 沉淀陈化时间试验 （加入 0.200mg P）

放置时间/h	磷含量/mg	
0.5	0.199	0.197
1.0	0.201	0.199
2.0	0.200	0.197
过夜	0.203	0.204

试验表明，在 40℃~60℃放置 0.5h，可定量生成 P 的沉淀。

5. 洗涤

用 HCl(1+199) 洗涤沉淀 10 次~15 次，水洗 2 次。

6. 烘干

烘干温度试验见表 3-18。

表 3-18 烘干温度试验

烘干温度/℃	磷含量/mg	
110	0.203	0.201
120	0.201	0.203
130	0.200	0.197
140	0.195	0.204
150	0.195	0.204

结果表明，110℃~150℃干燥均可。

7. 称量 （m_1）

将烘干后的坩埚及沉淀置于干燥器中冷却至室温 （约 30min），称量，精确至 0.1mg。

8. 溶解沉淀

沉淀中可能夹带其他元素，需将沉淀溶解，二安替比林甲烷磷钼酸进入溶液。

（1）溶剂 100mL 丙酮，100mL 水，5mL $NH_3 \cdot H_2O$ 混匀。

（2）用量 20mL，分两次溶解沉淀，再用水洗 6 次~8 次。

9. 再次烘干称量 （m_2）

10. 结果计算

$$w(P) = \frac{(m_1 - m_2) \times 0.01023}{m} \times 100\% \quad\quad (3-6)$$

式中 m_1——沉淀+坩埚的质量，g；

　　　m_2——残渣+坩埚的质量，g；

　　　m——试样的质量，g；

0.01023——二安替比林甲烷磷钼酸换算成 P 的换算系数。

（四）干扰及消除

1. Si

（1）Si 的干扰　Si 的含量大于 $80\mu g$ 时需要处理。

（2）消除方法　$HClO_4$ 冒烟后，加 HF，再冒烟。

2. As

（1）As 的干扰　因 As 也生成沉淀，干扰测定。

（2）消除方法　加 HCl+HBr 再冒烟挥 As。

3. Fe、Cr、V

（1）Fe、Cr、V 的干扰　在 EDTA 存在下用硫酸铍作载体，$NH_3 \cdot H_2O$ 沉淀分离后不干扰测定。

（2）消除方法　加入 EDTA 掩蔽。

4. Ti

（1）Ti 的干扰　Ti 的含量小于 5mg 也会产生干扰。

（2）消除方法　加 H_2O_2 掩蔽。

5. W

（1）W 的干扰　W 呈钨酸析出吸附或包裹 P，干扰测定。

（2）消除方法　加入草酸络合 W。

6. Zr、Nb、Ta、V、Ti

（1）Zr、Nb、Ta、V、Ti 的干扰　阻碍磷钼酸沉淀的生成。

（2）消除方法　如试样中含 Zr、Nb、Ta、V 及 5mg 以上 Ti 时，将洗净的沉淀和滤纸移入原烧杯中，溶解沉淀使二安替比林甲烷磷钼酸进入溶液，加 HF 络合 Nb、Ta 等，用铜铁试剂沉淀分离。

二、其他重量法

（一）磷钼酸铵重量法

利用生成的 $(NH_4)_3P(Mo_3O_{10})_4$ 沉淀，于 110℃ 干燥称重。

（二）磷酸铵镁法

在氨性溶液中，H_3PO_4 与 $MgCl_2$ 及 NH_4Cl 作用，形成六水合磷酸铵镁（$MgNH_4PO_4 \cdot 6H_2O$）沉淀，于 1000℃ ~1100℃ 灼烧生成焦磷酸镁（$Mg_2P_2O_7$）。

$$PO_4^{3-}+Mg^{2+}+NH_4^++6H_2O = MgNH_4PO_4 \cdot 6H_2O \downarrow$$

$$2MgNH_4PO_4 \cdot 6H_2O \xrightarrow{\triangle} Mg_2P_2O_7+2NH_3 \uparrow +13H_2O$$

（三）8-羟基喹啉重量法

在 1.5mol/L 酸性溶液中，PO_4^{3-} 与钼酸铵形成磷钼杂多酸

$$H_3PO_4+12MoO_4^{2-}+24H^+ = H_3[PMo_{12}O_{40}]+12H_2O$$

用乙酸丁酯萃取，将磷钼杂多酸萃入有机相。用 1.5mol/L HNO_3 洗涤有机相，以除去过量的钼酸盐。用氨水（1+4）将磷钼杂多酸返萃入水相，由于酸度的变化，杂多酸分解，释放出 12 倍于 P 的 Mo(Ⅵ)。然后用 8-羟基喹啉重量法测定 Mo，从而间接求出磷含量。

三、磷钼酸铵滴定法

（一）方法原理

试样以氧化性酸溶解，在约 2.2mol/L HNO_3 的酸度下，P 与钼酸铵生成磷钼酸铵沉淀，过滤后，用过量的 NaOH 标准溶液溶解沉淀，过剩的 NaOH 以酚酞为指示剂，用 HNO_3 标准溶液返滴定至粉红色刚消失为终点。

（二）推荐标准

GB/T 223.61—1988《钢铁及合金化学分析方法　磷钼酸铵容量法测定磷量》，测定范围：0.01%～1.0%。

GB/T 5686.4—2008《锰铁、锰硅合金、氮化锰铁和金属锰　磷含量的测定　钼蓝光度法和碱量滴定法》，方法二：碱量滴定法，测定范围：0.080%～0.650%。

（三）测定步骤

溶样→沉淀→过滤洗涤→溶解沉淀→滴定。

1. 溶样

用氧化性酸溶解试样，以保证 P 以五价形式存在。

普通钢：加 HNO_3 溶样，加 $HClO_4$ 冒烟，蒸至近干。

高铬镍钢：加 HNO_3+HCl 溶样，加 $HClO_4$ 至冒烟时，滴加 HCl 挥 Cr，并蒸至近干。

高硅钢：加 HNO_3+HF 溶样，加 $HClO_4$ 冒烟，蒸至近干。

高砷钢：加 HNO_3 溶样，加 $HClO_4$ 冒烟，用 HCl+HBr 挥 As，并蒸至近干。

2. 沉淀

（1）反应式

$$H_3PO_4+12(NH_4)_2MoO_4+21HNO_3 = (NH_4)_3PO_4 \cdot 12MoO_3 \cdot 12H_2O \downarrow +21NH_4NO_3$$

（2）酸度　最佳范围为 100mL 溶液中含 10mL～30mL HNO_3。本法选用 100mL 溶液中含 15mL HNO_3（包括钼酸铵中的 HNO_3）。

（3）NH_4NO_3 加入量　加 NH_4NO_3 的目的是提高 NH_4^+ 浓度，使 P 沉淀完全。用量为 5g～15g 时，结果一致，本法选用 10g。

（4）钼酸铵用量　用量为 2.5g～6.0g 时，结果一致，本法选用 3.4g。

（5）沉淀温度　合适的沉淀温度为 30℃～90℃。低于 30℃ 时，结果偏低，本法选用 50℃。

（6）沉淀振荡时间　合适的振荡时间为 1min～7min，本法选用 3min。

（7）沉淀静置时间（室温）　室温下至少需要静置 2h，最好过夜。

3. 过滤洗涤

选用慢速滤纸或用加小孔瓷片的漏斗加纸浆减压过滤，先用 HNO_3(2+100) 洗三角瓶，转移沉淀，洗沉淀 2 次～3 次除去金属离子，再用中性水洗至无游离酸。

检验：取 5mL 滤液，加 1 滴酚酞，1 滴滴定用 NaOH 标准滴定溶液，粉红色应不消失。

4. 溶解沉淀

1）反应式为

$$2\left[(NH_4)_3PO_4 \cdot 12MoO_3 \cdot 12H_2O\right]+48NaOH = 2Na_3PO_4+3(NH_4)_2MoO_4+21Na_2MoO_4+48H_2O$$

2）将沉淀与滤纸返回原三角瓶中，加 50mL 中性水，将滤纸捣碎，加入过量 NaOH 标准溶液，待黄色钼酸铵沉淀全部溶解后，再过量 5mL。

5. 滴定

1）反应式为

$$NaOH + HNO_3 = NaNO_3 + H_2O$$

2）以酚酞为指示剂，用 HNO_3 标准溶液返滴定至粉红色刚消失为终点。

6. 计算

$$w(p) = \frac{\left[c(NaOH)V(NaOH) - c(HNO_3)V(HNO_3) \right] \times 1.291}{1000m} \times 100\% \tag{3-7}$$

式中　$c(NaOH)$——加入 NaOH 标准溶液的物质的量浓度，mol/L；

$V(NaOH)$——加入 NaOH 标准溶液的体积，mL；

$c(HNO_3)$——滴定用 HNO_3 标准溶液的物质的量浓度，mol/L；

$V(HNO_3)$——滴定消耗 HNO_3 标准溶液的体积，mL；

m——称样质量，g；

1.291——P 的摩尔质量，g/moL。

（四）干扰及其消除

1. W

（1）干扰　W 与钼酸铵作用生成钨钼杂多酸，与磷钼酸铵共同沉淀，也消耗 NaOH 标准溶液，使测定结果偏高。

（2）消除方法　含 W 8mg 以上的试样，在 EDTA 存在下加入铍盐，再加入 $NH_3 \cdot H_2O$ 生成 $Be(OH)_2$ 沉淀，将 P 载带在沉淀中。然后再用酸溶解，可将 W 分离。

2. Nb、Ti、Zr、Ta

（1）干扰　Nb、Ti、Zr、Ta 阻碍钼酸铵沉淀的生成，使测定结果偏低。

（2）消除方法　含 Ta 高于 0.5mg，Zr、Nb 高于 1mg，Ti 高于 10mg，加入 HF。样品溶解 $HClO_4$ 冒烟后，加 5mL HNO_3，40mL 热水，再加 2mL HF，低温加热煮沸 1min～2min 至溶液澄清。以下按步骤进行。

3. As

（1）干扰　As 与钼酸铵生成砷钼杂多酸，使测定结果偏高。

（2）消除方法　加 $HClO_4$ 冒烟，加 HCl+HBr 挥 As。

4. V

（1）干扰　生成磷钒钼杂多酸。

（2）消除方法　（含 V 1mg 以上）加入盐酸羟胺，使 V(V) 还原为 V(IV)

5. Si

（1）干扰　生成硅钼杂多酸。

（2）消除方法　含 Si 大于 20mg 时，加 HF 挥 Si。

四、磷钼杂多蓝分光光度法

（一）方法原理

用氧化性酸溶解试样，在强氧化剂的作用下，P 以 H_3PO_4 的形态转入溶液中，加入钼酸铵形成黄色磷钼杂多酸，选择适宜的还原条件和还原剂（抗坏血酸、盐酸羟胺、硫酸肼或氯化亚锡等）获得磷钼杂多蓝，进行光度法测定。

（二）推荐标准

GB/T 4699.3—2007《铬铁、硅铬合金和氮化铬铁　磷含量的测定　铋磷钼蓝分光光度法和钼蓝分光光度法》，方法一：铋磷钼蓝分光光度法，测定范围：0.008%~0.080%；方法二：磷钼蓝分光光度法，测定范围：<0.15%。

GB/T 4701.7—2009《钛铁　磷含量的测定　铋磷钼蓝分光光度法和钼蓝分光光度法》，测定范围：0.010%~0.150%。

GB/T 5059.6—2007《钼铁　磷含量的测定　铋磷钼蓝分光光度法和钼蓝分光光度法》，测定范围：0.010%~0.150%。

GB/T 5686.4—2008《锰铁、锰硅合金、氮化锰铁和金属锰　磷含量的测定　钼蓝光度法和碱量滴定法》，方法一：钼蓝分光光度法，测定范围：0.0030%~0.450%。

GB/T 7731.4—1987《钨铁化学分析方法　钼蓝光度法测定磷量》，测定范围：<0.06%。

GB/T 8704.7—2009《钒铁　磷含量的测定　钼蓝分光光度法》，测定范围：0.010%~0.250%。

YB/T 109.5—2012《硅钡合金　磷含量的测定　钼蓝分光光度法》，测定范围：0.010%~0.050%。

YB/T 178.5—2012《硅铝合金和硅钡铝合金　磷含量的测定　钼蓝分光光度法》，测定范围：0.010%~0.100%。

（三）测定步骤

溶样→加钼酸铵→加还原剂→测定。

1. 溶样

（1）要求

1）使用氧化性酸溶样（不能单独使用还原性酸，如 HCl）。

2）P 以 H_3PO_4（五价）形式转入溶液。

（2）方法　普通钢：加 HNO_3 溶样，加 $KMnO_4$ 氧化（或过硫酸铵氧化）。

硅铁：加 HNO_3+HF 溶样，加 $HClO_4$ 冒烟。

硅铬：加 HNO_3+HF 溶样，加 $HClO_4$ 冒烟，滴加 HCl 挥 Cr。

锰铁：加 HNO_3 溶样，加 $HClO_4$ 冒烟。

微碳铬铁：加 Br 饱和的 HCl 溶液溶样，加 $HClO_4$ 冒烟，滴加 HCl 挥 Cr。

高碳铬铁、氮化铬铁：加 Na_2O_2 熔融，用酸浸取。

2. 加钼酸铵

加入钼酸铵，使生成磷钼杂多酸。

（1）反应式

$$H_3PO_4+12(NH_4)_2MoO_4+24HNO_3 = H_3[P(Mo_3O_{10})_4]+24NH_4NO_3+12H_2O$$

（2）适宜酸度　$c(H^+)=0.8mol/L~1.6mol/L$。

3. 加还原剂

加入还原剂，将磷钼杂多酸还原为磷钼蓝。

（1）还原剂的种类　抗坏血酸-盐酸羟胺、硫酸肼、$NaF-SnCl_2$。

（2）反应式

$$(NH_4)_3H_4[P(Mo_2O_7)_6]+2SnCl_2+4HCl=(NH_4)_3H_4\left[P\begin{matrix}\diagup Mo_2O_5\\ \diagdown (Mo_2O_7)_5\end{matrix}\right]+2SnCl_4+2H_2O$$

4. 测定

（1）参比溶液

1）试样溶液中无有色离子时，可将水作为参比溶液。

2）试样溶液中存在有色离子时，参比溶液不加钼酸铵，其他操作与显色溶液相同。

（2）吸收波长　波长为680nm~850nm。

当采用NaF-SnCl₂法时，由于显色溶液随时间褪色，不太稳定，要逐个显色测定。

（四）干扰及消除

1. As

（1）As的干扰　As与钼酸铵能生成砷钼杂多酸，若试液中含As大于9mg时有干扰。

（2）消除方法　加HClO₄冒烟后，加入HCl-HBr挥As。

2. Si

（1）Si的干扰　高酸度下，Si不显色。

（2）消除方法　当硅含量很高时，可加入HF挥Si或加HClO₄冒烟使Si脱水除去。

五、三元杂多蓝分光光度法

当有Bi、Sb存在时，H_3PO_4、钼酸盐与Bi或Sb形成相应的三元杂多酸，三元杂多酸与二元杂多酸相比，提高了配位酸酐中Mo（Ⅵ）的电极电位，可被较弱的还原剂，如抗坏血酸在室温下迅速还原。

三元杂多蓝光度法稳定性很好。但受As的干扰严重，当样品中含As时，要设法消除。

（一）方法原理

用氧化性酸溶解试样，在强氧化剂的作用下，P以H_3PO_4的形态转入溶液。H_3PO_4在H_2SO_4介质中与Bi（Sb）、钼酸铵形成三元杂多酸，用抗坏血酸还原为铋（锑）磷钼蓝，进行光度测定。

（二）推荐标准

GB/T 223.59—2008《钢铁及合金　磷含量的测定　铋磷钼蓝分光光度法和锑磷钼蓝光度法》，方法一：铋磷钼蓝分光光度法，测定范围：0.005%~0.300%；方法二：锑磷钼蓝分光光度法，测定范围：0.01%~0.06%。

GB/T 4333.2—1988《硅铁化学分析方法　铋磷钼蓝光度法测定磷量》，测定范围：0.01%~0.06%。

GB/T 3653.6—1988《硼铁化学分析方法　锑磷钼蓝光度法测定磷量》，测定范围：0.005%~0.120%。

YB/T 547.4—2014《钒渣　磷含量的测定　铋磷钼蓝分光光度法》，测定范围：0.050%~0.800%。

GB/T 4702.3—2016《金属铬　磷含量的测定　铋磷钼蓝分光光度法》，测定范围：0.002%~0.040%。

GB/T 12690.10—2003《稀土金属及其氧化物中非稀土杂质化学分析方法 磷量的测定 钼蓝分光光度法》，测定范围：0.0010%～0.0100%。

YS/T 568.7—2008《氧化锆、氧化铪化学分析方法 磷量的测定 锑盐-抗坏血酸-磷钼蓝分光光度法》，测定范围：0.005%～0.800%。

（三）测定步骤

溶样→氧化→显色→测定。

1. 溶样

普通钢：加 $HNO_3(1+3)$ 25mL 溶样。

高合金钢：加 $HCl+HNO_3$ 溶样，加 $HClO_4$ 冒烟。

硅铁、硅锰、锰铁、硅钙、稀土硅镁：加 HNO_3+HF 溶样，加 $HClO_4$ 冒烟。

矿石：加 $Na_2CO_3+Na_2O_2$ 熔融，加 HNO_3 或 H_2SO_4 浸取。

2. 氧化

1）加 $KMnO_4$ 氧化，加 $NaNO_2$ 还原。

2）加过硫酸铵氧化（普通钢 Si、Mn、P 系统测定）。

3）加 $HClO_4$ 冒烟氧化。

3. 显色

（1）定磷混合液 称取 $Bi(NO_3)_3$ 1g，加约 40mL 水搅拌溶解，加入 H_2SO_4 30mL，完全溶解后，加水稀释至 1650mL，再加 50g/L 钼酸铵 100mL 混匀。

使用前，每 175mL 定磷混合液，加入抗坏血酸 1g 溶解。

分取试样溶液 10.00mL 于 50mL 容量瓶中，加定磷混合液 35mL，以水稀释至刻度。

（2）酸度 $c(H^+)=0.7mol/L$。酸度低，受 Si 的干扰；酸度高，显色速度太慢。

4. 络合反应式

$$2C_4H_4KO_7Sb+H_3PO_4+12(NH_4)_2MoO_4+12H_2SO_4$$
$$=H_3PO_4 \cdot Sb_2O_3 \cdot 12MoO_3+12(NH_4)_2SO_4+2C_4H_5O_6K+11H_2O$$

5. 还原反应式

$$H_3PO_4 \cdot Sb_3O_3 \cdot 12MoO_3+6C_6H_8O_6 = 6C_6H_6O_6+H_3PO_4 \cdot Sb_2O_3 \cdot 6Mo_2O_5+6H_2O$$

6. 测定

（1）参比溶液 试样溶液无颜色，以水为参比；试样溶液有颜色，以不加钼酸铵的溶液为参比。

（2）显色时间 室温在 25℃以上时放置 10min；室温在 25℃以下时放置 15min～20min。

（3）吸收波长 采用 680nm 或 700nm。

（四）干扰及消除

1. Si

（1）Si 的干扰 在本方法的显色酸度下，Si 一般不干扰。

（2）消除方法 硅含量很高时，可冒高氯酸烟使 Si 呈 H_2SiO_3 析出，经过滤除去。

2. As

（1）As 的干扰 As 的干扰严重，当样品中含 As 时，会使分析结果偏高，应设法除 As。

（2）消除方法 加 $HCl+HBr$ 挥 As 或加 $Na_2S_2O_3-Na_2SO_3$ 消除。

六、磷钒钼黄光度法

(一) 方法原理

在 H_3PO_4 存在的溶液中,加入钒酸铵和钼酸铵,形成黄色的磷钒钼三元杂多酸。最大吸收波长 $\lambda_{max} = 315nm$,摩尔吸光系数 $\varepsilon = 2.0 \times 10^4 L/(mol \cdot cm)$,灵敏度比二元杂多酸提高了很多。此法用于测定铜合金中的 P,由于采用短波长测定,避免了铜蓝色的影响(在分光光度计允许的波长范围内,应尽可能采用短波长)。

(二) 推荐标准

GB/T 5121.2—2008《铜及铜合金化学分析方法 第 2 部分:磷含量的测定》,方法三:钒钼黄分光光度法,测定范围:>0.010% ~ 0.50%。

七、萃取钼蓝光度法

(一) 推荐标准

GB/T 5121.2—2008《铜及铜合金化学分析方法 第 2 部分:磷含量的测定》,方法二:钼蓝分光光度法,测定范围:>0.0002% ~ 0.12%。

GB/T 8647.4—2006《镍化学分析方法 磷量的测定 钼蓝分光光度法》,测定范围:0.0005% ~ 0.03%。

GB/T 4324.24—2012《钨化学分析方法 第 24 部分:磷量的测定 钼蓝分光光度法》,测定范围:0.0002% ~ 0.018%。

YB/T 5043—2012《氧化钼 磷含量测定 正丁醇-三氯甲烷萃取分光光度法》,测定范围:0.005% ~ 0.050%。

GB/T 223.62—1988《钢铁及合金化学分析方法 乙酸丁酯萃取光度法测定磷量》,测定范围:0.001% ~ 0.05%。

YS/T 281.5—2011《钴化学分析方法 第 5 部分:磷量的测定 钼蓝分光光度法》,测定范围:0.00020% ~ 0.0050%。

YS/T 574.4—2009《电真空用锆粉化学分析方法 钼蓝分光光度法测定磷量》,测定范围:0.001% ~ 0.010%。

(二) 常用萃取剂

1) 正丁醇-三氯甲烷。

2) 乙酸丁酯。

3) 乙酸异丁酯。

(三) 测定方式

1) 磷钼黄萃取后直接测定。

2) 有机相中还原为磷钼蓝测定。

3) 有机相中加入还原剂,返萃入水相测定。

4) 磷钼黄还原为磷钼蓝后,用有机溶剂萃取测定。

第四节 铬含量的测定

铬含量的测定主要借助于 Cr 的氧化还原性质。样品溶解后,Cr 在溶液中一般以 Cr^{3+} 形式存在，可用氧化剂如：$(NH_4)_2S_2O_8$、$HClO_4$、$KMnO_4$ 将其氧化为 $Cr(Ⅵ)$，然后用硫酸亚铁铵或其他还原性标准溶液将 $Cr(Ⅵ)$ 还原为 Cr^{3+}。也可借助于 $Cr(Ⅵ)$ 将二苯碳酰二肼氧化，生成的 Cr^{3+} 再与二苯碳酰二肼氧化产物生成紫红色络合物进行光度测定。

一、过硫酸铵氧化滴定法

（一）方法原理

试样溶解于酸中，滴加 HNO_3 破坏碳化物，经硫磷混酸冒烟处理，溶解 Cr 的碳化物，在适宜的酸度 $[c(1/2H_2SO_4)=0.5mol/L\sim1.8mol/L]$ 下，于硫磷混酸介质中，以 $AgNO_3$ 为催化剂，用过硫酸铵将 Cr^{3+} 氧化成 $Cr(Ⅵ)$。以苯代邻氨基苯甲酸为指示剂，用硫酸亚铁铵标准溶液滴定。

（二）推荐标准

GB/T 223.11—2008《钢铁及合金　铬含量的测定　可视滴定或电位滴定法》，方法一：可视滴定法，测定范围：0.10%～35.00%。

GB/T 4699.2—2008《铬铁和硅铬合金　铬含量的测定　过硫酸铵氧化滴定法和电位滴定法》，方法一：过硫酸铵氧化滴定法，测定范围：25.00%～80.00%。

GB/T 4702.1—2016《金属铬　铬含量的测定　硫酸亚铁铵滴定法》，测定范围：≥97.00%。

GB/T 4698.10—2020《海绵钛、钛及钛合金化学分析方法　第10部分：铬量的测定　硫酸亚铁铵滴定法和电感耦合等离子体原子发射光谱法（含钒)》，方法一：硫酸亚铁铵滴定法，测定范围：0.30%～15.00%。

GB/T 4698.11—1996《海绵钛、钛及钛合金化学分析方法　硫酸亚铁铵滴定法测定铬量（不含钒)》，测定范围：0.30%～12.00%。

YS/T 539.4—2009《镍基合金粉化学分析方法　第4部分：铬量的测定　过硫酸铵氧化滴定法》，测定范围：2%～30%。

（三）测定步骤

溶样→氧化→还原 MnO_4^-→滴定。

1. 溶样

普通钢：硫磷混酸（160+80）加水 760mL（GB/T 223.11—2008 采用 $H_2SO_4+H_3PO_4+H_2O=320+80+600$），加 HNO_3 破坏碳化物，冒烟。

高合金钢：加 $HCl+NHO_3$ 溶样，加硫磷混酸冒烟。

含铬很高的不锈钢：先用 HCl 溶解，再加 HNO_3，加硫磷混酸冒烟。

高钨钢：加硫磷混酸，加 5mL H_3PO_4，加硫磷混酸冒烟。

高硅钢：加硫磷混酸+数滴 HF，加硫磷混酸冒烟。

微碳铬铁：加 HCl（1+1）10mL 溶解，加硫磷混酸冒烟。

高碳铬铁：加 $Na_2CO_3+Na_2O_2$ 熔融，加 H_2SO_4 浸取，分取部分试样溶液，加硫磷混酸。

硅铁：加 HNO_3+HF，加硫磷混酸冒烟。

对于 Cr_7C_3、$Cr_{23}C_6$ 等稳定碳化物和 CrN、Cr_2N 等只有加硫磷混酸冒烟时，滴加 HNO_3 才能分解。

铝铬合金：加 $HCl+H_2O_2$ 或 $NaOH+H_2O_2$ 溶样，加硫磷混酸冒烟。

1）H_2SO_4 的用量 7mL～10mL 为宜（考虑氧化和最后滴定时的酸度）。

2）H_3PO_4 的用量：固定 H_2SO_4 8mL，H_3PO_4 的用量为 3mL～35mL 时不影响结果。

2. 氧化

1）反应式：在酸性溶液中，以 $AgNO_3$ 作催化剂，过硫酸铵将 Cr^{3+} 氧化为 $Cr(Ⅳ)$；过量的过硫酸铵采用煮沸予以分解。

$$Cr_2(SO_4)_3+3(NH_4)_2S_2O_8+7H_2O = 3(NH_4)_2SO_4+H_2Cr_2O_7+6H_2SO_4$$
$$2(NH_4)_2S_2O_8+2H_2O = 2(NH_4)_2SO_4+2H_2SO_4+O_2\uparrow$$

除去 $AgNO_3$

$$AgNO_3+HCl = AgCl\downarrow+HNO_3$$

2）酸度：$c(H^+)=0.5mol/L～1.8mol/L$。酸度过大时，Cr^{3+} 氧化为 $Cr(Ⅵ)$ 的速度慢，甚至不被氧化；酸度太小时，易析出 MnO_2 沉淀。

3）用 $AgNO_3$ 作催化剂，用量为 10g/L 的 $AgNO_3$ 溶液 5mL

4）H_3PO_4 的作用：

① 与 Mn 络合，防止煮沸时析出 MnO_2 沉淀；

② 冒烟时防止迸溅；

③ 防止钨酸析出。

5）氧化完全的标志：出现稳定的 MnO_4^- 红色；低 Mn 试样，加 20g/L 的 $MnSO_4$ 2 滴。

6）过量 $(NH_4)_2S_2O_8$ 分解的标志是冒大气泡。

7）氧化体积为 150mL～250mL 时，结果一致，选择 200mL。体积小时，酸度高，氧化反应慢，结果偏低；体积大时，酸度小，Mn 还原不完全，结果偏高而且波动大。

3. 还原 MnO_4^-

1）先加尿素，再滴加 $NaNO_2$ 还原 MnO_4^-，充分摇动。过量的 $NaNO_2$ 被尿素分解。

$$(NH_2)_2CO+2NaNO_2+H_2SO_4 = Na_2SO_4+3H_2O+CO_2\uparrow+2N_2\uparrow$$

2）将溶液稀释至 $c(H^+)≈1mol/L$，加 HCl 或 NaCl 煮沸至红色消失，还原 MnO_4^-。

$$2HMnO_4+14HCl = 2MnCl_2+5Cl_2+8H_2O$$

4. 滴定

1）反应式为

$$H_2Cr_2O_7+6(NH_4)_2Fe(SO_4)_2+6H_2SO_4=Cr_2(SO_4)_3+3Fe_2(SO_4)_3+6(NH_4)_2SO_4+7H_2O$$

2）指示剂加入时间：用 Fe^{2+} 滴定至淡黄色，再加入指示剂，终点明显。

3）近终点时要逐滴加入，以免过量。

4）指示剂的校正：苯代邻氨基苯甲酸具有还原性，精确分析时需校正，可选用以下方法。

① 加一定体积的 Cr 标准溶液（视被测样品铬含量而定）于 500mL 锥形瓶中，加硫磷混酸 50mL，用水稀释至 200mL，用硫酸亚铁铵标准滴定溶液滴至淡黄色，加 3 滴指示剂，继续滴至由玫瑰红色变为亮绿色为终点；读取所消耗硫酸亚铁铵标准滴定溶液体积（mL）。再加相同量的 Cr 标准溶液，用相同的硫酸亚铁铵标准滴定溶液滴定至由玫瑰红色变为亮绿色为终点。两次消耗硫酸亚铁铵标准滴定溶液体积的差值，即为 3 滴指示剂的校正值，滴定

样品时，将此值加入消耗的硫酸亚铁铵标准滴定溶液体积中。平行测定 3 次，3 次测定 Cr 标准溶液所消耗的硫酸亚铁铵标准滴定溶液体积（mL）的极差值，应不超过 0.05mL，取其平均值。

② 取两份相同的 Cr 标准溶液：一份加指示剂 6 滴，一份加指示剂 3 滴，滴定消耗硫酸亚铁铵标准滴定溶液的差值，即为 3 滴指示剂的校正值。

5. 计算

$$w(Cr) = \frac{c(Fe^{2+})\, V(Fe^{2+}) \times 17.33}{1000m} \times 100\% \tag{3-8}$$

式中　$c(Fe^{2+})$ ——硫酸亚铁铵标准滴定溶液的物质的量浓度，mol/L；

　　　$V(Fe^{2+})$ ——消耗硫酸亚铁铵标准滴定溶液的体积，mL；

　　　　　m ——称样的质量，g；

　　　17.33 ——被测物质基本单元（Cr/3）的摩尔质量，g/mol。

按等物质的量规则，$n(Cr/3) = n(Fe)$，$Ar(Cr) = 52.00$，$M(Cr/3) = 52.00/3 = 17.33$

（四）V 的干扰及其消除

（1）当钒含量已知时　可按 1%V 相当于 0.34%Cr 进行校正。

（2）当钒含量未知时　钒含量按 GB/T 223.13、GB/T 223.14、GB/T 223.76 或 GB/T 20125 规定的操作进行测定。

1）将滴定（Cr+V）后的溶液，加 H_2SO_4（1+1）15mL，室温下滴加 $KMnO_4$ 至稳定红色，2min~3min 后，加尿素 1g~2g，用 $NaNO_2$ 将 MnO_4^- 还原为 Mn^{2+}，加指示剂，用原 Fe^{2+} 标准滴定溶液滴定，从滴定（Cr+V）的体积总量中减去。

2）或在滴定 Cr、V 总量前，加过量的 Fe^{2+} 标准溶液，还原高价 Cr、V；用 $KMnO_4$ 标准滴定溶液返滴过量的 Fe^{2+}；同时低价 V 又被 $KMnO_4$ 氧化为高价 V，加入 Fe^{2+} 标准滴定溶液的物质的量减去 $KMnO_4$ 标准滴定溶液的物质的量，即为试样中 Cr 的物质的量。

3）或在样品溶解后，室温下用 $KMnO_4$ 氧化，用 Fe^{2+} 标准滴定溶液滴定 V 后，加入 $AgNO_3$、过硫酸铵氧化，用 Fe^{2+} 标准滴定溶液滴定（Cr+V）总量。两者消耗 Fe^{2+} 标准滴定溶液的体积之差即为 Cr 消耗 Fe^{2+} 标准滴定溶液的体积。

二、高氯酸氧化法

本法适合炉前快速分析。

将试样溶解于酸中，加 $HClO_4$ 冒烟将 Cr^{3+} 氧化为 $Cr(VI)$。在硫磷混酸介质中，以苯代邻氨基苯甲酸为指示剂，用 Fe^{2+} 标准滴定溶液滴定。

本方法的操作关键是准确掌握冒烟程度，冒烟至瓶口 30s~40s，才能使结果稳定。

有时测定结果偏低，应带标准物质随同试样一起操作，用标准物质的铬含量换算可求得可靠结果。

造成结果偏低的原因是：

1）主要是 Cr 呈氯化铬酰（CrO_2Cl_2）挥发的损失。

$$HClO_4 \rightarrow 2O_2 + H^+ + Cl^-$$

$$H_2Cr_2O_7 + 4HCl = 2CrO_2Cl_2 \uparrow + 3H_2O$$

2）高价铬被 $HClO_4$ 生成的 H_2O_2 还原。

$$2HClO_4 \rightarrow Cl_2 + 3O_2 + H_2O_2$$
$$2H_2CrO_4 + 3H_2O_2 = 2Cr(OH)_3 + 3O_2\uparrow + 2H_2O$$

3）氧化不完全。

三、二苯碳酰二肼光度法

（一）方法原理

二苯碳酰二肼（二苯卡巴肼，二苯偕肼）与 Cr(Ⅵ) 在 0.05mol/L～0.2mol/L H_2SO_4 溶液中反应，生成紫红色络合物。

有关资料介绍，首先 Cr(Ⅵ) 将二苯碳酰二肼氧化为二苯偶氮碳酰肼，本身还原为 Cr^{3+}。然后 Cr^{3+} 与二苯偶氮碳酰肼形成紫红色络合物。

试样溶解于酸中，在 H_2SO_4 介质中，用 $KMnO_4$ 将 Cr^{3+} 氧化为 Cr(Ⅵ)，过量的 $KMnO_4$ 用 $NaNO_2$ 还原，过量的 $NaNO_2$ 被预先加入的尿素破坏，Cr(Ⅵ) 与二苯碳酰二肼生成紫红色络合物，进行光度测定。

（二）推荐标准

GB/T 223.12—1991《钢铁及合金化学分析方法　碳酸钠分离-二苯碳酰二肼光度法测定铬量》，测定范围：0.005%～0.500%。

GB/T 4333.6—2019《硅铁—铬含量的测定—二苯基碳酰二肼分光光度法》，测定范围：0.010%～0.600%。

GB/T 13747.4—2020《锆及锆合金化学分析方法　第4部分：铬量的测定　二苯卡巴肼分光光度法和电感耦合等离子体原子发射光谱法》，测定范围：0.0020%～0.20%。

GB/T 6609.8—2004《氧化铝化学分析方法和物理性能测定方法　二苯基碳酰二肼光度法测定三氧化二铬含量》，测定范围：0.0002%～0.014%。

YS/T 540.2—2018《钒化学分析方法　第2部分：铬量的测定　二苯基碳酰二肼分光光度法》，测定范围：0.004%～0.40%。

（三）测定步骤

溶样→分离干扰元素→氧化→显色→测定。

1. 溶样

钢铁：加 HCl+HNO_3 溶样，加 H_2SO_4 冒烟（控制酸度，分解 Cr_3C_2 和 CrN）。

硅铁：加 HNO_3+HF 溶样，加 H_2SO_4 冒烟。

钨、钼、锆：加 H_2SO_4+（NH_4）$_2SO_4$ 溶样。

钒：加 HNO_3+H_2SO_4 溶样并冒烟。

氧化铝：加 Na_2CO_3+H_3BO_3 熔融，加 H_2SO_4 浸取。

2. 分离干扰元素

（1）干扰元素

1）Fe^{3+} 与二苯碳酰二肼生成棕红色络合物，加入 H_3PO_4 可抑制其干扰，但也必须在 5min～10min 内读测吸光度，否则 Fe 的色泽将逐渐呈现，吸光度逐渐升高。温度愈高，偏高速度愈快。

2）Mo 与二苯碳酰二肼生成紫红色络合物，但灵敏度较低（约为 Cr 的 1/60）。当含量小于 1% 时，可不考虑。大量 Mo 的存在（如金属 Mo）要考虑分离。

3）V 与试剂生成棕黄色络合物。

4）MnO_4^- 与试剂生成棕黄色络合物，并降低 Cr 显色的灵敏度，应将其还原后再显色。

（2）消除办法

1）Na_2CO_3 沉淀分离：钢铁试样溶解后，将 Cr 氧化为六价，加入 Na_2CO_3，$Cr_2O_7^{2-}$ 因转变为 CrO_4^{2-} 而保留在溶液中。Fe、Cu、Co 等生成氢氧化物沉淀，过滤分离除去。

2）萃取分离：在 V 的化学分析方法中，采用铜铁试剂-三氯甲烷萃取分离掉 V、Fe 等元素。在无机相中测定 Cr。

3）$Be(OH)_2$ 载带分离：在 W、Mo 化学分析方法中，采用 Be 作载体，共沉淀 Cr，与基体分离。

3. 氧化

加 $KMnO_4$ 煮沸至 MnO_2 沉淀析出，Cr^{3+} 氧化为 $Cr(VI)$。过量的 $KMnO_4$ 用 $NaNO_2$ 还原，过量的 $NaNO_2$ 被尿素破坏。

$$5Cr_2(SO_4)_3+6KMnO_4+11H_2O = 5\,H_2Cr_2O_7+6MnSO_4+3K_2SO_4+6H_2SO_4$$
$$2KMnO_4+5NaNO_2+3H_2SO_4 = 2MnSO_4+K_2SO_4+5NaNO_3+3H_2O$$
$$(NH_2)_2CO+2NaNO_2+H_2SO_4 = Na_2SO_4+3H_2O+CO_2\uparrow+2N_2\uparrow$$

4. 显色

（1）显色酸度　$c(1/2H_2SO_4) = 0.05mol/L \sim 0.3mol/L$，于 100mL 容量瓶中，加入 H_2SO_4（1+6）4mL。

（2）显色剂的配制及稳定性　称取 0.25g 试剂，以 94mL 无水乙醇及 6mL 冰乙酸溶解配制的试剂，贮存于棕色瓶中，可稳定 1 个月以上。用水配制易变质不易保存。

（3）显色剂的用量　2.5g/L 的显色剂，加入 2mL~5mL 时结果一致，选用 3mL。

（4）显色速度　13℃时，5min 显色完全；23℃时，立即显色完全。

5. 测定

吸收波长：540nm，参比溶液：水。

第五节　钒含量的测定

钒含量高的测定一般采用硫酸亚铁铵滴定法，钒含量低的测定一般采用光度法。

试样溶解后，将溶液中的 $V(IV)$ 定量地氧化为 $V(V)$，然后用硫酸亚铁铵将其滴定为 $V(IV)$。

根据标准电极电位

$$\varphi^0(Cr_2O_7^{2-}/2Cr^{3+}) = 1.33V$$
$$\varphi^0(VO_2^+/VO^{2+}) = 1.00V$$

如果溶液中 Cr 和 V 共存时，将其氧化后，用硫酸亚铁铵滴定的将是 Cr、V 的合量。关键是要选择一种氧化剂，只能将 V 氧化而不氧化 Cr。为此，可选择以下任一种方法氧化 V。

（1）高锰酸钾室温氧化法　此法只氧化 V 而不氧化 Cr^{3+}。过量的 $KMnO_4$ 用 $NaNO_2$ 还原，过量的 $NaNO_2$ 用尿素分解。

（2）过硫酸铵氧化法　在酸性溶液中，有 Ag^+ 存在的情况下，加热，过硫酸铵将 V、Cr、Mn 氧化为高价；无 Ag^+ 存在的情况下，加热，过硫酸铵只选择性地氧化 V 为五价。过量的过硫酸铵可煮沸除去。

一、硫酸亚铁铵滴定法

（一）方法原理

试样溶解于酸中，在硫磷混酸介质中，用 $KMnO_4$（或过硫酸铵）定量将 V 氧化为五价，过量的 $KMnO_4$ 用 $NaNO_2$ 还原，过量的 $NaNO_2$ 被预先加入的尿素分解，用 $KMnO_4$ 氧化 V 时，可能会有部分 Cr 被氧化为六价，为此需加入 $NaAsO_2$ 选择性还原 Cr。由于诱导反应，Mn^{2+} 将部分地被氧化为 Mn^{3+}，需再滴加 $NaNO_2$ 使之还原。最终以苯代邻氨基苯甲酸作指示剂，用硫酸亚铁铵标准滴定溶液滴定。

（二）推荐标准

GB/T 223.13—2000《钢铁及合金化学分析方法　硫酸亚铁铵滴定法测定钒含量》，测定范围：0.100%～3.50%。

GB/T 8704.5—2020《钒铁　钒含量的测定　硫酸亚铁铵滴定法和电位滴定法》，测定范围：35.00%～85.00%。

YB/T 547.1—2014《钒渣　五氧化二钒含量的测定　硫酸亚铁铵滴定法》，测定范围：5.00%～25.00%。

GB/T 4698.12—2017《海绵钛、钛及钛合金化学分析方法　第 12 部分：钒量的测定　硫酸亚铁铵滴定法和电感耦合等离子体原子发射光谱法》，方法一：硫酸亚铁铵滴定法，测定范围：1.00%～25.00%。

YB/T 5328—2009《五氧化二钒　五氧化二钒含量的测定　高锰酸钾氧化-硫酸亚铁铵滴定法》，测定范围：>90%。

YS/T 540.1—2018《钒化学分析方法　第 1 部分：钒量的测定　高锰酸钾-硫酸亚铁铵滴定法》，测定范围：0.005%～0.500%。

（三）测定步骤

溶样→氧化→滴定。

1. 溶样

普通钢：加硫磷混酸溶样，滴加 HNO_3 破坏碳化物，冒烟 1min～2min。

高钨钢：加硫磷混酸溶样，补加 H_3PO_4 5mL，滴加 HNO_3 破坏碳化物，冒烟 1min～2min。

高铬镍钢：加 $HCl+HNO_3$ 溶样，加硫磷混酸冒烟。

钒铁：加 $5mLH_3PO_4 + 5mLHNO_3 + 40mLH_2SO_4$ 混合酸溶样，蒸发至冒 H_2SO_4 烟。

V_2O_5：加 $5mLH_3PO_4 + 40mLH_2SO_4$ 溶样，冒烟约 1min。

钛合金：加 H_2SO_4 溶解，滴加 HNO_3 至溶液清亮，加热至冒烟。

金属钒：加 $H_2SO_4+HNO_3$ 溶样，加热至冒烟。

铝合金：加 $HCl+H_2O_2$ 溶样，加 H_2SO_4 加热至冒烟，或加 $NaOH+H_2O_2$ 溶样，加 H_2SO_4 中和，再加过量 H_2SO_4，冒烟。

2. 氧化

总的原则是将 V（Ⅳ）氧化为 V（Ⅴ），而 Cr 不被氧化。

1）滴加 $KMnO_4$ 前一定要冷却至室温，温度高，Cr 亦被部分氧化，使结果偏高。

2）分析高铬钢时，溶样过程中少量 Cr 被氧化，要加入一定量的硫酸亚铁铵，将 Cr（Ⅵ）全部还原为 Cr^{3+}，再滴加 $KMnO_4$ 氧化。

3）$KMnO_4$ 要适当过量，将 V 氧化完全。

4）因 $KMnO_4$ 氧化 VO^{2+} 的反应速度比较慢，所以要放置 1min～2min（温度低时要放置 5min）。

反应式为

$$10(VO)SO_4+2KMnO_4+12H_2O = 10HVO_3+7H_2SO_4+K_2SO_4+2MnSO_4$$

5）加入 $NaNO_2$ 还原过量的 $KMnO_4$

$$2KMnO_4+5NaNO_2+3H_2SO_4 = 5NaNO_3+2MnSO_4+K_2SO_4+3H_2O$$

6）过量的 $NaNO_2$ 被预先加入的尿素分解

$$NH_2 \cdot CO \cdot NH_2+2HNO_2 = 3H_2O+CO_2\uparrow+2N_2\uparrow$$

7）铬含量高，用 $KMnO_4$ 氧化 V 时，少量 Cr 亦被氧化，为此加入 $NaAsO_2$，选择性地还原高价 Cr，但因此产生的诱导反应，会使溶液中的 Mn^{2+} 被部分氧化为 Mn^{3+}，需补加 2 滴 $NaNO_2$，将其还原。

3. 滴定
1）反应式为
$$2HVO_3+2FeSO_4 \cdot (NH_4)_2SO_4+3H_2SO_4 = Fe_2(SO_4)_3+2(NH_4)_2SO_4+2(VO)SO_4+4H_2O$$
2）指示剂的校正：与滴定 Cr 相同。
3）高 Cr 试样再加入 5mL H_2SO_4（1+1），提高酸度。

一般控制在：$c(1/2H_2SO_4) \approx 4mol/L～6mol/L$。酸度低，Cr 会影响 V 的测定。

4. 结果计算

$$w(V) = \frac{c(Fe^{2+})V(Fe^{2+})\times 50.94}{1000m}\times 100\% \tag{3-9}$$

式中　$c(Fe^{2+})$——硫酸亚铁铵标准滴定溶液的物质的量浓度，mol/L；

　$V(Fe^{2+})$——消耗硫酸亚铁铵标准滴定溶液的体积，mL；

　　　m——称样的质量，g；

　50.94——V 的摩尔质量，g/mol。

按等物质的量规则，因 $n(HVO_3)=n(FeSO_4)$，于是 $M(V)$ 在数值上就是 $Ar(V)$ 的相对原子质量，查表 $Ar(V)=50.94$，则 $M(V)=50.94$。

（四）W 的干扰及其消除
（1）W 的干扰　钨含量高时影响终点判断，接近终点时呈蓝灰色。
（2）消除方法　增加 H_3PO_4 的加入量。

二、钽试剂-三氯甲烷萃取光度法

（一）方法原理

试样溶解于硫磷混酸中，滴加 HNO_3 破坏碳化物，继续加热至冒烟，以分解 V 的碳化物。在硫磷混酸介质中，于室温下加入 $KMnO_4$，将 V 氧化至 V（Ⅴ），过量的 $KMnO_4$ 用

$NaNO_2$ 还原，过量的 $NaNO_2$ 用尿素分解。$V(V)$ 在 3mol/L~6mol/L HCl 介质中，与钽试剂形成水不溶性络合物，可用氯仿或苯萃取（加入钽试剂-三氯甲烷溶液，立即萃取）。在有机相中进行光度测定。

（二）推荐标准

GB/T 223.14—2000《钢铁及合金化学分析方法　钽试剂萃取光度法测定钒含量》，测定范围：0.0050%~0.50%。

GB/T 20975.13—2020《铝及铝合金化学分析方法　第13部分：钒含量的测定》苯甲酰苯胲分光光度法，测定范围：0.0005%~1.00%。

GB/T 6609.10—2004《氧化铝化学分析方法和物理性能测定方法　苯甲酰苯基羟胺萃取光度法测定五氧化二钒含量》，测定范围：0.0002%~0.015%

GB/T 13747.18—1992《锆及锆合金化学分析方法　苯甲酰苯基羟胺分光光度法测定钒量》，测定范围：0.0020%~0.020%。

（三）测定步骤

溶样→氧化→萃取→测定。

1. 溶样

普通钢：加 $HCl+HNO_3$ 溶样，加硫磷混酸冒烟，滴 HNO_3 破坏碳化物（或加 $HCl+HNO_3$ 溶样，加 $HClO_4$ 冒烟）。

合金钢：加 $HCl+HNO_3$ 溶样，加硫磷混酸冒烟，滴 HNO_3 破坏碳化物（或加 $HCl+HNO_3$ 溶样，加 $HClO_4$ 冒烟）。

铝合金：加 $NaOH-H_2O_2$ 溶样，加 H_2SO_4 中和。

氧化铝：加 $Na_2CO_3-H_3BO_3$ 熔融，加 H_2SO_4 浸取。

金属锆：加 HF 溶样，加 H_3BO_3 络合过量的 F^-。

2. 氧化

（1）目的　试样溶解后，V 大部分呈四价状态。必须将其氧化为五价才能与钽试剂显色，被三氯甲烷萃取。

（2）氧化方式　加 $KMnO_4$ 室温氧化。过量的 $KMnO_4$ 用 $NaNO_2$ 还原，过量的 $NaNO_2$ 用尿素分解。

（3）氧化时间　滴加 $KMnO_4$ 呈现紫红色后，在室温 25℃~28℃ 放置 20s~10min 时结果一致，选用 1min~2min。

3. 萃取

1）钽试剂：又名苯甲酰苯羟胺（BPHA），也叫苯甲酰苯胲。结构式为：

钽试剂与 $V(V)$ 形成水不溶性络合物，可用三氯甲烷萃取，是一种灵敏、特效的测定 V 的光度分析法。

2）萃取酸度：适宜的 $c(H_2SO_4) \approx 0mol/L~3mol/L$，有 H_3PO_4 会使稳定性降低。但为掩蔽 W，需加入 H_3PO_4，选用较稀的硫磷混酸。

适宜的 $c(HCl) \approx 2mol/L~6mol/L$，选用 3mol/L。当 $c(HCl) > 6mol/L$ 时，易引起部分 $V(V)$ 被 Cl^- 还原。当 $c(HCl) < 2mol/L$ 时，萃取物呈黄色，吸光度降低。

3）萃取振荡时间：20s 以上已萃取完全。选用 1min。

4）萃取时水相体积的选择：10mL～78mL 时，结果一致；故在分析钒含量低的样品时，可多移取试样溶液。

5）有机相要加准确。

6）V（V）在盐酸溶液中的稳定性：加入 15mL HCl（1+1）后，Cl^- 有还原 V（V）的倾向。试验证明，2min 之内不会发生还原，2min 之后测定结果偏低。故加入 HCl 后应立即萃取，萃取后的络合物可稳定 5h。

4．测定

吸收波长 $\lambda = 530nm$；参比溶液为三氯甲烷；用脱脂棉或滤纸过滤吸去有机相中的水分。

（四）干扰及消除

由于萃取酸度很高，故干扰元素较少。

1．Mn

（1）Mn 的干扰　锰含量大于 1mg 时，结果偏高。由于大量 Mn^{2+} 的存在，过量 $KMnO_4$ 易还原为 MnO_2。萃取时 MnO_2 与钒试剂-三氯甲烷溶液变黄而产生正误差。

（2）消除方法　用 $NaNO_2$ 将过量 $KMnO_4$ 及 MnO_2 全部还原。50mg～100mg Mn^{2+} 亦不产生干扰。

2．Mo

（1）Mo 的干扰　钼含量大于 1mg 时会消耗钒试剂，使结果偏低。

（2）消除方法　将酸度提高至 5.5mol/L～6mol/L，加 10mL～13mL 浓 HCl 代替 15mL HCl（1+1），10mg Mo 亦无影响。

3．Ti

（1）Ti 的干扰　钛含量大于 1mg 时，结果偏高，稳定性变坏，Ti 与钒试剂生成黄色络合物。

（2）消除方法　萃取后，将有机相移入另一分液漏斗，加 10mL（$H_2SO_4 + H_2O_2 + H_2O =$ 10+5+85）洗涤溶液，振荡 30 s，Ti 的干扰即可消除。

三、其他光度法

（一）二苯胺磺酸钠光度法

二苯胺磺酸钠是氧化还原指示剂。还原态为无色，氧化态为紫色。

V（V）可定量氧化二苯胺磺酸钠为紫色，借此进行光度测定。但 $Cr_2O_7^{2-}$、MnO_4^-、Ce^{4+} 也能氧化该试剂为紫色，干扰测定，应设法予以消除。

（二）PAR 光度法

PAR〔（4-（2-吡啶偶氮）-间苯二酚）〕在 pH ≈ 6 时与 V（V）形成紫红色络合物，$\varepsilon_{550} = 3.5 \times 10^4 L/(mol \cdot cm)$，以此可进行光度法测定。

大量 Fe 的干扰无法掩蔽，必须分离 Fe。

（三）磷钨钒杂多酸法

在酸性溶液中，V（V）与磷酸盐及钨酸盐形成黄色的磷钨钒酸，可被 $SnCl_2$ 还原为低价状态的紫红色络合物，以此可进行光度法测定。

第六节　镍含量的测定

Ni 与丁二酮肟反应生成沉淀或有色络合物是特效反应。

丁二酮肟，又名丁二肟、二甲基乙二醛肟、二甲基乙二肟。

丁二酮肟与 Ni^{2+} 反应生成丁二酮肟镍沉淀，将沉淀烘干，称重，可用重量法测定镍含量。

将丁二酮肟镍溶解，可用 EDTA 滴定镍含量。丁二酮肟镍沉淀起到了分离干扰元素的效果。

丁二酮肟与 Ni^{4+} 生成可溶性红色络合物，可用于光度法测定镍含量。

一、丁二酮肟重量法

（一）方法原理

丁二酮肟与 Ni^{2+} 反应生成丁二酮肟镍沉淀，将沉淀烘干，称量。

（二）推荐标准

GB/T 223.25—1994《钢铁及合金化学分析方法　丁二铜肟重量法测定镍量》，测定范围：>2%。

GB/T 4324.8—2008《钨化学分析方法　镍量的测定　电感耦合等离子体原子发射光谱法、火焰原子吸收光谱法和丁二酮肟重量法》，方法三：丁二铜肟重量法，测定范围：0.0004%~0.050%。

YS/T 252.1—2007《高镍锍化学分析方法　镍量的测定　丁二铜肟重量法》，测定范围：20%~80%。

（三）测定步骤

溶样→沉淀→过滤→烘干称量。

1. 溶样

钢：加 HCl+HNO₃ 溶样，加 HClO₄ 冒烟。

钨合金：加 H_2SO_4+$(NH_4)_2SO_4$ 溶样。

高冰镍：加 HCl+HNO₃+KClO₃ 饱和溶样。

2. 沉淀

（1）掩蔽干扰元素　酒石酸或柠檬酸掩蔽 Fe 等元素，$Na_2S_2O_3$ 掩蔽 Cu。Na_2SO_3 将 Fe^{3+} 还原为 Fe^{2+}，并防止 Ni 被氧化为四价。

（2）酸度　沉淀时的酸度，pH 值为 4.5~9。

（3）温度　适宜的沉淀温度为 55℃~90℃；陈化温度为 30℃~60℃，时间为 30min~40min。

3. 过滤

过滤时温度应低于 30℃；温度大于 30℃ 时结果偏低。

4. 烘干称量

于 115℃~160℃ 烘干 1.5h 后，称量，并反复烘干至恒重。

二、丁二酮肟分离-乙二胺四乙酸二钠滴定法

（一）方法原理

试样溶解于 HNO_3 中，以电解法除 Cu。在乙酸盐溶液中，用丁二酮肟沉淀 Ni，残余 Cu 及 Fe、Al、Pb 等干扰元素用 $Na_2S_2O_3$ 和酒石酸钠掩蔽。将沉淀溶于 HNO_3，蒸发破坏丁二酮肟，加入过量 EDTA 标准溶液，以二甲酚橙为指示剂，在 pH = 5~6 时用硝酸铅标准滴定溶液滴定过量的 EDTA。

（二）推荐标准

GB/T 5121.5—2008《铜及铜合金化学分析方法　第 5 部分：镍含量的测定》，方法三：Na_2EDTA 滴定法，测定范围：1.50%~45.00%。

三、丁二酮肟光度法

（一）方法原理

试样溶于酸中，以酒石酸（或柠檬酸）钠掩蔽干扰元素，在强碱性（或氨性）介质中，用过硫酸铵（或 I_2）将 Ni 氧化至四价，丁二酮肟与 Ni(Ⅳ) 生成红色络合物，测量其吸光度。

（二）推荐标准

GB/T 223.23—2008《钢铁及合金　镍含量的测定　丁二酮肟分光光度法》，方法一：丁二酮肟直接光度法，测定范围：0.030%~2.00%。

GB/T 4698.24—2017《海绵钛、钛及钛合金化学分析方法　第 24 部分：镍量的测定　丁二酮肟分光光度法和电感耦合等离子体原子发射光谱法》，方法一：丁二酮肟分光光度法，测定范围：0.10%~2.00%。

GB/T 13747.3—2020《锆及锆合金化学分析方法　第 3 部分：镍量的测定　丁二酮肟分光光度法和电感耦合等离子体原子发射光谱法》，方法一：丁二酮肟分光光度法，测定范围：0.0020%~0.15%。

（三）测定步骤

溶样→掩蔽干扰离子→氧化→显色→测定。

1. 溶样（HCl、HNO_3、H_2SO_4、H_3PO_4、$HClO_4$ 对测定均无干扰）

（1）普通钢、合金钢、含钨钢　加 $HCl+HNO_3$ 溶样，加 $HClO_4$ 冒烟。加 $HClO_4$ 冒烟的目的是：

1）控制酸度一致。

2）将 Cr^{3+} 氧化为 Cr（Ⅵ），消除 Cr^{3+} 干扰（Cr^{3+} 与丁二酮肟生成浅色络合物）。

3）增加 $HClO_4$ 用量使 W 沉淀完全。

（2）锆及锆合金　加 HF 溶样，加 H_3BO_3 饱和溶液络合过量的 F^-。

（3）钛及钛合金　加 H_2SO_4 溶样。

2. 掩蔽干扰离子

加酒石酸钠（柠檬酸钠）的作用是：

1）络合 Fe、Ti 等金属离子，加入 NaOH 后，不致产生沉淀，影响镍含量的测定。

2）暂时络合 Ni，不致生成 Ni（OH）$_2$ 沉淀。

3. 氧化

一般常用的有两种氧化剂：过硫酸铵或 I$_2$。

（1）过硫酸铵氧化法

1）碱性介质中，加入 100g/L NaOH 10mL，加入 40g/L 过硫酸铵 5mL。

2）将 Ni^{2+} 氧化为 Ni（Ⅳ），才能与丁二酮肟生成有色络合物。

3）若过硫酸铵因配制时间太久而分解，则加入丁二酮肟后将出现沉淀。

（2）I$_2$（或 Br$_2$）氧化法　氨性介质的 pH = 9～10。

（3）两种氧化剂的效果（见表 3-19）

表 3-19　两种氧化剂的效果

氧化剂	过硫酸铵	I$_2$
介质	NaOH	氨性介质（pH = 9～10）
掩蔽剂	酒石酸	柠檬酸
络合物组成	1:3 或 1:4	1:2
λ_{max}	470nm	440nm
灵敏度	高，$\varepsilon = 1.5 \times 10^4$ L/(mol·cm)	略低，$\varepsilon = 1.0 \times 10^4$ L/(mol·cm)
显色速度	3min～8min	1min
稳定性	24 h	30min

4. 显色

若加丁二酮肟之前溶液出现紫色，可滴加 1 滴～2 滴 H$_2$O$_2$ 消除。加入 10g/L 丁二酮肟 2mL，丁二酮肟在水中溶解度很小，故应配在乙醇中（亦可配在 50g/L NaOH 中）使用。

5. 测定

（1）吸收波长　λ_{max} = 470nm，由于 Fe 与酒石酸的络合物呈黄色，在 470nm 处有吸收，为了避开 Fe 的干扰，故选用 530nm 作为测量波长。（钛合金选用 540nm 作为测量波长）

（2）参比溶液　丁二酮肟溶液无色，因此，以不加丁二酮肟试样溶液为参比，可抵消 Cr、Cu、Co、Fe 等有色离子对颜色的影响。

（四）干扰及其消除

1）Cr^{3+} 与丁二酮肟生成浅色络合物，可在溶样时用 HClO$_4$ 冒烟将 Cr^{3+} 氧化为 Cr（Ⅵ）消除干扰。

2）显色液中，Mn 的含量<1.35mg、Cu 的含量<0.2mg、Co 的含量<0.1mg 时不干扰。若大于以上数值，则有干扰。0.1%（质量分数，后同）的 Co 相当于 0.0015% 的 Ni，0.2% 的 Cu 相当于 0.001% 的 Ni，1% 的 Mn 相当于 0.0055% 的 Ni，三个元素都使测定结果偏高。

四、萃取分离-丁二酮肟光度法

（一）方法原理

试样溶于酸中，以酒石酸钠（或柠檬酸钠）掩蔽干扰元素，在强碱性（或氨性）介质中，用过硫酸铵（或 I$_2$）将 Ni 氧化至四价，丁二酮肟与 Ni(Ⅳ) 生成红色络合物，为了消除 Mn、Cu、Co 的干扰，扩大测量下限，加入三氯甲烷萃取，丁二酮肟镍进入有机相与干扰元素分离。再调整酸度返萃入水相。在水相中显色测定。

本方法适合于高 Mn 低 Ni、高 Co 低 Ni 和高 Cu 低 Ni 等材料中镍含量的测定。

（二）推荐标准

GB/T 223.23—2008《钢铁及合金　镍含量的测定　丁二酮肟分光光度法》，方法二：萃取分离-丁二铜肟分光光度法，测定范围：0.010%～0.50%。

GB/T 4325.9—2013《钼化学分析方法　第 9 部分：镍量的测定　丁二酮肟分光光度法和火焰原子吸收光谱法》，方法一：丁二酮肟分光光度法，测定范围：0.0001%～0.0100%。

GB/T 13748.14—2013《镁及镁合金化学分析方法　第 14 部分：镍含量的测定　丁二酮肟分光光度法》，测定范围：0.00020%～0.050%。

GB/T 20975.14—2020　铝及铝合金化学分析方法　第 14 部分：镍含量的测定》，丁二酮肟分光光度法，测定范围：0.001%～0.010%。

第七节　铜含量的测定

一、电解重量法

（一）方法原理

试样溶解于氧化性酸中，以铂网为阴极，在一定的电流密度下，Cu^{2+} 被还原为金属 Cu 沉积在铂网上，称量其质量，可求出铜含量。残留在溶液中的 Cu，可用原子吸收或光度法测定，并对结果加以校正。

适用于以 Cu 为主组分的合金及纯铜等。

（二）推荐标准

GB/T 5121.1—2008《铜及铜合金化学分析方法　第 1 部分：铜含量的测定》，方法一：直接电解-原子吸收光谱法，测定范围：50.00%～99.00%；方法二：高锰酸钾氧化碲-电解-原子吸收光谱法，测定范围：>98%～99.9%；方法三：电解—分光光度法，测定范围：>99.00%～99.98%。

二、碘量法

（一）方法原理

试样溶解于酸中，调整溶液酸度为 pH＝3～5，加入氟化物络合 Fe 以消除干扰，加入 KI 与 Cu^{2+} 作用生成 CuI 并析出定量的 I_2，用淀粉作指示剂，用硫代硫酸钠标准溶液滴定，为避免 CuI 表面吸附 I_2，近终点时加入硫氰酸盐使 CuI 转换为溶解度更小的硫氰酸亚铜，从而释放出所吸附的 I_2。

（二）推荐标准

GB/T 223.18—1994《钢铁及合金化学分析方法　硫代硫酸钠分离-碘量法测定铜量》，测定范围：0.10%～5.00%。

YS/T 521.1—2009《粗铜化学分析方法　第 1 部分：铜量的测定 碘量法》，测定范围：97.50%～99.70%。

YS/T 252.4—2007《高镍锍化学分析方法　铜量的测定　硫代硫酸钠滴定法》，测定范围：6%~55%。

(三) 测定步骤

溶样→调整酸度→掩蔽→加碘化钾→滴定→加硫氰酸盐。

1. 溶样

铜合金：加 HNO_3 或 $HCl+H_2O_2$ 溶样。

钢铁：加硫磷混酸溶样，冒烟。或加 $HCl+HNO_3$ 溶样，加硫磷混酸冒烟，用 $Na_2S_2O_3$ 沉淀分离 Cu。

2. 调整酸度

调整酸度至 pH = 3~5。

1) 滴加 $NH_3 \cdot H_2O$ 至生成 $Cu(OH)_2$ 沉淀，滴加冰乙酸至沉淀溶解过量 1mL（或滴加 H_3PO_4 至沉淀溶解过量 5mL）。

2) 加入适量 $FeCl_3$ 溶液，滴加乙酸铵至 Fe($OH)_3$ 沉淀完全，加 NH_4HF_2 至沉淀溶解过量 1mL。

3. 掩蔽

主要掩蔽 Fe^{3+}，采用加入 NaF、KF、NH_4F 或 NH_4HF_2 的方法。

4. 加碘化钾

反应式为

$$2Cu^{2+}+4I^- = 2CuI \downarrow + I_2$$

加入量为铜含量的 20 倍，一般加入 2g~5g。

5. 滴定

$$I_2+2S_2O_3^{2-} = S_4O_6^{2-}+2I^-$$

以淀粉为指示剂，淀粉与 I_3^- 形成深蓝色吸附化合物。淀粉要在近终点时加入。淀粉加入太早，大量 I_2 与淀粉生成蓝色吸附物将 I_2 包入其内，致使终点提前，同时滴定终点变化亦不明显。

6. 加硫氰酸盐

生成的 CuI 沉淀表面吸附一定量的 I_2，近终点时加入硫氰酸盐使 CuI 转化为溶解度更小的硫氰酸亚铜，释放出吸附的 I_2。

(四) 误差来源

1. 空气氧化

I^- 可被空气中的 O_2 氧化

$$4I^-+O_2+4H^+ = 2I_2+2H_2O$$

中性介质中，此氧化反应进行很慢，可不考虑。但随着 H^+ 浓度的增高和光照作用而加快。

2. I_2 的挥发

温度愈高，I_2 挥发愈快。加入过量 KI 可大大降低 I_2 的挥发，因为 $I_2+I^- = I_3^-$。当溶液中含约 40g/L KI 时，室温下滴定，I_2 的挥发可以忽略。

3. $Na_2S_2O_3$ 标准溶液的配制

$Na_2S_2O_3$ 一般含有杂质且易风化，不能直接配制。配好的 $Na_2S_2O_3$ 浓度易改变，原因是：

（1）被酸分解　即使水中溶解的 CO_2 也能使它分解。

$$S_2O_3^{2-}+H^+ \rightarrow HSO_3^-+S\downarrow$$

（2）空气的氧化作用

$$2Na_2S_2O_3+O_2 \rightarrow 2Na_2SO_4+2S\downarrow$$

因反应速度慢，一般并不严重。但溶液中有少量 Cu^{2+} 等杂质，会加速此反应。

（3）微生物的作用　微生物会消耗 $Na_2S_2O_3$ 中的 S，使它变成 SO_4^{2-}。这是 $Na_2S_2O_3$ 浓度降低的主要原因。故应按如下方法配制：采用新煮沸并冷却的蒸馏水（杀菌、赶除 CO_2）；加入少量 Na_2CO_3 抑制细菌的生长；储存于棕色瓶中，避免光照加速 $Na_2S_2O_3$ 的分解。

三、EDTA 滴定法

EDTA 能与 Cu^{2+} 生成稳定的络合物（$\lg K_{CuY} = 18.8$），一般 EDTA 测定铜含量有三种方法。

1. 硫脲掩蔽差减滴定法

取相同量的试样溶液两份，其中一份加硫脲，另一份不加硫脲，于 pH = 5～6 时，分别滴定能被 EDTA 络合的金属离子总量，两者的差值即为 Cu 消耗 EDTA 的量。

2. 硫脲释放滴定法

于 pH = 5～6 时，加过量 EDTA 与所有离子络合，用 Pb^{2+} 标准溶液滴定过量的 EDTA。加硫脲，抗坏血酸，以及 1,10-二氮杂菲，将 Cu^{2+} 置换并掩蔽，释放出与 Cu^{2+} 等物质的量的 EDTA，再用 Pb^{2+} 标准滴定溶液滴定，求出铜含量。

3. 硫脲掩蔽氧化解蔽直接滴定法

先加入硫脲掩蔽试样溶液中的 Cu^{2+}，再加入过量的 EDTA 络合全部其他金属离子，于 pH = 5～6，用 Zn^{2+} 标准溶液滴定过量的 EDTA。加 H_2O_2 氧化破坏硫脲与 Cu^{2+} 生成的络合物，使 Cu 解蔽。用 EDTA 标准滴定溶液直接滴定释放出的 Cu^{2+}，求出铜含量。

四、双环己酮草酰二腙（BCO）光度法

（一）方法原理

试样用酸溶解，用柠檬酸掩蔽干扰元素，在 pH = 9.0～9.5 氨性介质中，Cu 与双环己酮草酰二腙生成蓝绿色络合物，进行光度法测定。

（二）推荐标准

GB/T 7731.3—2008《钨铁　铜含量的测定　双环己酮草酰二腙光度法和火焰原子吸收光谱法》，方法一：双环己酮草酰二腙光度法，测定范围：0.030%～0.25%。

GB/T 20975.3—2008《铝及铝合金化学分析方法 第 3 部分：铜含量的测定》，方法四：草酰二酰肼分光光度法，测定范围：0.002%～0.8%。

YS/T 536.1—2009《铋化学分析方法　铜量的测定　双乙醛草酰二腙分光光度法》，测定范围：0.0002%～0.004%。

（三）测定步骤

溶样→加柠檬酸（酒石酸）掩蔽→调整酸度→显色→测定。

1. 溶样

由于 Cl^-、NO_3^-、PO_4^{3-}、SO_4^{2-}、ClO_4^- 都不干扰测定，故可以根据试样的溶解性质灵活选择溶样酸。

普通钢：加 HNO_3 溶样。

含钨钢：加硫磷混酸溶样。

含铬钢：加 $HCl+HNO_3$ 溶样，加 $HClO_4$ 冒烟将 Cr^{3+} 氧化为 $Cr(Ⅵ)$，滴加 HCl 将 Cr 生成氯化铬酰除去。

钨铁：加 HNO_3+HF 溶样，加 $HClO_4$ 冒烟。将钨酸过滤分离。

铝合金：加 $HCl+H_2O_2$ 溶样。

2. 加柠檬酸掩蔽

掩蔽大量 Fe^{3+}、Al^{3+} 及其他离子。暂时掩蔽 Cu，使其在 pH = 9.0～9.5 时不产生氢氧化物沉淀。

3. 调整酸度

BCO 在水溶液中有互变异构作用。

Cu^{2+} 只与 BCO 的烯醇式 I 反应生成蓝色络合物。而在 pH = 7～10 的条件下，BCO 主要以烯醇式 I 形式存在，因此适宜酸度为 pH = 7～10。

试验表明：在大量柠檬酸铁的存在下，用 $NH_3·H_2O$ 调整 pH = 9.0～9.5，再加缓冲溶液，BCO 与 Cu^{2+} 的络合物吸光度最高，而且稳定。$\lambda_{max} = 600nm$，$\varepsilon = 1.6×10^4 L/(mol·cm)$。

当 pH<6.5 时，不生成络合物；当 pH>10 时，络合物的蓝色迅速消褪。

4. 显色

1）BCO 的用量一般应为铜含量的 8 倍以上，多加无影响。

2）显色速度：室温下 5min 显色完全。

3）大量柠檬酸的存在使显色速度减慢。

4）络合物可稳定 1h 左右。

稳定性与温度及铜含量有关：温度升高，铜含量升高，稳定性降低；温度降低，显色速度减慢，稳定性增强。

显色温度以 10℃～25℃ 为宜。超过 30℃ 很快褪色。因此，加入 $NH_3·H_2O$ 调整酸度后，应冷却后再加 BCO。温度较高时，要尽快进行吸光度测量。

5. 测定

吸收波长为 $\lambda_{max} = 595nm～600nm$，以不加 BCO 的试样溶液作参比溶液，可抵消有色离子的影响。

（四） 干扰及其消除

1. Fe^{3+}

（1） Fe^{3+} 的干扰　Fe^{3+} 在碱性介质中生成 $Fe(OH)_3$ 沉淀，干扰测定。

（2） 消除方法　加入柠檬酸后，生成浅黄色络合物，不干扰测定。

2. Cr^{3+}

（1） Cr^{3+} 的干扰　Cr^{3+} 与 BCO 在碱性介质中生成沉淀。加入柠檬酸，生成浅绿色的胶体溶液，干扰铜含量的测定。

（2） 消除方法　溶样时加 $HClO_4$ 冒烟，将 Cr^{3+} 氧化为 $Cr(Ⅵ)$，$Cr(Ⅵ)$ 不干扰测定。

3. Ni^{2+}

（1） Ni^{2+} 的干扰　试样含 Ni^{2+}，消耗 BCO，使吸光度降低，而且色泽不稳定，铜含量的测量结果将偏低。

（2） 消除方法　可增加 BCO 用量，以消除 Ni^{2+} 的干扰。Ni 的质量分数为 20% 时，BCO 用量需增加一倍。

4. Co^{2+}

（1） Co^{2+} 的干扰　显色液中，Co^{2+} 的含量小于 0.1mg 时不干扰，大于 0.1mg 时干扰。

（2） 消除方法　可采用萃取光度法。

五、铜试剂（又名二乙氨基二硫代甲酸钠，简称 DDTC）光度法

（一） 方法原理

在氨性溶液中，当有保护胶体（阿拉伯树胶等）存在时，Cu 与铜试剂生成难溶的棕黄色胶体溶液，进行光度法测定。

或将难溶于水的铜-DDTC 络合物用有机溶剂萃取后，进行光度法测定。

（二） 推荐标准

GB/T 4701.3—2009《钛铁　铜含量的测定　铜试剂光度法和火焰原子吸收光谱法》，方法一：铜试剂光度法，测定范围：0.10%～1.00%。

GB/T 12689.4—2004《锌及锌合金化学分析方法　铜量的测定　二乙基二硫代氨基甲酸铅分光光度法、火焰原子吸收光谱法和电解法》，方法一：二乙基二硫代氨基甲酸铅分光光度法，测定范围：0.00010%～0.010%。

YS/T 74.5—2010《镉化学分析方法　第 5 部分：铜量的测定　二乙基二硫代氨基甲酸铅分光光度法》，测定范围：0.00005%～0.025%。

YS/T 569.1—2015《铊化学分析方法　第 1 部分：铜量的测定　铜试剂三氯甲烷萃取分光光度法》，测定范围：0.0005%～0.015%。

六、新亚铜灵光度法

（一） 方法原理

新亚铜灵：又名新铜试剂，2,9-二甲基-1,10-二氮杂菲。

在柠檬酸存在的情况下，用盐酸羟胺将 Cu^{2+} 还原为 Cu^+，在 pH＝5～6 时，新亚铜灵与铜生成黄色络合物。测量其吸光度，也可用有机溶剂萃取。

（二）推荐标准

GB/T 223.19—1989《钢铁及合金化学分析方法　新亚铜灵-三氯甲烷萃取光度法测定铜量》，测定范围：0.010%～1.00%。

GB/T 6609.9—2004《氧化铝化学分析方法和物理性能测定方法　新亚铜灵光度法测定氧化铜含量》，测定范围：0.0001%～0.0140%。

YB/T 5045—2012《氧化钼　铜含量的测定　新铜试剂分光光度法》，测定范围：0.050%～2.50%。

GB/T 13748.12—2013《镁及镁合金化学分析方法　第12部分：铜含量的测定》，方法一：低含量铜的测定　新亚铜灵分光光度法，测定范围：0.00030%～0.200%；方法二：高含量铜的测定　新亚铜灵分光光度法，测定范围：2.00%～4.00%。

GB/T 13747.6—2019《锆及锆合金化学分析方法　第6部分：铜量的测定　2,9-二甲基-1,10-二氮杂菲分光光度法》，测定范围：0.0010%～0.025%。

YS/T 539.8—2009《镍基合金粉化学分析方法　第8部分：铜量的测定　新亚铜灵-三氯甲烷萃取分光光度法》，测定范围：0.01%～1%。

第八节　钼含量的测定

钼含量的测定方法主要有重量法和光度法。

一、α-安息香肟重量法

（一）方法原理

在含 Mo 的酸性溶液中加入 α-安息香肟乙醇溶液，生成白色 $Mo(C_{14}H_{11}O_2N)_3$ 沉淀，将沉淀过滤、洗涤，于 500℃～525℃灼烧成 MoO_3，称量。

将不纯的 MoO_3 用碱溶解，再次灼烧至恒重，两次称量之差即为 MoO_3 的质量。

超过 600℃时，MoO_3 容易挥发，在 500℃～525℃灼烧，能保证使沉淀全部转化为 MoO_3。

α-安息香肟法对 Mo 有较高的选择性，干扰离子较少。

（二）推荐标准

GB/T 223.28—1989《钢铁及合金化学分析方法　α-安息香肟重量法测定钼量》，测定范围：1.00%～9.00%。

二、8-羟基喹啉重量法

（一）方法原理

试样用酸溶解，加入 NaOH 使 Fe^{3+} 等金属离子生成氢氧化物沉淀，予以分离，用 EDTA 和草酸铵掩蔽其他干扰元素，在 pH≈4 时，加入 8-羟基喹啉，与 Mo 形成 $MoO_2(C_9H_6ON)_2$ 沉淀，于 125℃烘干，称量。

该方法的选择性较高，主要干扰元素为 WO_4^{2-}、VO_3^{2-}、Ti(IV)。

（二）推荐标准

GB/T 5059.1—2014《钼铁　钼含量的测定　钼酸铅重量法、偏钒酸铵滴定法和8-羟基

喹啉重量法》，测定范围：50.00%～75.00%。

三、钼酸铅重量法

（一）方法原理

Pb 与 MoO_4^{2-} 在乙酸-乙酸铵介质中形成 $PbMoO_4$ 沉淀，用 EDTA 掩蔽干扰元素，沉淀经过滤、洗涤，于 550℃ 灼烧，以 $PbMoO_4$ 的形式称量。

本法的优点是操作简单、快速、换算系数小、有较高的灵敏度。缺点是干扰元素较多，用于复杂样品分析时，须进行烦琐的分离。

本法可用于组分较简单的样品的分析，如 MoO_3、钼铁等。

（二）推荐标准

YB/T 5039—2012《氧化钼　钼含量的测定　钼酸铅重量法》，测定范围：38.00%～65.00%。

四、硫氰酸盐直接光度法

（一）方法原理

在 H_2SO_4 介质中，在硫氰酸盐存在下，适当的还原剂可将 Mo（Ⅵ）还原为 Mo（Ⅴ），Mo（Ⅴ）与硫氰酸盐形成橙红色络合物，进行光度测定。

（二）推荐标准

GB/T 223.26—2008《钢铁及合金　钼含量的测定　硫氰酸盐分光光度法》，方法一：硫氰酸盐直接光度法，测定范围：0.10%～2.00%

GB/T 4698.5—2017《海绵钛、钛及钛合金化学分析方法　第5部分：钼量的测定　硫氰酸盐分光光度法和电感耦合等离子体原子发射光谱法》，方法一：硫氰酸盐分光光度法，测定范围：0.10%～16.00%。

GB/T 4324.28—2012《钨化学分析方法　第28部分：钼量的测定　硫氰酸盐分光光度法》，测定范围：0.0015%～0.35%。

YS/T 539.10—2009《镍基合金粉化学分析方法　第10部分：钼量的测定　硫氰酸盐分光光度法》，测定范围：0.5%～5%。

（三）测定步骤

溶样→控制酸度→加入 SCN⁻→还原→测定。

1. 溶样

普通钢：加硫磷混酸溶样，滴加 HNO_3 破坏碳化物，冒烟。

高合金钢、镍基合金：加 HCl+HNO_3 溶样，加硫磷混酸冒烟。

钼铁：加 HNO_3 溶样，加硫磷混酸冒烟。

以上只有冒烟时才能分解 MoC、Mo_2C 等碳化物。

钛合金：加 H_2SO_4 溶样。

2. 控制酸度

硫酸酸度 $c(H^+)$ = 1.0mol/L～1.5mol/L

3. 加入 SCN⁻（NH_4SCN、KSCN、NaSCN）

SCN⁻ 与 Mo（Ⅴ）生成橙红色络合物。SCN⁻ 应为钼含量的 100 倍～1000 倍；50mL 显色液中，加入 0.6g～1g 较合适。

4. 还原

（1）$SnCl_2$

1）还原 Mo（Ⅵ）和 Fe^{3+} 的速度快。

2）还原能力太强，可将部分 Mo（Ⅵ）还原为不能参加反应的 Mo(Ⅲ)，加入 $HClO_4$ 作抑制剂后情况大有改善。

3）将 Fe^{3+} 还原为 Fe^{2+}，消除了 Fe 的干扰。

4）一般要求显色液中含有 20mg～50mg 的 Fe；不含 Fe 或含 Fe 少时，Mo 的色泽降低，稳定性差。

（2）抗坏血酸

1）加入量为 0.5g～1g。

2）还原能力较弱，只能将 Mo(Ⅵ) 还原为 Mo(Ⅴ)，色泽稳定。

3）室温下显色完全需要 2h，有 Fe^{3+}、Cu^{2+} 存在，可加快反应速度，3min～15min 显色完全。

4）试剂加入顺序不能倒置。若先加抗坏血酸，再加硫氰酸盐，会有蓝色产生。

5）一般在 15℃～32℃ 较稳定。温度降低，反应减慢，结果偏高；温度升高，反应加快，稳定性降低。

6）一般要求显色液中含有 20mg～50mg 的 Fe，否则色泽不稳定。

（3）硫脲　在 Cu^{2+} 的存在下，可将 Mo(Ⅵ) 还原为 Mo(Ⅴ)，色泽稳定，但需放置 30min 以上。

5. 测定

吸收波长：470nm。参比溶液：不加硫氰酸盐。其他同显色液操作。

（四）干扰及消除

1. Fe

（1）Fe 的干扰　Fe 的影响试验见表 3-20。

表 3-20　Fe 的影响试验（显色溶液中含 Mo 0.1mg）

显色液中的铁含量/mg	0	5	10	15	20	30	40	50
A	0.18	0.51	0.52	0.52	0.53	0.53	0.54	0.54

铁含量为 20mg～50mg 时，结果一致。若显色液中不含 Fe，则显色不完全。

（2）消除方法　铁含量不足时，需补加铁标准溶液。

2. Cr

（1）Cr 的干扰　Cr^{3+} 无影响。显色液中 Cr(Ⅵ) 的含量小于 1mg 时无影响；大于 1mg 时结果偏高。

（2）消除方法　冒烟时滴加 HCl 挥 Cr 除去。

3. W

（1）W 的干扰　显色液中 W 的含量小于 2mg 时无影响，大于 2mg 时有干扰。

（2）消除方法　加 H_3PO_4 络合。

4. V

（1）V 的干扰　V 与硫氰酸盐生成黄色络合物，使结果偏高。显色液中 V 的含量小于

0.16mg 时无影响。

（2）消除方法　钒含量高时可按质量分数每1%的 V 相当于 0.007%的 Mo 予以校正。

5. Co

（1）Co 的干扰　显色液中 Co 的含量小于 0.3mg 时无影响，Co 的含量大于 0.3mg 时结果偏高。

（2）消除方法　当钴含量高时，可在制作工作曲线时加入与试样相似量的 Co 以补偿法校准。

6. Nb

（1）Nb 的干扰　显色液中 Nb 的含量小于 0.3mg 时无影响；Nb 的含量大于 0.3mg 时吸光度降低，使结果偏低。

（2）消除方法　试样在刚发烟时再滴加 HNO_3。

7. Cu

（1）Cu 的干扰　显色液中 Cu 的含量小于 0.16mg 时不干扰，铜含量高时，会产生 CuS-CN 白色沉淀。

（2）消除方法　可加硫脲掩蔽。

五、硫氰酸盐萃取光度法

（一）原理

试样用酸溶解，在 H_2SO_4 介质中，硫氰酸盐存在的情况下，加入 $SnCl_2$ 将 Mo（Ⅵ）还原为 Mo（Ⅴ），并将 Fe^{3+} 还原为 Fe^{2+}，Mo（Ⅴ）与硫氰酸盐形成橙红色络合物，加入乙酸丁酯萃取络合物萃入有机相，再次加入 $SnCl_2$ 将被乙酸丁酯萃入有机相中的少量 Fe^{3+} 还原，以消除 Fe^{3+} 的干扰。测量有机相的吸光度。

（二）推荐标准

GB/T 223.26—2008《钢铁及合金　钼含量的测定　硫氰酸盐分光光度法》，方法二：硫氰酸盐-乙酸丁酯萃取分光光度法，测定范围：0.0025%~0.20%。

GB/T 13747.11—2017《锆及锆合金化学分析方法　第 11 部分：钼量的测定　硫氰酸盐分光光度法》，测定范围：0.0025%~0.025%。

第九节　钛含量的测定

重量法测定钛含量并不常用，主要的测定方法是滴定法和光度法。

一、铜铁试剂沉淀重量法

在 H_2SO_4 介质中，用铜铁试剂沉淀 Ti，与大部分干扰元素分离。将沉淀连同滤纸，加 HNO_3、$HClO_4$ 消化，在 EDTA 存在下，用 $NH_3 \cdot H_2O$ 定量沉淀 Ti（Ⅳ），并经过滤、洗涤、灼烧成 TiO_2 后称量。

二、硫酸铁铵滴定法

（一）方法原理

试样溶解于酸中，在 CO_2 或 N_2 气氛中，用金属 Al 将 Ti 还原为 Ti（Ⅲ）。以硫氰酸盐作指示剂，用硫酸铁铵标准滴定溶液滴定，根据硫酸铁铵标准滴定溶液的消耗量计算得出试样中的钛含量。

（二）推荐标准

GB/T 4701.1—2009《钛铁　钛含量的测定　硫酸铁铵滴定法》，测定范围：20.00%～80.00%。

三、二安替比林甲烷光度法

本方法的优点：灵敏度高［$\varepsilon = 1.4 \times 10^4 \text{L}/(\text{mol} \cdot \text{cm})$］，生成的络合物非常稳定，在抗坏血酸存在时，选择性很好。

（一）方法原理

试样用酸溶解后，在 1.2mol/L～3.6mol/L HCl 介质中，用抗坏血酸将 Fe^{3+} 还原为 Fe^{2+} 消除其干扰，Ti 与二安替比林甲烷生成黄色络合物，测量其吸光度。

（二）推荐标准

GB/T 223.17—1989《钢铁及合金化学分析方法　二安替比林甲烷光度法测定钛量》，测定范围：0.010%～2.400%。

GB/T 4324.19—2012《钨化学分析方法　第 19 部分：钛量的测定　二安替比林甲烷分光光度法》，测定范围：0.0005%～0.012%。

GB/T 4325.17—2013《钼化学分析方法　第 17 部分：钛量的测定　二安替比林甲烷分光光度法和电感耦合等离子体原子发射光谱法》，方法一：二安替比林甲烷分光光度法，测定范围：0.0005%～0.012%。

GB/T 13747.19—2017《锆及锆合金化学分析方法　第 19 部分：钛量的测定　二安替比林甲烷分光光度法和电感耦合等离子体原子发射光谱法》，方法一：二安替比林甲烷分光光度法，测定范围：0.0020%～0.025%。

GB/T 20975.12—2020《铝及铝合金化学分析方法　第 12 部分：钛含量的测定》，方法一：二安替比林甲烷分光光度法，测定范围：0.0010%～0.50%。

YS/T 568.6—2008《氧化锆、氧化铪化学分析方法　钛量的测定　二安替比林甲烷分光光度法》，测定范围：0.005%～2.5%。

（三）测定步骤

溶样→显色→测定。

1. 溶样

普通钢：加 H_2SO_4（1+4）溶样，滴加 HNO_3 破坏碳化物，冒烟。

高合金钢：加 HCl+HNO_3 溶样，加 H_2SO_4，冒烟。

高钨钢：加硫磷混酸溶样，冒烟。

铝合金：加 HCl+H_2O_2 溶样。

金属锆、氧化锆（铪）、金属钼：加 H_2SO_4+$(NH_4)_2SO_4$ 溶样。

金属钨：加 NaOH 溶样。

硅铁、稀土硅铁、稀土硅镁合金：加 HF+HNO_3 溶样，加 H_2SO_4 冒烟。

备注：不能用 $HClO_4$，因为 $HClO_4$ 与二安替比林甲烷生成白色沉淀。

2. 显色

（1）显色剂　二安替比林甲烷是极弱的碱，微溶于水，易溶于稀酸及三氯甲烷、乙醇等有机溶剂中。二安替比林甲烷在稀酸溶液中缓慢变质，溶液逐渐变黄，直接暴露于日光下会显著加快变质速度，温度低则更易析出。与 Ti 生成的络合物，$\varepsilon_{390} = 1.5 \times 10^4$ L/(mol·cm)。

（2）酸度　适宜的酸度为 0.5mol/L～4.0mol/L，酸度小，Ti 易水解；酸度太高，吸光度降低。

（3）显色剂用量　显色剂必须过量，反应速度才能足够快，显色才能完全。在显色溶液总体积中，浓度必须 $\geqslant 2 \times 10^{-4}$ mol/L，一般显色溶液体积为 50mL，加入 50g/L 二安替比林甲烷试剂 10mL。

（4）加入抗坏血酸和 HCl 后要放置 5min，抗坏血酸才能完全还原 Fe、V、Mo，才能分解抗坏血酸与 Ti 形成的络合物，否则 Ti 的有效浓度会降低。

（5）显色速度及络合物稳定性　室温 10℃～30℃ 时，10min 显色完全；温度 >30℃ 时，2min 显色完全。有 H_3PO_4 存在时，需放置 40min 才能显色完全。络合物可稳定 9 h 以上。

3. 测定

吸收波长为 $\lambda_{max} = 390$nm。以不加显色剂的试样溶液作参比溶液，可抵消有色离子的干扰。

（四）干扰及其消除

1. Fe^{3+}

（1）Fe^{3+} 的干扰　在 pH = 2.0～2.5 时，与试剂生成红色络合物。

（2）消除方法　提高溶液的酸度，加入抗坏血酸将 Fe^{3+} 还原为 Fe^{2+} 予以消除。

2. V^{5+}

（1）V^{5+} 的干扰　与试剂发生显色反应。钒含量小于 2mg 时不干扰测定。

（2）消除方法　钒含量大于 2mg 时，加入抗坏血酸，V^{5+} 还原为 V^{4+} 后不干扰测定。

3. Mo^{6+}

（1）Mo^{6+} 的干扰　钼含量小于 1.5mg 时不干扰测定，钼含量高时与试剂生成不溶于酸的白色沉淀。

（2）消除方法　加入抗坏血酸，Mo^{6+} 还原为 Mo^{5+} 后不干扰测定。

4. W^{6+}

（1）W^{6+} 的干扰　大于 2mg 的 W 与试剂生成白色沉淀。

（2）消除方法

1）加入 H_3PO_4 络合。

2）加 H_2SO_4 冒烟后，析出 H_2WO_4 沉淀，过滤除去。

5. Si

（1）Si 的干扰　当 Si 的质量分数大于 5% 时，由于大量硅酸盐的存在，会使试剂析出，溶液呈现浑浊。

（2）消除方法　加入乙醇可避免浑浊产生。

6. Nb、Ta

（1）Nb、Ta 的干扰　极易水解。

（2）消除方法 可加入草酸铵络合 Nb（Ta），以消除干扰。

四、变色酸光度法

（一）方法原理

试样溶解于酸中，加 H_2SO_4 冒烟，在草酸存在下，变色酸与 Ti 形成红色络合物，于波长为 475nm 处测量其吸光度。

（二）推荐标准

GB/T 3654.8—2008《铌铁 钛含量的测定 变色酸光度法》，测定范围：0.01%~2.50%。

五、过氧化氢光度法'

（一）方法原理

试样用酸溶解，在 H_2SO_4 介质中，Ti 与 H_2O_2 生成黄色络合物 $[\varepsilon_{410} = 7.0 \times 10^2$ $L/(mol \cdot cm)]$，测量吸光度。

（二）推荐标准

GB/T 5121.21—2008《铜及铜合金化学分析方法 第 21 部分：钛含量的测定》，测定范围：0.050%~0.30%。

第十节 铝含量的测定

重量法操作较复杂、费时，实际很少使用。应用广泛的是 EDTA 滴定法和铬天青 S 光度法。

一、8-羟基喹啉重量法

（一）方法原理

试样溶于酸中，在乙酸介质中，用苯甲酸铵沉淀 Al，与基体及干扰元素分离。用 HCl、酒石酸溶解苯甲酸铝沉淀，在乙酸铵缓冲介质中，用 8-羟基喹啉沉淀 Al，将沉淀过滤、洗涤，于 120℃~150℃干燥后，称量。

（二）推荐标准

GB/T 13748.1—2013《镁及镁合金化学分析方法 第 1 部分：铝含量测定》方法三：8-羟基喹啉重量法，测定范围：1.50%~12.00%。

二、EDTA 滴定法

Al^{3+} 与 EDTA 形成中等强度的络合物，稳定常数 $\lg K_{AlY} = 16.10$。由于反应速度比较慢，只有在 90℃以上才能定量络合。酸度也不能太高，使它的应用受到一定限制。现在已较少采用 EDTA 直接滴定或返滴定测定 Al^{3+}，广泛采用的是氟化钠释放法。

（一）方法原理

在微酸性溶液中加入足够过量的 EDTA（使能与 EDTA 络合的元素全部络合），然后加热并调节酸度至 pH=5~6，煮沸使 Al 络合完全，冷却，用二甲酚橙作指示剂，用 Zn^{2+} 标准滴定溶液滴定过量的 EDTA（不计体积），加入 NaF 并煮沸，使与 EDTA 络合的 Al 与 F 络合生成 AlF_6^{3-}，同时释放出等物质的量的 EDTA，再用 Zn^{2+} 标准滴定溶液滴定释放出的 EDTA，从而间接求出铝含量。

（二）推荐标准

GB/T 223.8—2000《钢铁及合金化学分析方法　氟化钠分离-EDTA 滴定法测定铝含量》，测定范围：0.50%~10.00%。

GB/T 3653.4—2008《硼铁　铝含量的测定　EDTA 滴定法》，测定范围：1.00%~8.00%。

GB/T 3654.10—1983《铌铁化学分析方法　EDTA 容量法测定铝量》，测定范围：1.50%~8.00%。

GB/T 4333.4—2007《硅铁　铝含量的测定　铬天青 S 分光光度法、EDTA 滴定法和火焰原子吸收光谱法》，方法二：EDTA 滴定法，测定范围：0.60%~5.00%。

GB/T 4702.5—2008《金属铬 铝含量的测定　乙二胺四乙酸二钠滴定法和火焰原子吸收光谱法》，方法一：乙二胺四乙酸二钠滴定法，测定范围：0.10%~1.00%。

GB/T 8704.8—2009《钒铁　铝含量的测定　铬天青 S 分光光度法和 EDTA 滴定法》，方法二：EDTA 滴定法，测定范围：0.50%~3.50%。

YB/T 109.3—2012《硅钡合金　铝含量的测定　EDTA 滴定法》，测定范围：0.50%~5.00%。

GB/T 4698.8—2017《海绵钛、钛及钛合金化学分析方法　第 8 部分：铝量的测定　碱分离-EDTA 络合滴定法和电感耦合等离子体原子发射光谱法》，方法一：EDTA 滴定法，测定范围：0.80%~8.50%。

GB/T 5121.13—2008《铜及铜合金化学分析方法　第 13 部分：铝含量的测定》，方法二：苯甲酸铵分离-Na₂EDTA 络合滴定法，测定范围：0.50%~12.00%；方法三：铜铁试剂分离- Na₂EDTA 络合滴定法，测定范围：0.50%~12.00%。

YB/T 5314—2016《硅钙合金　铝含量的测定　EDTA 滴定法》，测定范围：0.50%~3.00%。

（三）测定步骤

溶样→分离→滴定。

1. 溶样

钢：加 HCl+HNO₃ 溶样，加 H₂SO₄ 冒烟。

硅铁、硅钙、硅钡、硼铁：加 HF+HNO₃ 溶样，加 HClO₄ 冒烟。

铌铁：加 Na₂O₂+NaOH 熔融。

金属钛及钛合金：加 H₂SO₄ 溶样。

铜合金：加 HNO₃ 溶样。

如需测定全铝含量，则将酸溶解后的溶液过滤，残渣加焦硫酸钾（K₂S₂O₇）或 NaHSO₄ 熔融，与主液合并测定。

2. 分离

（1）硅铁、钒铁、钛合金　加强碱（NaOH）分离，Fe、Ti 等被沉淀与 Al 分离。

（2）钢铁　加 NaF 沉淀 Al，与 Fe 等元素分离。

（3）硼铁、硅铁　加甲基异丁基酮萃取分离 Fe 等元素。

（4）铌铁、铜合金　加苯甲酸铵（或铜铁试剂）沉淀 Al 与基体分离。

3．滴定

1）微酸性溶液中，先加过量的 EDTA，络合全部金属离子。

2）因为 EDTA 与 Al 络合速度太慢，所以要加热煮沸溶液。

3）为避免 Al^{3+} 水解，必须先加 EDTA 再调节酸度至 pH＝5～6，加入缓冲溶液（乙酸-乙酸铵），再次加热，煮沸，使 Al 络合完全。

4）冷却至室温，用二甲酚橙作指示剂，用 Zn^{2+} 标准滴定溶液滴定过量的 EDTA（不计体积）。

5）加入 NaF，煮沸，释放出等物质的量的 EDTA。

$$AlY^- + 6F^- \rightarrow AlF_6^{3-} + Y^{4-}$$

6）用 Zn^{2+} 标准滴定溶液滴定释放出的 EDTA 至溶液变红色为终点；也可在 pH＝3～5 时，用 PAN 作指示剂，用 Cu^{2+} 标准滴定溶液在热溶液中滴定。

（四）干扰

Ti、Sn、Re、Th、Zr、Hf 等元素与 F^- 形成络合物干扰测定，需预先分离。

三、铬天青 S 光度法

（一）方法原理

试样溶解于酸中，经 $HClO_4$ 冒烟，用 EDTA-Zn 掩蔽 Fe、Ni 等元素，用甘露醇掩蔽 Ti 的干扰。在 pH＝5.3～5.9 的弱酸性介质中，Al 与铬天青 S（简称 CAS）生成紫红色络合物，进行光度法测定。

（二）推荐标准

GB/T 223.9—2008《钢铁及合金　铝含量的测定　铬天青 S 分光光度法》，方法一：铬天青 S 直接光度法，测定范围：0.050%～1.00%；方法二：铜铁试剂分离-铬天青 S 分光光度法，测定范围：0.015%～0.50%。

GB/T 4333.4—2007《硅铁　铝含量的测定　铬天青 S 分光光度法、EDTA 滴定法和火焰原子吸收光谱法》，方法一：铬天青 S 分光光度法，测定范围：0.10%～0.60%。

GB/T 8704.8—2009《钒铁　铝含量的测定　铬天青 S 分光光度法和 EDTA 滴定法》，方法一：铬天青 S 分光光度法，测定范围：0.10%～0.80%。

GB/T 13748.1—2013《镁及镁合金化学分析方法　第 1 部分：铝含量测定》，方法二：铬天青 S-氯化十四烷基吡啶分光光度法，测定范围：0.0030%～0.300%。

GB/T 4103.13—2012《铅及铅合金化学分析方法　第 13 部分：铝量的测定》，铬天青 S 分光光度法，测定范围：0.0050%～0.100%。

GB/T 5121.13—2008《铜及铜合金化学分析方法　第 13 部分：铝含量的测定》，方法一：铬天青 S 分光光度法，测定范围：0.0010%～0.50%。

GB/T 12689.1—2010《锌及锌合金化学分析方法　第 1 部分：铝量的测定　铬天青 S-聚乙二醇辛基苯基醚-溴化十六烷基吡啶分光光度法、CAS 分光光度法和 EDTA 滴定法》，方法一：铬天青 S-聚乙二醇辛基苯基醚-溴化十六烷基吡啶分光光度法，测定范围：0.0003% ~ 0.010%；方法二：CAS 分光光度法，测定范围：0.010% ~ 0.500%。

GB/T 4325.11—2013《钼化学分析方法　第 11 部分：铝量的测定　铬天青 S 分光光度法和电感耦合等离子体原子发射光谱法》，方法一：铬天青 S 分光光度法，测定范围：0.0005% ~ 0.025%。

GB/T 13747.5—2019《锆及锆合金化学分析方法　第 5 部分：铝量的测定　铬天青 S-氯化十四烷基吡啶分光光度法》，测定范围：0.0025% ~ 0.10%。

YS/T 539.2—2009《镍基合金粉化学分析方法　第 2 部分：铝量的测定　铬天青 S 分光光度法》，测定范围：0.05% ~ 1%。

YS/T 569.7—2015《铊化学分析方法　第 7 部分：铝量的测定　铬天青 S 分光光度法》，测定范围：0.0005% ~ 0.0030%。

YS/T 574.6—2009《电真空用锆粉化学分析方法　铬天青分光光度法测定铝量》，测定范围：0.005% ~ 0.10%。

（三）测定步骤

溶样→显色→测定。

1. 溶样

钢：加 HCl+HNO$_3$ 溶样，加 HClO$_4$ 冒烟（赶去 HCl 和 HNO$_3$，控制酸度一致，将 Cr^{3+} 氧化为 Cr$_2$O$_7^{2-}$，加 HCl 使 Cr$_2$O$_7^{2-}$ 还原成氯化铬酰挥去或加 Pb^{2+} 使 Cr$_2$O$_7^{2-}$ 生成 PbCrO$_4$ 沉淀除去）。

硅铁、硅钙、稀土硅镁：加 HNO$_3$+HF 溶样，加 HClO$_4$ 冒烟。

锆：加 H$_2$SO$_4$+（NH$_4$）$_2$SO$_4$ 溶样。

钨、钼：加 NaOH+H$_2$O$_2$ 溶样。

铊：加 HCl+HNO$_3$ 溶样。

2. 显色

（1）预分离干扰元素

1）采用甲基异丁基酮萃取分离 Fe（硅铁、硼铁等）。

2）采用强碱分离钛铁等。

3）采用铜铁试剂沉淀分离钢、硅铁、钒铁等。

4）采用乙酸乙酯萃取 Al 与钽试剂的络合物，采用稀盐酸反萃取 Al（W、Mo 等）。

（2）Fe^{3+} 干扰的消除　Fe^{3+} 与铬天青 S 生成紫色络合物，严重干扰测定。掩蔽方法如下：

1）加抗坏血酸将 Fe^{3+} 还原为 Fe^{2+}，但抗坏血酸的加入使吸光度降低、稳定性降低。

2）EDTA-Zn 掩蔽，由于 Zn 不干扰 Al 的测定，Fe^{3+} 等离子可以从 EDTA-Zn 中夺取 EDTA，释放出 Zn^{2+}，Fe^{3+} 被掩蔽。

部分金属离子与 EDTA 的稳定常数 lgK_{MY}：Al^{3+} 的为 16.13、Zn^{2+} 的为 16.5、Fe^{3+} 的为 25.1、Cu^{2+} 的为 18.8、Ni^{2+} 的为 18.62、Ti^{3+} 的为 21.3。

EDTA-Zn（0.2mol/L）的加入量与称样量、分取量相对应。不可过量太多，否则 Al^{3+} 将从 EDTA-Zn 中夺取 EDTA（称样 0.2g，最后定容 100mL，分取 5mL，加 EDTA-Zn 5mL）。

（3）显色酸度

1）最佳酸度：pH = 5.6 ~ 5.8。

2）当 pH 值高时，Al^{3+} 逐渐水解为 $AlOH^{2+}$、$Al(OH)_2^+$、$Al(OH)_3$、AlO_2^-，影响 Al^{3+} 与铬天青 S 生成络合物。

试验证明：在未加显色剂前，pH ≈ 3，这时 Al 主要以 Al^{3+} 存在，此时加入铬天青 S 最合适。然后再加缓冲液将 pH 值调整至 5.6 ~ 5.8，否则结果偏低。所以铬天青 S 与六次甲基四胺的加入顺序不可颠倒。

（4）缓冲溶液的选择　六次甲基四胺的效果好。乙酸-乙酸钠因乙酸根与 Al^{3+} 络合，使吸光度降低。

（5）铬天青 S 的用量（1g/L）　加入 1mL ~ 4mL 铬天青 S，为保证吸光度在线性范围内，加入量选用 2mL；因铬天青 S 溶液本身有颜色，故要准确加入。

3. 测定

（1）参比溶液　先加 5g/L 的 NH_4F 10 滴，后加显色剂。因铬天青 S 是弱酸，颜色随酸度变化，故参比溶液与显色溶液应一一对应（一对一空白），方可抵消铬天青 S 的颜色和有色离子的干扰。（如果显色后再加 NH_4F，颜色褪去不完全。）

（2）波长的选择　最大吸收波长 $\lambda_{max} = 545nm$ 时，工作曲线不通过零点；$\lambda_{max} = 567.5nm$ 时，工作曲线过零点，但吸光度略有降低（两吸收峰的等吸收点）。原因是：

pH ≈ 3 时，Al^{3+} 过量，形成 1:1 络合物，$\lambda_{max} = 575nm$，$\varepsilon = 5 \times 10^4 L/(mol \cdot cm)$。

pH = 5 ~ 6，CAS < $10^{-4}mol/L$ 时，形成 1:2 络合物，$\lambda_{max} = 545nm$，$\varepsilon = 6.08 \times 10^4 L/(mol \cdot cm)$。

pH = 5 ~ 6，CAS > $10^{-3}mol/L$ 时，形成 1:3 络合物，$\lambda_{max} = 585nm$，$\varepsilon = 5.1 \times 10^4 L/(mol \cdot cm)$。

本方法选用的铬天青 S 用量介于 $10^{-4}mol/L \sim 10^{-3}mol/L$ 之间。生成 1:2 和 1:3 两种络合物，故不通过零点。

如果加大铬天青 S 用量，使之大于 $10^{-3}mol/L$，就可全部生成 1:3 的络合物，使试剂空白过高。

（3）显色速度及稳定性　室温下，10min 可显色完全，并稳定 9 h 以上。

（四）干扰及其消除

1. Fe^{3+}

（1）Fe^{3+} 的干扰　Fe^{3+} 与铬天青 S 生成紫色络合物，严重干扰测定。

（2）消除方法　加 EDTA-Zn 掩蔽。

2. Cu^{2+}

（1）Cu^{2+} 的干扰　与 CAS 生成红色络合物（ε_{max} 在波长为 580nm 处）。

（2）消除方法　加硫脲或 $Na_2S_2O_3$ 消除。

3. Cr^{3+}

（1）Cr^{3+} 的干扰　使结果偏低（对铝含量低的干扰严重，Al 的质量分数大于 0.1% 时，2% 的 Cr 也不干扰）。

（2）消除方法　将 Cr^{3+} 氧化为 $Cr_2O_7^{2-}$，加 HCl 使 $Cr_2O_7^{2-}$ 还原成氯化铬酰挥去或加 Pb^{2+}

使生成 $PbCrO_4$ 沉淀除去。

4. Ti^{4+}

（1）Ti^{4+} 的干扰　与 CAS 生成络合物（$\lambda_{max} = 520nm$）。

（2）消除方法　加甘露醇消除。

5. 样品中 Al 的质量分数小于 0.01% 时

（1）Al 的干扰　因 $HClO_4$ 冒烟时，可使玻璃瓶溶下 0.5μg ~ 2μg Al。

（2）消除方法　用石英三角瓶溶样。

第十一节　钨含量的测定

钨含量高时用辛可宁重量法测定，钨含量低时用硫氰酸盐直接光度法测定。

一、辛可宁重量法

（一）方法原理

试样溶于酸中，经 HNO_3（或 $HClO_4$）氧化，加热蒸发至小体积，W 以钨酸的形态析出。

由于单纯用无机酸不能将 W 沉淀完全，故加入辛可宁使钨酸沉淀完全。钨酸易与 H_3SiO_3、Mo、Cr、V、Ti、Fe 等发生共沉淀，故需对这些元素做适当处理。沉淀经过滤、洗涤、灼烧后，加入 H_2SO_4 和 HF 将 Si 挥发除去。灼烧至恒重后，即为不纯 WO_3 的质量。

采用 Na_2CO_3 熔融处理 WO_3 沉淀，熔融后以水或稀 NaOH 溶液浸取熔块，这时，W、Mo、Cr、V 溶入溶液，而 Fe 和 Ti 成氢氧化物沉淀析出，经灼烧、称重，从不纯 WO_3 中减去。

经上述 Na_2CO_3 熔融处理后的滤液，分别进行 Mo、Cr、V 的光度法测定，从钨含量中予以扣除，即得到纯 WO_3 的质量。

（二）推荐标准

GB/T 223.43—2008《钢铁及合金　钨含量的测定　重量法和分光光度法》，方法一：辛可宁重量法，测定范围：1.00% ~ 22.00%。

GB/T 7731.1—1987《钨铁化学分析方法　辛可宁重量法测定钨量》，测定范围：>65%。

YS/T 539.11—2009《镍基合金粉化学分析方法　第 11 部分：钨量的测定　辛可宁称量法》，测定范围：1% ~ 15%。

二、硫氰酸盐直接光度法

（一）方法原理

试样溶于硫磷混酸中，冒烟分解 W 的碳化物，在 3mol/L ~ 6mol/L 的 HCl 介质中，$SnCl_2$ 和 $TiCl_3$ 共同将 W(Ⅵ) 还原为 W(Ⅴ)，同时将 Fe^{3+} 还原为 Fe^{2+}，Mo(Ⅵ) 还原为 Mo^{3+}，消除其干扰，W(Ⅴ) 与硫氰酸盐形成黄色可溶性络合物，进行光度测定。

（二）推荐标准

GB/T 3654.9—1983《铌铁化学分析方法　硫氰酸盐光度法测定钨量》，测定范围：

$0.10\% \sim 2.00\%$。

GB/T 13747.10—1992《锆及锆合金化学分析方法 硫氰酸盐分光光度法测定钨量》，测定范围：$0.0030\% \sim 0.020\%$。

（三）测定步骤

溶样→显色→测定。

1. 溶样

钢：加硫磷混酸溶样，加 HNO_3 破坏碳化物，冒烟。

锆及锆合金：加 $HNO_3 + HF$ 溶样，加 H_2SO_4 冒烟。

铌铁：加 Na_2O_2 熔融。

2. 显色

（1）反应式为

$$Na_2WO_4 + 6HCl + TiCl_3 + 4KSCN = K[WO(SCN)_4] + 3KCl + 2NaCl + TiCl_4 + 3H_2O$$

（2）络合物的生成 酸性溶液中，W（V）与硫氰酸盐生成黄色络合物；$\lambda_{max} = 400nm$，$\varepsilon_{400} = 1.8 \times 10^4 L/(mol \cdot cm)$。

（3）还原剂 $SnCl_2$ 加热可将 W（Ⅵ）还原为 W（V）；$SnCl_2$、$TiCl_3$ 联合使用，室温下即可将 W（Ⅵ）还原为 W（V），因 Ti^{3+} 呈现紫色，故 $TiCl_3$ 不宜多加。

（4）酸度 适宜的酸度是 $3mol/L \sim 6mol/L$ 的 HCl 介质。

（5）磷酸的作用

1）溶样时避免钨酸析出。

2）使 HCl 适宜的酸度范围变宽。

3）减少和消除少量 Mo 的干扰。

（6）SCN^- 的影响 量少时，因为 W 易被空气氧化为 W（Ⅵ），所以络合物易褪色；量多时，络合物色泽加深。如果是热溶液还原，那么色泽会加深，因此必须冷却后再加 SCN^-。

（7）显色速度及稳定性 放置 $5min \sim 10min$ 显色完全，颜色可稳定 24h。

3. 测定

吸收波长：$\lambda_{max} = 400nm$。参比溶液：不加 SCN^- 及 $TiCl_3$ 的试样溶液。

（四）干扰及消除

1. Fe^{3+}

（1）Fe^{3+} 的干扰 与 SCN^- 生成红色络合物。

（2）消除方法 加入 $SnCl_2$ 使 Fe^{3+} 还原为 Fe^{2+} 得以消除。

2. Mo^{5+}

（1）Mo^{5+} 的干扰 与 SCN^- 生成橙红色络合物。

（2）消除方法 加入 $SnCl_2 + TiCl_3$ 使 Mo^{5+} 还原为 Mo^{3+} 得以消除；$w(Mo):w(W) < 1:6$ 时不干扰，样品中 $w(Mo)$ 大于1%而 $w(W)$ 低时，必须予以扣除。1%的 Mo 相当于0.02%的 W。

3. Nb

（1）Nb 的干扰 与 SCN^- 生成黄色络合物。

（2）消除方法 加入 1 滴～3 滴 HF 予以消除。

4. Cu^+

（1）Cu^+的干扰　$w(Cu)>2\%$时，出现硫氰亚铜沉淀。

（2）消除方法　比色前过滤除去。

5. V^{4+}

（1）V^{4+}的干扰　V^{4+}与SCN^-生成黄色络合物，产生正干扰。

（2）消除方法

1）在绘制工作曲线的标准溶液中加入与试样中同含量的V。

2）校正系数扣除，1%的V相当于0.19%的W。

三、硫氰酸盐-氯化四苯䐭-三氯甲烷萃取光度法

（一）方法原理

试样溶于酸中，在HCl介质中，$W(Ⅵ)$经$SnCl_2$还原为$W(Ⅴ)$后，与硫氰酸盐形成黄色阴离子络合物，该阴离子络合物与氯化四苯䐭形成离子缔合物，用三氯甲烷萃取后进行光度测定。测定下限可达0.001%，并可消除金属离子的干扰。

（二）推荐标准

GB/T 223.43—2008《钢铁及合金　钨含量的测定　重量法和分光光度法》，方法二：氯化四苯䐭-硫氰酸盐-三氯甲烷萃取分光光度法，测定范围：$0.050\% \sim 1.50\%$。

第十二节　铁含量的测定

铁含量高的一般用重铬酸钾滴定法和$EDTA$络合滴定法测定，铁含量低的用邻二氮杂菲、磺基水杨酸、$EDTA-H_2O_2$光度法测定。

一、重铬酸钾滴定法

（一）方法原理

试样溶于酸中，采取措施使Fe与干扰元素分离。在HCl介质中，以Na_2WO_4为指示剂，用$TiCl_3$将Fe^{3+}还原为Fe^{2+}，过量的$TiCl_3$与钨酸根作用生成"钨蓝"，滴加稀重铬酸钾溶液使蓝色刚好消失，表明过量的Ti^{3+}恰好被氧化。在硫磷混酸介质中，以二苯胺磺酸钠为指示剂，用重铬酸钾标准滴定溶液滴定。

（二）推荐标准

GB/T 223.73—2008《钢铁及合金　铁含量的测定　三氯化钛-重铬酸钾滴定法》，测定范围：$0.50\% \sim 8.00\%$。

GB/T 8654.1—2007《金属锰、锰硅合金、锰铁和氮化锰铁　铁含量的测定　邻二氮杂菲分光光度法和三氯化钛-重铬酸钾滴定法》，方法二：三氯化钛-重铬酸钾滴定法，测定范围：$1.00\% \sim 35.00\%$。

GB/T 5121.9—2008《铜及铜合金化学分析方法　第9部分：铁含量的测定》，方法三：重铬酸钾滴定法，测定范围：$>0.50\% \sim 7.00\%$。

YS/T 539.6—2009《镍基合金粉化学分析方法　第6部分：铁量的测定　三氯化钛-重

铬酸钾滴定法》，测定范围：$1\% \sim 20\%$。

（三）测定步骤

溶样→分离→还原→滴定。

1. 溶样

普通钢、铁粉、氧化铁皮：加 HCl 溶样。

合金钢、镍基合金、铁镍合金：加 $HCl + HNO_3$ 溶样，加 H_2SO_4 冒烟。

铜合金、铝合金：加 $HCl + H_2O_2$ 溶样。

硅铁、硅钙、硅镁合金：加 $HNO_3 + HF$ 溶样，加 H_2SO_4 冒烟。

2. 分离

（1）氨水分离　加氨水至 $pH = 10 \sim 11$，Fe 全部生成 $Fe(OH)_3$ 沉淀，Cd、Cu、Ni、Zn、Co、W、Mo 等留在溶液中。

（2）NaOH 分离　强碱介质中，Fe 生成 $Fe(OH)_3$ 沉淀，W、Mo、Al、Cr 等留在溶液中。

（3）萃取分离　甲基异丁基酮萃取 Fe 进入有机相，与其他元素分离，然后返萃取 Fe 进入水相中。

3. 还原

（1）$SnCl_2$ 还原法

1）反应式为

$$2FeCl_3 + SnCl_2 = 2FeCl_2 + SnCl_4$$

2）酸度：$3mol/L \sim 6mol/L$ HCl 介质。

3）温度：常温反应很慢，应加热至 $70^{\circ}C$ 以上。

4）还原完全标志：$FeCl_3$ 黄色消失，过量 1 滴 $SnCl_2[60g/L\ HCl(1+1)$ 溶液]。

5）还原后应迅速冷却，避免 Fe^{2+} 被空气氧化为 Fe^{3+}。

6）过量的 $SnCl_2$ 用 $HgCl_2$ 氧化，生成絮状沉淀

$$SnCl_2 + 2HgCl_2 = SnCl_4 + Hg_2Cl_2$$

由于

$$\varphi^0(Fe^{3+}/Fe^{2+}) = +0.77V$$
$$\varphi^0(Sn^{4+}/Sn^{2+}) = +0.15V$$
$$\varphi^0(HgCl_2/Hg_2Cl_2) = +0.63V$$

故 $HgCl_2$ 只能氧化 Sn^{2+}，不能氧化 Fe^{2+}。

缺点：$HgCl_2$ 有毒，污染环境。

（2）$TiCl_3$ 还原法

1）还原完全的标志：Na_2WO_4 作指示剂（250g/L，15 滴），加 $TiCl_3$（10g/L）稍过量，将 Na_2WO_4 还原为"钨蓝"。

2）过量的 $TiCl_3$，滴加稀 $K_2Cr_2O_7$ 至蓝色消失（不计体积）。

4. 滴定

（1）反应式为

$$6FeCl_2 + K_2Cr_2O_7 + 14HCl = 6FeCl_3 + 2CrCl_3 + 2KCl + 7H_2O$$

（2）指示剂　二苯胺磺酸钠：氧化型（紫红色），还原型（无色）。二苯胺磺酸钠指示终点的原理：$K_2Cr_2O_7$ 滴定 Fe^{2+} 的突跃范围为 $0.94V \sim 1.31V$，二苯胺磺酸钠变色电位为 $0.83V$，终点提前到达，加入 H_3PO_4，使 Fe^{3+} 生成络合物 $[Fe(PO_4)_2]^{3-}$，降低了 Fe^{3+} 的浓度，使滴定突跃范围变为 $0.71V \sim 1.31V$，于是，二苯胺磺酸钠就可以准确指示终点。

（3）酸度　$1mol/L \sim 4mol/L[H^+]$，加硫磷混酸（$H_2SO_4 + H_3PO_4 + H_2O = 100 + 200 + 700$）10mL，滴定体积约为150mL。

二、EDTA 滴定法

（一）方法原理

试样溶于酸中，加入 $NH_3 \cdot H_2O$ 使 Fe 生成 $Fe(OH)_3$ 沉淀，与其他元素分离，用酸溶解 $Fe(OH)_3$ 沉淀，调节 $pH = 2.0 \sim 2.2$，以磺基水杨酸作指示剂，用 EDTA 标准溶液滴定。

（二）推荐标准

GB/T 4702.4—2008《金属铬　铁含量的测定　乙二胺四乙酸二钠滴定法和原子吸收光谱法》，测定范围：$0.10\% \sim 1.00\%$。

三、邻菲啰啉光度法

（一）方法原理

试样溶于酸中，用抗坏血酸或盐酸羟胺将 Fe^{3+} 还原为 Fe^{2+}，在弱酸性介质中，Fe^{2+} 与邻菲啰啉（又名邻二氮杂菲，1，10-二氮杂菲）生成橘红色络合物，测量其吸光度。

（二）推荐标准

GB/T 223.70—2008《钢铁及合金　铁含量的测定　邻二氮杂菲分光光度法》，测定范围：$0.10\% \sim 1.00\%$。

GB/T 8654.1—2007《金属锰、锰硅合金、锰铁和氮化锰铁　铁含量的测定　邻二氮杂菲分光光度法和三氯化钛-重铬酸钾滴定法》，方法一：邻二氮杂菲分光光度法，测定范围：$0.001\% \sim 1.00\%$。

GB/T 4698.2—2011《海绵钛、钛及钛合金化学分析方法　铁量的测定》，方法一：1,10-二氮杂菲分光光度法，测定范围：$0.005\% \sim 2.00\%$。

GB/T 6609.4—2004《氧化铝化学分析方法和物理性能测定方法　邻二氮杂菲光度法测定三氧化二铁含量》，测定范围：$0.005\% \sim 0.100\%$。

GB/T 20975.4—2008《铝及铝合金化学分析方法　第4部分：铁含量的测定　邻二氮杂菲分光光度法》，测定范围：$0.001\% \sim 3.50\%$。

GB/T 13748.9—2013《镁及镁合金化学分析方法　第9部分：铁含量的测定　邻二氮杂菲分光光度法》，测定范围：$0.0010\% \sim 1.00\%$。

GB/T 3253.2—2008《锑及三氧化二锑化学分析方法　铁量的测定　邻二氮杂菲分光光度法》，测定范围：$0.00020\% \sim 0.30\%$。

GB/T 5121.9—2008《铜及铜合金化学分析方法　第9部分：铁含量的测定》，方法二：1,10-二氮杂菲分光光度法，测定范围：$0.0001\% \sim 0.0020\%$。

YS/T 74.7—2010《镉化学分析方法　第7部分：铁量的测定　1,10-二氮杂菲分光光度法》，测定范围：0.0005%~0.010%。

GB/T 4324.6—2012《钨化学分析方法　第6部分：铁量的测定　邻二氮杂菲分光光度法》，测定范围：0.0005%~0.10%。

GB/T 4325.7—2013《钼化学分析方法　第7部分：邻二氮杂菲分光光度法和电感耦合等离子体发射光谱法》，方法一：邻二氮杂菲分光光度法，测定范围：0.0005%~0.060%。

GB/T 13747.2—2019《锆及锆合金化学分析方法　第2部分：铁量的测定　1,10-二氮杂菲分光光度法和电感耦合等离子体原子发射光谱法》，方法一：1,10-二氮杂菲分光光度法，测定范围：0.010%~0.40%。

GB/T 15076.4—2020《钽铌化学分析方法　第4部分：铁量的测定　1,10-二氮杂菲分光光度法》，测定范围：>0.020%~0.50%。

YB/T 5330—2009《五氧化二钒　铁含量的测定　邻二氮杂菲分光光度法》，测定范围：0.05%~0.5%。

YS/T 534.4—2007《氢氧化铝化学分析方法　第4部分　三氧化二铁含量的测定　邻二氮杂菲光度法》，测定范围：0.003%~0.065%。

YS/T 244.1—2008《高纯铝化学分析方法　第1部分：邻二氮杂菲-硫氰酸盐光度法测定铁含量》，测定范围：0.00010%~0.00050%。

YS/T 273.7—2006《冰晶石化学分析方法和物理性能测定方法　第7部分：邻二氮杂菲分光光度法测定三氧化二铁含量》，测定范围：≤0.25%。

YS/T 569.2—2015《铊化学分析方法　第2部分：铁量的测定 邻菲啰啉分光光度法》，测定范围：0.0005%~0.015%。

YS/T 540.4—2018《钒化学分析方法　第4部分：铁量的测定　1,10-二氮杂菲分光光度法》，测定范围：0.003%~0.50%。

(三) 测定步骤

溶样→分离→显色→测定。

1. 溶样

铝合金、镁合金、金属锰：加 HCl 溶样。

铜合金：加 $HCl+H_2O_2$ 溶样。

钛合金、铌钽：加 HCl+HF 溶样，加 H_3BO_3 络合 F^-。

钨合金、钼合金、锆合金：加 $H_2SO_4+(NH_4)_2SO_4$ 溶样。

2. 分离

同重铬酸钾滴定法。

3. 显色

(1) 还原　盐酸羟胺或抗坏血酸将 Fe^{3+} 还原为 Fe^{2+}，效果很好，瞬间完成。

(2) 显色剂　邻菲啰啉，又名1,10-菲啰啉，1,10-二氮杂菲。

邻菲啰啉与 Fe^{2+} 在微酸性及弱碱性溶液（pH=2~9）中反应生成橙红色络合物。$\lambda_{max}=508nm$，$\varepsilon_{508}=1.1\times10^4 L/(mol\cdot cm)$。

(3) 试剂加入顺序　为防止 Fe^{3+} 水解，试剂加入顺序不可颠倒。在酸度较高的溶液中

加入还原剂将 Fe^{3+} 还原为 Fe^{2+}，再依次加入邻菲啰啉和缓冲溶液。缓冲溶液一般选用乙酸-乙酸钠或直接加入高浓度乙酸铵。

（4）显色速度及稳定性　室温>20℃时，2min～3min 显色完毕；室温<20℃时，放置 10min；络合物可稳定数天。

4. 测定

1）吸收波长为 510nm。

2）参比溶液：不加显色剂，其他同显色溶液操作。

（四）干扰及其消除

1. Cd、Hg、Zn

（1）Cd、Hg、Zn 的干扰　与显色剂生成络合物，使 Fe^{2+}-邻菲啰啉络合物色泽减弱。

（2）消除方法　加入大量过量的邻菲啰啉可消除干扰。

2. Mo

（1）Mo 的干扰　在 pH<5.5 时，溶液产生混浊。

（2）消除方法　在 pH>5.5 时，Mo^{6+} 不干扰。

3. W

（1）W 的干扰　使色泽减弱。

（2）消除方法　加入酒石酸可消除 W 的干扰。

4. Cu^{2+}、Co^{2+}、Ni^{2+}

（1）Cu^{2+}、Co^{2+}、Ni^{2+} 的干扰　pH = 3～5 时，允许共存量分别为 $20\mu g/mL$、$10\mu g/mL$、$5\mu g/mL$。

（2）消除方法　超过此限，在 pH = 5 的溶液中加入 EDTA 掩蔽，可消除干扰。

5. 大量 Al 及 PO_4^{3-} 共存时

（1）大量 Al 及 PO_4^{3-} 的干扰　Fe 的显色反应进行缓慢。

（2）消除方法　需放置 30min～60min 才能显色完全。

四、磺基水杨酸光度法

（一）方法原理

试样溶于酸中，在氨性溶液中，Fe^{3+} 与磺基水杨酸形成黄色络合物，可进行光度法测定。

（二）推荐标准

GB/T 12689.5—2004《锌及锌合金化学分析方法　铁量的测定　磺基水杨酸分光光度法和火焰原子吸收光谱法》，方法一：磺基水杨酸分光光度法，测定范围：0.003%～0.50%。

YS/T 281.1—2011《钴化学分析方法　第 1 部分：铁量的测定　磺基水杨酸分光光度法》，测定范围：0.00080%～0.70%。

YS/T 568.2—2008《氧化锆、氧化铪化学分析方法　铁量的测定　磺基水杨酸分光光度法》，测定范围：0.03%～2.0%。

YS/T 574.2—2009《电真空用锆粉化学分析方法　磺基水杨酸分光光度法测定铁量》，测定范围：0.02%～0.60%。

五、EDTA-H$_2$O$_2$ 光度法

在 pH≈10 的氨性溶液中，Fe^{3+} 与 EDTA 及 H$_2$O$_2$ 形成稳定的紫红色三元络合物，可用于铁含量的光度测定。

此法的灵敏度虽然不是很高，但选择性较好。

过量的 EDTA 及 NH$_3$·H$_2$O 均不影响测定，适用于铁含量较高的合金样品的测定。

第十三节　钴含量的测定

钴含量的测定一般用光度法测定，钴含量高可用电位滴定法测定。

一、电位滴定法

（一）方法原理

在柠檬酸铵存在下的氨性介质中，以铁氰化钾氧化 Co，过量的铁氰化钾用 CoSO$_4$ 标准滴定溶液返滴定。

氧化、滴定反应为

$$Co^{2+}+[Fe(CN)_6]^{3-} = Co^{3+}+[Fe(CN)_6]^{4-}$$

（二）推荐标准

GB/T 223.20—1994《钢铁及合金化学分析方法　电位滴定法测定钴量》，测定范围：>3.00%。

二、亚硝基 R 盐光度法

（一）方法原理

试样溶于酸中，在微酸性介质中，有柠檬酸铵存在的情况下，NaNO$_2$ 将 Co^{2+} 氧化为 Co^{3+}，Co^{3+} 与亚硝基 R 盐形成红色络合物，进行光度测定。

（二）推荐标准

GB/T 223.22—1994《钢铁及合金化学分析方法　亚硝基 R 盐分光光度法测定钴量》，测定范围：0.10%~3.00%。

GB/T 13747.8—2017《锆及锆合金化学分析方法　第 8 部分：钴量的测定　亚硝基 R 盐分光光度法》，测定范围：0.0005%~0.0050%。

YS/T 539.7—2009《镍基合金粉化学分析方法　第 7 部分：钴量的测定　亚硝基 R 盐分光光度法》，测定范围：0.1%~3%。

（三）测定步骤

溶样→显色→测定。

1. 溶样

普通钢：加硫磷混酸溶样，加 HNO$_3$ 破坏碳化物，冒烟。

合金钢、镍基合金：加 HCl+HNO$_3$ 溶样，加硫磷混酸冒烟。

锆合金：加 HNO$_3$+HF 溶样。

2. 显色

（1）显色剂　亚硝基 R 盐，结构式为

学名：1-亚硝基-2-萘酚-3.6-二磺酸钠。易溶于水、酸、碱溶液中。在中性和酸性溶液中呈黄色，在碱性溶液中呈绿色。

（2）掩蔽　用柠檬酸铵掩蔽 Fe 等元素的干扰并暂时络合 Co，避免生成氢氧化物。

（3）氧化　加入 $NaNO_2$ 可迅速将 Co^{2+} 氧化为 Co^{3+}（空气中氧化速度慢），与亚硝基 R 盐生成有色络合物。

（4）酸度　pH = 5~7 时吸光度一致。pH 值过低，试剂不与 Co 反应；pH 值过高，吸光度降低，可能使 Co 水解。

（5）温度　室温与煮沸结果一致。

（6）显色时间及稳定性　5min 显色完全，最少稳定 80min。

3. 测定

（1）吸收波长　$\lambda_{max} = 415nm$，$\varepsilon_{415} = 3.5 \times 10^4 L/(mol \cdot cm)$，但在 415nm 处试剂本身（黄色）吸收很大，故一般选择在 510nm ~ 530nm 处测量。

（2）参比　先加 H_2SO_4，后加显色剂作参比溶液，此时 Co 不显色，可抵消有色离子的干扰。

（四）干扰及消除

（1）干扰　Co 与亚硝基 R 盐生成极为稳定的"惰性"络合物。它在弱酸性溶液中生成以后，在强酸溶液中也不分解。

（2）消除方法　显色后，加入 7.5mL ~ 15mL H_2SO_4（1+1），可破坏 Ni^{2+}、Cu^{2+} 与试剂生成的络合物，消除其干扰。

三、5-Cl-PADAB 光度法

（一）方法原理

试样溶于酸中，在 pH = 7~8 的溶液中，Co^{2+} 与 5-Cl-PADAB 生成的络合物，经稀 H_2SO_4 酸化后，呈现稳定的紫红色，可进行光度测定。

（二）推荐标准

GB/T 223.21—1994《钢铁及合金化学分析方法　5-Cl-PADAB 分光光度法测定钴量》，测定范围：0.0050% ~ 0.50%。

GB/T 4325.8—2013《钼化学分析方法　第 8 部分：钴量的测定　钴试剂分光光度法和火焰原子吸收光谱法》，方法一：钴试剂分光光度法，测定范围：0.0006% ~ 0.010%。

第十四节　硼含量的测定

硼含量的测定方法有重量法、中和滴定法和光度法。

重量法基于硼与酒石酸和 Ba^{2+} 形成复杂化合物沉淀，在 110℃ 左右烘干称量或在 700℃ ~ 800℃ 灼烧后称量。目前对于这一复杂化合物的组成尚不明确，换算系数凭经验值。随着 B 的其他分析方法的发展，现已很少采用此方法。

一、中和滴定法

（一）方法原理

试样溶于酸中，用强碱分离 Fe、Cr、Ni 等元素。用对硝基酚作指示剂，将溶液调至酸性，煮沸除去 CO_2，重新调节溶液酸度为 pH = 7 后，加入甘露醇（或甘油）使酸性极弱的 H_3BO_3 变为较强的络合酸。

$$2H_3BO_3 + C_6H_{14}O_6 = C_6H_8(OH)_2(BO_3H)_2 + 4H_2O$$
$$H_3BO_3 + C_3H_5(OH)_3 = C_3H_5(OH)BO_3H + 2H_2O$$

以酚酞作指示剂，用 NaOH 标准溶液滴定。

（二）推荐标准

GB/T 223.6—1994《钢铁及合金化学分析方法 中和滴定法测定硼量》，测定范围：0.50% ~ 2.00%。

GB/T 3653.1—1988《硼铁化学分析方法 碱量滴定法测定硼量》，测定范围：3.00% ~ 26.00%。

YS/T 539.1—2009《镍基合金粉化学分析方法 第 1 部分：硼量的测定 酸碱滴定法》，测定范围：1% ~ 6%。

二、姜黄素光度法

（一）方法原理

用酸溶解样品，冒硫酸烟脱水，在乙酸-乙酸铵缓冲介质中，B 与姜黄素反应，生成稳定的 1∶2 红色络合物，进行光度测定。

（二）推荐标准

GB/T 223.78—2000《钢铁及合金化学分析方法 姜黄素直接光度法测定硼含量》，测定范围：钢中硼含量为 0.0005% ~ 0.012%；非合金钢中硼含量为 0.0001% ~ 0.0005%。

GB/T 6609.16—2004《氧化铝化学分析方法和物理性能测定方法 姜黄素分光光度法测定三氧化二硼含量》，测定范围：0.0001% ~ 0.015%。

三、次甲基蓝-二氯乙烷萃取光度法

（一）方法原理

试样溶于酸中，在酸性溶液中，B 与 HF 形成氟硼酸络阴离子（BF_4^-），与次甲基蓝形成绿色离子缔合物，用 1,2-二氯乙烷萃取，进行光度测定。

（二）推荐标准

GB/T 4698.6—2019《海绵钛、钛及钛合金化学分析方法 第 6 部分：硼量的测定 次甲基蓝分光光度法和电感耦合等离子体原子发射光谱法》，方法一：次甲基蓝分光光度法，测定范围：0.0020% ~ 0.10%。

（三）测定步骤

溶样→生成 BF_4^-→生成缔合物→萃取→测定。

1. 溶样

钢中酸溶硼：将试样溶于 $[c(1/2H_2SO_4)=5mol/L]$ 的 H_2SO_4 中。

钢中全硼：加硫磷混酸冒烟。

钛合金：加 HF 溶样。

2. 生成 BF_4^-

溶样后 B 以 H_3BO_3 形式转入溶液中，H_3BO_3 与 HF 反应分为如下两步进行（需在塑料容器中进行）

$$H_3BO_3+3HF = HBF_3OH+2H_2O$$
$$HBF_3OH+HF = HBF_4+H_2O$$

第一步反应很快，而第二步反应慢。

第二步中，HBF_4 与次甲基蓝生成络合物，因此必须把 H_3BO_3 定量转化为 HBF_4。

影响转化的因素：

（1）HF 的浓度（酸度）　HF 的浓度（酸度）增加，反应速度加快。但 HF 的浓度太高，会使次甲基蓝与 F^- 的缔合物萃取量增加，空白增加，不利于比色。故采取小体积加入 HF，萃取时加水稀释降低酸度（控制 $pH \approx 1$，加入水使总体积控制在 50mL）。

（2）温度　温度升高，反应速度加快。室温放置 30min，可达到定量反应完全。

3. 生成缔合物

1）强氧化剂或强还原剂的除去：次甲基蓝是氧化还原指示剂，氧化态为蓝色，还原态为无色。因此溶液中不能有强氧化剂或强还原剂存在。加入 H_2SO_4 溶样，有些金属呈低价状态，必须氧化至高价状态。采用的措施为：加入 $KMnO_4$，呈现稳定红色，再加 Fe^{2+} 将其还原为无色。Fe^{2+} 不影响缔合物的生成和下一步的萃取。

2）次甲基蓝试剂本身蓝色很深，必须准确加入。

4. 萃取

准确加入 1,2-二氯乙烷（25mL），振荡 1min 即可达至平衡。

5. 测定

（1）除去水相

1）将上层水相去掉。

2）用干移液管移取有机相。

3）将有机相放入干的已盛有 NaCl 的容量瓶中。

（2）参比溶液　试剂空白作参比溶液（最好做两份）。

（3）波长　吸收波长 $\lambda_{max}=660nm$，摩尔吸光系数 $\varepsilon_{660}=6.5 \times 10^4 L/(mol \cdot cm)$。

（4）曲线范围　萃取溶液中 $0\mu g \sim 4\mu g$ 符合比尔定律。

（四）滴定

（1）干扰　主要是 Nb 和 Ta 与 HF 反应生成 TaF_6^-，NbF_6^-，可与次甲基蓝生成缔合物被二氯乙烷萃取。

（2）消除方法

1）当 Nb 和 Ta 的质量分数均小于 1% 时，可在有机相中加 5mL 水，使 Nb、Ta 水解，并转入水相，消除干扰。

2）Nb 和 Ta 的含量很高时，需采取分离措施或采用别的分析方法。

第十五节　铌含量的测定

铌含量高的测定多采用重量法，微量铌的测定多采用氯磺酚 S 光度法。

一、重量法

（一）方法原理

试样溶于 HF—HCl 中，通过强碱性阴离子交换树脂，使 Nb 与 Ni、Co、Cu、V、W、Ti 等元素分离，在 Nb 洗脱液中，加入硼酸掩蔽 F 后，在酸性溶液中，以铜试剂沉淀 Nb，经灼烧后成为 Nb_2O_5，称重。

（二）推荐标准

GB/T 223.38—1985《钢铁及合金化学分析方法　离子交换分离-重量法测定铌量》，测定范围：>1.00%。

GB/T 3654.1—1983《铌铁化学分析方法　纸上色层分离重量法测定铌、钽量》，测定范围：50%~80%。

GB/T 15076.2—2019《钽铌化学分析方法　第 2 部分：钽中铌量的测定　电感耦合等离子体原子发射光谱法和色层分离重量法》，方法二：色层分离重量法，测定范围：>2.00%~20.00%。

（三）操作步骤

1. 溶样

一般采用 HCl+HF 或 HNO_3+HF 溶解试样。

2. 分离方法

（1）阴离子树脂交换分离

1）将制备好的试样溶液分 4 次~5 次移入准备好的离子交换柱中，每次用 5mL 洗涤液 [洗涤液：于 600mL 水中加入 200mL HCl（$\rho = 1.19g/mL$）+200mL HF（$\rho = 1.15g/mL$）混匀，贮存于聚乙烯瓶中] 洗涤烧杯 4 次~5 次，每次洗涤液均移入离子交换柱，继续用 5mL 洗涤液洗涤离子交换柱，待第一次加入的洗涤液不再流出时，再加第二次洗涤液，洗涤至总量为 110mL~120mL。再用 HCl（1+11）洗涤交换柱 2 次，流出的洗涤液弃去。

2）用 100mL 铌淋洗液 [铌淋洗液：于 542mL 水中加入 8mLHF（$\rho = 1.15g/mL$）+450mLHCl（$\rho = 1.19g/mL$）混匀，贮存于聚乙烯瓶中]，每次用 5mL 洗脱 Nb 并收集于塑料杯中，此为待测液，保留。另取 100mL 铌淋洗液作试剂空白液。

3）用 10mL NH_4F 溶液 37g/L，分 2 次洗涤离子交换柱。

4）钽淋洗液洗涤。用 45mL 钽淋洗液 [107g NH_4Cl + 37g NH_4F 用水溶解稀释至 1L，混匀，贮存于聚乙烯瓶中]，每次用 5mL 洗脱 Ta，若试样中含 Ta，保留此溶液供测定钽含量使用。

5）铜铁试剂沉淀 Nb。在待测的 Nb 洗脱液和 Nb 试剂空白液中加入 H_3BO_3 掩蔽 F，以水稀释至 250mL，用冰水冷却到 10℃以下，加少许无灰滤纸，滴加铜铁试剂沉淀 Nb，放置 40min（经常搅拌溶液）。

6）沉淀剂。60g/L 铜铁试剂过滤后使用，现用现配。

（2）色层分离

1）以展开剂使 Nb 附着于色层纸上，与其他元素分离；展开剂：甲基异丁基酮+丁酮+HF+HNO$_3$ = 44+44+6+6，贮存于聚乙烯瓶中。

2）喷单宁酸于色层纸上，烘干。上部呈黄色色带为 Ta，中部呈橙红色色带为 Nb。

3）分别剪下 Nb、Ta 色带量取宽度，置于已知质量铂坩埚中，低温灰化后，高温炉灼烧。

3. 过滤洗涤

（1）过滤 用慢速定量滤纸过滤，使沉淀全部转移至滤纸上。

（2）洗涤 用铜铁试剂洗涤液洗涤 10 次~12 次，再水洗 2 次。

铜铁试剂洗涤液配制：于 500mL 水中 + 10mLHCl（ρ = 1.19g/L）+ 10mL 铜铁试剂溶液（60g/L）。

4. 灼烧称量

将沉淀连同滤纸移入已恒重的瓷坩埚中，干燥、炭化、于 1000℃灼烧，取出，置于干燥器中冷却至室温，称量，反复灼烧至恒重。

二、氯磺酚 S 光度法

（一）方法原理

试样溶于酸中，经酒石酸煮沸络合 W、Mo、Nb、Ta 等。在 HCl 介质中，加入氯磺酚 S 与 Nb 形成蓝色络合物，以 HF 褪色后的溶液作参比溶液，进行光度测定。

（二）推荐标准

GB/T 223.40—2007《钢铁及合金 铌含量的测定 氯磺酚 S 分光光度法》，测定范围：0.010%~0.50%。

（三）操作步骤

1. 溶样

一般采用 HCl+HNO$_3$+HF 溶样，加 HClO$_4$ 冒烟；或采用硫磷混酸溶样，滴加 HNO$_3$ 破坏碳化物，冒烟。

2. 络合 Nb、Ta

加入酒石酸络合 Nb、Ta，煮沸至清亮，防止 Nb、Ta 水解。

3. 显色

1）加 EDTA 络合干扰元素。

2）加 HCl（1+1）20mL，使溶液呈强酸性介质。

3）加氯磺酚 S 显色。

4. 测定

吸收波长为 λ_{max} = 660nm。

参比溶液：加 HF 褪色作参比溶液。

第十六节 镁含量的测定

由于原子吸收和ICP（电感耦合等离子体）等仪器分析法的广泛应用，大部分标准采用原子吸收光谱法等来测定镁含量。因仪器分析选择性好，灵敏度高，逐渐取代了湿法化学分析方法。但在中小企业中湿法化学分析测定镁含量仍被广泛应用。

一、EDTA 或 CDTA 滴定法

EDTA滴定法被广泛应用于各种材料中常量镁含量的测定。

（一）方法原理

Mg^{2+} 与 EDTA 形成比较弱的络合物。在 pH = 10 的 $NH_3 \cdot H_2O$-NH_4Cl 缓冲溶液中进行滴定。因其稳定常数 $lgK_{Mgy} = 8.7$，故大部分金属离子都干扰测定。分离干扰元素是此方法的关键。

（二）推荐标准

GB/T 20975.16—2020《铝及铝合金化学分析方法 第16部分：镁含量的测定》，方法一：CDTA滴定法，测定范围：0.100% ~ 12.00%。

（三）操作步骤

1. 溶样

稀土硅镁合金：加 HNO_3+HF 溶解，加 H_2SO_4 或 $HClO_4$ 冒烟。

铝合金：加 HCl+H_2O_2 溶解。

2. 分离

1）采用 $NH_3 \cdot H_2O$ 沉淀分离，Ca、Mg 在溶液中，Fe、Cu 等元素的离子生成氢氧化物沉淀。

2）在三乙醇胺、EDTA 溶液中，过量的 NaOH 沉淀 Mg、Re、Ti、Zr、Hg、Ag、Th 等元素，而与其他元素分离。

3）在 pH ≈ 8.5 时，铜试剂可以沉淀 Ag、As、Au、Bi、Cd、Co、Cr、Cu、Fe、Hg、Mn、Mo、Nb、Ti、Ni、Pb、Sb、Sn、Te、V、Zn、W、Se、Tl 等元素，而 Mg 不被沉淀也不被吸附而与上述元素分离。

3. 滴定

1）pH = 10 时，铬黑 T 作指示剂，用 EDTA 滴定 Ca、Mg 合量。

2）pH>12 时，以钙试剂作指示剂，用 EDTA 滴定钙合量［此时 Mg 生成 $Mg(OH)_2$ 沉淀，不被滴定］。

3）以差减求得镁含量。

少量干扰元素用抗坏血酸、三乙醇胺、Na_2S、铜试剂等掩蔽。

二、偶氮氯膦 I 光度法

方法原理：在 0.5mol/L NaOH 溶液中，用活性炭吸附 $Mg(OH)_2$，与其他元素分离。用三乙醇胺、邻菲啰啉、EGTA-Pb 溶液联合掩蔽残余的少量杂质元素，在 pH ≈

10.4 时以偶氮氯膦 I 作显色剂，用光度法测定镁含量，$\lambda_{max} = 570nm \sim 580nm$，$\varepsilon = 1.95 \times 10^4 L/(mol \cdot cm)$。

三、二甲苯胺蓝 II 光度法

方法原理：试样溶于酸中，在 pH>6.5 的溶液中，用铜试剂沉淀分离共存的干扰元素，在氨性介质中 Mg 与二甲苯胺蓝 II 生成红色络合物，$\lambda_{max} = 510nm$ 处测量吸光度，$\varepsilon_{510} = 4.3 \times 10^4 L/(mol \cdot cm)$。

第十七节　稀土总含量的测定

高含量稀土用草酸盐重量法或 EDTA 滴定法测定，稀土含量低的用萃取分离-偶氮氯膦 mA、三溴偶氮胂光度法测定。

一、草酸盐重量法

（一）方法原理

将试样溶于酸中，用 $NH_3 \cdot H_2O$ 沉淀稀土以分离 Ca、Mg 和 Ba，用 HCl 溶解氢氧化稀土沉淀，再在 pH=1.5~2.0 的条件下用草酸沉淀稀土以分离 Fe 等元素，于 800℃~1000℃ 将草酸稀土灼烧成氧化物并称其质量。

（二）推荐标准

GB/T 14635—2020《稀土金属及其化合物化学分析方法　稀土总量的测定》，方法一：草酸盐重量法，测定范围：稀土金属为 95.0%~99.5%，稀土氧化物为 95.0%~99.5%，氢氧化稀土为 25.0%~90.0%，氟化稀土为 65.0%~90.0%，氯化稀土为 40.0%~70.0%，碳酸稀土为 10.0%~70.0%，硝酸稀土为 30.0%~70.0%，离子型稀土矿混合稀土氧化物为 80.0%~99.0%。

GB/T 13748.8—2013《镁及镁合金化学分析方法　第 8 部分：稀土含量的测定　重量法》，测定范围：0.20%~20.00%。

二、EDTA 滴定法

（一）方法原理

试样溶于酸中，在抗坏血酸、磺基水杨酸存在的情况下，于 pH=5.0~5.5 的条件下，以二甲酚橙为指示剂，用 EDTA 标准溶液滴定稀土。

（二）推荐标准

GB/T 14635—2008《稀土金属及其化合物化学分析方法　稀土总量的测定》，方法二：EDTA 滴定法，测定范围：稀土金属为 98.0%~99.5%，稀土氧化物为 95.0%~99.5%，氯化稀土为 40.0%~70.0%，氟化稀土为 65.0%~90.0%，氢氧化稀土为 25.0%~90.0%。

GB/T 16477.1—2010《稀土硅铁合金及镁硅铁合金化学分析方法　第 1 部分：稀土总量的测定》，方法二：EDTA 滴定法，测定范围：0.50%~6.00%。

三、萃取分离-偶氮氯膦 mA 光度法

(一) 方法原理

试样溶于酸中，在 pH≈2 时，用乙酰丙酮-三氯甲烷萃取分离 Fe。

pH≈5 时，在硫氰酸铵和磺基水杨酸存在的情况下，用 PMBP-苯萃取稀土与其他共存元素分离。用稀 HCl 反萃取稀土进入水相中，以草酸和 EDTA-Zn 掩蔽干扰元素，偶氮氯膦 mA 与稀土生成蓝色络合物，于 670nm 波长处测量吸光度。

(二) 推荐标准

GB/T 223.49—1994《钢铁及合金化学分析方法　萃取分离-偶氮氯膦 mA 分光光度法测定稀土总量》，测定范围：0.0010%~0.20%。

四、三溴偶氮胂光度法

(一) 方法原理

试样溶于酸中，在 HCl 介质中，抗坏血酸和草酸掩蔽 Fe 等干扰元素，三溴偶氮胂与稀土元素生成蓝色络合物，测量其吸光度。该方法测定钢铁中 Ce 组稀土。

(二) 推荐标准

YS/T 575.14—2020《铝土矿石化学分析方法　第 14 部分：稀土氧化物总量的测定》，三溴偶氮胂光度法，测定范围：0.020%~0.300%。

(三) 测定步骤

溶样→显色→测定。

1. 溶样

普通钢：加 HNO_3+HCl 溶样。

铸铁：加 HNO_3+HCl 溶样，需过滤。

不锈钢：加 HCl+ HNO_3 溶样，加 $HClO_4$+HCl 分离 Cr。

2. 显色

1) 三溴偶氮胂与稀土的反应在 HCl 介质中灵敏度较高，加 HCl(1+1)，控制酸度。

2) 加抗坏血酸和草酸掩蔽 Fe 等干扰元素，在 HCl-草酸介质中测定稀土的选择性会明显提高，草酸的存在对络合物吸收峰值、空白值无影响。

3) 大量 Fe 离子或 Cu 离子存在下络合物颜色不太稳定，显色后需在 2h 内比色。

3. 测定

1) 吸收波长为 630nm。

2) 参比溶液：试剂空白为参比溶液。

(四) 干扰及其消除

1. Cr

(1) Cr 的干扰　自身颜色会影响比色。

(2) 消除方法　加 $HClO_4$ 冒烟，将 Cr 氧化成 Cr(Ⅵ)，多次滴加 HCl，至铬酰逸出，使 Cr 大部分飞出，消除影响。

2. Fe

(1) Fe 的干扰　大量 Fe 离子存在下络合物颜色不太稳定。

（2）消除方法　加抗坏血酸掩蔽干扰。

思 考 题

1. 钢铁一般用什么溶剂溶解？如何破坏钢铁中所含的碳化物？

2. 光度法测定硅含量时，加入草酸的作用是什么？

3. 硅钼蓝光度法测定硅含量时应特别注意哪几点？

4. 高氯酸脱水重量法测定硅含量时，加入 H_2SO_4 的作用是什么？

5. 硝酸铵氧化滴定法测定锰含量方法的关键步骤是什么？为什么？

6. 氧化还原滴定法测定锰含量时，在什么介质中才可将 Mn 氧化为 Mn^{3+}？

7. 过硫酸铵氧化光度法和高碘酸盐氧化光度法测定钢中锰含量时有何区别？

8. 在用 $NaAsO_2$-$NaNO_2$ 测定钢中锰含量时，溶液出现不稳定的红色，结果偏低，试分析由何原因造成？如何避免？

9. P 以何种状态存在时，才能与钼酸盐形成杂多酸？

10. 铋盐磷钼蓝光度法测定磷含量时如何消除 As 的干扰？

11. 在测定钢铁中磷含量时，为什么不单独用 HCl 或 H_2SO_4 分解试样？

12. 过硫酸铵氧化滴定法测铬含量时怎样判断 Cr 已全部被氧化成 Cr(Ⅵ)？过量的 $(NH_4)_2S_2O_8$ 怎样消除？全部消除的标志是什么？

13. 用 $HClO_4$ 氧化测定 Cr 时，结果偏低的原因是什么？应如何避免？

14. V 的化合价有+2、+3、+4、+5，请问在+4、+5 价状态时的溶液各呈什么颜色？在高锰酸钾氧化滴定法测定钒含量时，是将 V 由几价状态滴至几价状态？

15. 在高锰酸钾氧化滴定法测定钒含量中，氧化时，加入 $NaNO_2$ 的作用是什么？加入 $NaAsO_2$ 的作用是什么？为什么需要再次加入 $NaNO_2$？

16. 丁二酮肟光度法测镍含量时，为什么不选用最大吸收波长 470nm，而用 530nm？

17. 丁二酮肟光度法测定镍含量时，如何消除 Cr 的干扰？

18. 碘量法测定 Cu 时，加入氟化物的目的是什么？接近终点时加入硫氰酸盐的目的是什么？

19. 双环己酮草酰二腙光度法测定铜含量时，双环己酮草酰二腙与 Cu^{2+} 的显色反应的适宜酸度条件（pH）范围是什么？为什么？

20. 用碘量法测定黄铜中的铜含量时，常出现结果偏低现象，主要影响因素是什么？如何正确操作？

21. 硫氰酸盐光度法测定钢铁中的钼含量时，加入 $SnCl_2$ 有两个作用，是什么？加入 $HClO_4$ 的作用是什么？

22. 请说出三种可与 Ti(Ⅳ) 进行显色反应的显色剂。

23. 为什么铬天青 S 光度法测定铝含量时，酸度要求苛刻？一般如何控制酸度？

24. 采用硫氰酸盐直接光度法测量钢中钨含量时，溶样时需加入 H_3PO_4，H_3PO_4 的作用是什么？

25. W 对各元素化学分析的影响都比较严重，试验中应如何消除其影响？

26. 萃取法测定纯铜中铁含量时，萃取过程中溶液时常出现乳浊现象，试述何原因造成，如何处理。

27. 用 $K_2Cr_2O_7$ 测定铁含量时，常于试液中加入硫磷混酸，作用是什么？

28. 采用邻菲啰啉光度法测定铁含量时，要使 Fe^{3+} 还原为 Fe^{2+}，常用的还原剂有哪些？

29. 采用亚硝基 R 盐光度法测定钴含量时，显色剂亚硝基 R 盐在什么性质的溶液中呈黄色？

30. 光度法测定钴含量是最常用的方法，Co 的显色剂有上百种，试举出两种常用的显色剂。

31. 次甲基蓝-二氯乙烷萃取光度法测定硼含量时，关键一步需要把 H_3BO_3 定量转化为 HBF_4，影响转化的因素有什么？

32. 在化学分析里，钢铁中的 B 有酸溶硼和酸不溶硼之分，各主要包括哪些 B 的化合物？

33. 铌含量高的多采用重量法测定，试样溶解后经阴离子交换树脂得 Nb 洗脱液，可用什么试剂来沉淀 Nb？

34. 请说出两种测定铌含量的吸光光度法。

35. EDTA 与 Mg 形成的络合物稳定性较差，因此用 EDTA 滴定法测定镁含量时需要在特定的酸度和介质中进行，请问一般只能在什么酸度和介质中进行？常用哪种指示剂？

36. 用光度法测定稀土含量时，可使用的显色剂比较多，请说出两种。

37. 测定钢中硅含量时，称取 3.00g 试样得到不纯的 SiO_2 沉淀 0.1237g，用 HF 和 H_2SO_4 处理后得到残渣为 0.0007g，求试样中 Si 的质量分数（已知 Si、O 的相对原子质量分别为 28.09 和 16.00）。

38. 氟硅酸钾滴定法测定硅铁中硅含量时，称取 w（Si）= 75.13% 的硅铁标样 0.1015g，溶解处理后用 NaOH 标准溶液滴定，消耗 32.15mL；称取硅铁样品 0.1032g，同法消耗 NaOH 标准溶液 30.87mL，求该硅铁样品中 Si 的质量分数。

39. 称取 0.2000g 铬铁矿，用 Na_2O_2 熔融后酸化，加入 5.00mmol $FeSO_4$，过量的 $FeSO_4$ 用 c（$K_2Cr_2O_7$）= 0.0500mol/L 的 K_2CrO_7 标准溶液滴定，消耗 20.85mL，求铬铁矿中 Cr 的质量分数（Cr 的相对原子质量为 51.99）。

40. 取 $c(1/6K_2Cr_2O_7)$ = 0.05000mol/L 10.00mL 三份，标定硫酸亚铁铵标准溶液，平均消耗 40.02mL，求 $c(Fe^{2+})$ = ？称取锰矿石 0.1023 克，在 H_3PO_4 介质中溶解后，用 $HClO_4$ 氧化，滴定消耗上述硫酸亚铁铵标准溶液 42.15mL，求锰矿石中 Mn 的质量分数（已知 Mn 的相对原子质量为 54.94）。

第四章

金属材料的气体分析

气体分析通常包括碳、硫、氧、氮、氢，它们在金属材料中并非呈气体状态而主要是以化合物、固溶体形式存在，也有少量以游离形式存在金属材料的缺陷之中。为了测定气体元素含量，必须在特定的条件下，把这些凝聚相还原成气体状态，才能提取测定，所以金属材料中气体分析是指能还原成气体的元素分析。

金属材料中气体的存在是影响产品质量提高的主要原因，许多产品质量取决于气体含量，不少工艺要求控制气体成分，为配合生产和研究，准确及时地完成金属材料中气体分析显得非常重要。

气体分析比化学分析起步晚，但发展迅速，金属材料中气体分析的方法主要包括熔化试样、提取气体和测定含量三个部分。熔化试样的方法：主要有高频加热和电极脉冲加热方法两种；提取分析的方法：有真空法和载气法两种；测定含量的方法：有微压法、色谱法、热导法、库仑法、红外法等。通过上述方法不同的组合，可制成各种不同类型的仪器，如高频惰气库仑法定氧仪、脉冲惰气库仑法定氧仪、高频惰气热导法定氢仪等，现通过多种检测器串联，一台仪器可以进行两种以上气体成分联测，在分析技术上不但要求测出气体总量，而且要求测出不同组分的含量，如：扩散氢与残余氢；化合氮与固溶氮等。近年来随着光学器件及检测器的不断发展，发射光谱分析氮元素已基本成熟，氢、氧元素的分析也有厂家在试验，本章不做介绍。

第一节　碳的分离与测定

碳在自由状态时有三种变体，即金刚石、石墨和无定形碳。

碳的化学性质极不活泼，常温下反应能力很弱，只有在高温下才能和其他元素化合。

碳是钢铁中十分重要的组分，钢和铸铁的主要区别就在于碳含量的高低，通常认为，钢中 $w(C) = 0.02\% \sim 2.0\%$，$w(C) > 2.0\%$ 的称为铸铁，通常铸铁中的 $w(C) = 2.0\% \sim 4.5\%$。钢的品种也与碳含量有关。

碳在钢铁中的存在形式有两类，一种类型是以碳化物的形式存在的，称为化合碳；另一种类型是无定形碳、固溶碳、石墨碳等，这一类碳统称为游离碳。化合碳与游离碳之和，称为总碳量。碳在钢中以化合碳为主，主要以 Fe_3C 的形式及其合金元素的碳化物状态存在（MnC、Cr_3C_2、MoC、WC、VC 等）。碳在铸铁中以游离碳为主，但在白口铸铁中碳多以 Fe_3C 的形式存在。碳对铸铁性能的影响，主要由存在的形态来决定。炼钢生铁中的碳大多以化合态的 Fe_3C 存在，此类生铁质硬而脆。由于断面呈灰白色，故称为"白口铸铁"。铸造生铁中的碳大多以游离态的石墨存在，具有良好的铸造性能，质软易于切削加工。由于断面呈灰色，所以也称为"灰口铸铁"。

如果将熔化后的铸铁用镁和稀土处理，则其中的片状石墨转化为球状石墨，故称为球墨铸铁。

一、碳的分离

（一）沉淀法——游离碳的分离

由于游离碳不和酸起作用，可以从被酸溶解的试料中分离出来。用试料作阳极，在酸性溶液中通以直流电进行电溶解，游离碳存在于阳极残渣中。

（二）燃烧法

通常都是采用将试样在高温下燃烧，碳生成二氧化碳的方式进行分离的。此种分离的方式通常也适用于金属材料中碳含量的测定。

用于高温燃烧的设备主要有三种加热方式的高温炉。

1. 管式炉

管式炉用硅碳棒作发热电阻，通电加热，炉温通常最高可达 1350℃。管式炉对于一般试样的燃烧是较为完全的，碳的回收率几乎达 100%，因而有较高的准确度和良好的重现性。硫的回收率虽未达到 100% 的理想程度，但仍高于其他燃烧炉，而且稳定可靠。这就是管式炉燃烧测定法至今未被淘汰的重要原因之一。其主要缺点是耗电量大，升温时间长，一般升温需 1h～2h。

2. 高频炉

高频炉是一种较为先进的感应加热电炉。一般采用双管并联电感反馈式振荡器，产生高频振荡，试样置于高频感应线圈中心，温度约为 1400℃～1700℃（1kW 的高频炉），试样在净化过的氧气中燃烧，碳生成二氧化碳。

高频炉具有升温快、温度高、省电等优点。试样燃烧充分，碳（硫）释放效果好，适用于不定时分析和炉前分析。但高频炉中试样燃烧时的飞溅现象比管式炉严重。

3. 电弧炉

电弧炉是一种全新的燃烧炉，为我国分析工作者首创。它以电弧"点火"为条件，钢铁试样自身氧化放热为主要热源，采用"前大氧，后控气"的供氧方式，短短几秒内，产生 1600℃高温，将钢铁试样迅速熔融燃烧。

电弧炉仪器结构简单、操作方便、节省电力、消耗材料少、测定速度快。但它与管式炉或高频炉相比，碳（硫）的回收率还没有达到理想的程度。

二、碳含量的测定

金属材料中碳含量的测定方法主要分为碱石棉重量法、气体容量法、非水滴定法及红外吸收法，以下将分别予以介绍。

（一）碱石棉重量法

1. 基本原理

碱石棉重量法是测定碳含量最古老而精确的方法。试样置于高温炉中通氧燃烧，碳氧化成二氧化碳，以已知质量的内装碱石棉的吸收瓶吸收二氧化碳，称量。根据吸收瓶增加的重量，计算试样中的碳含量。

反应式为
$$C+O_2=CO_2$$
$$4Fe_3C+13O_2=4CO_2+6Fe_2O_3$$
$$4Cr_3C_2+17O_2=8CO_2+6Cr_2O_3$$

结果计算按式（4-1）

$$w（C）=\frac{(m_2-m_1)\times0.2729}{m}\times100\% \tag{4-1}$$

式中　m_1——吸收前吸收瓶的质量，g；

　　　m_2——吸收后吸收瓶的质量，g；

　　　m　——试样的质量，g；

0.2729——二氧化碳换算为碳的换算系数。

2. 推荐标准

GB/T 223.71—1997《钢铁及合金化学分析方法　管式炉内燃烧后重量法测定碳含量》，测定范围：0.10%~5.00%。

GB/T 4699.4—2008《铬铁和硅铬合金　碳含量的测定　红外线吸收法和重量法》，方法二：重量法，测定范围：4.00%~10.50%。

GB/T 5686.5—2008《锰铁、锰硅合金、氮化锰铁和金属锰　碳含量的测定　红外线吸收法、气体容量法、重量法和库仑法》，方法三：重量法，测定范围：4.00%~8.00%。

3. 仪器装置

碱石棉重量法定碳仪装置图如图4-1所示。

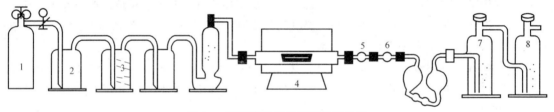

图 4-1　碱石棉重量法定碳仪装置图

1—氧气瓶（配有压力表）　2—缓冲装置（缓冲筒或缓冲瓶）　3—洗气装置（内盛铬酸饱和的 H_2SO_4 溶液，

装入量约占瓶高度的三分之一）　4—高温炉　5—过滤管（内装干燥的脱脂棉，主要清除氧化粉尘）　6—除硫

装置（装有颗粒活性 MnO_2 固体或偏钒酸银，顶部铺以玻璃棉）　7—水吸收瓶（内装无水高氯酸镁，上下

均匀地铺玻璃棉）　8—碱石棉吸收器（吸收二氧化碳。内装碱石棉，底部均匀地铺碱石棉，

表面装 10mm~15mm 的高氯酸镁，其总质量不超过 100g）

4. 注意事项

1）此方法适用于常量碳的分析，调节好氧气流速（燃烧时，通氧气流速为 1500 mL/min），等到样品燃烧完全，降低通氧气流速至 600mL/min~1000mL/min。

2）吸收 5min 左右，以确保二氧化碳吸收完全。

3）燃烧管和瓷舟使用前必须在高温氧气流中燃烧，除去有机物及尘埃。

该方法目前在工厂实验室中已较少应用，通常被用作仲裁分析。

（二）气体容量法

1. 基本原理

气体容量法又称为气体容积法，是将试样置于高温炉中通氧燃烧，使试样中的碳氧化成二氧化碳，混合气体除硫后，收集于量气管中，以氢氧化钾溶液吸收其中的二氧化碳，吸收前后体积之差即为二氧化碳的体积，由此来计算碳含量。

反应式为

$$C+O_2=CO_2$$
$$4Fe_3C+13O_2=4CO_2+6Fe_2O_3$$
$$4Cr_3C_2+17O_2=8CO_2+6Cr_2O_3$$

2. 推荐标准

GB/T 223.69—2008《钢铁及合金 碳含量的测定 管式炉内燃烧后气体容量法》，测定范围：0.10%~2.00%。

3. 仪器和附件

燃烧气体容量法定碳仪器装置图如图4-2所示。

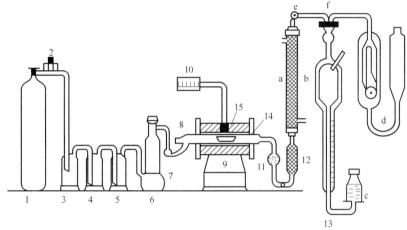

图 4-2 燃烧气体容量法定碳仪器装置图

1—氧气瓶 2—分压表（带流量计和缓冲阀） 3—缓冲瓶 4—洗气瓶 I（内盛氢氧化钾-高锰酸钾洗液，装入量占瓶高约1/3） 5—洗气瓶 II（内盛浓硫酸溶液，装入量占瓶高约1/3） 6—干燥塔（上层装碱石棉或碱石灰，下层装无水氯化钙，中间用玻璃棉分隔，顶部和底部也铺以玻璃棉） 7—供氧活塞 8—玻璃磨口塞 9—管式炉（内装硅碳棒） 10—温度控制器（或调压器） 11—球形干燥管 12—除硫管（长约100mm，直径为10mm~15mm的玻璃管，内装粒状钒酸银或活性二氧化锰固体，两端塞脱脂棉） 13—容量定碳仪［包括蛇形管 a、量气管 b、水准瓶 c、吸收器 d（内盛氢氧化钾溶液）、小活塞 e、三通活塞 f］ 14—瓷管（燃烧管） 15—瓷舟（长 88mm 或 97mm。预先应在 1200℃的管式炉中通氧灼烧 2min~4min。也可于 1000℃高温炉中灼烧 1h 以上，冷却后贮存于盛有碱石棉或碱石灰及无水氯化钙的未涂油脂的干燥器中备用）

4. 试剂

1）硫酸（$\rho=1.84g/mL$）。

2）无水氯化钙。

3）苏打石棉（或苏打石灰）。

4）粒状钒酸银：将钒酸铵 11.7g 溶于 400mL 热水中，另取硝酸银 17g 溶于 200mL 水中，将上述两种溶液混合，生成黄色沉淀，过滤，用热水洗净，并于 110℃ 干燥后备用。

5）水准瓶内所盛溶液：于氯化钠（250g/L）溶液中滴加 5 滴~6 滴浓硫酸使溶液呈酸性，并加几滴甲基橙指示剂，使溶液呈微红色。采用酸性氯化钠的目的在于减少二氧化碳在其中的溶解度（约为纯水中溶解度的 1/2~2/3）。加入 3 滴~4 滴甲基橙指示剂使其溶液变为红色，一方面便于观察刻度，另一方面能帮助检查酸碱混入情况。

6）氢氧化钠溶液：400g/L。

7）碱性高锰酸钾溶液：20g 氢氧化钾与 2g 高锰酸钾溶于 50mL 水中；或 30g 氢氧化钾与 70mL 高锰酸钾溶于 50mL 水中。

8）助熔剂：金属锡、铜、氧化铜等均可。使用前应做空白试验，碳的质量分数不得超过 0.005%。

5．分析步骤

1）接通电源，将炉温升至所需要的温度。碳钢及铸铁为 1150℃～1250℃，合金钢及耐热钢为 1250℃～1350℃。

2）检查整个管路及活塞是否漏气，装置是否正常。

3）使仪器处于准备状态：吸收器内充满氢氧化钾溶液，量气管内充满酸性氯化钠溶液，双通平行活塞和三通活塞关闭，水准瓶置于原定标尺零点位置，燃烧管内不通氧气。

4）称取试样：$w(C) \leqslant 1.5\%$ 称取 0.5g～2g，$w(C) > 1.5\%$ 称取 0.2g～0.5g 置于瓷舟中。

5）覆以适量助熔剂：碳素钢及中低合金钢加 5 颗～6 颗锡粒。难熔的高合金钢加铜或氧化铜，甚至在瓷舟内底部铺上助熔剂。

6）用长钩将盛有试样的瓷舟送到燃烧管中最高温度处，立即用橡胶塞将燃烧管塞紧，预热 30s～60s。预热时间应根据材料种类和样品钻屑大小与薄厚而定，一般碳钢及铸铁为 30s 左右，中、低合金钢及高合金钢为 1min～2min。

7）打开进入量气管的三通活塞，开启供氧活塞，徐徐通入氧气，使试样燃烧。（控制氧气流速，每秒 3～5 个气泡为宜，开始气流应小些）。

8）混合气体经除硫管进入量气管（至量气管 2/3 处，适当加大氧气流速），待量气管内液面下降至近标尺零点时（约 3cm～5cm），停止通氧，关闭三通活塞。

9）取出燃烧管内的瓷舟，检查试样是否熔融。

10）将量气管提升或放下水准瓶，使瓶内液面与管内液面位于同一水平面上，再移动标尺使其零点与液面对齐。

11）打开三通活塞使量气管与吸收器相通，提升水准瓶将混合气体压入吸收器内，使二氧化碳被氢氧化钾溶液吸收。吸收次数根据碳含量而定，一般碳含量高的吸收两次，碳含量低的吸收一次。

12）将吸收后的剩余气体重新压回量气管内，使吸收器充满氢氧化钾溶液，关闭三通活塞，沿量气管提升或放下，使附在量气管内壁的溶液返回水准瓶内，此时使水准瓶内液面与量气管内液面位于同一水平面上，在标尺上读出水准瓶及量气管液面在同一水平面时的读数。

13）记下此时量气管内温度计上的温度和气压计的压力，打开三通活塞及小活塞，使量气管与大气相通，提升水准瓶把测定后的气体排放到大气中，关闭双通平行活塞和三通活塞，使酸性氯化钠溶液充满量气管，再把水准瓶置于原定标尺附近的位置，准备测定下一个样品。

14）结果计算：按式（4-2）计算碳含量。

$$w(C) = \frac{VK}{m} \tag{4-2}$$

式中　　V——与被吸收二氧化碳体积相当的量气管的读数（标尺上的读数），mL；

　　　　K——温度与气压的校正系数（16℃的装置应用16℃时的校正系数，20℃的装置应用20℃时的校正系数）；

　　　　m——试样的质量，g。

6. 注意事项

1）工作开始前及测定过程中均应检查装置是否严密不漏气，并经常用标准样品检查仪器工作是否正常。

检查装置严密性的方法：把仪器各部分接好塞严后，关闭三通活塞通氧，在1min内洗气瓶中没有气泡产生说明不漏气，反之表示漏气，发现漏气后则应进行分段顺序检查，找出漏气位置进行修理，直到不漏气为止。然后检查吸收部分，将水准瓶降低，使吸收器内气体全部排出，浮子自动堵塞管口，随即关闭三通活塞。如果吸收器内浮子不下降，即表示不漏气。如果要检查量气管是否漏气，即三通活塞是否漏气，可先使量气管充满酸性氯化钠溶液，浮子自动堵塞管口，关闭三通活塞，浮子或液面不下降即表示严密不漏气。

2）吸收二氧化碳前后测量体积的条件应基本一致。尤其是时间的长短，它会影响测定结果（由于液体附着于量气管内壁所引起）。

3）温差的影响：燃烧后的气体经过冷凝管后，如果温度不能与氢氧化钾溶液完全一致，那么经过吸收后温度有了改变，使气体体积发生改变（0.1℃的温度差影响碳的质量分数改变约0.01%）。

4）空白值不稳的影响：一般上午开始工作时空白值较低，在使用过程中，由于冷凝管的水温上升或室温的改变，空白值随之提高。解决空白值不稳的办法是：每日开始工作时，先通氧做几次无样空白试验，直到空白值为零为止。

5）通氧速度的影响：通氧速度是保证分析准确度的关键。如果通氧过快，那么会使结果偏低，因为氧气来不及与试样燃烧，即二氧化碳没有完全送入量气管内。如果通氧过慢，那么虽然试样表面燃烧，但是内部燃烧不完全，会使结果偏低（一般以每秒3~5个气泡为宜，开始应小一些）。

6）燃烧管和瓷舟使用前必须在高温氧气流中燃烧，除去有机物及尘埃。

7）大批次分析时，碳含量高的试样与碳含量低的试样不能接着连续燃烧测定，否则会影响测定结果。如果更换燃烧管进行测定，则操作过于麻烦，为此，燃烧碳含量高的试样后可通氧气数次，然后再进行碳含量低的试样的测定。

8）要注意及时更换氢氧化钾吸收液，大致做1000个试样就应更换一次，每换一次新溶液后都应先烧几个试样不计测定结果，否则结果会偏低。

9）试样绝对不可含有有机物，如果发现试样沾污，那么应先用乙醚或四氯化碳等有机试剂清洗后，再用乙醇清洗吹干后备用。

10）由于分析时要求温度要相对保持一致，所以仪器安装不能离窗口过近，不能直接受阳光照射和在空气对流很强烈的地方，燃烧炉不能与容积定碳仪靠近；也不能靠近氧气瓶，以免发生意外。

11）注意试样的代表性：在测定游离碳较高的试样时（如生铁、铸铁）最好用白口针棒样而不用屑样（白口针棒样是从铁液中取样，浇铸成 $\Phi \approx 5mm$，长约100mm的棒，在测定前先用砂轮磨掉表面，然后砸成小块状供测定用）。也就是说，生铁、铸铁试样最好是块状样品。

（三） 非水滴定法

1. 基本原理

非水滴定法实质上是在非水溶剂（甲醇、乙醇、丙酮等）中进行的中和滴定，将试样置于高温炉中通氧燃烧，使试样中的碳氧化成二氧化碳气体，混合气体经除硫后，将二氧化碳气体溶于甲醇、乙醇等有机溶剂中，二氧化碳与溶剂中的 H^+ 形成碳酸（或碳酸盐），然后选择适当的指示剂，用氢氧化钾标准溶液滴定，从而得到碳的含量。

2. 特点

非水滴定法具有快速、简便、准确的特点，该法不需要特殊的玻璃器皿，具有较宽的分析范围。

3. 滴定体系

国内采用的滴定体系可分为甲醇-丙酮和乙醇-有机胺两大类，且大多数为补充滴定。

1) 甲醇体系吸收率高、终点敏锐、体系稳定，主要缺点是二氧化碳易逸出、有一定毒性。

2) 乙醇体系无毒性，二氧化碳不易逸出，但体系稳定性差，滴定终点不及甲醇体系明显。

（四） 红外线吸收法

1. 基本原理

红外线是一种不可见光，它的波长为 $0.76\mu m \sim 420\mu m$，属于电磁波的范围。

用红外线吸收法测定某种物质的含量大小，必须具备两个条件：首先该物质能吸收红外线，一般含有极性键的分子（如一氧化碳、二氧化碳、二氧化硫、水分子等）都能吸收红外线的能量；其次，该物质吸收红外线必须是选择性地吸收某一特定波长，如一氧化碳为 $4.68\mu m$、二氧化碳为 $4.27\mu m$、二氧化硫为 $7.23\mu m$、水分子为 $6.60\mu m$。

根据红外线通过待测气体前后能量的变化与待测气体浓度之间的关系，可近似地用朗伯-比尔定律表述

$$I = I_0 e^{-KcL} \tag{4-3}$$

式中　I——红外线通过被测气体后的能量值；

　　　I_0——红外线通过被测气体前的能量值；

　　　e——自然对数的底；

　　　K——被测气体对红外线的吸收系数；

　　　c——被测气体的浓度；

　　　L——红外线穿过被测气体的厚度。

由式（4-3）可以看出，如果能得到 I 与 I_0 的值，就可以求得气体的浓度 c，这是红外线气体分析仪分析各种气体含量的基础之一。

但是因为测量 I 与 I_0 很困难，所以目前我们所用的红外线气体分析仪都采用双光路系统，以比较的方法求得气体的浓度。

将金属试样置于陶瓷坩埚内，并加入一定量的钨-铁或钨-锡助熔剂，在氧气气氛下，经高频感应炉加热熔融，试样中碳和硫分别形成二氧化碳和二氧化硫，这两种物质在红外光谱范围内具有特定的吸收波长。

当红外线气体分析仪的测量室未通入被测气体前，测量仪表指示为零。当二氧化碳或二氧化硫通过测量室时，二氧化碳吸收红外线的能量，测量室与参比室两边的红外线的能量便不相等，红外检测器所接收到测量室的红外光源辐射的能量减少，其减少的程度与二氧化碳或二氧化硫的浓度有关。因此，测量红外检测器输出能量值的变化，即能测量出金属样品中碳和硫的含量。仪器所具有的数据处理系统，能将样品中的碳、硫含量直接显示在计算机屏幕上。

反应式为
$$C+O_2 = CO_2$$
$$4Fe_3C+13O_2 = 4CO_2+6Fe_2O_3$$
$$4Cr_3C_2+17O_2 = 8CO_2+6Cr_2O_3$$

二氧化碳吸收能量示意图如图4-3所示，当仪器红外池没有被测气体（二氧化碳、二氧化硫）通过时，通过红外池红外线的能量是一个恒定不变的值 E_0，一旦有被测气体通过红外池时，由于被测气体吸收了一部分红外线的能量，使红外池中红外线的能量逐渐降低，随着被测气体全部进入红外池，并且逐渐被排空，通过红外池的红外线的能量由减少又回复到原来的能量 E_0，图4-3中能量变化的积分面积，与被测气体的含量相关。

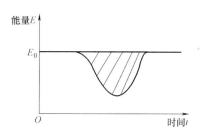

图 4-3 二氧化碳吸收能量示意图

2. 推荐标准

ISO 15350：2000（E）《钢和铁 总碳量及总硫量的测定 在感应炉中燃烧后的红外吸收法（常规法）》（*Steel and iron-Determination of total carbon and sulfur content-Infrared absorption method after combustion in an induction furnace（routine method）*），测定范围：0.005%～4.3%。

ASTM E1019—2018《用不同的燃烧技术和惰性气体熔融技术测定钢、铁、镍和钴合金中碳、硫、氮和氧含量的标准试验方法》（*Standard test methods for determination of carbon，sulfur，nitrogen and oxygen in steel，iron，nickel，and cobalt alloys by various combustion and inert gas fusion techniques*）。

GB/T 20123—2006《钢铁 总碳硫含量的测定 高频感应炉燃烧后红外吸收法（常规方法）》，测定范围：0.005%～4.3%。

GB/T 4698.14—2011《海绵钛、钛及钛合金化学分析方法 碳量的测定》，高频燃烧-红外吸收法，测定范围：0.004%～0.100%。

GB/T 4699.4—2008《铬铁和硅铬合金 碳含量的测定 红外线吸收法和重量法》，方法一：红外线吸收法，测定范围：0.010%～10.50%。

GB/T 5686.5—2008《锰铁、锰硅合金、氮化锰铁和金属锰 碳含量的测定 红外线吸收法、气体容量法、重量法和库仑法》，方法一：红外线吸收法，测定范围：0.01%～10.00%。

GB/T 8704.1—2009《钒铁 碳含量的测定 红外线吸收法及气体容量法》，方法一：红外线吸收法，测定范围：0.025%～1.200%。

GB/T 4701.8—2009《钛铁 碳含量的测定 红外线吸收法》，测定范围：0.010%～0.400%。

3. 仪器装置

红外线吸收法定碳仪装置示意图如图4-4所示。

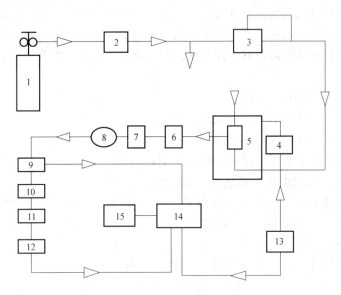

图4-4　红外线吸收法定碳仪装置示意图

1—氧气瓶（配有分压阀，以保证获得稳定的气体流速）　2—高氯酸镁及碱石棉纯化器（用以除去氧气中的水分及有机物杂质）　3—压力调节器　4—坩埚+样品　5—高频感应炉（用以加热熔融样品，温度可达1900℃）　6—除尘器（用以除去试样燃烧后气体带出来的氧化粉尘）　7—干燥管（内装高氯酸镁）8—流量控制器（用以保证整个操作和分析过程中气体流量稳定可靠）　9—二氧化硫红外检测器（硫的红外检测器）　10—转换器（内装氧化铜，用以将气体中的二氧化硫转化成三氧化硫，一氧化碳转化为二氧化碳）11—除硫器（三氧化硫收集器）　12—二氧化碳检测器（碳的红外检测器）13--电子天平　14—数据处理系统　15—打印机及显示屏幕

红吸收法定碳仪一般包括计算机、打印机、电子天平、高频感应炉、红外检测器五大部分。其中最为重要的是高频感应炉和红外检测器。

（1）高频感应炉　高频感应炉是用来加热熔融样品，使其中的被测气体元素碳、硫释放以供检测。其工作原理是高频感应炉的高压变送器将220V电压提升到数千伏，然后经过整流，通过电感和电容组成LC振荡电路，产生高频电流，送入感应线圈，在感应线圈中间形成高频交变电磁场。样品（铁磁体样品）或坩埚（铁磁体坩埚）在高频交变电磁场中产生电磁感应电流（涡流），涡流引起磁感损失并产生高温使样品熔化或燃烧，使样品中的气体元素得到释放。

测定碳、硫含量时使用的陶瓷坩埚在交变电磁场中没有电磁感应，得不到直接加热，因此完全依靠样品和助溶剂的电磁感应来加热，使样品燃烧熔融，样品中的碳、硫燃烧生成二氧化碳和二氧化硫气体。

（2）红外检测器　红外检测器按检测元素分为二氧化碳、二氧化硫、水、二氧化氮红外检测器等，特定气体二氧化碳、二氧化硫吸收特定波长的红外线（由对应的红外光源发出）。红外光源发射出的红外线穿透检测器池体时，由于池体内待测元素对某特定波长红外线的吸收作用，能量（强度）会减弱，这个过程遵守朗伯-比耳定律，然后由滤光片除去其他波长红外线，最后到达红外检测元件。红外检测元件将该波长红外线强度转化为电压信号输出，输出的电压与待测元素的浓度成比例，从而通过红外检测元件电压的变化获得被测气体元素的浓度。

红外检测器主要由红外光源、红外检测池、滤光片、红外检测元件、放大器、模/数转换器（A/D）组成，其工作原理如图4-5所示。

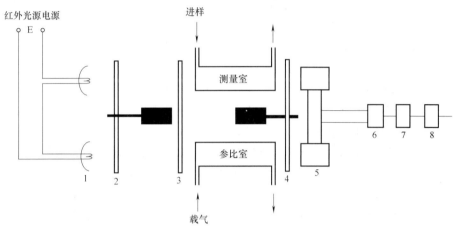

图 4-5　红外检测器的工作原理

1—红外光源　2—消光片　3—滤光片　4—调制挡板　5—红外检测元件

6—前置放大器　7—主放大器　8—模/数转换器

红外光源由镍、铬丝组成，当镍、铬丝加热到850℃时，红外光源辐射可见能量和红外光谱所有波长。

参比室和测量室二者共用一个池，以连续并同时检测二氧化碳中总碳量或二氧化硫中的总硫量。

红外池是由红外光源、截（切）光器电动机、精密滤波器、聚光锥头、红外能量检测器和池体组成。由于红外检测器只能检测交流信号，所以从红外光源发出的红外光要用一个转速很高的截光电动机切制成交流信号，再经滤波器有选择地只让二氧化碳吸收波长的光通过，然后进入聚光锥头，将能量聚集在红外能量检测器上，红外能量检测器的输出耦合到前置放大器，进行信号放大，最终显示出碳或硫的质量分数。

4. 仪器的操作要点

1）可测定钢铁、有色金属和难熔合金等样品的碳、硫含量。

2）分析常量碳时，用99.5%纯氧；当分析质量分数小于0.002%的碳含量时，要求用高纯氧气。

3）助熔剂要加在试样表面上，以免氧气流将试样吹散，影响分析结果。

4）测定碳含量时可用标准剂量阀或标样校正，而测定硫含量时，必须带与试样同类型标样和硫含量相近的标准样品。

5）必须保持红外光源电压的稳定，一般仪器开机要预热2h~3h。

6）定期更换燃烧管，以免影响测定结果。

7）随时观察试剂是否失效，如有吸水结块现象，要及时更换高氯酸镁、碱石棉。

5. 影响分析的几个因素

在应用高频感应法时，为了得到精确的碳、硫含量结果，分析过程中的几个因素必须加以考虑。

（1）仪器的检测能力 当燃烧反应进行时，准确测定产生的二氧化碳和二氧化硫，这是我们衡量一台仪器的检测能力的主要依据。这种能力可以通过气标的方法测定，将已知浓度的二氧化碳和二氧化硫或两者的混合气体直接引入仪器。如 LECO 生产的 CS-444 和 CS-444LS 碳硫分析仪有内置的气标装置。另外，气标还可用于常规诊断。气标可以帮助评价一台仪器的检测能力，而不受诸如坩埚、气体、助熔剂、感应参数、样品均匀性等的影响。因此所获得的数据能直接衡量仪器的性能。

（2）氧气（燃烧和载气） 氧气在燃烧过程中起助燃和携带气体的重要作用，有时却常常被忽略。普通氧气中所含有的杂质能够影响碳含量的准确测定，有时也影响硫含量的准确测定。氧气中的杂质如二氧化碳可以通过氢氧化钠黏土的混合物除去，而杂质中的主要成分甲烷却无法被除去。在燃烧反应时，甲烷将被氧化生成二氧化碳和水，而氧化的程度取决于坩埚和样品的温度以及分析时间，这对于准确测定低碳和低硫产生严重的影响。当测定仪器的基线时，氧气通过仪器的气路系统，经过冷的坩埚和红外池。如果氧气中含有甲烷，则红外池不会产生响应。而当燃烧反应进行时，坩埚、样品和助熔剂的温度可达到甚至超过1500℃。在这一温度下，部分的甲烷可以氧化生成二氧化碳和水，这部分的二氧化碳也将被红外池检测，从而使分析结果产生偏差。而且这种情况无法采用扣除空白的方法加以消除，因为甲烷氧化的程度取决于燃烧的温度、时间和甲烷在氧气中的浓度。对于这一问题，可以通过使用高纯氧气和设法将氧气通过一个加热催化炉氧化甲烷（其中包括其他的碳氢化合物气体）使其转为二氧化碳和水，再用碱石棉和高氯酸镁除去二氧化碳和水两种方法解决。使用高纯氧气很容易实现，但分析成本将升高；第二种方法对于长时间分析更有效，只需在氧气入口处装一个氧气净化装置。

（3）陶瓷坩埚 如果陶瓷坩埚处理得不好，也将使分析结果产生波动。LECO 的标准坩埚平均重约18g，试样分析时通常称取 0.5g~1g，有时更少。这就意味着如果坩埚中碳或硫的质量分数为 1×10^{-6}，将会使分析结果增加 36μg~18μg。实际上，这种沾污并不稳定，有些坩埚基本不含有碳和硫，而有些可能超过 25μg。如果用手拿坩埚，沾污更严重，测定结果波动更大。所以，通常要求将坩埚置于马弗炉或管式炉中，至少在 1000℃下处理 2h，或1250℃以上处理 15min，对于国产坩埚，一般应在 1200℃处理 2h，然后趁热取出，冷却后置于干燥器中备用。使用时用干净的坩埚钳，一个个从干燥器中取出使用，处理过的坩埚不能暴露在空气中太长的时间，因为空气中的粉尘将再次沾污坩埚。表 4-1 的数据（LECO 公司提供）显示了坩埚对碳、硫含量测定的影响，结果显示了坩埚焙烧的重要性。

通常坩埚处理是为了测定样品中的低碳 [$w(C)<0.1\%$] 和低硫 [$w(S)<0.1\%$]，但在某些高碳样品测定时，尤其是称样量很少时，坩埚处理也非常重要。例如，用户要求准确测定碳化钨（WC）中的碳含量，日常分析要求绝对精度（1σ）小于 0.01%；因为 WC 的称样量大约在 0.25g，任何坩埚的沾污都将被放大 4 倍（与通常 1g 试样量比较）。如果在 1g 的称样量下，一个没有经过焙烧的坩埚空白值为 0.0015%，那么 0.25g 试样称样量的空白值将达到 0.006%。很难想象，在日常分析所要求的精度中，坩埚的因素占到 60%，焙烧坩埚可以消除坩埚所引起的结果差异。另外，不同厂家生产的坩埚空白值也不一样，即使是同一厂

家生产的坩埚，不同批次生产的坩埚空白值也会不一样。

表 4-1　坩埚处理对碳、硫含量测定的影响

	焙烧后		未焙烧			
			未用手拿取		用手拿取	
	C/10⁻⁶	S/10⁻⁶	C/10⁻⁶	S/10⁻⁶	C/10⁻⁶	S/10⁻⁶
CS-444LS 高纯铁 标准值 C:5×10⁻⁶ S:2×10⁻⁶	4.6	2.5	13.5	3.1	40.1	3.9
	4.6	2.0	12.3	3.8	24.4	3.7
	4.8	1.8	11.5	3.2	24.6	3.5
	4.9	1.5	12.5	3.2	22.9	3.8
	5.8	2.7	12.8	3.8	34.4	3.3
	4.8	2.5	12.6	3.8	22.8	4.4
	4.5	2.2	11.6	4.1	41.5	3.8
	3.6	1.5	18.5	2.3	21.6	3.7
	6.0	2.0	12.0	3.9	32.5	4.2
	6.0	1.6	16.0	4.2	31.4	4.3
平均值	5.0	2.0	13.3	3.5	29.6	3.9
标准偏差	0.75	0.45	2.20	0.59	7.40	0.34

注：表中数据为碳、硫的质量分数。

（4）助熔剂　助熔剂在感应炉的燃烧反应中起着重要的作用，其纯净度与均匀性非常重要。好的助熔剂应该保证碳、硫含量都很低，而且均匀，这样才能得到准确的助熔剂空白。另外，使用和储藏助熔剂也值得注意。助熔剂在使用时应避免沾污。一种容易忽略却经常发生的情况是助熔剂的盖子打开时间过长，空气中的灰尘沾污了助熔剂。通常这种沾污的干扰，碳大于硫。任何助熔剂的变化都将最终传递到样品本身。在同一批次分析中，每次分析时助熔剂的加入量要尽可能保持一致，通常为 1g。

（5）试样制备　为了得到准确的结果，样品必须具有代表性，试样制备就是为了使样品成为符合仪器要求并具有代表样本的过程。ASTM E1806 和 ISO 14284 两个标准规范了钢铁试样的制备。感应炉碳硫分析仪可以燃烧各种形态的固体样品，如柱状、屑状、粉末样品等，这使制样问题并不复杂。实际上，只有两个方面需要考虑：

1）超低碳分析时，制样所造成的表面沾污；车屑具有较大的比表面积，表面沾污使分析结果波动的可能性也较大，因此，制成粒状或柱状样品是超低碳分析时的首选。

2）灰铸铁中的碳硫分析。灰铸铁中含有一定量的石墨碳，当车削或钻取时，石墨碳会脱离样品，因此，最好的办法是将样品制成簿片状。

对于分析而言，试样制备始终是一个重要的过程。表面沾污对于分析结果将产生严重影响。粒状或柱状样品可以用锉刀去除表面，或采用圆盘、砂带抛光机加工；也可以在碱性试剂中浸泡，或用有机试剂清洗，挥发去溶剂；还可以采用化学腐蚀方法或将上述几种方法综合予以采用。

（6）空白值　空白值是分析样品时，系统中除待测样品外所产生的信号，却叠加在样品的分析信号上使样品测定值与实际产生误差。空白值的测定，通常选择一有证参考物质（CRMs），按照与分析样品相同的条件进行试验，重复测定三次以上，取平均值，再减去

CRMs 的碳含量, 即是空白值。空白值主要来源于氧气、助熔剂和坩埚。为了正确扣除空白值, 必须统一测定这几个因素的平均值。值得注意的是, 当碳、硫的平均空白值得到并扣除时, 氧气、助熔剂和坩埚自身的波动变化并没有扣除。这种波动变化对准确测定低碳、硫含量是不可忽视的。

一般有两种方法测定空白值: ①助熔剂+坩埚; ②助熔剂+坩埚+试样。通常, 测定空白值时输入 1g 重量, 以 1g 的比例进行空白值的补偿扣除 (如果输入 0.5g 重量, 就以 0.5g 的比例补偿扣除)。第一种方法, 称入定量的助熔剂于坩埚中, 并分析。第二种方法, 称入同样量的助熔剂, 并加入所输入重量的低碳或低硫标样, 并分析。第二种方法的好处在于测定空白值和分析实际样品的燃烧条件一致, 侵蚀坩埚的程度基本一致。不利之处在于空白值的准确性取决于标样的准确性。当坩埚的焙烧处理正确并使用高纯助熔剂时, 可以不必使用低碳、硫标样。如果坩埚没有焙烧, 还是要使用标样。另外, 空白值的测定至少要重复三次。

通过测定值和证书值 (或期望值) 的差值得到碳 (或硫) 的空白值, 在同一天中, 应随时测定空白值, 以保证空白不发生漂移。

(7) 仪器校正 红外线吸收法测定碳、硫含量的仪器都必须用已知碳、硫含量的标准样品进行校正。所有的红外线碳硫分析仪都能利用单点线性校正, 这是因为所有的仪器在工厂中就完成了线性化工作。一些仪器也能采用多点线性校正。校正的过程是基于校正标样的碳、硫含量标准值, 标准样品的含量应位于样品测定范围的中上部。校正系数通过测定值和标准值之比得到。仪器的校正应在整天内检查保证处于期望值范围内。

(8) 比较器水平 比较器水平与分析方法密切相关, 选择不同的分析方法就有不同的比较器水平。一般比较器水平高则分析时间短; 比较器水平低, 则包含了更多的样品气体, 因此有更多的碳参与到结果计算; 比较器水平太低, 则碳含量非常低, 不能证明为有效的结果 (噪声), 仅是延长分析时间。

通常碳分析的比较器水平设置为 0.5%, 可以在合理的分析时间内保证有效信号得到收集。可通过试验设置适宜的比较器水平, 以确保所有有效信号得到收集, 提高分析效率。

6. 维护

(1) 燃烧室内的粉尘 样品燃烧过程中, 产生氧化铁及三氧化钨粉尘, 积聚在金属过滤器及石英管上方。如粉尘积聚过多, 对氧气流量、高频感应加热等均产生不利影响, 使碳、硫分析结果偏低、不稳定, 因此在样品分析过程中或分析完成后, 需加以清理。

(2) 高频燃烧炉内部的粉尘 经过长时间的使用, 仪器内部会堆积少量粉尘, 这些粉尘的大多数是金属粉尘, 具有导电性, 而高频感应炉中是高电压、高频率的环境, 金属粉尘的积聚很容易在器件中造成短路、打火等现象, 严重的会烧坏整个设备, 因此, 应根据仪器安放的环境和分析样品量对仪器内部粉尘进行定期清理。

(3) 红外碳硫分析仪净化剂的更换 净化系统中净化剂一般包括高效变色吸水剂、碱石棉和高氯酸镁。高效变色吸水剂用以吸收氧气中的水分, 吸水后颜色变红; 碱石棉用以吸收氧气中的二氧化碳; 高氯酸镁用以吸收坩埚及样品燃烧后的水分。

高效变色吸水剂有三分之一变红, 即需进行更换。碱石棉、高氯酸镁根据分析样品量的多少定期更换 (1~3 个月)。

高效变色吸水剂、碱石棉和高氯酸镁均有粒度要求, 通常为 20 目左右, 购买时应予以注意。

（4）红外碳硫分析仪石英管的更换 石英管属于消耗品，在损坏或长时间使用后需进行更换、清理。

一般碳硫分析仪的定期维护见表 4-2。

表 4-2 碳硫分析仪的定期维护

设备/材料	更换/清洗周期	检查周期
无水高氯酸镁（吸水剂）管	无水高氯酸镁（吸水剂）结块时	90 天检查一次，根据需要更换
自动清扫机构组件	每天	每天拆开清洗、涂真空脂
催化加热管	半年更换一次	根据需要更换镀铂硅胶和玻璃棉
纤维素（脱脂棉）过滤器	膜变黑 1in 或全部变成棕色	根据需要更换纤维素（脱脂棉）过滤器，检查 O 形圈（密封圈），根据需涂真空硅脂或清洗
进气口试剂管	无水高氯酸镁（吸水剂）结块时	每天检查一次，根据需要更换
吹氧管和过滤器组件	每天	出现"清洗"信息或达到系统设置的清洗间隔时清洗
试剂管粗孔过滤器	损坏即换	每月检查一次，气阻增大时清洗

三、应用示例

（一）钢铁 总碳硫含量的测定 高频感应炉燃烧后红外吸收法（GB/T 20123—2006、ISO 15350：2000）

1. 方法提要

试样中的碳、硫在氧气流中燃烧，将碳转化成一氧化碳或二氧化碳，硫转化成二氧化硫。利用一氧化碳、二氧化碳、二氧化硫的红外吸收光谱进行测量。适用于碳的质量分数为 0.005%～4.3%、硫的质量分数为 0.0005%～0.33%的测定。

本方法可采用单独方式分别测定碳或硫含量，或者采用同时测定方法，即同时测定碳和硫含量。

2. 仪器装置

分析过程中，除另有规定，仅使用满足下列要求的普通仪器装置。

碳测定仪、硫测定仪或碳和硫测定仪，由红外光源、独立的测量池和参比池，以及作为平容板的隔膜组成。

瓷坩埚，按照所用仪器厂商的规定，能够耐高频感应炉中燃烧，不产生含碳和硫的化学物质，使空白值控制在特定范围内。

注：碳和硫的污染物通常可通过在空气中将坩埚置于电炉中燃烧除去，1000℃燃烧时间不少于 40min，1350℃燃烧时间不少于 15min，然后将坩埚取出，置于干净的耐热盘中，冷却 2min～3min，最后将坩埚贮于干燥器中。如怀疑氧气中含有有机污染物，在氧气进入仪器气路系统前，将后端连接二氧化碳和水吸收剂的氧化催化剂（氧化铜或铂管）加热至 600℃，净化氧气。

3. 仪器调试

按照厂家说明书组装仪器，并准备操作。检查燃烧单元和测量单元的气密性。在校准仪器和测量空白前，用能测量出碳和硫含量的样品及助熔剂按 GB/T 20123—2006 标准中 8.3 的规定至少测定 5 次。

4. 试料

按 ISO 14284 或适当的国家钢铁取制样标准取样，试料粒度应大小一致，不能小于 0.4mm。试料不应有油、油脂及其他污染物。尤其是使试料增碳和增硫的污染物。分析和校准的试料粒度应一致，并符合厂家说明。

沾污或碳的质量分数小于 0.02% 的试料应使用丙酮、环己烷或其他合适的溶剂清洗。并于 70℃~100℃ 干燥。称量，精确至 1mg。根据高频感应炉的容量和待测物的含量称取适当的试料量。

5. 校准

对每一仪器范围称取选定质量的助熔剂（精确至 5mg），置于坩埚中，加入称取的 CRM 以测量碳空白值。将 CRM 的质量值输入仪器质量补偿器，开始分析。重复测定三次以上，取平均值。再减去 CRM 的碳含量，即是空白值。如果空白值大于 0.002%，标准偏差大于 0.0005%，找出其原因并做相应处置，然后重新测定。根据厂家说明书输入平均空白值。如有必要可以根据试样量调节助熔剂用量。如果仪器不能自动校准空白值，在计算前，应从总结果中减去空白值。

为满足分析任务的要求，可适当选取标准样品，灵活匹配校准范围，使该校准曲线适于同时测定碳和硫含量。按仪器说明书进行校正。

6. 样品分析

称取试样置于坩埚中，加入选定的助熔剂，按仪器分析步骤进行测试，仪器会自动计算碳、硫含量的测试结果。分析过程中，至少每隔两小时分析一个 SPC（统计过程控制参数）样品。试验结束后，重新分析两个日常校准验证样品。若日常校准验证样品测定结果超出分析范围，则找出原因重新分析，直到证明是在可能的误差之内。如果所有的校验结果都在控制之内，那么就报出结果。

（二）海绵钛、钛及钛合金化学分析方法 碳量的测定（GB/T 4698.14—2011）

1. 方法原理

在氧气气氛中，试样中的碳在高频感应炉内被氧化为一氧化碳或二氧化碳，混合气体随载气进入红外检测池，通过与钛标准物质/样品建立的曲线进行比对，测得试样中的碳含量。

2. 试样

试样为屑状，用机械装置钻取或车取的样品长度小于 10mm。用丙酮或其他有机溶剂清洗试样中的油污，低温干燥。

3. 校准

仪器准备工作应按仪器的操作说明书的要求进行，使仪器处于正常稳定状态。称取标准物质 0.3g~0.5g，精确至 0.0001g，助熔剂为纯铜助熔剂，也可采用其他混合助熔剂（钨+锡混合助熔剂，比例为钨+锡=4+1；铜+锡+铁混合助熔剂比例为铜+锡+铁=2+1+1）将助熔剂放入坩埚中，盖好盖，平行测定 3~5 次，按仪器操作说明书对仪器进行校准。

4. 分析

称取 0.3g~0.5g 试样，精确至 0.0001g，放入瓷坩埚中，加入助熔剂 1.0g~2.0g，精确至 0.0001g，盖好坩埚盖。按仪器操作说明进行操作。

第二节　硫的分离与测定

硫是一种非金属元素，能以固、液和气三种状态存在。

硫易与氧等形成氧化能力较弱的化合物，如二氧化硫、三氧化硫、硫酸根等。分析上就利用硫的此种特性将其转化为相应的化合物而进行硫含量的测定。

硫在钢铁中是有害元素，当硫含量超过规定范围时，要降低硫的含量，生产中称为"脱硫"。硫在钢中固溶量极小，但能形成多种硫化物，如硫化亚铁、硫化锰、硫化钒、硫化锌、硫化钛等，当钢中有大量锰存在时，主要以硫化锰的形式存在，其次以硫化亚铁的形式存在。

硫对钢铁性能的主要影响是产生"热脆"。

一般普通钢中硫含量不超过 0.05%，优质结构钢、工具钢不超过 0.045%、0.03%，高级优质钢不超过 0.020%，生铁中硫含量较高。在特定条件下，硫能改善钢的切削性，在易切削钢中硫的含量可达到 0.35% 左右。

一、硫的分离

（一）燃烧分离法

将试样在高温下通氧燃烧，生成二氧化硫，然后随同剩余的氧气进入测量系统而与其他元素分离。这一分离方法选择性高，除去碳生成相应的二氧化碳外，可与金属中所有元素分离，而二氧化碳对硫的测定通常无干扰。

燃烧分离法的优点是简便、快速，但分离是不完全的，二氧化硫的生成率小于 90%，这是该法的最大缺陷。

（二）蒸馏分离法

试样经酸分解后，加入强氧化剂使硫完全氧化成硫酸根的状态，然后在还原剂的存在下，加热蒸馏，使硫酸根中的硫被还原为硫化氢，从而与其他元素分离。此法硫的回收率可达 98% 以上，特别适用于微量硫的分离富集。大量铁的存在对分离有干扰，小于 150mg 则无影响。硒、碲及硝酸根有严重干扰。此法的主要缺点是操作比较麻烦，分离时间长。

（三）色层分离法

试样用王水和氧化剂分解后，硫被氧化为硫酸根。通过高氯酸冒烟，除去氯离子、硝酸根，并将铬氧化为铬酸根。溶液通过氧化铝色层柱后，由于硫酸根定量吸附在色层柱上，而与所有阳离子分离，然后用稀氨水淋洗色层柱的硫酸根，进行硫含量的测定。

铬经高氯酸氧化为铬酸根后，部分吸附于色层柱上，以氨水淋洗时，有少量铬酸根被洗下，对测定有一定干扰，可用过氧化氢还原为三价而消除。铌含量大于 150mg 时有干扰，使结果偏低。钨、钼、钛、硅在高氯酸冒烟时全部或大部分沉淀，经过滤后，对分离无影响。

二、硫含量的测定

在金属材料中硫含量的测定方法主要有硫酸钡重量法、燃烧碘量法、红外线吸收法、电导法和硫化氢法。以下将分别予以介绍。

（一）硫酸钡重量法

1. 基本原理

试样中的硫，经酸分解氧化后转化为硫酸盐，在盐酸介质中加入氯化钡，生成硫酸钡沉淀，然后称量，这种方法称为硫酸钡重量法。

反应式为

$$BaCl_2 + SO_4^{2-} \longrightarrow BaSO_4 \downarrow + 2Cl^-$$

计算公式为

$$w(S) = \frac{m_2 f}{m_1} \times 100\% \tag{4-4}$$

式中　m_1——试样的质量，g；

m_2——生成硫酸钡的质量，g；

f——硫酸钡与硫的换算系数。

2. 推荐标准

GB/T 223.72—2008《钢铁及合金　硫含量的测定　重量法》，方法一：重量法，测定范围：0.003%～0.35%；方法二：氯化铝色层分离-硫酸钡重量法，测定范围：0.003%～0.2%。

YB/T 5040—2012《氧化钼　硫含量的测定　硫酸钡重量法》，测定范围：0.20%～1.00%。

3. 注意事项

1）此法用于钢铁分析时，由于共沉淀现象较为严重，干扰离子多。过去采用提高沉淀时的盐酸浓度来减小共沉淀的影响，大都在10%盐酸介质中进行沉淀。但酸度提高后，不利于硫酸钡的完全沉淀，因为适宜的沉淀酸度为1%。可用锌粒、铝片或盐酸羟胺预先将铁还原为二价，以减少铁的共沉淀，也可以在还原后再加EDTA为掩蔽剂，效果更好。采用活性氧化铝色层柱吸附硫酸根能使绝大多数干扰离子得到分离，然后用氨水洗脱色层柱上的硫酸根进行硫含量的测定。

2）试验证明，此法所得的结果容易出现负偏差，这是因为硫酸钡在水中有较大的溶解度。硫酸钡的溶度积 $K_{SP} = 1.1 \times 10^{-10}$（25℃时），其溶解度为 1.05×10^{-5} mol/L，在难溶化合物中算是"易溶"的。为了减少此影响，沉淀时可加入少量乙醇，并适当增加沉淀剂用量，转移和洗涤沉淀时，最好控制体积及洗涤次数。

3）在进行精确测定时，需用校正曲线来校正结果。校正曲线的绘制：移取数份硫标准溶液，每点取二份相当于7mg～40mg硫酸钡，置于100mL烧杯中，按分析步骤进行测定。以加入的硫量（相当于硫酸钡量，即理论值，g）为横坐标，以测得的硫酸钡质量（g）减去理论值所得差的平均值（即校正值，g）为纵坐标，绘制校正曲线。

4）在一般情况下，如果硫酸钡沉淀量（包括加入硫标准溶液中的硫）控制在7mg～40mg，其测定得到的硫酸钡量与理论值的相对误差不超过1%，可考虑不必进行校正。

（二）燃烧碘量法

1. 基本原理

试样置于高温炉中通氧燃烧，使硫氧化成二氧化硫，燃烧后的混合气体经除尘管除去各类粉尘后，用含有淀粉的水溶液吸收，生成亚硫酸，用碘或碘酸钾标准溶液滴定。过量的碘被淀粉（$C_{24}H_{40}O_{20}$）吸附生成蓝色的吸附络合物，即为终点。

反应式为

$$S+O_2 \xrightarrow{\text{高温}} SO_2$$
$$SO_2+H_2O = H_2SO_3$$
$$KIO_3+5KI+6HCl+3H_2SO_3 = 3H_2SO_4+6KCl+6HI$$

2. 推荐标准

GB/T 223.68—1997《钢铁及合金化学分析方法　管式炉内燃烧后碘酸钾滴定法　测定硫含量》。测定范围：$0.0030\% \sim 0.20\%$。

GB/T 5059.9—2008《钼铁　硫含量的测定　红外线吸收法和燃烧碘量法》，方法二：燃烧碘量法。测定范围：$0.015\% \sim 0.250\%$。

3. 仪器装置

燃烧-碘量法定硫仪器装置如图4-6所示。

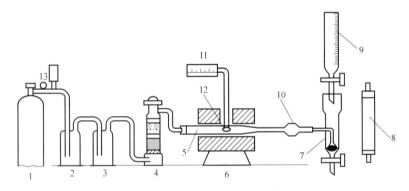

图4-6　燃烧-碘量法定硫仪器装置

1—氧气瓶　2—缓冲瓶　3—洗气瓶（内盛浓硫酸溶液，装入量约为瓶高1/3处）　4—干燥塔（上层装有碱石棉或碱石灰，中间用玻璃棉分隔，下层装有无水氯化钙，主要用来除去酸雾、氧气中的二氧化硫或有机物经过洗气瓶后被氧化所产生的二氧化硫，同时起干燥氧气的作用）　5—瓷管（长600mm，内径为23mm，使用前在高温炉中预烧）　6—管式炉（内装硅碳棒）　7—吸收杯　8—日光灯　9—滴定管（背白蓝色A级滴定管，25.00mL）　10—球形干燥管（内装干燥的脱脂棉，其主要用于除去氧化铁粉尘）　11—温度控制器　12—带瓷盖的瓷舟　13—分压表（带流量计和缓冲阀）

4. 试剂

1）定硫吸收液。其配制为：称取可溶性淀粉2g、加碘化汞0.2g、碘化钾1g，置于研钵中加入少量水研磨，将所得悬浮液徐徐注入500mL沸水中，煮沸至溶液澄清，冷却后稀释至3L。

2）碘标准溶液。其配制为：于称量瓶中称取1.9845g碘，小心移入已有15g碘化钾及60mL水的棕色玻璃瓶内，待碘全溶后，将溶液以水稀释至5L并混匀。用已知硫含量的标准样品求滴定度。

3）碱性高锰酸钾溶液。其配制为：将20g氢氧化钾与2g高锰酸钾溶于50mL水中。

4）无水氯化钙。

5）苏打石棉（或苏打石灰）。

6）助熔剂：金属锡、铜、氧化铜等均可。使用前应做空白试验，含硫量不得超过0.002%。

5. 分析步骤

1）接通电源，将炉温升至所需要的温度。碳钢及铸铁为 1150℃~1250℃；合金钢及耐热钢为 1250℃~1350℃。

2）检查整个管路是否漏气。按气体容量法定碳方法中有关检漏的步骤进行。

3）将氧气活塞打开，使氧气流经燃烧管引入吸收器中，此时，用滴定管滴入碘标准溶液数滴至溶液呈浅蓝色。关闭氧气流，如蓝色很快消失，应再通氧，并继续滴加碘标准溶液至浅蓝色不消失为止。

4）称样 0.2g~0.5g 于瓷舟内。覆以适量助熔剂（同碳含量的测定）。

5）用长钩将盛有试样的瓷舟送到燃烧管中最高温度区，立即用橡胶塞将燃烧管塞紧，预热 30s~60s（同碳含量的测定）。

6）打开通氧活塞，通过控制活塞控制氧气流的速度，达到使吸收液的液面略上升 30mm~40mm 为宜，当吸收器内的淀粉溶液蓝色减退时，立即滴入碘标准溶液直至滴到浅蓝色保持不变即为终点。

7）立即关闭控制活塞和通氧活塞，取下胶塞，从瓷管内钩出瓷舟，读取碘标准溶液所消耗体积，按式（4-5）计算出硫的质量分数

$$w(S) = \frac{T_S V}{m} \times 100\%$$（4-5）

式中　V——滴定时消耗碘标准溶液的体积，mL；

　　　m——试样的质量，g；

　　　T_S——碘标准溶液对硫的滴定度，g/mL。

T_S 的求法：用已知硫含量为 $w(S_{ST})$ 的标准试样按分析步骤进行，按式（4-6）求出 T_S

$$T_S = \frac{w(S_{ST}) m_{ST}}{V_{ST}}$$（4-6）

式中　$w(S_{ST})$——标准样品中硫的质量分数，%；

　　　m_{ST}——标准样品的质量，g；

　　　V_{ST}——滴定标准样品时所消耗的碘标准溶液的体积，mL。

6. 注意事项

1）分析硫所用试样必须细薄，因粗屑在燃烧时常产生气泡，而气泡中常裹有含硫的气体。

2）燃烧数次后，应将吸收前的输气玻璃管及燃烧管的尾端用软丝刷将铁氧化物刷去，并用压缩空气将残留的粉末吹尽。不应使用粘有很多熔渣的燃烧管，否则结果偏低。因此燃烧管使用一段时间后，要及时更换。

3）氧气流的速度不宜过大或过小，要保持和标准样品一致的条件，速度过小，样品不易燃烧完全，如果二氧化硫在管中滞留过久，将使结果偏低。速度过大，会使试样燃烧不完全，并使钢样飞溅，甚至导致胶塞燃烧生成大量二氧化硫，使分析失败。但在燃烧后，应将氧气流的速度稍加大些，使生成的二氧化硫都能被赶到吸收器中。

4）燃烧法定硫，应避免吸收液回流在导管内；导管应保持干燥，否则，由于导管湿润，二氧化硫就在导管中生成亚硫酸而被阻滞，导致分析失败。

5）用碘量法定硫时，氧气应预先干燥，因为潮湿的氧气易使硫氧化成六价，不再与碘反应。

6）应用燃烧法定硫时，只能用硫含量相当的标准样品标定溶液，而分析结果不能用理论值计算。这是因为钢铁中的硫化物转化为二氧化硫并不完全，而与温度、氧气流的速度、预热时间、助熔剂的选择有关，因此标准样品和被测试样的各种操作及分析条件应尽量保持一致。预热时间、燃烧温度及助熔剂的选择见表4-3。

表 4-3　预热时间、燃烧温度及助熔剂的选择

试样	助熔剂	预热时间/min	燃烧温度/℃
碳钢及低合金钢	锡	1	1250~1300
合金钢	锡+氧化铜	1~1.5	1300~1350
锰铁	铜+氧化铜	1~1.5	1350
硅铁	铜+氧化铜	1~1.5	1300~1350
铬铁	铜+氧化铜	1~1.5	1350
钨铁	锡	1~1.5	1350

7）目前此法测定硫的重现性不太好。有三种可能：①一部分硫化物分解不完全，使结果偏低，建议提高温度；②一部分二氧化硫在氧气存在下，生成了三氧化硫，使结果偏低；③氧化铁粉对二氧化硫有吸附作用，使结果偏低。建议及时除掉粉尘，并加大氧气流量，减少吸附。总之，适当提高燃烧温度，缩短预热时间，加大氧气流量对改善硫的稳定性是有益的。用电弧燃烧和高频加热燃烧法测定硫时，氧化物粉尘对二氧化硫的吸附作用更为明显。

8）定硫吸收液的更换：每测定 4~5 个试样应换一次吸收液。否则淀粉指示剂的灵敏度降低，影响测定结果。

9）保存时间过长的部分钢铁标准样品中的硫有明显降低的现象，个别甚至降低达20%，如果测定的重复性好而标准样品相互换算困难，那么就应查找标准样品方面的原因。

7. 关于提高硫回收率的讨论

（1）硫的氧化需要在更高的温度下进行　硫在钢铁中存在的形态较稳定，须提高燃烧温度才能使硫化物分解和氧化。资料介绍，炉温在1399℃时，硫回收率可达 90%~96%；炉温在1450℃~1510℃时，硫回收率约98%。国外多采用高频炉燃烧，硫有较高的回收率。管式炉燃烧时，炉温很难达 1350℃ 以上，但应根据不同材料，尽量提高炉温，一般铸铁为1250℃，普通钢、低合金钢为1300℃，高速钢、耐热钢为1300℃~1350℃。另外还必须确保一定高温持续时间，使硫充分氧化，一般说来，电弧炉的回收率低于管式炉和高频炉。

（2）选择优良的助熔剂　关于定硫的助熔剂，目前使用较多的仍为锡粒、纯铜和纯铁。近年来有人提出了钨粒、钼粉、五氧化二钒、三氧化钼等新型助熔剂。

锡粒是常用的定硫助熔剂，助熔效果尚好，当用于管式炉时，硫的回收率可达 80% 左右。它的主要缺点是燃烧过程中产生大量的二氧化锡粉尘。锡粒尤其不能单独用于含铬合金钢的分析，这是因为将产生吸附能力很强的粉色粉尘，使硫的回收率大大降低。

不少人认为五氧化二钒的助熔效果较为理想，优点是燃烧过程中产生粉尘少，硫的回收率可达（90±10）%。如果采用五氧化二钒、还原铁粉及碳粉混合助熔剂，可使中低合金钢、碳钢、铸铁等不同样品中硫的回收率接近一致，也有将五氧化二钒与二氧化硅按1+1混合，

用作碳素锰铁的分析，据称回收率可达 99.9%。

钼粉与三氧化钼是较为理想的助熔剂，钨粒和三氧化钨次之。用三氧化钼较为适宜，但单独使用三氧化钼，有燃烧不好的可能。如果将三氧化钼与锡粒混合使用，既充分发挥了锡粒助熔性强的优点，又克服了产生粉尘对硫的吸附作用，具有适应性广、熔渣致密平整、数据可靠稳定等特点，实际测定中可收到良好的效果。

纯铁一般作为稀释剂使用，一般为还原铁粉，但要注意纯铁的纯度。

（3）消除测定过程中对二氧化硫的吸附　二氧化硫是一种典型的极性分子，容易被其他物质所吸附，这是它本身的性质所决定的。燃烧中各种粉尘的产生和积聚，是吸附发生的外部条件。只有消除了吸附对测定的干扰，才有可能进一步提高硫的回收率。在连续测定 10 个以上样品后，应清除瓷管内的氧化物。球形干燥管中脱脂棉上粉尘积聚多时也应及时更换。也有人提出，以三氧化钼和锡粒共同助熔，可以有效地清除分析过程的吸附现象，三氧化钼是一种反吸附剂。

（4）采用"前大氧，后控气"的供气方式　既能有效地提高试样的燃烧速度和温度，有利于硫的充分氧化；又可保证二氧化硫的完全吸收，有利于滴定反应的顺利进行。后控气的氧气流量以 3L/min 左右为宜。

（5）防止二氧化硫的接触转化　采用管式炉燃烧试样时，在 600℃ 左右的中温区，由于氧化铁及其粉尘的接触催化作用，部分二氧化硫会转化为三氧化硫，三氧化硫将不被碘溶液所滴定，从而使结果偏低。提高燃烧温度、加大氧气流量、采用有盖瓷舟、适当增加预热时间等均可降低二氧化硫转化为三氧化硫的概率。

（三）红外线吸收法

1. 基本原理

红外线吸收法测定硫含量与红外线吸收法测定碳含量的原理相同，因为二氧化硫对红外线同样具有吸收作用，它的特征吸收波长为 7.23μm。详见红外线吸收法测定碳含量的基本原理。

反应式为

$$S+O_2 \xrightarrow{\text{高温}} SO_2$$

2. 推荐标准

ISO 15350：2000（E）《钢和铁　总碳量及总硫量的测定　在感应炉中燃烧后的红外吸收法（常规法）》（*Steel and iron-Determination of total carbon and sulfur content-Infrared absorption method after combustion in an induction furnace（routine method）*），测定范围：0.0005% ~ 0.33%。

ASTM E1019—2018《用不同的燃烧技术和惰性气体熔融技术测定钢、铁、镍、和钴合金中碳、硫、氮和氧含量的标准试验方法》（*Standard test methods for determination of carbon，sulfur，nitrogen and oxygen in steel，iron，nickel，and cobalt alloys by various combustion and inert gas fusion techniques*），测定范围：0.002% ~ 0.350%。

GB/T 5686.7—2008《锰铁、锰硅合金、氮化锰铁和金属锰　硫含量的测定　红外线吸收法和燃烧中和滴定法》，方法一：红外线吸收法，测定范围：0.0050% ~ 0.120%。

GB/T 20123—2006《钢铁　总碳硫含量的测定　高频感应炉燃烧后红外吸收法（常规

方法）》，测定范围：$0.0005\% \sim 0.33\%$。

（四）电导法

1. 基本原理

试样经高温炉燃烧生成的二氧化硫，导入特定的电导池中，以含有氧化剂的水溶液吸收。反应式为

$$SO_2 + H_2O = H_2SO_3$$

$$H_2SO_3 \xrightarrow{\text{氧化剂氧化}} H_2SO_4$$

由于产生了硫酸，溶液中的 H^+ 浓度增加，使溶液的电导率增大。吸收前后电导值的变化与硫含量成正比。

2. 注意事项

1）定硫吸收液中氧化剂一般采用过氧化氢。

2）重铬酸钾稀溶液不稳定，灵敏度不高，不宜使用。

3）在定硫吸收液中必须加入少许稀硫酸（1+99），一方面保证电表指针能调到零位，更重要的是定硫的电极灵敏度取决于硫酸的加入量，一般每 1000mL 溶液中，加入 $0.5mL \sim 2mL$ 稀硫酸，过多则灵敏度降低。

4）过氧化氢加入量的多少对电极灵敏度无影响。

5）过氧化氢加入量对吸收液的稳定性有影响，加入量少，则电导率会逐渐下降，反之亦然。

6）1000mL 吸收液中加入 0.5mL 过氧化氢（30%）时，电导率稳定，一般可保持一个月不变。

电导法适用于微量硫的测定，方法快速，但需要专用的电导仪器。对蒸馏水的要求较高，最好采用高质量的实验室一级水。

（五）硫化氢法

试样溶于盐酸-硝酸混合酸中，同时加溴使硫氧化成硫酸，试样溶液蒸干驱尽硝酸后，加氢碘酸-次磷酸钠为还原剂，在氮气流下加热蒸馏，硫酸还原成硫化氢，经吸收后可用光度法或离子选择电极法进行测定。

1. 还原蒸馏-次甲基蓝光度法

用乙酸锌溶液吸收蒸馏出的硫化氢，然后用 N，N-二甲基对苯二胺溶液和三氯化铁溶液使之生成次甲基蓝。其最大吸收波长为 667nm 处，硫的浓度为 $0\mu g/50mL \sim 45\mu g/50mL$ 时符合比尔定律。室温下 15min 显色完全，显色液至少稳定 9h 以上。除硒、碲外，其他元素均不干扰测定，此方法灵敏度高，适合测定钢铁中的微量硫。

2. 还原蒸馏-离子选择电极法

硫化氢蒸出后，用氢氧化钠溶液吸收，以硫离子选择电极为指示电极，以饱和甘汞电极为参比电极，用铅标准溶液进行电位滴定。此方法灵敏度高、准确度好，特别适用于低硫的测定。

第三节　氧含量的测定

氧是一种非常活泼的非金属元素，它能与许多金属元素反应生成氧化物。

氧在钢铁中主要以氧化亚铁和氧化铁的形式存在,如果钢铁中有其他合金元素存在,氧还会和其他合金元素形成氧化物。

氧在金属材料中是一种极其有害的元素,如果材料中氧含量过高,就会在材料中形成大量的氧化物夹杂,会产生气孔、气泡等缺陷,这将严重影响材料的机械性能,一般来说,要求氧在金属材料中的含量越低越好。

在金属材料中氧的分析方法主要有恒电流库仑法和红外线吸收法。

一、恒电流库仑法

(一) 基本原理

将试样置于石墨坩埚内,以脉冲加热的方式熔融(一般坩埚温度在几秒内可达 2500℃ ~ 3000℃),试样在石墨坩埚熔融后,其中的金属氧化物与碳反应,产生一氧化碳,以氩气作为载气通过加热到 600℃ 的氧化铜转化器,将一氧化碳转化成二氧化碳,二氧化碳被 pH≈9.5 的高氯酸钡溶液吸收,使溶液的 pH 值降低。通过电解产生所需等物质的量的碱,使溶液的 pH 值恢复到开始前的 pH 值,根据电解所消耗电量的脉冲记数计算氧含量。

(二) 仪器的测量

整个仪器测量的过程是通过三个阶段来完成的,它们是:

加热阶段

$$Me_xO+C \rightarrow xMe+CO$$

$$CO+CuO \rightarrow Cu+CO_2$$

吸收阶段

$$CO_2+Ba^{2+}+2OH^- \rightarrow BaCO_3\downarrow+H_2O$$

库仑滴定阶段

$$Ba^{2+}+2H_2O+2e(负极)=H_2\uparrow+Ba^{2+}+2OH^-$$

库仑分析法的基础是法拉第定律:

1)发生电极反应的物质的量与所通过的电量成正比;

2)相同电量通过不同的电解质溶液时,在电极上获得各种产物的数量与它的物质的量成正比。

测量仪器的电解方式是通过电容器放电来完成的,把一个已知电容量的电容器,充电到一定的电压之后与电解电极接通。这样该电容器的电量就全部通过吸收液形成一个电脉冲。这个电脉冲的电量是

$$Q = CE \tag{4-7}$$

式中 Q——一个电脉冲的库仑数,C;

  C——电容器的电容,F;

  E——电压,V。

设电容量为 40μF,$E=150V$。则 $Q=40\times10^{-6}\times150=6\times10^{-3}C$,也就是每个脉冲的电量为 $6\times10^{-3}C$,它相当于 0.5μg 氧。

如果在分析过程中,吸收液对二氧化碳的吸收率可达 100%,而电解率也能达 100%,则此法可作为分析氧的绝对方法,但实际上,吸收率总是达不到这一要求,因此在分析样品前应用已知氧含量的标准试样,通过调节电容器的电压来调节每个电脉冲的电量,使每个电脉冲相当

于 0.5μg 氧。氧含量的计算公式见式（4-8）

$$w(O) = \frac{(A-B)\times 5\times 10^{-7}}{m}\times 100\%$$ (4-8)

式中　A——样品分析结束时的显示读数；

　　　B——空白读数；

　　　m——样品的质量，g。

（三）注意事项

1）可用与样品相同材料的氧含量相近的标准试样校正仪器电脉冲的电量，也可用纯氧化物来校正。

2）石墨坩埚的脱气温度要高于分析温度（有利于降低空白值）。

3）如果仪器的分析空白值高，可将一批坩埚先行脱气一次，再测仪器的空白值。

4）难熔金属应选择适当助熔剂（如纯镍、钝锡等）。

5）分析前应检查系统内化学试剂是否失效。

6）分析前应检查气路是否漏气，仪器停用时要使气路系统保持正压。

7）开启仪器前要检查电压、水压及水的流量是否正常。

8）仪器开启到稳定方可分析，一般为 1h～2h。

9）启动仪器时，先通气，再通电，最后通水，关闭仪器则顺序相反。

10）分析结束后要放去主杯内的吸收液，用蒸馏水洗净，再加入高氯酸钡溶液。

11）上、下电极及炉腔内必须保持清洁。

二、红外线吸收法

（一）基本原理

将试样置于石墨坩埚中，用脉冲加热的方式（2000℃以上）将试样熔融，以氩气或氦气作载气将样品中释放出的氢、一氧化碳、氮气带入已加热的稀土氧化铜转化器中，使氢转化成水蒸气，一氧化碳氧化成二氧化碳，然后经除水后将二氧化碳送入红外检测器中进行检测，从而得出样品中氧的含量。

反应式为

$$Me_xO+C \rightarrow xMe+CO$$
$$CO+CuO \rightarrow Cu+CO_2$$

方法的理论基础是二氧化碳对红外线具有特征的吸收波长，二氧化碳是含有极性键的非极性分子。

（二）推荐标准

ASTM E1019—2018《用不同的燃烧技术和惰性气体熔融技术测定钢、铁、镍和钴合金中碳、硫、氮和氧含量的标准试验方法》（*Standard test methods for determination of carbon, sulfur, nitrogen and oxygen in steel, iron, nickel, and cobalt alloys by various combustion and inert gas fusion techniques*），测定范围：0.001%～0.005%。

GB/T 11261—2006《钢铁　氧含量的测定　脉冲加热惰气熔融-红外线吸收法》，测定范围：0.0005%～0.020%。

GB/T 4698.7—2011《海绵钛　钛及钛合金化学分析方法　氧量、氮量的测定》，方法一：

惰性气体熔融 红外法测定氧量，测定范围：0.020%~0.40%。

YS/T 539.13—2009《镍基合金粉化学分析方法 第13部分：氧量的测定 脉冲加热惰气熔融-红外线吸收法》，测定范围：0.005%~0.2%。

GB/T 4324.25—2012《钨化学分析方法 第25部分：氧量的测定 脉冲加热惰气熔融-红外吸收法》，测定范围：0.0005%~0.80%。

（三）仪器装置

脉冲加热惰气熔融-红外线吸收法定氧仪，仪器灵敏度不低于 0.01μg/g。其装置示意图如图 4-7 所示。

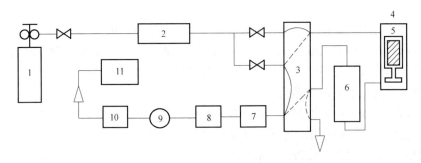

图 4-7 脉冲加热惰气熔融-红外线吸收法定氧仪的装置示意图

1—载气（氮气或氩气，99.99%） 2—净化试剂管（内装碱石棉和无水高氯酸镁） 3—转心阀
4—脉冲加热炉（功率不小于 6.6kW，炉温不低于 2500℃） 5—石墨坩埚 6—玻璃棉 7—稀土氧化铜
8—干燥试剂管（内装无水高氯酸镁） 9—流量控制器 10—CO₂ 或 CO 红外检测器 11—数据处理系统

（四）注意事项

1）分析前检查系统气路内的化学试剂是否失效。

2）分析前要检查气路系统是否漏气，一般仪器均有检漏系统。

3）开机前要检查水、电、气是否正常。

4）为了使红外池电压趋于稳定，仪器应开机预热 2h~3h。

5）仪器稳定后，先开气（载气、动力气），后开冷却水。

6）保持上下电极的清洁，一般每分析一次样品，要用金属刷清理一次电极。

7）钢铁试样应制成 $\phi4mm~\phi5mm$ 圆棒，长度约为 8mm~10mm，表面粗糙度 Ra 为 3.2μm 以上，试样质量为 0.5g~1g。

8）操作过程中应避免试样氧化和沾污，试样一般应在分析前用四氯化碳或乙醚清洗。

9）钢铁试样可直接分析，不需要加任何助熔剂。但分析难熔样品时，如钛合金、钨粉等，需要加纯镍或纯锡以及两者的混合助熔剂，一般使用的是镍蓝。

10）为减小空白值影响，分析时脱气电流要大于分析电流。

第四节 氮含量的测定

氮是人们非常熟悉的非金属元素，绝大部分的氮以单质分子存在于大气中。

氮是随炉料和炉气带入钢中的一种杂质元素，钢中残留的氮导致钢的宏观组织疏松，甚至形成气泡。氮含量高时，钢的韧性下降，硬度和脆性增加。在不锈钢中，过量的氮将导致产生晶间腐蚀。另一方面，氮又能促进晶粒细化，提高钢的硬度和强度。各种钢中存在氮的含量不一样，有的低至 0.001%，有的则高达 0.30%。

一、氮的分离

（一）化学分离法

1. 蒸馏法

该方法是在强碱作用下，将以铵盐形式进入溶液的氮转化为氨，再通过加热蒸馏的方式，将氨蒸馏出来。此法虽然能分离完全，但有很多因素影响测定结果的精确度。其中主要是空白值稳定性的影响。蒸馏时间较长也是缺点之一。

降低并稳定空白值的关键，是采用高质量的蒸馏水（实验室一级水）和高纯度的氢氧化钠试剂。

蒸馏法大致可分为直接蒸馏法和水蒸气蒸馏法两类，二者各有利弊，在工厂中均有应用。

（1）直接蒸馏法 这是最早用来分离氮的方法，其装置由蒸馏瓶、分馏瓶（也称为氮气球）、吸收瓶三部分组成。此法在蒸馏过程中，由于蒸馏瓶中有大量的氢氧化铁沉淀存在，直接加热时，溶液振动激烈甚至迸溅，所以加热要小心。但由于该法装置简单，蒸馏速度快，蒸馏时间约为 2min~3min，近年来被广泛应用于快速分析中。

（2）水蒸气蒸馏法 这是一种国内外通用的分离方法。此法蒸馏过程平静，分离完全，可得到较为理想的氨回收率。缺点是蒸馏时间较长，通常需 30min 左右。

2. 强碱分离法

试样经酸分解后，氮以铵盐形式存在于溶液中，然后加入氢氧化钠溶液使铁、铬、锰、镍、钴等都成为氢氧化物沉淀除去，干过滤后进行氮含量的测定。此法较蒸馏法简便快速，适合于炉前快速分析。

（二）热分解分离法

热分解分离法是国内外均广泛采用的方法。它是通过加热的方式，使金属在高温下熔融，然后释放出氮分子而与金属中其他元素分离。通常有真空熔融法和惰性气体熔融法两类。

（1）真空熔融法 真空熔融法采用高频炉熔融试样，此法熔融温度低，氮的提取不完全。

（2）惰性气体熔融法 惰性气体熔融法是利用低电压、大电流直接通过石墨坩埚加热（脉冲加热），瞬间将试样加热至 3000℃ 左右的高温，此法熔化快速、氮化物分解完全，是目前较为理想的热分解方法。

二、氮含量的测定

金属材料中氮的分析方法主要分为中和滴定法、光度法及惰气熔融-热导法。

（一）中和滴定法

1. 基本原理

试样溶于酸中，加入强碱使溶液中的氮转化成氨，再通过加热蒸馏的方式，将形成的氨蒸馏出来，所蒸馏出来的氨被饱和硼酸溶液吸收后，用硫酸标准滴定溶液或氨基磺酸标准滴定溶液滴定所生成的硼酸二氢铵，从而计算出样品中的氮含量。

2. 推荐标准

GB/T 223.36—1994《钢铁及合金化学分析方法　蒸馏分离-中和滴定法测定氮量》，测定范围：0.010%~0.50%。

GB/T 5687.4—2016《氮化铬铁和高氮铬铁 氮含量的测定 蒸馏-中和滴定法》，测定范围：1.00%~10.0%。

3. 仪器

水蒸气蒸馏仪如图4-8所示。

凡能满足下列条件的蒸馏仪均可采用：

1）必须是水蒸气蒸馏式的。

2）蒸馏速度：一般为 10min~20min 内蒸出液量 70mL~100mL。

3）氮的回收率：对 10μg~1500μg 氮，蒸出液为 80mL，氮的回收率在 97% 以上。

4）仪器空白值：在加碱空蒸时（不加试样），蒸出液为 80mL，滴定所消耗氨基磺酸标准溶液 $[c(NH_2SO_3H) = 0.002000mol/L]$ 不应超过 0.5mL。

4. 试剂

使用的试剂有：硫酸钾、氟化钠、硫酸（$\rho=1.84g/mL$）、硫酸（1+4）、氢氟酸（$\rho=1.15g/mL$）、磷酸（$\rho=1.70g/mL$）、硫酸-磷酸混合酸、盐酸（1+1）、高氯酸

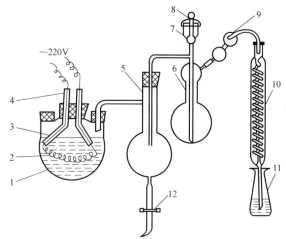

图 4-8 水蒸气蒸馏仪

1—三颈瓶（2000mL~3000mL） 2—加热电阻丝 3—接线柱
4—电极 5—废液瓶（500mL） 6—蒸馏瓶（500mL）
7—漏斗 8—磨口罩 9—双球分馏器 10—冷凝管
11—吸收瓶（250mL） 12—弹簧夹

（1+1）、过氧化氢（$\rho=1.10g/mL$）、氢氧化钠溶液（500g/L）、硼酸吸收液（1g/L）、氨基磺酸标准溶液、甲基红-次甲基蓝指示液。

（1）硫酸-磷酸混合酸的配制 于 200mL 水中，在搅拌下缓缓加入 10mL 硫酸，加 40mL 磷酸，混匀。

（2）氢氧化钠溶液（500g/L）的配制 称取 500g 氢氧化钠，溶于 800mL 水中，加数粒锌粒，加热煮沸 10min；除去残余锌粒，取下冷却，用水稀释至 1000mL，混匀，贮于塑料瓶中。

（3）氨基磺酸标准溶液的配制

1）氨基磺酸标准溶液 $[c(NH_2SO_3H) = 0.1000mol/L]$ 的配制：称取 9.7090g 预先在硫酸真空干燥 48h 的基准氨基磺酸，置于 400mL 烧杯中，加水溶解，移入 1000mL 容量瓶中，以水稀释至刻度，混匀。

若无基准氨基磺酸，在配制后，其浓度可用基准无水碳酸钠标准溶液进行标定。方法为：称取 5.2995g 预先在高温炉中于 270℃ 下灼烧至恒量的基准无水碳酸钠配制成 1000mL 溶液，其浓度为 $c(1/2Na_2CO_3) = 0.1000mol/L$。

称取三份 20.00mL 上述溶液分别放于锥形瓶中，加约 40mL 水，加 3 滴甲基红-次甲基蓝指示液，用氨基磺酸溶液滴定至玫瑰红色为终点。三份所消耗氨基磺酸溶液体积的极差值不得超过 0.05mL，取其平均值。

由式（4-9）计算氨基磺酸标准溶液的准确浓度

$$c(NH_2SO_3H) = \frac{0.10 \times 20.0}{V_1} \tag{4-9}$$

式中　V_1——滴定时消耗氨基磺酸溶液的体积，mL。

2）氨基磺酸标准溶液 $[c(NH_2SO_3H) = 0.002000mol/L]$ 的配制：移取 20.00mL 氨基磺酸标准溶液 $[c(NH_2SO_3H) = 0.1000mol/L]$ 置于 1000mL 容量瓶中，以水稀释至刻度，混匀。

（4）甲基红-次甲基蓝指示液的配制　称取 0.125g 甲基红和 0.083g 次甲基蓝，溶于 100mL 乙醇中，贮于棕色瓶中。

5. 分析步骤

在无氮化物污染的专用实验室进行。

（1）试样量　中和滴定法测定氮含量的试样称取量见表 4-4。

表 4-4　中和滴定法测定氮含量的试样称取量

氮含量(%)	试样量/g	氮含量(%)	试样量/g
0.01~0.03	2.000	>0.15~0.30	0.2000
>0.03~0.05	1.000	>0.30~0.50	0.1000
>0.05~0.15	0.5000		

注：氮含量为氮的质量分数。

（2）空白试验　随同试样做空白试验。

（3）试样的溶解　将试样置于 150mL 锥形瓶或凯氏瓶中，根据不同试样按下列各项处理：

1）一般合金钢、高温合金：加 50mL 硫酸（1+4），当试样中含 1%~8% 的铝、钨、钛时，可补加 1mL~5mL 磷酸（$\rho = 1.70g/mL$）；当试样含 0.5%~4% 硅时，加 5 滴~40 滴氢氟酸（$\rho = 1.15g/mL$）或 0.5g 氟化钠，加热溶解，保持溶液不沸腾，直到试样全部溶解 [如发现有多量碳化物存在于溶液中，可在摇动下滴加 5 滴~20 滴过氧化氢（$\rho = 1.10g/mL$)]，移至较高温度处，蒸发至刚冒白烟后，加 5mL 硫酸（$\rho = 1.84g/mL$），1g 硫酸钾，置于高温处（330℃以上），加热冒烟 20min~30min，取下加 30mL 水，加热溶解大部分盐类，冷却，备蒸馏。

2）不含难溶氮化物的高铬钢（铬的质量分数大约是 10%）和铬、镍、锰、氮系不锈钢：加 40mL 硫酸（1+4）溶解，冷却，备蒸馏。

3）铜的质量分数为 1%~2% 的超低碳不锈钢试样：加 30mL 高氯酸（1+1），加热溶解，继续冒烟 5min~10min，取下冷却，加 30mL 水，加热溶解盐类，冷却，备蒸馏。

4）高速工具钢：加 30mL 硫磷混酸溶解试样，在摇动下滴加 10 滴~20 滴过氧化氢（$\rho = 1.10g/mL$），继续加热至冒烟 20min~30min，取下冷却，加 30mL 水，加热溶解盐类，冷却，备蒸馏。

5）基体难溶于硫酸的试样：加 30mL 盐酸（1+1）溶解、冷却后，边摇动边加入 10mL 硫酸（$\rho = 1.84g/mL$），继续在高温下冒硫酸烟 20min~30min，取下冷却，加 30mL 水，加热溶解大部分盐类，冷却，备蒸馏。

（4）蒸馏氨

1）蒸馏仪的准备：蒸馏前，必须用水蒸气充分清洗仪器，并检查仪器是否漏气，以免造成氨的损失和蒸馏的困难。加 10mL 氢氧化钠溶液（500g/L）和 30mL 水，进行蒸馏，至蒸出液达 80mL，滴定空白值，滴定所消耗的氨基磺酸标准滴定溶液 $[c(NH_2SO_3H) = 0.002000mol/L]$ 不大于 0.5mL，仪器方可使用。

2）在 250mL 吸收瓶内，加入 10mL 硼酸吸收液（1g/L）和 4 滴甲基红-次甲基蓝指示液，置于冷凝管下端，使冷凝管下端浸入吸收液内。

3）经漏斗向蒸馏瓶加入氢氧化钠溶液（500g/L）。其加入量按中和溶样用酸量，再过量 5mL~10mL。用水冲洗漏斗，然后缓缓地加入试样溶液，并用水冲洗锥形瓶和漏斗。

4）加盖磨口罩，通电加热蒸馏，待蒸出液达 80mL，降低吸收瓶使冷凝管下端离开液面，再继续蒸馏 30min，用少量水冲洗冷凝管下端。

5）断电，停止蒸馏。此时，蒸馏瓶中废液自动回吸到废液瓶中，打开弹簧夹放出废液。

（5）滴定　取下吸收瓶，用氨基磺酸标准滴定溶液进行滴定，溶液由亮绿色变成玫瑰红色，即为终点。

（6）结果计算　按式（4-10）计算氮的质量分数，以"%"表示

$$w(\mathrm{N}) = \frac{c(V-V_0)M}{1000m} \times 100\% \tag{4-10}$$

式中　V——滴定试样所消耗氨基磺酸标准滴定溶液体积，mL；

V_0——滴定随同试样空白所消耗氨基磺酸标准滴定溶液的体积，mL；

c——滴定用氨基磺酸标准滴定溶液的浓度 $c(\mathrm{NH_2SO_3H})$，mol/L；

M——氮原子的摩尔质量，$M = 14.00\mathrm{g/mol}$；

m——试样的质量，g。

（二）纳氏试剂光度法

1. 基本原理

试样用酸溶解，在强碱的作用下，氮形成铵盐进入溶液，转变成氨，再通过加热蒸馏的方式将氨蒸馏出来，以稀硫酸吸收蒸馏出的氨，加入碘化汞钾（纳氏试剂）与氨作用，形成柠檬黄色的碘化汞铵络合物。

反应式为

$$\mathrm{HgI_2 + 2KI \rightarrow K_2HgI_4}$$

$$\mathrm{NH_3 + 2K_2HgI_4 + 3NaOH = O} \Big\langle {\mathrm{Hg} \atop \mathrm{Hg}} \Big\rangle \mathrm{NH_2I + 2H_2O + 3NaI + 4KI}$$

2. 试剂

1）蒸馏分离样品的试剂与滴定法相同。

2）硫酸 $[c(1/2\mathrm{H_2SO_4}) = 0.01\mathrm{mol/L}]$：70mL 水中加入 2 滴硫酸（1+4）。

3）纳氏试剂：称取碘化钾 25g，置于 600mL 烧杯中，加水约 150mL，搅拌使碘化钾溶解后，加入氯化汞溶液（40g/L）至红色沉淀生成。再加入氢氧化钠溶液（以 60g 氢氧化钠溶于 150mL 水中，冷却使用），此时红色沉淀重新溶解，最后加入氯化汞饱和溶液至有少量黄色沉淀产生，将此溶液移入 500mL 容量瓶中，以水稀释至刻度、摇匀。转移至塑料瓶中保存，放置 1 天~2 天后，取上层澄清溶液使用。

3. 蒸馏装置

蒸馏装置详见滴定法（见图 4-8）。

4. 分析步骤

称取一定量试样，置于 150mL 锥形瓶中，先加酸溶解试样（详见滴定法试样分解），然后加碱蒸馏，用稀硫酸吸收蒸馏出的氨，蒸馏分离完成后，分取一定量的吸收液（含氮 10μg~90μg）于 50mL 或 100mL 容量瓶中，边摇边加入 2mL 纳氏试剂，以水稀释至刻度，

摇匀。以试剂空白作参比,于分光光度计 430nm 处测量吸光度。

按式 (4-11) 计算试样中氮的质量分数,以"%"表示

$$w(N) = \frac{m_1 \times 10^{-6}}{m_0 \frac{V_2}{V_1}} \times 100\% \qquad (4-11)$$

式中 m_1——从标准曲线上查得的测定氮量,μg;

m_0——称取试样的质量,g;

V_1——试样溶液的总体积,mL;

V_2——分取试样溶液的体积,mL。

5. 注意事项

1) 所用的水(包括配制试剂时用的水),事先需用纳氏试剂试验一下,其方法为:在 50mL 锥形瓶中,加入 20mL 水和 2mL 纳氏试剂,如果水不呈黄色,即可应用。

2) 空白试验必须与分析试样条件控制一致,因为试剂、蒸馏水中难免有微量铵的存在。

3) 氮含量的测定尽量不要与一般化学分析在同一操作间进行,以免氮和氨的化合物沾污试样溶液。

4) 显色液放置 5min 后,吸光度逐渐有所增高,温度高时更为显著。因此绘制工作曲线的条件最好与分析试样时一致。

(三) 百里酚光度法

1. 基本原理

试样以适当的酸分解,样品中的氮转变成相应酸的铵盐,在过量碱的作用下,以蒸馏的方式分离出氨,用稀硫酸吸收,吸收液在亚硝基铁氰化钠(硝普钠)和次氯酸钠的存在下,氨与酚生成蓝色的靛酚络合物,测量其吸光度。

在氢氧化钠碱性介质中,在次氯酸钠的存在下,以氨形式存在于溶液中的氮与次氯酸钠反应后转化为氯胺。

$$NaClO + NH_3 = NH_2Cl + NaOH$$

氯胺与百里酚可形成靛酚 [N-(对-羟基苯)-对-醌亚胺] 的衍生物,它在弱碱性介质中呈桃红色。在强碱性介质中离解成蓝色的形体。如果控制溶液 pH ≈ 11.5,可以将靛酚定量地转化为酚盐,从而可测定氮。酚盐在 640nm 处有最大吸收,氮含量为 0μg/100mL ~ 90μg/100mL,符合比尔定律。

按式 (4-12) 计算氮的质量分数,以"%"表示

$$w(N) = \frac{m_1 V}{m V_1} \times 100\% \qquad (4-12)$$

式中 V_1——分取试样溶液的体积,mL;

V——试样溶液的总体积,mL;

m_1——工作曲线的总质量,g(或 μg);

m——试样的质量,g(或 μg)。

2. 推荐标准

GB/T 223.37—2020《钢铁及合金 氮含量的测定 蒸馏分离靛酚蓝分光光度法》,测定范围:低合金钢为 0.0010% ~ 0.050%;高合金钢为 0.010% ~ 0.050%。

GB/T 10267.5—1988《金属钙分析方法　蒸馏-奈斯勒试剂光度法测定氮》。

3. 分析步骤

1) 根据试样中氮含量范围称取一定的试样量。

2) 随同试样做空白试验。

3) 将试样置于 150mL 锥形瓶或凯氏瓶中，加酸溶解。

4) 将溶液移入蒸馏仪蒸馏氮。

5) 显色和测量。

6) 计算分析结果。

4. 几点说明

1) 此类方法比纳氏试剂光度法更灵敏，测定范围也较宽。

2) 方法具有良好的选择性，因而在掩蔽剂的存在下，不经分离可直接测定金属中的氮含量。

3) 酸度对氯胺的形成有较大的影响。适宜的酸度范围为 pH = 10.3～11.2，酸度过大过小吸光度均明显下降。次氯酸钠中活性氯（有效氯）的浓度应控制在 0.3%左右。

4) 此法的主要缺点是显色速度慢，一般在显色 50min 后测定。

（四）惰气熔融-热导法

1. 基本原理

将金属试样置于石墨坩埚中，用脉冲加热方式（2000℃以上）将试样熔融，以氦气作为载气将释放出的氢、一氧化碳、氮带入加热的稀土氧化铜转化器中，使氢转化成水，一氧化碳转化成二氧化碳，分别用碱石棉和高氯酸镁吸收。剩下的氮由氦气载入热导池中检测，由于氮和氦的热导系数不同，引起热导池钨丝阻值变化转换成电信号输出，经处理放大后，由积分仪积分，数值直接显示氮的质量分数。

2. 参考标准

ASTM E1019—2018《用不同的燃烧技术和惰性气体熔融技术测定钢、铁、镍、和钴合金中碳、硫、氮和氧含量的标准试验方法》（*Standard test methods for determination of carbon，sulfur，nitrogen and oxygen in steel，iron，nickel，and cobalt alloys by various combustion and inert gas fusion techniques*）。测定范围：0.01%～0.2%。

ISO10720：1997（E）《钢和铁　氮含量的测定　惰性气体流中熔解物的热传导法》（*steel and iron-determination of nitrogen content-thermal conductimetric method after fusion in a current of inert gas*），测定范围：0.0008%～0.5%。

GB/T 20124—2006 或 ISO 15351：1999《钢铁　氮含量测定　惰性气体熔融热导法（常规方法）》，测定范围：0.002%～0.6%。

3. 仪器构造

氧氮分析仪的结构如图 4-9 所示。

仪器主要部件为脉冲炉、热导池检测器两大部分组成。

（1）脉冲炉　脉冲炉是近年来发展和应用速度较快的一种加热装置，因其样品加热速度快、加热温度高、分析周期短等优点，在氧氮氢分析中得到广泛应用。脉冲炉又称电极炉，主要由加样器、上下电极和下电极升降装置组成。上下电极由铜制成，下电极升起后将石墨坩埚夹在上下电极之间，利用石墨的电阻，通以低电压大电流，使石墨坩埚产生高温，

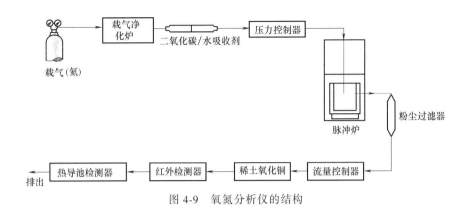

图 4-9　氧氮分析仪的结构

从而使坩埚中样品得到加热并熔融，电极内置冷却水通道，以带走高温产生的热量，从而起到保护电极的作用，脉冲炉的加热温度要高于感应炉。

脉冲炉可以对电流、功率（加热温度）、加热时间、升温速率等参数加以人为设定，从而实现梯度升温或程序升温，这种方法为金属中气体状态分析提供了一种有效手段，以满足不同预期用途的需要。从理论上讲不同氧化物有着不同的分解温度，试验研究也表明不同的氧化物还原释放氧的温度不同，测定不同温度状态下的氧含量可估计样品中不同氧化物的分布。

（2）热导池检测器（TCD）　又称热导池或热丝检热器，是气相色谱法最常用、最早出现和应用最广的一种检测器。热导池检测器的工作原理是基于不同气体具有不同的热导率。影响热导池灵敏度的因素主要有桥路电流、载气性质、池体温度和热敏元件材料及性质。

敏感元件为热丝，如钨丝、铂丝、铼丝，并由热丝组成电桥。在通过恒定电流以后，钨丝温度升高，其热量经四周的载气分子传递至池壁。当被测组分与载气一起进入热导池时，由于混合气的热导率与纯载气不同（通常是低于载气的热导率），钨丝传向池壁的热量也发生变化，致使钨丝温度发生改变，其电阻也随之改变，进而使电桥输出端产生不平衡电位而作为信号输出。热丝具有电阻随温度变化的特性。当有一恒定直流电通过热导池时，热丝被加热。由于载气的热传导作用使热丝的一部分热量被载气带走，一部分传给池体。当热丝产生的热量与散失的热量达到平衡时，热丝温度就稳定在一定数值。此时，热丝阻值也稳定在一定数值。由于参比池和测量池通入的都是纯载气，同一种载气有相同的热导率，因此两臂的电阻值相同，电桥平衡，无信号输出，记录系统记录的是一条直线。当有试样进入检测器时，纯载气流经参比池，载气携带着组分气流经测量池，由于载气和待测量组分二元混合气体的热导率和纯载气的热导率不同，测量池中的散热情况因而发生变化，使参比池和测量池孔中热丝电阻值之间产生了差异，电桥失去平衡，检测器有电压信号输出，记录仪画出相应组分的色谱峰。载气中待测组分的浓度越大，测量池中气体热导率的改变就越显著，温度和电阻值的改变也就越显著，电压信号就越强。此时输出的电压信号与样品的浓度成正比，这正是热导池检测器的定量基础。

近年来，尽管在许多方面它已被更灵敏更专属性的各种检测器所取代，但是由于它具有结构简单、性能稳定、灵敏度适宜、线性范围宽，对各种能作色谱的物质都有响应，最适合做微量分析。在分析测试中，热导检测器不仅用于分析有机污染物，而且用于分析一些使用其他检测器无法检测的无机气体，如氢、氧、氮、一氧化碳、二氧化碳等。

热导池检测器是根据载气中混入其他气态物质时热导率发生变化的原理而制成的，它主要利用欲测物质具有与载气物质不同的热导率、热敏元件阻值与温度之间存在一定关系，利用惠斯通电桥原理来达到检测的目的。

热导池检测器的构造如图 4-10 所示，敏感元件安装于金属（或玻璃）所制的圆筒形的池腔中，池中的敏感元件称为热导池检测器的臂。利用一个或两个臂作参考臂，而另一个或两个臂作测量臂。在图 4-10 所示的惠斯通电桥中，利用两个臂作参考臂，而另两个臂作测量臂。

热导池的特点：

1）在允许的工作电流范围内，工作电流越大灵敏度越高。

2）用氢气或氦气作载气，一般比用氮气时的灵敏度要高。

3）当工作电流固定时，降低热导池体温度可提高灵敏度。

某些气体和有机蒸汽的热导率见表 4-5。

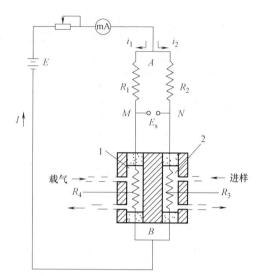

图 4-10　热导池检测器的构造
1—参考池腔　2—测量池腔　R_1—固定电阻
R_2—固定电阻　R_3—测量臂　R_4—参考臂

表 4-5　某些气体和有机蒸汽的热导率（单位：$10^{-5}\,\text{cal/cm}\cdot\text{℃}\cdot\text{s}$）

名称	空气	氢气	氦气	氮气	氧气	氩气	一氧化碳	二氧化碳	氨气	甲烷
0℃	5.8	41.6	34.8	5.8	5.9	4.0	5.6	3.5	5.2	7.2
100℃	7.5	53.4	41.6	7.5	7.6	5.2	7.2	5.3	7.6	10.9

载气与待测气体元素的热导系数相差越大，检测器的灵敏度和分辨率越高，越有实用价值。热导法分析氢时，通常用氮气或氩气作载气，避免用氦气作载气。原因是氦气和氢气的热导系数分别为 33 和 39，相差不大，灵敏度和分辨率较低。而氦气与氮气的热导系数相差较大，因此热导法分析氮时常采用氦气作载气，热导法分析二氧化碳时可采用氧气或氢气作载气。TCD 为浓度型检测器，对载气流速波动很敏感，因此在检测过程中，载气流速必须保持恒定，流速波动可能导致基线噪声和漂移增大。

4. 注意事项

1）试样要求加工成约 4mm×5mm 圆柱体，表面粗糙度 Ra 为 3.2μm 以上，测定前用丙酮、乙醚、乙醇或四氯化碳清洗，以冷风吹干后进行分析。

2）分析样品时要带同类型且氮含量相近的标准样品。

3）试样量一般控制在 0.5g~1.0g 左右，试样量不宜过大，过大石墨坩埚内易产生气泡冒涨，这样分析结果往往偏低。

4）测定金属中的氮含量时，用一般石墨坩埚，在加热熔融样品时石墨挥发性很大，有时还会出现烧穿坩埚的现象，每分析一次样品就要清洗一次炉子的上下电极，而使用套筒石墨坩埚，就无此种现象发生。

5）仪器开机需稳定 3h 以上。

6）当分析结果上下波动，再现性差时，一般是高氯酸镁与碱石棉失效引起的，要经常检查试剂是否失效，并及时更换。

7）出现空白值不稳定，甚至产生负峰，说明稀土氧化铜失效，需要更换稀土氧化铜。

8）对于一般钢铁样品，无须添加任何助熔剂，直接进行分析。但对于高熔点的难熔金属，如钛合金等，则需添加纯镍或纯锡作助熔剂。

三、应用示例

（一）钢铁氮含量的测定（GB/T 20124—2006/ISO 15351：1999）

1. 方法摘要

在氮气中，用石墨坩埚于高温（如2200℃）熔融试料，氮以分子形态被提取在氮气流中，与其他气体提取物分离后，用热导法测量。

本方法适用于钢铁中质量分数为0.002%~0.6%的氮含量的测定。

2. 试样制备

按ISO 14284：1996或GB/T 20066—2006制取样品。多油的试样用合适的助熔剂清洗，用热风吹干。称取氮的质量分数小于0.1%的试样大约1g，称取氮质量分数大于0.1%的试样大约0.5g，精确至1mg。

3. 分析步骤

按仪器说明书要求调整分析参数，并进行空白试验。选取与待测试样基体一致的标准样品，对仪器进行校准。

称取试样置于石墨坩埚中，按仪器分析步骤进行测试，仪器会自动计算结果。

（二）脉冲加热-红外热导法测定钛合金中的氧、氮含量

1. 方法提要

将试料置入石墨坩埚，在氦载气流中经脉冲炉加热熔融，氧主要以一氧化碳的形态释放出来，经加热的氧化铜转化为二氧化碳后，由红外检测器测定氧含量，试料中的氮则以氮气的形态释放出来，随载气进入热导池检测器，根据热导率的变化和氮浓度的关系测出氮含量。

2. 仪器装置

脉冲加热——氧氮分析仪，应包括脉冲炉和测量系统，应能进行试料的高温熔融与氧、氮含量的测定。

3. 试料

分析用试料应是柱状试样（直径约5mm，重量约0.06g~0.15g），或者是块状试样（边长约3mm，重量约0.06g~0.15g），且尺寸应能保证仪器制样顺利引进试料，避免试样过热，可以使用钛酸洗溶液对试样进行清洗，用水清洗后，再用乙醇和丙酮各清洗一次，晾干，保存在干燥器中备用。试样用乙醚或丙酮清洗，风干，称取试样，精确至0.1mg。

4. 分析步骤

1）按仪器说明书要求对仪器进行预热稳定。

2）测试前，应按要求多次重复执行空白试验，如果空白值异常高，查找并消除影响因素。

3）校准。测试前，选取与待测试样基体一致的标准样品，按仪器说明书进行校准。空白试验的分析步骤和条件与试样的分析步骤和条件相同。

4）称取试样加入镍篮中，置于底部装入石墨粉的石墨坩埚中，按仪器分析步骤进行测试，仪器会自动计算结果。

第五节　氢含量的测定

氢是一种极其活泼的非金属元素，在自然界中很难有单质的氢存在，它在自然界中一般存在于化合物中，例如水。另外，绝大多数有机物均含有氢元素。

氢在钢铁中主要以氢化物和单质氢的形式存在，但其氢化物很不稳定，常温下可转化为氢。

氢在金属材料中是一种极其有害的元素，氢含量高时，在钢中将易引起氢脆，即通常所说的"白点"。这是一种非常致命的缺陷，能引起钢从白点处发生断裂，所以一般要求钢铁中氢的含量越低越好，一般要求氢含量控制在百万分之几，如果是具有特殊用途的钢，则要求其氢含量更低。

目前，广泛应用的氢的分析方法是脉冲加热惰气熔融气相色谱分离-热导法和红外线吸收法。

一、脉冲加热惰气熔融气相色谱分离-热导法

（一）基本原理

将金属试样置于石墨坩埚中，以脉冲加热方式将试样熔融，释放出氢、一氧化碳、氮混合气体，以氩气作为载气，通过一氧化碳吸附器除去一氧化碳，余下的氢和氮进入碳分子筛色谱柱分离，由于氢的原子半径较小，首先从色谱柱馏出，其次是氮，从而达到氢、氮分离的目的。然后再进入热导池中对氢进行检测。由于氢与氩气的热导率不同，就可以用热导池检测器来检测氢的含量。

（二）仪器构成

热导法氢分析仪器的结构如图 4-11 所示。

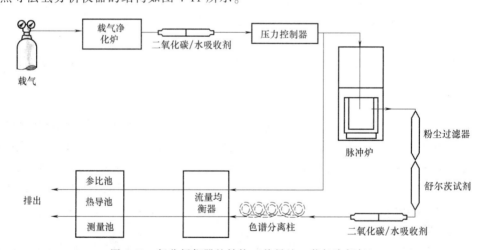

图 4-11　氢分析仪器的结构（热导法，载气为氩气）

以 RH404 为例，仪器主要由三大部分组成：

第一部分为脉冲炉，单相电源经 104VA 电源变压器，输出低电压大电流供熔融试样，炉头电极用封闭循环水冷却，以气动方式升降电极。

第二部分为检测装置，当试样熔融后产生的氢、一氧化碳和氮经一氧化碳吸附器（内装锰铜试剂）除去一氧化碳，余下的氢和氮进入分子筛色谱分离，先馏出的氢由氩气带入热导池。热导池是由四根铼钨丝组成的惠斯通电桥，一对铼钨丝作"测量臂"，另一对作"参考臂"。两臂保持在相同的工作条件下，电桥处于平衡状态。当馏出的氢由氩气带入热导池"测量臂"时，由于氢的热导率较氩气高得多，使测量臂的铼钨丝温度下降，引起铼钨丝阻值的变化，转换成电信号输出，经放大，由积分仪积分后，即可得出试样中氢的质量分数，单位以 μg 计。

第三部分由计算机和打印机组成。计算机有三种工作状态：①分析状态；②改变系统分析条件状态；③诊断状态。

（三）注意事项

1）首先开启氩气流，20min 后开启仪器电源，给热导池通电。如果过早给铼钨丝通电，那么由于气路系统中可能有氧气存在，铼钨丝易氧化，从而缩短热导池的使用寿命。

2）石墨坩埚的脱气温度要高于分析温度，这样有利于降低石墨坩埚的空白值。

3）气路系统要在分析前先行检漏（按计算机检漏程序进行）。

4）检查气路系统中的化学试剂是否失效。

5）仪器开机后需稳定 2h~3h。

6）脉冲炉的上、下电极及炉腔必须用金属刷清扫，以保持上、下电极的清洁。

7）样品一般加工成 5mm×10mm 的圆柱体，用前用丙酮、乙醚、四氯化碳、乙醇清洗，冷风吹干后分析。

8）分析样品时，要带同类型含氢量尽量接近的钢标准物质校正仪器。

9）由于氢含量较低，在石墨坩埚容积允许的情况下，要尽量多取试样。

二、红外线吸收法

（一）基本原理

红外吸收法测定氢含量，是国内外最近才发展起来的一种新的方法。此方法分离氢与热导法相同，只是增加了将分离出来的氢转化成水蒸气的步骤。由于水分子对红外线具有特征吸收波长，并且水分子具有极性，符合红外吸收的条件。另外将热导法的热导检测器换成了红外检测器，从而可用此法测得金属材料中的氢含量。

（二）加热方式

1. 脉冲加热方式

脉冲加热方式是给炉子上、下电极加一个低电压大电流的熔融样品的方式，此种加热方式的最大特点是加热温度高，瞬间可使样品加热到 2000℃~3000℃。适用于一般钢铁、难熔金属中氢的分析。

2. 高频感应加热方式

由于脉冲炉受坩埚容积的限制，称取试样量有限，所以不适用于铝中氢的分析。这是因为铝及其合金的比重较钢铁小得多，而且含量极低，故分析时需要较大的试样量，而感应炉正好解决了这一问题，可以熔融 5g~8g 样品，而且它的加热温度在 1800℃左右，能够满足铝中氢的分析要求。此类仪器有 LECO 公司的 RH402 定氢仪。

（三）参考标准

GB/T 4698.15—2011《海绵钛、钛及钛合金化学分析方法　氢量的测定》。

GB/T 223.82—2018《钢铁　氢含量的测定　惰性气体熔融-热导或红外法》。

GJB 5909—2006《铝及铝合金中氢的测定　加热提取　热导法》。

（四）仪器结构

红外吸收法氢分析仪器的结构如图 4-12 所示。

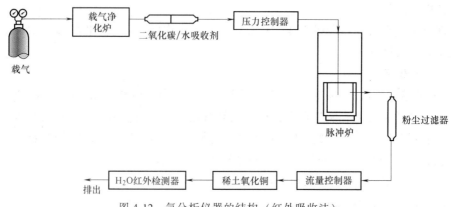

图 4-12　氢分析仪器的结构（红外吸收法）

三、应用示例

（一）钢铁中氢含量的测定

1. 方法原理

将准备好的试料置于加样口内，投入经脱气的石墨坩埚中，在流动惰性气体中高温熔融，析出的氢气与其他气体分离，通过热导池检测，根据热导率变化，计算出氢含量。

仪器装置：测氢仪包括电极炉、热导池检测器、分析气流杂质去除装置，以及辅助净化系统。

2. 试样制备

钢铁材料中氢在制取过程中极易损失和污染，在取样、保存和制样过程中必须避免氢损失和被环境沾污。氢损失和样品温度、环境氢分压、样品存放时间等有很大关系。取样方法按照 GB/T 20066—2006，必须防止发热，试样加工温度应低于 50℃。制备试样时，可用车床加工，边车边用无水乙醇冷却。也可缓慢打磨试样表面，去掉沾污层，截取合适尺寸的长条状样品，质量为 0.5g～1.0g。氢含量越低，要求样品量越大。用四氯化碳、乙醚或丙酮清洗，自然风干或冷风吹干备用。

3. 分析步骤

（1）校准　准备至少四个平行的尺寸合适、质量在 0.5g～1.0g 的钢中氢标准物质或标准样品，其氢含量接近或略大于未知样品的氢含量。对每个标准样品至少测量两次，以其平均值校准仪器，用第三或第四个样品检验校准情况，若两次测定结果不超差，则认定校准有效，否则重新校准仪器。

（2）测定　设置仪器进入工作状态，按上述方法制备样品，称量，输入样品量，按仪器使用说明书的要求进行操作，完成分析过程。测量条件（推荐）是脱气功率 3000W 或电流 850A，分析功率 2500W 或电流 700A，分析时间为 90s。

（二）铝及铝合金中氢含量的测定（GJB 5909—2006）

1. 方法提要

试样加热后，试样中的氢被释放出来，利用载气将释放出来的氢载入检测系统，由于不同气体热导率不同，根据热导池输出电信号的变化量，系统自动计算试样中的氢含量。

2. 试样制备

试样规格应根据仪器的要求和试验条件确定，高频加热法试样的质量一般为 2g~6g，脉冲加热法试样的质量一般为 0.5g~1g，样品可从铸锭或加工产品上切取，每个样品应加工出不少于五个分析试样。试样应无气孔、无夹渣、无疏松和裂纹。试样应用精密车床加工呈圆柱形，并除去试样的所有表层，加工后试样的具体尺寸应符合仪器的要求。加工车床的刀具、夹具应用分析纯以上的四氯化碳或乙醚认真清洗，以避免样品污染，加工过程应避免样品过热，不允许使用任何冷却剂。试样的最后车削应保持进刀量少、转速快。加工好的试样不允许用手接触，防止污染，表面粗糙度 Ra 应不大于 1.6μm。

3. 空白值的测定与校准

仪器的空白值应稳定，且不应大于 0.05μg/g，用纯氢气或氘气对仪器进行校准，使校准值在仪器规定的范围内，用相应的铝中氢标准样品进行校准，使分析值在允许误差范围内。若两者校准不一致时，以氢或氘标准样品的校准为准。

4. 分析

按仪器操作说明书进行操作。

（三）钛及钛合金中氢的测定（GB/T 4698.15—2011）

1. 方法原理

试样加入锡助熔剂，置于石墨坩埚中，在惰性气氛下加热熔融，氢以分子态释放并进入载气流中，氢分子与释放出的其他气体分离后在热导池中检测，或氢分子随载气流通过热的氧化铜后转化为水，在特定的红外池中检测。

2. 仪器装置

惰性气体熔融-热导/红外检测氢分析仪（包括一个电极炉或感应炉，载气净化及分析气流转化系统，氢检测热导池或水检测红外池，计算机及软件控制系统）

3. 试样

试样剪切或车削至 0.10g~0.30g，加工过程避免过热，必要时使用干净锉刀锉去表面污物，用丙酮清洗，自然风干。

4. 仪器准备

按仪器说明书的要求开启水、电、气等外围辅助设施，检查设备各连接件的连接和通路情况，查看各种试剂消耗品的状态，确保试剂有效。

5. 校准和分析

按仪器操作说明书进行校准后，按仪器分析程序的要求输入样品信息，称取试样 0.10g~0.30g，精确至 0.001g，将称好的试样连同锡助熔剂一起放入进样器，进行分析。

思 考 题

1. 简述红外碳硫分析、氧氮氢分析的原理。

2. 为什么分析碳硫时将助熔剂盖在试样上面？

3. 用于碳硫分析的瓷坩埚中碳和硫的污染物如何去除？

4. 红外线碳硫分析对试样有何要求？如何处理？

5. 一般气体分析仪的校准方法有几种？简述各自的优缺点。

6. 如果 A 试样碳的质量分数为 1.256%，B 试样碳的质量分数为 0.103%，将 A、B 两试样汇合成 C 试样，其中 A 试样的质量占 0.625%，B 试样的质量占 0.375%，计算 C 试样的碳含量。

7. 热导法的灵敏度取决于何种因素？热导法测定氢和氮含量时分别采用何种载气？

8. 气体分析仪一般如何选择仪器分析参数？

9. 制备氧氮试样时，应注意的事项有哪些？

10. 影响碳、硫、氧、氮、氢分析结果的因素有哪些？空白值的来源是什么？

第五章

近紫外-可见分光光度法

分光光度法是通过测定被测物质在特定波长处或一定波长范围内光的吸收度，对该物质进行定性和定量分析的方法。包括比色法、可见及紫外分光光度法、红外光谱法等。分光光度法是各种光谱测定方法中应用最频繁的一种，由于其具有较高的灵敏度和准确度，可适用于从痕量至常量的组分测定，几乎可以测定周期表中所有的元素及大部分的有机化合物，同时其操作简便、快速，仪器设备也不复杂，所以它在定量分析中占有重要的地位。

分光光度法与重量法、滴定法等比较，主要有以下特点：

1）灵敏度高。分光光度法测定溶液浓度的下限一般为 $10^{-6}\,mol/L \sim 10^{-5}\,mol/L$，相当于质量分数为 $0.0001\% \sim 0.001\%$，个别元素的灵敏度还可以更高。

2）准确度较高。一般比色法的相对误差为 $5\% \sim 10\%$，分光光度法的相对误差为 $2\% \sim 5\%$，对于常量组分的测定，其准确虽比重量法和滴定法低，但对于微量组分的测定，已能满足要求。如采用精密的分光光度计测定，相对误差可减少到 $1\% \sim 2\%$。

3）应用范围广。由于有机显色剂的迅速发展，周期表中大部分元素可直接或间接地用分光光度法测定。

4）手续简便快速。随着新的灵敏度高、选择性好的显色剂和掩蔽剂的不断出现，常常可不经分离，直接将样品处理成溶液，经显色和测定后即可得到分析结果。

5）仪器设备构造简单、价格便宜、使用方便、应用普遍。

尽管光度法有许多优点，但也有一定的局限性。目前对高含量组分的测定应用还不多。对于超纯物质的分析，光度法也还存在灵敏度不够的问题。某些元素（如碱金属和非金属元素）尚无合适的显色剂，有些显色反应的选择性还比较差等，这些问题都有待于进一步的研究。以下主要对金属材料分析常用的近紫外-可见分光光度法进行论述。

第一节　分光光度法的基本原理

一、物质对光的选择性吸收

光是由光子所组成的，不仅具有波动性，还具有粒子性，光子的能量与波长的关系为

$$E = h\nu = \frac{hc}{\lambda} \tag{5-1}$$

式中　E——光子能量；

　　　h——普朗克常数；

v——光的频率；

c——光速；

λ——光的波长。

当一束光照射到某物质或其溶液时，组成该物质的分子、原子或离子与光子发生"碰撞"，光子的能量就转移到分子、原子上，使这些粒子由最低能态（基态）跃迁到较高能态（激发态）

$$M+hv \rightarrow M^* \qquad\qquad (5-2)$$
（基态）（激发态）

这个作用称为物质对光的吸收。

分子、原子或离子具有不连续的量子化能级，仅当照射光光子的能量与被照射物质粒子的基态和激发态能量之差相当时才能发生吸收。不同的物质微粒由于结构不同而具有不同的量子化能级，其能量差也不相同。所以物质对光的吸收具有选择性。

波长为 200nm～380nm 的光称为近紫外光，波长为 380nm～780nm 的光称为可见光。不同波长的可见光引起人们不同的视觉感受。但是由于人们视觉的分辨能力所限，人们看到的某种颜色光是介于一段波长范围的光。图 5-1 所示为各色光的近似波长范围。

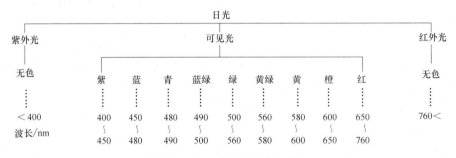

图 5-1　各色光的近似波长范围

当将某两种颜色的光按适当强度比例混合时，可以形成白光。这两种颜色的色光就称为互补色，如图 5-2 所示。图中处于直线关系的两色光为互补色。如绿色光和紫红色光就是互补色，黄色光和蓝色光是互补色，以此类推。溶液之所以呈现不同的颜色是因为该溶液对光具有选择性吸收的缘故。

当一束白光（混合光）通过某溶液时，如果该溶液对可见光区各种波长的光都没有吸收，即入射光全部通过溶液，则该溶液呈无色透明状。当该溶液对可见光区各种波长的光全部吸收时，则该溶液呈黑色。如果某溶液对可见光区某种波长的光选择性地吸收，则该溶液呈现出被

图 5-2　互补色

吸收波长光的互补色光的颜色。例如，当一束白光通过 $KMnO_4$ 溶液时，该溶液选择性地吸收了绿色波长的光，而将其他颜色的光两两互补成白光通过去，只剩下紫红色光未被互补，所以 $KMnO_4$ 溶液呈现紫红色。同理说明，K_2CrO_4 溶液对可见光中的蓝色光有最大的吸收，故其溶液呈现其互补色——黄色。

以上只是粗略地用溶液对各种颜色光的选择吸收性来说明溶液的颜色。为了更精确地说明物质具有选择性吸收不同波长范围光的性能，通常用光吸收曲线来描述。其方法是将不同波长的光依次通过一定浓度的有色溶液，分别测出它们对各种波长光的吸收程度，用吸光度

A 表示。然后以波长为横坐标，吸光度 A 为纵坐标，画出曲线，所得曲线称为光的吸收曲线，$KMnO_4$ 溶液的光的吸收曲线如图 5-3 所示。

从图 5-3 可以看出，在可见光区内，$KMnO_4$ 溶液对波长为 525nm 左右的绿色光的吸收程度最大，而对紫色和红色光很少吸收。

对于任何一种有色溶液，都可以测出它的光的吸收曲线。光吸收程度最大处的波长称为最大吸收波长，常用 λ_{max} 表示。例如，$KMnO_4$ 溶液的 $\lambda_{max} = 525nm$。浓度不同时，其最大吸收波长不变，但浓度越大，光的吸

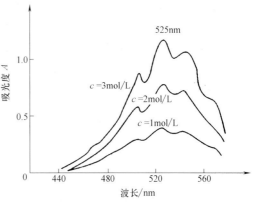

图 5-3　$KMnO_4$ 溶液的光的吸收曲线

收程度越大，吸收峰就越高。人们通过实践总结出溶液对光的吸收规律，并为比色分析提供了理论根据。

二、光吸收的基本定律——朗伯-比尔定律

当一束平行的波长为 λ 的单色光通过一均匀的有色溶液时，光的一部分被吸收池的表面反射回来，一部分被溶液吸收，一部分则透过溶液（见图 5-4），这些数值间的关系见式（5-3）

$$I_0 = I_a + I_r + I_t \qquad (5\text{-}3)$$

式中　I_0——入射光的强度；

　　　I_a——被吸收光的强度；

　　　I_r——反射光的强度；

　　　I_t——透过光的强度。

在比色分析中采用同种质料的吸收池，其反射光的强度是不变的，由于反射所引起的误差互相抵消。因此式（5-3）可简化为

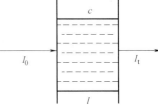

图 5-4　有色溶液与光线的关系
I_0—入射光的强度　　I_t—透过光的强度
l—溶液的厚度　　c—溶液的浓度

$$I_0 = I_a + I_t \qquad (5\text{-}4)$$

I_a 越大即说明对光的吸收越强，也就是透过光 I_t 的强度越小，光减弱的越多。因此，所谓比色分析法实质上是测量透过光强度的变化。

综上所述，透过光强度的改变是与有色溶液的浓度 c 和溶液的厚度 l 有关。也就是溶液浓度越大，液层越厚，透过光越少，入射光的强度减弱得越显著。这就是光的吸收定律的意义。其数学表达式为

$$\lg \frac{I_0}{I_t} = Kcl \qquad (5\text{-}5)$$

式中　$\lg \dfrac{I_0}{I_t}$——表示光线通过溶液时，被吸收的程度，通常用 A 表示，称为吸光度。

　　　K——比例常数，它与入射光的波长和物质性质有关，而与光的强度、溶液的浓度及液层的厚度无关。

将吸光度的概念代入式（5-5），可简化为

$$A = Kcl \tag{5-6}$$

光的吸收定律也称为朗伯-比尔定律。朗伯定律是说明光的吸收与吸收层厚度成正比，比尔定律是说明光的吸收与溶液浓度成正比。如果同时考虑吸收层的厚度和溶液的浓度对单色光吸收率的影响，则得朗伯-比尔定律。它是分光光度法分析的理论基础。

$\dfrac{I_t}{I_0}$ 称为透射比（或透光率），用 T 表示，即

$$T = \frac{I_t}{I_0}$$

溶液的透射比越大，说明溶液对光的吸收越小；相反，溶液的透射比越小，则溶液对光的吸收越大。

吸光度 A 与透射比 T 之间关系为

$$A = -\lg T = \lg \frac{I_0}{I_t} \tag{5-7}$$

A 越大，表示物质对光的吸收越大。

三、吸光系数、摩尔吸光系数

在光的吸收定律中，K 是比例常数，它与入射光的波长、溶液的性质有关。如果有色物质溶液的浓度 c 的单位为 g/L，液层厚度的单位为 cm，那么比例常数 K 称为吸光系数。如果浓度 c 的单位为 mol/L，液层厚度的单位为 cm，那么比例常数 K 称为摩尔吸光系数，摩尔吸光系数的单位为 L/(mol·cm)。它表示物质的浓度为 1mol/L、液层的厚度为 1cm 时溶液的吸光度。符号常用 ε 表示，因此光的吸收定律又可写成

$$A = \varepsilon cl \tag{5-8}$$

摩尔吸光系数是通过测定吸光度值，再经过计算而求得的。

例如：已知含 Fe^{3+} 浓度为 500μg/L 的溶液，用 KSCN 显色，在波长 480nm 处用 2cm 吸收池测得吸光度 $A = 0.19$，计算摩尔吸光系数。

解：

$$c(Fe^{3+}) = \frac{500 \times 10^{-6}}{55.85} \text{mol/L} = 8.95 \times 10^{-6} \text{mol/L}$$

$$A = \varepsilon cl$$

$$0.19 = \varepsilon \times (8.95 \times 10^{-6}) \text{mol/L} \times 2\text{cm}$$

$$\varepsilon = \frac{0.19}{8.95 \times 10^{-6} \times 2} \text{L/(mol·cm)} = 1.06 \times 10^4 \text{L/(mol·cm)}$$

摩尔吸光系数表示物质对某一特定波长光的吸收能力。ε 越大表示该物质对某波长光的吸收能力越强，比色测定的灵敏度就越高。因此，进行比色测定时，为了提高分析的灵敏度，必须选择摩尔吸光系数大的有色化合物作显色剂，选择具有最大 ε 值的波长作入射光。ε 与溶液的浓度及液层厚度无关。

四、光吸收定律的适用范围

朗伯定律和比尔定律的使用都是有一定条件的。在应用朗伯-比尔定律时应注意其适用

范围。

朗伯定律对于各种有色的均匀溶液都是适用的。但比尔定律只在一定浓度范围内适用，吸光度 A 和浓度 c 才成直线关系。在比色分析中，常利用这种直线关系测定物质含量。测定方法是：配制一系列不同浓度的标准溶液，在一定条件下显色，使用同样厚度的吸收池，测定吸光度，然后以浓度为横坐标，吸光度为纵坐标作图，得一条直线，称为工作曲线或标准曲线。在同样条件下测出试样溶液的吸光度，就可以从工作曲线上查出试样溶液的浓度 c，如图 5-5 所示。

但在实际工作中经常发现标准曲线不成直线的情况，特别是当吸光物质的浓度高时，明显表现出标准曲线向下或向上偏离，如图 5-6 所示。这种情况称为偏离朗伯-比尔定律现象。在一般情况下，如果偏离朗伯-比尔定律的程度不严重那么仍可用于比色分析，若偏差严重则不能使用，否则将会引起较大的误差。

引起偏离朗伯-比尔定律的主要原因有以下两点：

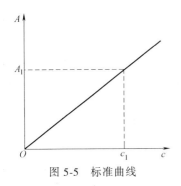

图 5-5　标准曲线

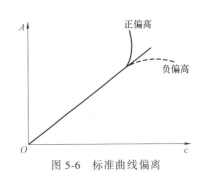

图 5-6　标准曲线偏离

1. 入射光非单色光

严格讲，朗伯-比尔定律只适用于单色光，但实际上目前各种方法所得到的入射光，是一定波长范围内的光，因而产生了对朗伯-比尔定律的偏离。

2. 溶液中的化学反应

溶液中的吸光物质因离解、缔合、形成新的化合物或互变异构体等的化学变化而改变了浓度，因而导致对朗伯-比尔定律的偏离。

第二节　分光光度计的基本构造

一、分光光度计的基本构造

分光光度计的种类和型号繁多，常用的有 721、722、723、T6、TU-1900、TU-1901 等系列，它们都是由光源、单色器、吸收池、检测系统四个基本部分组成，其组成框图如图 5-7 所示。

$$\boxed{光源} \rightarrow \boxed{单色器} \rightarrow \boxed{吸收池} \rightarrow \boxed{检测系统}$$

图 5-7　分光光度计的组成框图

（一）光源

分光光度计所用的光源是用来提供符合要求的入射光的装置，应具备两个条件：

1）在使用波长范围内提供连续辐射，即光源应发射连续光谱，并在该波长范围内有比较大的辐射强度。

2）光源要有好的稳定性。特别是单光束仪器，在参比调零和测量样品的周期内，光源必须保持稳定。否则测量必然会引起误差。在双光束仪器中，由于同时测量参比液和样品液，就不会产生光源不稳带来的影响。

常用的光源有两类，一类是热辐射光源，用于可见光区，一般是钨灯或卤钨灯，波长范围为 350nm ~ 1000nm；另一类是气体放电光源，用于紫外光区，一般是氢灯或氘灯，连续波长范围是 180nm ~ 375nm。

（二）单色器

将光源发出的连续光谱分解为单色光的装置，称为单色器。单色器由入射狭缝、准直元件、色散器、投影器和出射狭缝五个部分组成。

色散器是单色器的核心部分，用滤光片作单色器的为光电比色计，如早期的 72 系列分光光度计就是以滤光片作单色器；单色器由棱镜或光栅等色散元件及狭缝和透镜组成的叫分光光度计，如 721、722、723 等系列。

棱镜是根据不同波长的光在通过棱镜时的折射率不同，从而将复合光按波长顺序分离为单色光的一种色散元件，由玻璃或石英制成，玻璃棱镜色散能力大，适用于 350nm ~ 800nm 光谱仪，但吸收紫外光，因此在紫外光区必须采用石英棱镜。

光栅是利用光的干涉与衍射作用制作的一种色散元件，分为透射光栅和反射光栅。透射光栅是利用透射光衍射的光栅，在玻璃表面上每毫米内刻上一系列等宽等间距的、平行的且紧紧相依的刻痕，刻痕不透光，两刻痕之间光滑的部分可以透光，相当于一个狭缝。精制的光栅，1cm 的宽度内刻有几千条乃至上万条刻痕。在镀有金属层的表面上刻出许多平行刻痕，两刻痕间的光滑金属面可以反射光，这种光栅称为反射光栅。光栅的主要特点是色散均匀、呈线性，光度测量时便于自动化。缺点是光栅光谱存在级次重叠，会对直接分光光度法的光谱分辨率和光谱的检测造成困难。

（三）吸收池

亦称比色皿，用于盛放溶液，能透过所需光谱范围内的光线，由玻璃、石英或其他晶体材料制成，两透光面互相平行并具有精确的光程。在紫外光区测量时必须用石英吸收池，在可见光区测量时可用玻璃吸收池。

吸收池的内壁和透光外壁应注意清洁，不能用硬质纤维或手指去摸擦。毛玻璃的两壁供操作人员拿取。使用吸收池时，应注意其放置方向，因为吸收池透光方向换向后，透光本领可能会有所变化。通常在毛玻璃一面的上端，蚀刻有一个箭头作指示。

各种规格的吸收池的高度是足够的，光束入射狭缝和透光窗都比吸收池低，所以在操作时没有必要把溶液注得很满，以防止在拉动吸收池架时溶液溢出，影响测定的准确度，同时会使仪器内部受潮和腐蚀。

在光度分析操作中，应先用镜头纸或纤维松软的织物等擦干净吸收池外壁才能进行光度测量，否则将引起测量误差。在用石英吸收池时，更应防止透光面的污染，若存在手指印，会对紫外线有很强的吸收。

测量挥发性溶液时，吸收池最好加盖，以免气体挥发在样品室内，影响测定结果。

（四）检测系统

检测系统由检测器和信号处理与记录装置组成。检测器是一种光电转换元件，作用是把光信号转变为电信号，经信号调理、数据采集、信号处理、显示记录下来。透过吸收池中有色溶液的不同强度的透射光，由检测器把它变成不同强度的光电流。这种光电流有的足够大，如硒光电池的光电流，可以推动电测仪表——检流计，可以直接进行测量，指示出吸光度或透光度读数。有的如光电管，其光电流不够大，就用电子放大器将它放大，再用电流表指示。检测器是分光光度计的特征元件，它的质量好坏对分析测定结果影响很大。常用的检测器有光电池、光电管、光电倍增管，以及近年发展的一种新的光电二极管矩阵检测器。

二、分光光度计的类型

光度计有多种类型，根据工作波段的不同，可分为紫外-可见分光光度计、紫外-可见-红外分光光度计、可见分光光度计；根据单色器的不同，可分为棱镜分光光度计和光栅分光光度计；根据测量过程中同时提供的测量波长数，可分为单波长和双波长分光光度计，根据通过样品池和参比池的光束数，又可分为单光束和双光束两类分光光度计。

1. 单光束分光光度计

单光束分光光度计通过改变参比池和样品池的位置，使一束单色光轮流通过参比溶液和样品溶液来进行光度测量。实际操作时先让参比溶液进入光路，调节透过率 $T=100\%$，然后移动吸收池架的拉杆将样品溶液推入光路，读取吸光度值。这种分光光度计结构简单、价格便宜，适用于定量分析，一般不能用作全波段光谱扫描，要求光源和检测器具有很高的稳定性。国产 721 系列可见分光光度计和 751 系列紫外-可见分光光度计等均属此类仪器。其光路简图如图 5-8 所示。

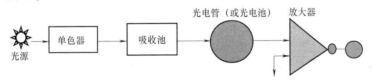

图 5-8　单光束分光光度计的光路简图

2. 双光束分光光度计

双光束分光光度计有两个吸收池，由同一单色器发出的单色光被分成两束，两束光同时分别通过参比溶液和样品溶液，只需一次测量即可得到样品溶液的吸光度，因此可消除光源不稳定，以及减少温度变化引起的溶液密度与折射率改变的影响。一般自动记录分光光度计均采用双光束，可方便绘制吸收光谱，实现快速全波段扫描，该类仪器特别适合于结构分析。国产 710、730、TU-1901、TU-1900 等系列都属这类仪器。其光路简图如图 5-9 所示。

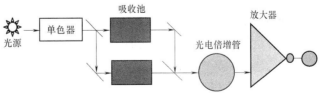

图 5-9　双光束分光光度计的光路简图

3. 准双光束分光光度计

准双光束分光光度计即假双光束或比例双光束，其工作原理是由同一单色器发出的光被分成两束，一束直接到达检测器，另一束通过样品溶液后到达另一个检测器。这种仪器的优点是可以监测光源变化带来的误差，但是并不能消除参比造成的影响。国产该类仪器有 TU-1800、T6、UV-762、UV-1600 等。其光路简图如图 5-10 所示。

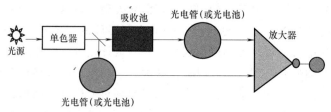

图 5-10　准双光束分光光度计的光路简图

4. 双波长分光光度计

双波长分光光度计有两个单色器，由光源发出的光分成两束，分别经过两个单色器，可同时得到两个不同波长的单色光，两个波长的光交替照射同一吸收池，消除了制备参比溶液及两个吸收池之间的差异所引起的误差，又因为可以绘制导数吸收光谱，所以提高了测量的选择性和灵敏度。其光路简图如图 5-11 所示。

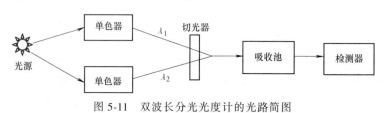

图 5-11　双波长分光光度计的光路简图

5. 双光束双波长分光光度计

该类仪器具有双光束和双波长两种分光光度计的功能，另外还能分别记录两个波长处吸光度随时间变化的曲线，常用于化学反应动力学的研究。

三、主要技术参数及检定方法（参照标准 JJG 178—2007）

为便于描述分光光度计的计量性能要求，将仪器的工作波段分为三段，分别是 A 段（190nm～340nm）、B 段（340nm～900nm）、C 段（900nm～2600nm）。按照计量性能的高低将仪器划分为 Ⅰ 、Ⅱ 、Ⅲ 、Ⅳ 共四个级别，其主要技术参数及检定方法如下。

1. 杂散光

远离吸收光的其他波长的入射光。杂散光是紫外可见分光光度计非常重要的技术指标，也是仪器分析误差的主要来源。它直接限制了分析样品浓度的上限，当一台仪器的杂散光一定时，被分析试样浓度越大，其分析误差就越大。

检定方法：选择 JJG 178—2007《紫外、可见、近红外分光光度计检定规程》6.1.3 规定的杂散光测量标准物质，在相应波长处测量标准物质的透射比，其透射比值为仪器在该波长处的杂散光。

1）A 段用 NaI 标准溶液（或截止滤光片）于 220nm，$NaNO_2$ 标准溶液（或截止滤光片）于 360nm，10nm 标准石英吸收池，蒸馏水作参比，光谱带宽 2nm（无光谱带宽调整档的仪器不设）测量其透射比示值。

2）B 段棱镜式仪器，用截止滤光片，在波长 420nm 处，以空气为参比，测量其透射比值。

3）C 段用 H_2O 于 1420nm 波长处，测量其透射比示值，以空气为参比。

对于需要测量仪器的低杂散光值时，使用衰减片，先测出衰减片的透射比值，再以衰减片为参比，测量上述标准物质的透射比值，两者透射比值的乘积即为杂散光。

2. 波长最大允许误差及波长重复性

波长最大允许误差，是指波长实际测定值与理论值（真值）之差；波长重复性，是多次进行波长测试所得结果的离散性。由于不同波长时摩尔吸收系数不同，灵敏度就会不同，即使是同一样品，测得的数据也会不同。致使分析结果的可靠性得不到保证。

检定方法：选择标准物质，根据仪器的工作波长范围选择测量波长，A 段、B 段每间隔 100nm 至少选择一个波长检定点。C 段根据仪器的波长范围均匀选择五个波长检定点。使用溶液或滤光片标准物质时，选取仪器的透射比或吸光度测量方式，在测量的波长点用空气作空白调整仪器透射比为 100%（$A=0$），插入挡光板调整透射比为 0%，然后将标准物质垂直置于样品光路中，读取标准物质的光度测量值，重复上述步骤在波长检定点附近单向逐点测出标准物质的透射比或吸光度，求出相应的透射比谷值或吸光度峰值波长 λ_i，连续测定三次。

3. 基线平直度

基线平直度是指每个波长上的光度噪声，以吸光度表示。直接影响仪器的信噪比，是紫外-可见分光光度计各个波长上主要分析误差的来源，它决定了仪器在各个波长下分析检测浓度的下限。

检定方法：按仪器要求进行基线校正后，设置仪器光谱带宽为 2nm，设置合适的吸光度量程，在波长下限加 10nm，在波长上限减 50nm，进行扫描，测量图谱中起始点的吸光度与偏离起始点的吸光度之差，即为基线平直度。

4. 吸收池的配套性

吸收池配套性合适与否直接影响测量结果的准确性。因此，JJG 178—2007《紫外、可见、近红外分光光度计检定规程》中，对比色皿的成套性做出了规定，并被列入首次检定、后续检定和使用中检验的必检项目。

检定方法：仪器所附的同一光径吸收池中，装蒸馏水于 220nm（石英池）、440nm（玻璃池）处，将一个吸收池的透射比调至 100%，测量其他各池的透射比值，其差值即为吸收池的配套性。

四、常用的分光光度计

（一）721 系列分光光度计

721 系列分光光度计是一款单波长单光束可见分光光度计，它以钨灯为光源，以玻璃棱镜为色散元件，测定波长范围为 360nm～800nm，表头直读。其光学系统如图 5-12 所示。

1. 工作原理

钨灯光源发出的连续辐射光谱经聚光透镜会聚，经平面反射镜转角 90° 反射至入射狭缝，进入单色器内，入射光经准直镜变为平行光，并以最小偏向角射向玻璃棱镜，产生色散，入射光依原路反射回来，经过准直镜反射会聚在出射狭缝上（出射狭缝和入射狭缝是一体的），由出射狭缝射出的一定波长的单色光经光阑、聚光透镜和吸收池，最后照射到光

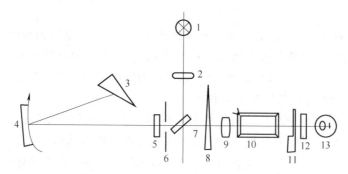

图 5-12　721 系列分光光度计的光学系统

1—钨灯（12V，25W）　2、9—聚光透镜　3—玻璃棱镜　4—准直镜　5、12—保护玻璃　6—狭缝

7—平面反射镜　8—光阑　10—吸收池　11—关闸　13—光电管（或光电池）

电管上，光电管把光转化为光电流经过放大器放大后，直接在微安表上读出吸光度或透射率。

2. 使用方法

1）仪器接电前，检查电源接线是否牢固、接地良好，各调节钮的起始位置是否正确，检流计指针应在透光率"0"位。

2）接通电源开关，打开吸收池暗箱盖，使检流计指针处于"0"位，仪器预热 20min。

3）选择测定所需单色光波长和对应的灵敏度档，调节调零电位器使检流计指针至"0"位，即 $T = 0\%$（$A = \infty$）。

4）调节 $T = 100\%$，将参比溶液置于光路中，旋转光量调节器使检流计指针"$T = 100\%$"（$A = 0$）；先在低档下调节，若调节不到再逐渐提高直至 $T = 100\%$，改变灵敏度档应重新校正"0%"和"100%"。

5）重复进行，打开吸收池箱盖调"0%"，盖上吸收池箱盖调"100%"，直至仪器稳定。

6）测量，盖上吸收池箱盖，将样品溶液置于光路中，读取吸光度值，根据溶液中被测组分含量的不同选用不同光程的吸收池，使吸光度读数在 0.2～0.7。

7）测量结束，取出吸收池，清洗干净，盖好吸收池箱盖，各旋钮置于起始位置，关闭电源开关。

（二）T6 系列紫外-可见分光光度计

1. 工作原理

T6 系列分光光度计为经济型紫外-可见分光光度计，波长范围为 190nm～1100nm，它以钨灯、氘灯作光源，光栅为色散元件，杂散光低，准双光束比例监测，与单光束分光光度计相比减少了光源能量漂移的影响。通过通信接口与计算机连接，全自动操作，具有自动波长定位、自动换灯、自动波长校准、自动样品池切换功能。其结构和工作原理如图 5-13 所示。

工作原理：由光源发出的光，经单色器获得一定波长的单色光，照射到样品溶液，被吸收后，经检测器将光强度变化转变为电信号变化，并经信号显示系统调制放大后，显示输出。

2. 使用方法

（1）开机　打开稳压电源，等待 5s～10s，稳压电源稳定后依次打开打印机，打开仪器

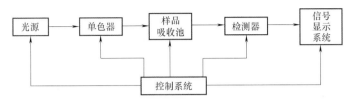

图 5-13　T6 系列紫外-可见分光光度计的结构和工作原理

主机电源。此时仪器开始自检，等待 3min～5min，确认仪器每一项都准备好后进入操作界面。

（2）测量

1）自检完成后在主菜单界面下，按<ENTER>键进入光度测量。在光度测量界面按<GOTO λ>键，输入测量波长后按<ENTER>键确认仪器自动调整波长。

2）参数选择：按<SET>键进入参数设置。在参数设置界面主要设置样品池的个数。按<▼>键，选择到样品池设置，按<ENTER>键确认进入样品池设置界面。按<▼>键，选择样品池数目，连续按<ENTER>键选择所需要的数目。（主要根据使用的比色皿数量而定。假如有两个比色皿，依次放在 1、2 号样品池内，就设定数量为"2"）。设定完成后按<RETURN>键，返回参数设置界面；再按<RETURN>键，返回到光度测量主界面。

3）测量：按<START>键，进入测量界面。（如果提示"参数改变是否需要打印"，那么根据需要选择就可以进入测量界面了。）在 1 号样品池放入空白，依次在以后的样品池中放入样品。关闭好样品池盖。按<AUTOZERO>键进行校零，然后按<START>键进行测量。仪器屏幕就依次显示测量结果。

4）测量完成：测量工作完成后，如果需要打印请按<PRINT>键。若不需要打印则请记录好测量结果，按<RETURN>键，返回光度测量主界面，再按<RETURN>键，返回到仪器主界面。

（3）关闭　返回到仪器主界面后先关闭仪器主机电源，然后关闭打印机电源，最后关闭稳压电源。检查仪器内的比色皿是否取出，放入干燥剂。

第三节　分光光度法的应用

分光光度法主要应用于微量组分的测定，也能用于高含量组分的测定、多组分分析，以及研究化学平衡、络合物的组成等。

一、一般定量方法

（一）工作曲线法

对于单一组分的测定，工作曲线法是实际工作中用得最多的一种定量方法。

工作曲线的制作方法为：配制四个以上浓度或适当比例的待测成分标准溶液，以空白溶液为参比溶液，在选定的波长下，分别测定吸光度。以标准溶液浓度为横坐标，吸光度为纵坐标，绘制工作曲线。在测定样品时，按同样方法制备待测样品溶液，测定吸光度，在工作曲线上即可查出待测物的浓度。待测物浓度应在工作曲线范围内。

在一定条件下，工作曲线是一条直线（见图 5-14），直线的斜率和截距可以用最小二乘法求得。

工作曲线用一元线性方程表示为

$$y = a + bx$$

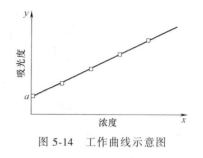

图 5-14　工作曲线示意图

式中　　x——标准溶液的浓度；

　　　　y——相应的吸光度；

　　　　b——直线的斜率；

　　　　a——直线的截距。

（二）标准对照法（直接比较法）

当工作曲线是通过原点的一条直线时，在工作曲线的线性范围内，用原点及一个标准溶液就可以制作一条工作曲线，即 $y = bx$。在相同条件下，在同一波长处测定，吸光度与浓度成正比，根据式（5-9）可以计算出待测样品的浓度。

$$\frac{c_{样}}{c_{标}} = \frac{A_{样}}{A_{标}} \qquad c_{样} = c_{标}\frac{A_{样}}{A_{标}} \tag{5-9}$$

二、示差分光光度法

在分光光度法中，样品的浓度过大（吸光度过高）或浓度过低（吸光度过低），测定误差均较大。为克服这种缺点，改用一定浓度的标准溶液代替空白溶液来调节仪器的零吸光度，以提高方法的准确度。这种方法称为示差分光光度法。

示差分光光度法分为三种类型：浓溶液示差分光光度法、稀溶液示差分光光度法和高精度示差分光光度法，其中以浓溶液示差法应用较多。

（一）基本原理

设参比标准溶液的浓度为 c_s，试样溶液的浓度为 c_x，且 $c_x > c_s$，根据朗伯-比尔定律，得

$$A_x = kbc_x$$

$$A_s = kbc_s$$

两式相减，得

$$A_r = A_x - A_s = kb(c_x - c_s) = kb\Delta c \tag{5-10}$$

式（5-10）表明，在符合朗伯-比尔定律的浓度范围内，被测试液与参比溶液的吸光度差值与两溶液的浓度差成正比。这就是示差法的基本原理

如果用 c_s 标准溶液作参比，测定一系列 Δc 已知的标准溶液的相对吸光度，绘制 A_r-Δc 工作曲线，则由测得的试液的相对吸光度 A_r，即可从工作曲线上查得 Δc，再根据 $c_x = c_s + \Delta c$ 计算试样的浓度。

（二）浓溶液示差分光光度法

浓溶液示差分光光度法是在光度计没有光线通过时调节仪器透光度读数为"0"（与一般光度法相同），然后用一个比试样溶液浓度稍低的已知浓度的标准溶液与试样溶液同条件显色作参比溶液，调节仪器的透光度读数为"100"（$A = 0$），然后测定试样溶液的吸光度。

浓溶液示差分光光度法与一般分光光度法的比较如图 5-15 所示，设按一般分光光度法用试剂空白作参比液，测得浓度为 c_x 的试液的透光率 $T_{x1} = 7\%$，浓度为 c_s 的标准溶液的透光率 $T_{s1} = 10\%$；采用示差法时，如果用一般分光光度法测得的 $T_{s2} = 100\%$ 的标准溶液作参比溶液，调节透光率从 $T_{s1} = 10\%$ 至 $T_{s2} = 100\%$ 处，亦即相当于标尺扩大了 10 倍（$T_{s2}/T_{s1} =$

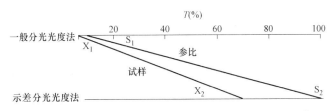

图 5-15　浓溶液示差分光光度法与一般分光光度法的比较

$100/10 = 10$），这时，被测试液的透光率将落在标尺上的 $T_{s2} = 70\%$ 处，因而减小误差，提高了浓溶液分光光度法测定的准确度。

（三）稀溶液示差分光光度法

在测定低浓度有色溶液时，可采用此法。用一个浓度较试样溶液稍浓的标准溶液制成有色参比溶液来调节光度计的透光度为 0（$A = \infty$）。仪器透光度为 100（$A = 0$）的点则按一般分光光度法调节（用通常的空白溶液调节透光度为 100）。然后用被测溶液代替空白溶液，放入光路就可读出试液的透光度（或吸光度）读数，使低浓度显色液的吸光度读数加大。稀溶液示差分光光度法与一般分光光度法的比较如图 5-16 所示。

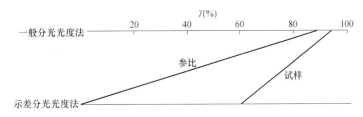

图 5-16　稀溶液示差分光光度法与一般分光光度法的比较

这种方法适用于吸光度小于 0.1 的试液，同时必须注意在稀溶液示差分光光度法中吸光度均不和浓度呈直线关系，所以绘制成的测量线通常为一曲线。

（四）高精度示差分光光度法

高精度示差分光光度法也称为"两个参比溶液示差分光光度法"。可以采用一个比被测溶液浓度稍低的已知浓度溶液作参比来调节光度计的透光度至 100，再用一个已知浓度略高于样品的溶液作另一参比溶液来调节仪器的透光度至 0（$A = \infty$），此时被测溶液的透光度将落在 0~100，显然这样测定比一般分光光度法的测定结果要精确得多，高精度示差分光光度法与一般分光光度法的比较如图 5-17 所示。

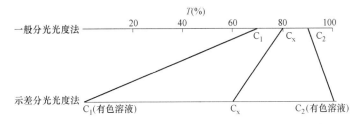

图 5-17　高精度示差分光光度法与一般分光光度法的比较

这种方法的吸光度与浓度的曲线也不是直线。

（五）应用示差分光光度法的注意事项

示差分光光度法扩大了标尺读数而减小了读数误差，采用有色参比液减小了光度误差，由于制备参比溶液和试样溶液采用了相同显色条件而减少了分析条件对测定结果的影响。若参比标准溶液选择适当，则示差分光光度法测定的准确度可与重量法或滴定法接近，但在实际应用中还必须注意以下几个问题：

1）有色参比溶液的吸光度越大越有利。但是，参比溶液的浓度越高，透过溶液的光线将越弱，相应地产生的光电流也就越小。当只有光电转换元件（光电池或光电管）以及光电流检测装置具有足够高的灵敏度时，才能将高浓度的参比液调节到吸光度为"0"，所以要求仪器应具有较高的灵敏度。

2）虽然参比溶液的浓度越大，对测定的准确度越有利，但对一般仪器来说，调节吸光度到"0"还是有困难，而使测量不能进行。为此，有色参比溶液的浓度必须根据实际情况来选择。

3）由于示差分光光度法是根据试样溶液与参比溶液的吸光度差（A_r）与两溶液浓度之差（Δc）成正比来实现测定的，所以在实际工作中，要求盛试样溶液和参比溶液的两只吸收池厚度和光学性质应相同，即用两只吸收池盛有色参比溶液互相测量时 ΔA 应等于零。

4）制备有色参比溶液的浓度一定要准确，分析条件与试样溶液一致，这样才能使被参比溶液抵消的那部分浓度（或吸光度）正确可靠。

5）有时为了消除由于标准溶液浓度、吸收池厚度或光学性能不一致带来的误差，为了获得方便、准确的参比，也可以用光阑、灰滤光片（玻璃减光片）来代替参比溶液，同样可获得良好效果。

三、双波长分光光度法

（一）双波长分光光度法的基本原理

图 5-11 所示是双波长分光光度计的光路简图。从光源发出的光分成两束，分别经过各自的单色器后，得到两束波长不同的单色光 λ_1 和 λ_2，借切光器调节，λ_1 和 λ_2 以一定的时间间隔交替照射到装有试样溶液的同一个吸收池，由检测器显示出在波长 λ_1 和 λ_2 的吸光度差值 ΔA。

开始时，使交替照射的两束单色光 λ_1 和 λ_2 的强度相等，均为 I_0，对于波长 λ_1 有

$$-\lg\left(\frac{I_1}{I_0}\right) = A_{\lambda_1} = \varepsilon_{\lambda_1} cl$$

$$-\lg\left(\frac{I_2}{I_0}\right) = A_{\lambda_2} = \varepsilon_{\lambda_2} cl$$

通过测定两束光经过吸收池后的光强度 I_1 及 I_2，即可得到溶液对两波长的光的吸光度之差 ΔA

$$\Delta A = A_{\lambda_2} - A_{\lambda_1} = (\varepsilon_{\lambda_2} - \varepsilon_{\lambda_1}) cl \tag{5-11}$$

式（5-11）表明，试样溶液在两个波长 λ_1、λ_2 的吸收差值与溶液中待测物质的浓度成正比，这就是用双波长分光光度法进行定量分析的理论依据。

在双波长分光光度法中，由于测量时利用了两个波长的光通过同一吸收池，消除了制备参比液及两吸收池之间的差异所引起的误差，又由于可以绘制导数吸收光谱，所以提高了测

量的选择性和灵敏度。

该法的最大优点还在于能直接分析混合组分而不必经过化学分离或用麻烦的解联立方程式的方法，并且还可以分析混浊样品。

（二）选择 λ_1 和 λ_2 的基本要求

1）共存组分在这两个波长应具有相同的吸光度（$A_{\lambda_2} - A_{\lambda_1} = 0$），以使其浓度变化不影响测量值。通常选择一等吸收点作为参比波长。

2）待测组分在这两个波长处的吸收差值应足够大。

（三）双波长分光光度法选择 λ_1 和 λ_2 的方法

为了进行双波长分光光度测定，需选择合适的波长 λ_1 和 λ_2，常采用下列几种方法：

1. A_{λ_1} 为等吸收点、A_{λ_2} 为络合物的最大吸光度

当金属离子与适当的显色剂进行反应时，在一组吸收曲线中通常具有一个或几个等吸收点。两个波长的合适位置，一个可以选择在络合物的最大吸收波长，另一个可以选择在等吸收点。

所谓等吸收点，是浓度一定的具有光吸收性质的化合物溶液，随着溶液条件或其他影响因素（如 pH、光、热分解）的变化，呈现不同形状的吸收曲线。在这一组吸收曲线中可能有一个或几个共同的交点，这些交点就是等吸收点。

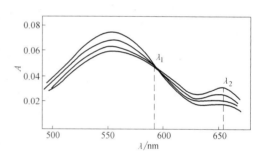

图 5-18　羧基偶氮脒测定镝的吸收曲线

例如，羧基偶氮脒测定镝（Dy），其吸收曲线如图 5-18 所示，可以选择两个波长的合适位置为 $\lambda_1 = 590\mathrm{nm}$，$\lambda_2 = 660\mathrm{nm}$。

2. A_{λ_1} 为试剂的最大吸光度、A_{λ_2} 为络合物的最大吸光度

应用试剂吸收峰作为参比波长 λ_1，有色络合物吸收峰作为测定波长 λ_2，简称双峰双波长法。该法最大特点是可以消除显色剂深背景的影响，并可以提高测定的灵敏度。

3. 混浊背景双波长法

要消除混浊对背景的影响，与很好的选择波长是分不开的。在常见的混浊样品的分光光度测定中，作为参比的溶剂并不像样品那样混浊。而样品的混浊产生的光散射就使吸收光谱产生背景吸收，并且这种背景吸收不能被无散射的溶剂作为参比来消除。这就使测试得到的吸光度 A，实际上是特征吸光度 ΔA 和背景吸光度 A_B 的总和。在双波长测定中，我们可以把测试光束设在吸收峰 λ_2 上，参比光束设在样品无特征吸光度 λ_1 上。因此，在 λ_2 测得的是样品吸光度 ΔA 和背景吸光度 A_B 的总和，在 λ_1 测得的是样品的背景吸光度。如果 λ_2 和 λ_1 选择合适，通过双波长分光光度计测得的将是 $A_{\lambda_2} - A_{\lambda_1}$，也即是样品的吸光度 ΔA。

$$\Delta A = A_{\lambda_2} - A_{\lambda_1} = (\Delta A + A_B) - A_B = \Delta A$$

由混浊产生的背景吸光度就可消除。

4. 混合组分 λ_1 和 λ_2 常用作图法确定

设混合物中 A、B 两个组分的吸收光谱如图 5-19 所示。假定 A 为待测组分，那么可选择组分 A 的最大吸收波长 λ_2，在这一波长位置作一垂直于横轴的直线交于共存（干扰）组

分 B 的吸收曲线上的某一点，从这一点画一平行于横轴的直线，在组分 B 的吸收曲线上便有一个（或几个）交点，此交点的波长作为参比波长 λ_1'。在几个位置可供选择的情况下，应当选择最有利的，以使待测组分的吸收差值 ΔA 尽可能大。倘若待测组分的最大吸收波长不适用于作为测定波长，也可选择吸收曲线上的其他波长。

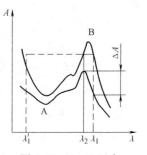

图 5-19　A、B 两个组分的吸收光谱

（四）双波长分光光度法的特点

1）采用两个单色器，得到两束不同波长的单色光，测量的是同一溶液在两个波长下的吸光度差。

2）只用一个存放显色溶液的吸收池，取消了参比液池，消除了吸收池成对性的差异及显色液和参比液之间的差异所引起的不确定度。

3）由于测定的是两波长间的信号差，光源电压和外电源的变化对测定的影响基本消除。

4）可进行浑浊试样的分析，但在应用此法时，λ_1 和 λ_2 不能相差很大。

5）通过适当的波长组合，可进行双组分或三组分混合物的同时测定。

6）当 λ_1 和 λ_2 相差 1nm～2nm 时，双波长同时扫描可记录一阶导数光谱。

7）采用一个波长固定，另一个波长扫描，记录吸收光谱，可消除浑浊背景的影响。

8）采用双笔记录器，可记录溶液中同时发生的两种现象。

因此，双波长分光光度法常可用于混合物的定量测定、浑浊试样的分析，以及研究反应动力学过程。

四、显色反应及条件的选择

（一）显色剂与显色反应

与待测组分反应形成有色化合物的试剂称为显色剂。选择良好的显色剂是分光光度分析的重要因素之一。显色剂有无机显色剂和有机显色剂两大类；无机显色剂主要有硫氰酸盐、钼酸盐、过氧化氢、卤素离子等，数量少，灵敏度也较低；有机显色剂种类、数量都很多（常用的有机显色剂参见第三章），灵敏度也远远超过无机显色剂。

在进行分光光度分析时，为了灵敏、准确地测定无机离子组分，最常用和有效的方法是加入显色剂，把待测组分转变成为有色化合物，然后进行比色或光度测定。将待测组分转变成有色化合物的反应叫显色反应。

$$M \quad + \quad R \quad \rightleftharpoons \quad MR$$
$$\text{（待测组分）} \quad \text{（显色剂）} \quad \text{（有色化合物）}$$

显色反应有络合反应、氧化还原反应、合成反应等，其中以络合反应的应用最为广泛。用于分析的显色反应，应满足以下条件：

1）选择性要高，生成的有色化合物颜色较深。

2）有色化合物的 ε 要大。

3）有色化合物的离解常数要小。

4）有色化合物的组成要恒定。

（二）显色条件的选择

分光光度法是测定显色反应达到平衡后的溶液的吸光度，要得到准确的结果，必须了解影响显色反应的因素，控制适当的条件，使显色反应完全和稳定。

1. 显色剂的用量

在比色分析中，通常是通过测定 MR 的浓度来求得原有 M 的浓度。显而易见，M 转化为 MR 的反应越完全，就越有利于比色测定。

显色反应进行的程度可从有色络合物的稳定常数 K 值看出。

$$\frac{[MR]}{[M][R]} = K \qquad \frac{[MR]}{[M]} = K[R]$$

上式左边的比值越大，说明显色反应越完全。由于 K 值是常数，因此只要控制显色剂的浓度 $[R]$，就可以控制显色反应的程度，$[R]$ 越大，显色反应就越完全。但也应注意不宜太大，否则会增大试剂空白的深度，或改变显色产物的络合比，不利于比色测定。

2. 溶液的酸度

酸度对显色反应的影响有以下几方面：

（1）当溶液酸度不同时　同一种金属离子与同一种显色剂反应，可以生成不同配位数的不同颜色的络合物。

例如，Fe^{3+} 与磺基水杨酸作用，在不同的 pH 值条件下，能形成数种络合物，以 $(S \cdot Sal)^{2-}$ 代表磺基水杨酸阴离子：

pH ≈ 1.8~2.5 时生成 $Fe(S \cdot Sal)^{+}$，为紫红色；

pH ≈ 4~8 时生成 $Fe(S \cdot Sal)_{2}^{-}$，为橙红色；

pH ≈ 8~11.5 时生成 $Fe(S \cdot Sal)_{3}^{3-}$，为黄色。

由此可见，必须控制溶液的 pH 值在一定范围内，才能获得组成恒定的有色络合物，从而获得正确的测定结果。

（2）溶液的酸度过高会引起有色络合物的分解　当溶液酸度过高时，对弱酸型有机显色剂和金属离子形成的有色络合物影响较大，例如：

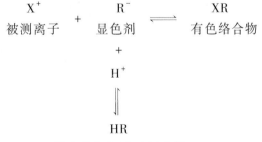

弱酸型有机显示剂分子

从平衡式来看，提高酸度平衡倾向于生成弱酸型有机显色剂分子。从而促进 XR 更多的离解，显色能力大大减弱。因此，显色时溶液的酸度必须控制在某一适当的范围内。

（3）溶液酸度过低会引起金属离子水解　这种现象常发生在有色络合物的稳定度不是很大，并且被测金属离子所形成的氢氧化物的溶解度又很小时。此时如果溶液酸度过低就会引起水解作用，从而生成金属离子的氢氧化物沉淀，破坏有色络合物，使溶液的颜色发生变化。

例如：

$$Fe(SCN)^{2+}+3OH^- \rightleftharpoons Fe(OH)_3 \downarrow + SCN^-$$

$$Fe(S \cdot Sal)_3^{3-}+3OH^- \rightleftharpoons Fe(OH)_3 \downarrow + 3(S \cdot Sal)^{2-}$$

黄色　　　　　　　　　　棕红色

以上讨论了酸度对比色分析的影响，而选择什么样的酸度适宜，是要通过试验来确定的。

3. 显色时间

所谓显色时间指的是溶液颜色达到稳定时的时间。不少显色反应需要一定时间才能完成，而且形成的有色络合物的稳定性也不一样。因此必须在显色后一定的时间内进行比色测定。通常有以下几种情况：

1）加入显色剂后，有色络合物立即生成，并且生成的有色络合物很稳定，此时可在显色后任一时间进行测定。

2）加入显色剂后，有色络合物的形成需要一定时间，但生成的有色络合物也很稳定。对这类反应可在完全显色后放置一些时间再进行测定。

3）加入显色剂后，有色溶液立即生成，但在放置后又逐渐褪色，对这类反应，应在显色后立即进行测定。

因此，显色时间必须通过试验来确定。

4. 显色温度

显色反应的进行与温度有很大的关系，对不同的显色反应应选择其适宜的显色温度，但大多数的显色反应在室温下即可进行。由于温度对光的吸收及颜色的深浅都有影响，因此在绘制标准曲线和进行样品比色时，应使温度保持一致。

五、吸光度测量条件的选择

（一）入射光波长的选择

当用分光光度计进行吸光度测定时，应先绘制吸收光谱曲线，当无干扰元素时，选择吸收曲线上最大吸光度时的波长为测量波长。因为在最大吸收波长处，灵敏度最高；但当有干扰元素时，就必须同时从灵敏度与准确度两方面来考虑，选择最适宜的波长，以避免干扰。例如，用丁二酮肟光度法测定样品中的镍含量时，丁二酮肟镍的络合物的最大吸收波长为470nm左右，当样品中有Fe存在时，用酒石酸钾钠掩蔽Fe后，在470nm波长处也有吸收，因此干扰镍含量的测定。为消除Fe的干扰，可选择波长大于470nm处测定。因此一般选择波长为530nm处来测定镍含量，干扰较小。虽然此时测定的灵敏度有所降低，但是由于干扰小得多，从而提高了准确度。

（二）参比溶液的选择

在光度分析中常用参比溶液调节仪器零点，以消除溶剂吸收及吸收池壁对光的反射和散射影响，使试液的吸光度真实地反映待测物质的浓度，因此选择适宜的参比溶液是非常重要的。一般原则如下：

（1）蒸馏水或溶剂作参比溶液　在被测体系中，只有被测化合物有颜色，其他成分本身和显色剂均无色，在测定波长下没有吸收或吸收甚少。如过硫酸铵氧化测定钢中锰含量时，试样溶液和显色剂都是无色的，可以用水作为参比溶液。

（2）试剂空白作参比　如果只有显色剂有颜色且在测定波长下对光有吸收，其他均无吸收或很小，则可按与显色反应相同的条件加入各种试剂，唯独不含试样溶液，即做成试剂空白作参比溶液。如用 HPTA〔1-羟基-4-（对甲苯胺基）蒽醌〕光度法测定钢中硼含量时，显色剂本身在 600nm 处有较大吸收，取 HPTA 和其他相应试剂（不加钢样）作为试剂空白，消除显色剂对测定的影响。

（3）试样溶液空白作参比溶液　当未经显色的试样溶液本身有颜色，而显色剂无色，且不与共存离子显色，此时可按照与显色反应相同的条件，取相同的试样溶液，但不加显色剂作为空白溶液，简称试样空白。如硫氰酸盐光度法测定钼含量时，常采用不加显色剂来消除 Cr^{3+}、Ni^{2+} 等有色离子的影响。

（4）褪色空白　在试样基体有颜色，显色剂也有颜色，单一使用试样空白或试剂空白都不能完全消除干扰的情况下，寻找一种褪色剂（络合剂、氧化剂或还原剂等），有选择地将被测离子络合或改变价态，使显色的有色络合物褪色，以此作参比溶液，可同时消除有色试剂及有色共存离子颜色的影响。如在光度法测定不锈钢中锰含量时，加入亚硝酸盐或 EDTA，使 MnO_4^- 还原褪色，消除 $Cr_2O_7^{2-}$ 黄颜色对测定的影响。

（5）不显色空白　在某些显色反应中通过改变试剂加入顺序，可以使显色反应不发生。如硅钼蓝光度法测定硅含量时，先加草酸溶液，再加钼酸铵溶液，这样硅钼杂多酸就不能形成。

（6）平行操作空白　在痕量或精确分析时，为消除所用试剂颜色的影响以及在操作过程中可能带进来的痕量被测元素的影响（如试剂中含杂质元素或所用器皿溶解或沾污等）可以用不含被测元素的试样或不称试样只是与分析试样同样操作，同样加各种试剂，同样处理。直到最后与试样一样得到一份相应的平行操作空白溶液，简称平行操作空白。

测量中，采用光学性质相同、厚度相同的吸收池盛装参比溶液，调节仪器使透过参比溶液的吸光度为零，测量试样溶液的吸光度。

（三）吸光度读数范围的选择

光度分析是根据吸收定律作定量测定的方法，即根据吸光度 A 与溶液浓度 c 成正比的关系，确定物质的含量。从测量准确度考虑，标准溶液与试液的吸光度数值应控制在 0.2~0.8，为此可采取以下办法：

（1）调节溶液浓度　当被测组分含量较高时，称样量可少些，或将溶液稀释，以控制溶液吸光度在 0.2~0.8。当吸光度为 0.434（$T = 36.8\%$）时，误差最小。

（2）使用厚度不同的吸收池　因吸光度 A 与吸收池的厚度 l 成正比，因此增加吸收池的厚度，吸光度值亦增加。

六、测量误差

光度分析中，除了各种化学反应引起的误差之外，仪器测量不准也是误差的主要来源。其主要来源有以下几种：

1）光源性能是否稳定对仪器的正常工作有很大影响，因此，要求光源无漂移、无抖动现象。

2）光电池光电管疲劳，会引起光电效应不成线性关系，造成测量误差，如出现此现象，应使其恢复正常后使用。

3）波长不正确，引起测量误差。

4）吸收池厚度不完全相同，引起测量误差。

5）仪器透光度标尺"0"和"100"调节不正确。测量吸光度时，如果 $T=0$ 事先没调准或又有所变动，将会引起较大误差。造成绘制的工作标准曲线向上或向下弯曲（见图 5-20）。如果只是 $T=0$ 一点调准确了，而 $T=100$ 没调准确或又有变动，也会造成误差，使绘制的工作曲线不通过原点（见图 5-21）。

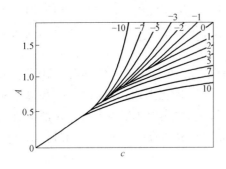

图 5-20　$T=0$ 调节不准所形成
的工作曲线弯曲示意图

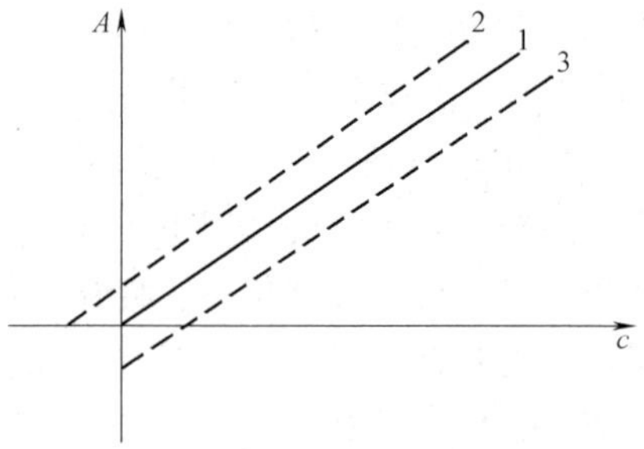

图 5-21　$T=100$ 调节不准时
工作曲线的位置示意图

6）读数误差。根据相对误差和透光率的关系曲线（见图 5-22）可知，当 $T=36.8\%$（$A=0.434$）时光度测量的相对误差最小，约为 2.73%；当透光率为 20%~65%，即对应的吸光度 $A=0.2~0.7$ 时，相对误差最大为 3.5%；当透光率小于 20% 或大于 65% 时，由于读数误差而引起的测量结果的相对误差会急剧增加。

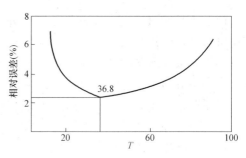

图 5-22　相对误差和透光率的关系曲线图

七、共存离子的干扰及消除方法

（一）干扰

当溶液中的其他成分影响被测组分吸光度值时就构成了干扰。干扰离子的影响有以下几种类型：

1）与试剂生成有色络合物。如用钼蓝法测定硅含量时，磷也能生成磷钼蓝，使结果偏高。

2）干扰离子本身有颜色。

3）与试剂反应，生成的络合物虽然无色，但消耗大量显色剂，使被测离子的显色反应不完全。

4）与被测离子结合成离解度小的另一种化合物。使被测离子与显色剂不反应。例如，由于 F^- 的存在，与 Fe^{3+} 生成 FeF_6^{3-}，若用 SCN^- 显色则不会生成 $Fe(SCN)_3$。

（二）消除方法

（1）控制溶液的酸度使干扰离子不显色　控制溶液的酸度可以提高显色反应的选择性。如用杂多酸法测定硅、磷含量时，消除它们相互干扰的办法是控制溶液的酸度。测定磷含量时，可将溶液的酸度控制在 $c(1/2H_2SO_4)=0.8mol/L$ 以上，此时 H_3PO_4 和钼酸铵可以生成磷钼杂多酸，而硅钼杂多酸则不能生成，消除了 Si 的干扰。反之，测定硅含量时，先将溶液酸度控制在 pH≈1，加入钼酸铵使 Si、P 都生成杂多酸，然后将酸度增至 $c(1/2H_2SO_4)=$ 2.5mol/L 以上，此时磷钼杂多酸全部分解，而硅钼杂多酸却分解得很慢，再立即加入还原剂，将硅钼黄还原成硅钼杂多蓝，P 不干扰测定。

（2）改变干扰离子的价态 有些显色剂对变价元素的不同价态的离子具有不同的显色能力，如硫氰酸盐法测定钼含量时 Fe^{3+} 有干扰，当加入 $SnCl_2$ 或抗坏血酸时，Fe^{3+} 还原为 Fe^{2+} 就不与 SCN^- 显色了，从而消除了 Fe^{3+} 的干扰。

（3）加入掩蔽剂 加入掩蔽剂，使它与干扰元素的离子形成很稳定的络合物，而被测元素的离子不形成或只形成极不稳定的络合物，消除了干扰元素的影响。如 BCO 法测定铜含量，可用柠檬酸掩蔽 Fe^{3+}。乙酸丁酯萃取法测定磷时，Ti、Nb、Ta 有干扰，加入少量 HF 即可消除。

（4）利用校正系数 用硫氰酸盐法测定钢中钨含量时，V（IV）与 SCN^- 生成蓝色的 $(NH_4)_2[VO(SCN)_4]$ 络合物而干扰测定，可在同样条件下，绘制吸光度与钒含量的显色曲线。这样，试样中的钒含量事先测得后，就可以从钨含量的测量中扣除 V 的影响，从而求得钨含量。

（5）选择适当的测定波长使干扰最小 用氯代磺酚 S 法测定铌含量时，Nb（V）与氯代磺酚 S 的络合物的 λ_{max} 在 620nm 处，但此处试剂的吸收也较大，因此选用对试剂吸收较小的 650nm 作为测定波长。

（6）利用参比溶液 某些有色干扰离子与被测离子共存时，可利用参比溶液抵消。例如，用铬天青 S 测定铝含量时，共存的 Ni^{2+}、Cr^{3+} 干扰测定，为此，可将显色液倒入吸收池后，于剩下的部分溶液中加入少量 NH_4F 与 Al^{3+} 生成 AlF_6，以此作参比溶液，从而消除了 Ni^{2+}、Cr^{3+} 等有色离子的干扰。

（7）分离干扰元素 在没有合适的掩蔽剂掩蔽干扰元素的情况下，可采用沉淀、离子交换或溶剂萃取等分离方法除去干扰离子。

例如，萃取分离-偶氮胂Ⅲ光度法测定钢中稀土总量时，在 $c(HCl)=7.5mol/L$ 的酸度下，分别用甲基异丁基酮和钽试剂-磷酸三丁酯-四氯化碳混合溶剂萃取分离 Fe、Ti、Mn、V、Cr 等干扰元素。

八、应用示例

（一）丁二酮肟直接光度法测定钢铁及合金中的镍含量

1. 原理

试样经酸溶解，加高氯酸冒烟氧化铬至六价，以酒石酸钠掩蔽铁，在强碱性介质中，以过硫酸铵为氧化剂，镍与丁二酮肟生成红色络合物，测量其吸光度。

2. 试料量

根据镍的质量分数按表 5-1 称取试样，精确至 0.0001g。

3. 测定

试料置于 150mL 锥形瓶中，加 5mL～10mL 硝酸或盐酸-硝酸混合酸，加热溶解后，加 3mL～5mL 高氯酸，蒸发至冒高氯酸烟氧化铬呈六价，稍冷却。加少量水使盐类溶解，冷却后移入 100mL 容量瓶（镍的质量分数为 0.03%～0.10% 时，移入 50mL 容量瓶中），用水稀释至刻度，混匀。如有沉淀则过滤除去。

表 5-1　称样量

镍的质量分数(%)	试料量/g
0.03~0.10	0.50
>0.50~2.00	0.10
>0.10~0.50	0.20

移取 10.00mL（镍的质量分数为 1.00%~2.00% 时，移取 5.00mL）试液两份，分别置于 50mL 容量瓶中，一份作为显色溶液，一份作为参比溶液，用 2cm 或 3cm 比色皿于波长 530nm 处测量其吸光度。

4. 绘制标准曲线

移取 0mL、2.00mL、4.00mL、6.00mL、8.00mL、10.00mL 镍的标准溶液，分别置于 50mL 容量瓶中，以试剂空白为参比，测量吸光度，以镍的质量为横坐标，吸光度为纵坐标绘制工作曲线。

（二）钼蓝分光光度法测定铜及铜合金中的磷含量

1. 测定范围

0.0002%~0.12%。

2. 方法原理

试料用混合酸或硝酸溶解，在硝酸介质中，磷与钼酸铵生成磷钼杂多酸。用正丁醇-三氯甲烷萃取，以氯化亚锡还原磷钼杂多酸为钼蓝。于分光光度计波长 630nm 处测量吸光度。

3. 试样处理

称取 0.500g 试样（精确至 0.0001g），置于 150mL 烧杯中，加入 10mL 混合酸，盖上表皿，加热使其完全溶解，加入三滴过氧化氢，煮沸 1min，用水洗涤表皿，低温蒸发至溶液呈黏稠状（此时烧杯内容物应能流动），加入 10mL 硝酸加热使盐类溶解，冷却，将溶液移入 125mL 分液漏斗中，用 15mL 硝酸分次洗涤烧杯，溶液并入主液。加入 5mL 钼酸铵溶液，混匀，静置 5min。加入 2mL 正丁醇，振荡分液漏斗使其溶于水相，加入 10mL 萃取剂，振荡 30s。静置分层后，将有机相移入另一分液漏斗中。向水相中再加入 5mL 萃取剂，振荡 30s，静置分层后，弃去水相，将有机相合并。向有机相中再加入 5mL 硫酸，振荡 30s，静置分层后，弃去水相，将有机相移入 25mL 干燥容量瓶中，用正丁醇稀释至刻度，加入三滴氯化亚锡溶液混匀。

将部分溶液移入干燥的 1cm 吸收皿中，以随同试料的空白为参比，于分光光度计波长 630nm 处测量吸光度。

4. 绘制标准曲线

移取 0mL、0.80mL、2.00mL、3.00mL、4.00mL、5.00mL 磷标准溶液，采用 1cm 吸收皿，以试剂空白为参比，于分光光度计波长 630nm 处测量吸光度，以磷的质量为横坐标，吸光度为纵坐标绘制工作曲线。

（三）新亚铜灵分光光度法测定铝及铝合金中的铜含量

1. 测定范围

0.0005%~0.012%。

2. 原理

试料用盐酸、硝酸溶解，用盐酸羟胺将二价铜离子还原为一价铜离子，在 pH = 4.5 时用三氯甲烷萃取新亚铜灵与一价铜离子形成的有色络合物，于分光光度计波长 460nm 处测量其吸光度。

3. 测定

称取 0.50g 试样（精确至 0.0001g），置于 250mL 烧杯中，加入 5mL 水，加入 15mL 盐酸。待试料溶解后加入 2mL 硝酸，加热煮沸 2min～3min，驱除氮的氧化物（空白蒸发至 2mL 左右），用少量水洗杯壁，冷却至室温。以慢速滤纸过滤（如清亮可不过滤）。用热盐酸洗涤滤纸和残渣 8 次～10 次。收集滤液和洗液于 400mL 烧杯中，如有大量残渣，将滤纸连同残渣置于铂坩埚中，烘干后于 550℃ 灰化完全（不要燃烧），冷却。加入 2mL 硫酸和 5mL 氢氟酸，逐滴滴入硝酸至溶液清亮。加热蒸发至冒硫酸烟，于 700℃ 灼烧 10min（不超过 700℃），冷却，加入 1mL～2mL 盐酸和数毫升水，加热使沉淀完全溶解，将此溶液合并于主试液中。在试液中加入 8mL 柠檬酸铵溶液，加入 5mL 盐酸羟胺溶液，混匀，加入 5mL 新亚铜灵乙醇溶液，投入一小块刚果红试纸，用氨水调到刚果红试纸变红后，改用 pH 试纸再继续小心调至 pH ≈ 4.5，将试液移入分液漏斗中，使体积为 60mL～70mL，加入 10.00mL 三氯甲烷萃取 2min，采用 1cm 比色皿以三氯甲烷为参比，于分光光度计 460nm 处测量其吸光度。

4. 工作曲线的绘制

移取 0mL、0.50mL、1.00mL、2.00mL、3.00mL、4.00mL、5.00mL、6.00mL 于一组 250mL 烧杯中。各加入 20mL 水和 3mL 盐酸，以试剂空白为参比，于分光光度计 460nm 处测量其吸光度，以铜的质量为横坐标，吸光度为纵坐标，绘制工作曲线。

（四）铬天青 S 分光光度法测定钢铁及合金中的铝含量

1. 测定范围

0.050%～1.00%。

2. 原理

试料用酸溶解后，在 pH = 5.3～5.9 的弱酸性介质中，铝与铬天青 S 生成紫红色络合物，测量其吸光度。

3. 测定

将试料置于石英烧杯中，加入 6mL 盐酸和 1mL 硝酸，加热溶解。于试液中加入 2mL 高氯酸，加热蒸发至冒高氯酸烟，使铬全部氧化至高价，并控制高氯酸冒烟近干，取下，稍冷却，加 1mL 高氯酸，于试液中加入 30mL 水，加热溶解盐类，冷却至室温。干过滤于 100mL 容量瓶中，以水稀释至刻度，混匀。移取 5.00mL 试液，分别置于 50mL 容量瓶中，一份作参比溶液，一份作显色溶液。

将显色溶液与参比溶液放置 20min 后，于分光光度计 545nm 处测量其吸光度。

4. 工作曲线的绘制

移取 0mL、0.50mL、1.00mL、2.00mL、3.00mL、4.00mL 铝标准溶液制作工作曲线。

第四节 分光光度计的日常维护

分光光度计作为一种精密仪器，在运行工作过程中由于工作环境、操作方法等原因，其技术状况必然会发生某些变化，可能影响仪器设备的性能，甚至诱发设备故障及事故。因此，分析工作者必须了解分光光度计的基本原理和使用说明，并能及时发现和排除这些隐患，对已产生的故障及时维修才能保证仪器设备的正常运行。

一、分光光度计的日常维护

1）仪器应安装在干燥的房间内，使用时放置在坚固平稳的工作台上，室内照明不宜太强，热天时不宜用电扇直接向仪器吹风，防止灯泡灯丝发光不稳。

2）仪器不要受强光照射，为防止灰尘和潮气进入，不用仪器时要用罩子将整台仪器罩住，并放置变色防潮硅胶。

3）要经常更换仪器中装的干燥剂，发现变色就应调换或烘干后再用。

4）为确保仪器工作稳定，在 220V 电源电压波动较大的地方，需采取稳压措施，最好另备一台稳压器。

5）电源电压与仪器所用的电压要相符，仪器接地要良好。当仪器工作不正常时，如无输出、指示灯不亮或电表指针不动的情况发生时，要先检查保险丝是否熔断，然后再检查线路。

6）仪器按周期检定，如有临时搬动，要进行波长精确性检查。

7）吸收池要保持洁净，每次用完后要用盐酸（1+3）洗涤并用蒸馏水冲洗干净，擦干后放于吸收池盒中。拿取吸收池时不要接触透光面，擦拭吸收池透光面最好用吸水性好的擦镜纸。

8）仪器使用完毕要将所有开关、旋钮、调节器拨到零位或关闭，及时切断电源。

二、典型故障及其排除方法

（一）仪器不能调零

可能原因：

1）光门不能完全关闭。解决方法：修复光门部件，使其完全关闭。

2）透过率"100%"旋到底了。解决方法：重新调整"100%"旋钮。

3）仪器严重受潮。解决方法：可打开光电管暗盒，用电吹风吹上一会儿使其干燥，并更换干燥剂。

4）电路故障。解决方法：检修电路。

（二）仪器不能调"100%"

可能原因：

1）光能量不够。解决方法：增加灵敏度倍率档位，或更换光源灯（尽管灯还亮）。

2）比色皿架未落位。解决方法：调整比色皿架使其落位。

3）光电转换部件老化。解决方法：更换部件。

4）电路故障。解决方法：调修电路。

（三）测量过程中，"100%"点经常变动

可能原因：

1）比色皿在比色皿架中放置的位置不一致，或其表面有液滴。解决方法：用擦镜纸擦干净比色皿表面，然后将其安放在比色槽的左边，上面用定位夹定位。

2）电路故障（电压、光电接收、放大电路）。解决方法：送修。

（四）数显不稳

可能原因：

1）预热时间不够。解决方法：延长预热时间至 30min 左右（部分仪器由于老化等原因，长时间处于工作状态时，也会工作不稳）。

2）光电管内的干燥剂失效，使微电流放大器受潮。解决方法：烘烤电路，并更换或烘烤干燥剂。

3）环境振动过大、光源附近空气流速大、外界强光照射等。解决方法：改善工作环境。

4）光电管、电路问题等。

思　考　题

1. 用于分析的显色反应，应满足哪几个条件？

2. 在光度分析中，使用参比溶液的作用是什么？

3. 光度法中入射光为什么要求是单色光？如何将复合光变成单色光？

4. 用分光光度法测定时，如何选择入射光的波长？

5. 摩尔吸光系数的单位是什么？它表示什么？

6. 在光度法分析中，引起偏离朗伯-比尔定律的主要因素有哪些？

7. 在进行比色分析时，为何有时要求显色后放置一段时间再比色，而有些分析却要求在规定的时间内完成比色？

8. 用分光光度法做试样定量分析时，应该如何选择参比溶液？

9. 比色分析中的标准曲线应怎样绘制？

10. 简述朗伯-比尔定律。

11. 光度计由哪几种基本部件组成？

12. 分光光度法中影响显色的因素有哪些？

13. 常用的分光光度分析方法有哪几种？各有什么特点？

14. 什么是示差吸光光度法？

15. 在光度法分析中为何要尽量采用工作曲线，少采用标样换算法？

16. 某有色溶液在 3.0cm 的比色皿中测得透光率为 40.0%，求在同样测量条件下，此有色溶液在比色皿厚度为 2.0cm 时的透光率和吸光度各为多少。

17. 有两个 Fe^{2+} 标准溶液，浓度为 6.00mg/mL、10.00mg/mL，经显色后测得吸光度分别为 0.295、0.505，有一试样溶液在同一条件下显色，测得其吸光度为 0.430，求试样溶液中 Fe^{2+} 的含量。

18. 有一溶液，每升中含有 5.0×10^{-3}g 溶质，此溶质的分子质量为 125，将此溶液放在 1cm 比色皿内测得吸光度为 1.00，计算该溶质的摩尔吸光系数。

19. 用硫氢酸盐比色法测定铁含量，已知比色液中 Fe^{3+} 的浓度为 0.00176g/L，用 1cm 比色皿，在波长 480nm 处测得吸光度 $A=0.740$，求该溶液的摩尔吸光系数。

20. 有一个镍的质量分数为 0.12% 的样品，用丁二酮肟法测定。已知丁二酮肟-镍的摩尔吸光系数 $\varepsilon=1.3\times10^4$L/（mol·cm），若配制 100mL 的试样，在波长 470nm 处，用 1cm 的比色皿测定，计算测量的相对误差最小时，应取试样多少克。（镍的相对原子质量为 58.70）。

第六章

原子吸收分光光度法

原子吸收分光光度法（又称原子吸收光谱法）是将被测元素的化合物置于高温下，使其离解为基态原子，当元素灯发出的与被测元素的特征波长相同的光辐射穿过一定厚度的原子蒸气时，光的一部分被原子蒸气中被测元素的基态原子所吸收。检测系统测定特征光谱被基态原子吸收后的辐射能量。应用朗伯-比尔定律就可以得到被测元素的含量。

原子吸收光度法与其他分析方法相比较，其主要特点如下：

1）干扰少，准确度高。由于共振发射与共振吸收对某一元素来说是特征的，分析不同元素时选用不同元素灯，因而提高了分析的选择性，基体和待测元素之间的干扰较少，因此易于得到准确的分析结果。

2）检出限低。火焰原子吸收光度法的检出限可达到 10^{-9} g/mL，无火焰原子吸收光度法的检出限可达到 10^{-12} g。

3）测定范围广。它可用来测定七十多种元素，既可进行痕量组分分析，又可进行常量组分分析。

4）操作简便，分析速度快。

其缺点是测定不同元素时，需要更换光源灯，不利于同时进行多元素分析。对于多数非金属元素的直接测定，目前尚有一定的难度。这些问题都有待今后研究解决。

第一节　原子吸收分光光度法的基本原理

一、共振线和吸收线

当基态原子受到外界能量激发时，其最外层电子会吸收特定的能量跃迁到不同的激发态，各种元素的原子结构和外层电子排布不同，所能吸收的光量子也不同，因此具有一系列特定波长的吸收谱线（线状吸收谱线），这就是原子吸收光谱。电子从基态跃迁至激发态时要吸收一定频率的辐射，所产生的吸收光谱线称为共振吸收线。当它再跃回基态时，将发射出同样频率的辐射，所产生的发射谱线称为共振发射线。对应于共振能级和基态间跃迁（或跃回）的谱线，统称为共振线。电子从基态跃迁到能量最低的激发态（称为第一激发态）时所吸收的一定频率的辐射，称为第一共振线，是该元素最强的吸收谱线。这种共振线称为元素的特征吸收谱线，也是大多数元素的最灵敏线，在原子吸收光度法中，就是利用处于基态的待测原子蒸气对从光源发射的共振线的吸收来分析的。

二、原子吸收光度法的定量基础

澳大利亚物理学家 Walsh（沃尔什）早在 1955 年就提出：在温度不太高的情况下，元素共振线的峰值吸收与其原子浓度呈线性关系。当用一个锐线光源代替连续光源时，如其发射谱线的半宽度比吸收谱线的半宽度小得多时，即可认为原子吸收系数为一常数。在原子吸收光度法中，就是利用与待测元素相同的纯物质制成的空心阴极灯（或高频无极放电灯、蒸气放电灯）等作锐线光源。

在使用锐线光源的情况下，基态原子对特征电磁辐射的吸收（吸光度 A）与蒸气的厚度和蒸气中的原子浓度成正比，即遵守朗伯-比尔定律

$$A = \lg \frac{I_0}{I} = KN_0 L \tag{6-1}$$

式中　A——吸光度；

　　I_0、I——分别为锐线光源入射光和透过光的强度；

　　　N_0——单位体积内被测元素的基态原子数；

　　　L——原子蒸气的厚度（吸收光程，即火焰的宽度）；

　　　K——比例常数。

在给定的试验条件下，试样溶液中待测元素的浓度与蒸气中的原子浓度又保持一定的比例关系。于是，当吸收光程一定时，待测元素的吸光度（A）与待测元素浓度（c）的关系可表示为

$$A = \lg \frac{I_0}{I} = K'c \tag{6-2}$$

式中　K'——比例常数。

这是原子吸收光度法中最基本的定量关系式。

第二节　原子吸收分光光度计的结构

原子吸收分光光度计（AAS）有单光束型和双光束型两类。现以火焰原子化单光束为例（见图 6-1），说明原子吸收分光光度计的结构和作用原理。

光源（空心阴极灯）由稳压电源供电，光源发出的待测元素特征电磁辐射经过火焰，其中一部分被火焰中待测元素的原子蒸气吸收，一部分通过火焰进入单色器，经分光后，照射到检测器上，产生直流电信号，经放大器放大后，从仪器读数器中读出吸光值。这种仪器具有结构简单和检测极限高等优点。单光束型仪器的缺点是：如果光源发射的光强度不稳定，光源辐射光强度变化会直接反映到仪器读数器中，从而使测定结果产生误差。

双光束型仪器的特点是：从光源发出的辐射分为两束，一束通过火焰，而另一束不通过火焰（参比辐射），两束光汇合到单色器，利用参比辐射来补偿光源辐射光强度变化的影响，可以消除光源辐射光强度变化以及检测器灵敏度变动的影响，在一定程度上可改善信噪比。

原子吸收分光光度计由光源、原子化系统、分光系统、检测系统四个主要部分组成。

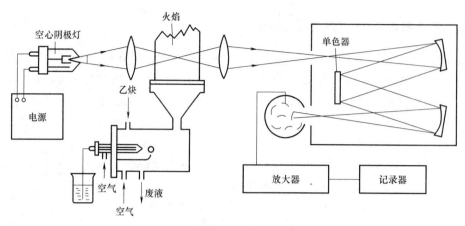

图 6-1　单光束原子吸收分光光度计

一、光源

光源的作用是发射待测元素的特征光谱（实际发射的是共振线和其他非吸收谱线），以供吸收测量用。

对光源的要求是：为了测出待测元素的峰值吸收系数，必须使用锐线光源。为了获得较高的灵敏度和准确度，所使用的光源必须满足如下条件：

1）能发射待测元素的共振线。

2）能发射锐线，即发射线的半宽度比吸收线的半宽度窄得多，否则测出的不是峰值吸收系数。

3）辐射光强要足够大，稳定性要好。

空心阴极灯、蒸气放电灯及高频无极放电灯等均符合上述要求。

（一）空心阴极灯

普通空心阴极灯是一种气体放电管。它包括一个阳极和一个空心圆筒形阴极。两电极密封于带有石英窗或玻璃窗的玻璃管中，管中充有低压惰性气体，其结构如图 6-2 所示。当向正负电极间施加适当电压时，电子将从空心阴极内壁流向阳极，在电子通路上与惰性气体原子碰撞而使之电离，带正电荷的惰性气体离子在电场作用下，向阴极内壁

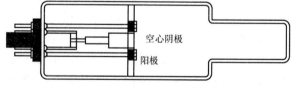

图 6-2　空心阴极灯的结构

猛烈轰击，使阴极表面的金属原子溅射出来。溅射出来的金属原子再与电子、惰性气体原子及离子发生碰撞而被激发，于是阴极内的辉光中便出现了阴极物质和内充惰性气体的光谱。

空心阴极灯发射的光谱，主要是阴极元素的光谱（其中也夹杂有内充气体及阴极中杂质的光谱），因此用不同的待测元素作阴极材料，可制成各种待测元素的空心阴极灯。若阴极物质只含一种元素，则制成的是单元素灯；若阴极物质含多种元素，则制成的是多元素灯。为了避免发生光谱干扰，在制灯时，必须用纯度较高的阴极材料和选择适当的内充气体，以使阴极元素的共振线附近没有内充气体或杂质元素的强谱线。

空心阴极灯的辐射光强度与灯的工作电流有关。增大灯的工作电流，可以增加辐射光强度。但是工作电流过大，会导致灯本身发生自蚀现象而缩短寿命；会导致放电不正常，使灯辐射光强度不稳定。但是如果工作电流过低，又会使灯辐射光强度减弱，导致稳定性和信噪比下降。因此使用空心阴极灯时必须选择适当的灯电流。

空心阴极灯具有下列优点：只有一个操作参数（即电流），辐射光强度大且稳定，谱线宽度窄，而且灯也容易更换。其缺点是每测一个元素均需要更换相应的空心阴极灯。

（二）无极放电灯

无极放电灯由石英管制成，是在石英管内封入少量的待测元素的单质或其挥发性盐类（纯金属、卤化物或金属加碘等），抽成真空并充入一定量的惰性气体（氩气或氖气），制成一个没有电极的放电管。将此管置于高频（2450MHz）的微波电磁场中激发、放电，会产生半宽很窄、强度很大的特征频率谱线。其发射强度比空心阴极灯大 100~1000 倍，这对测定共振发射强度低的 As、Sb、Bi 等重金属元素的含量较为有效，可以大大提高信噪比、线性和仪器基线稳定性。

二、原子化系统

原子化系统的作用是将试样中的待测元素转变成原子蒸气。使试样原子化的方法有火焰原子化和无火焰原子化两种。前者具有简单、快速、对大多数元素有较高的灵敏度和检出限等优点，因而应用广泛。无火焰原子化比火焰原子化具有更高的原子化效率、灵敏度和检出限。

（一）火焰原子化装置

火焰原子化装置包括雾化器和燃烧器两部分（见图 6-3）。原子吸收光度法的燃烧器有两种类型，即全消耗型和预混合型。全消耗型燃烧器是将试样溶液直接喷入火焰；预混合型燃烧器是用雾化器将试样溶液雾化，在雾化室内除去较大的雾滴，使试样溶液的雾滴均匀

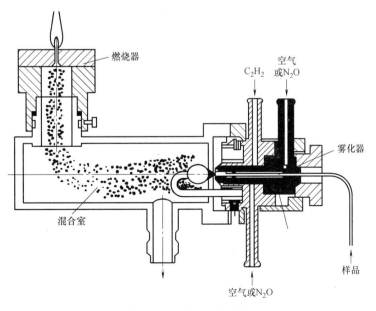

图 6-3 火焰原子化装置

化，然后再喷入火焰中。一般仪器多采用预混合型。

1. 雾化器

雾化器的作用是将试样溶液雾化。雾化器是原子吸收分光光度计的重要部件，其性能对测定精密度和化学干扰等产生显著影响。因此，要求雾化器喷雾稳定、雾滴微小而均匀，以及雾化效率高。目前普遍采用的是同心型雾化器。根据伯努利原理，在毛细管外壁与喷嘴口构成的环形间隙中，由于高压载气（空气、N_2O 等）以高速通过，形成负压区，从而将试样溶液沿毛细管吸入，并被高速气流分散成气溶胶（即成雾滴），喷出的雾滴经截流器冲向撞击球，进一步分散成细滴。

2. 燃烧器

试样溶液雾化后进入其中的预混合室（雾化室）与燃气（乙炔、丙烷、氢等）在室内充分混合。其中较大的雾滴凝结在壁上，经混合室下方废液管排出，而最细的雾滴则进入火焰中。预混合型燃烧器的优点是产生的原子蒸气多，其缺点是雾化效率低。

（二）无火焰原子化装置

无火焰原子化装置能提高原子化效率，其装置有许多种：电热高温石墨管、石墨坩埚、空心阴极溅射、激光灯等。下面对应用较多的电热高温石墨管原子化器（见图6-4）做一简单介绍。

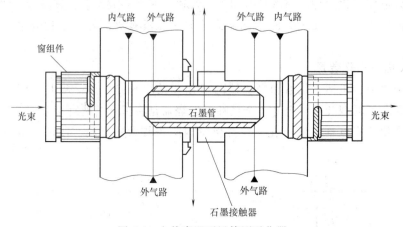

图 6-4　电热高温石墨管原子化器

电热高温石墨管原子化器主要由电源、炉体和石墨管组成。电源提供原子化能量，可使管内最高温度达到 3000℃。炉体有保护气体控制系统，外气路中通以 Ar 沿石墨管外壁流动，以保护石墨管不被破坏。内气路中通以 Ar 从管两端流向管中心，由中心孔流出，作用是保护自由原子不被氧化，同时排除干燥和灰化过程中产生的基体蒸发物。测定过程分干燥、灰化、原子化和净化四个阶段。干燥的目的是蒸发除去试样溶液中的溶剂；灰化的目的是在不损失待测元素的前提下，进一步除去基体组分；原子化就是使待测元素成为基态原子；最后升温至约 3000℃ 数秒，净化除去残渣。

这种装置的原子化效率和测定灵敏度都比火焰法高得多；其检出限可达 10^{-12}g，而试样用量仅 $1\mu L \sim 100\mu L$；可测定黏稠试样和固体试样；由于整个分析过程是在封闭系统里进行的，故操作安全。但是电热高温石墨管原子化器的测量精密度比火焰法的精密度差，其测定速度不如火焰法快，操作不够简便，装置也较复杂。

氢化物原子化装置特别适合于 As、Sb、Bi、Ge、Sn、Pb、Se、Te 等元素含量的测定。而在通常使用的火焰原子吸收光度测定中，这些元素的检出限不能满足微量分析的要求。

三、分光系统

原子吸收分光光度计中分光系统的作用和组成元件，与其他分光光度法中的分光系统基本相同，其区别在于：在红外、可见和紫外等分子吸收光谱仪器中，分光系统多在光源辐射被吸收之前，而原子吸收分光光度计的分光系统却在光源辐射被吸收之后。分光系统主要由色散元件、凹面镜和狭缝组成，这样的系统可简称为单色器。其作用是将待测元素的共振线与邻近谱线分开。单色器的色散元件可用棱镜或衍射光栅。单色器的性能由线色散率、分辨率和集光本领决定。线色散率是指在光谱仪焦面上两条谱线之间的距离与其波长差的比值，实际工作中常用倒线色散率，即线色散率的倒数。分辨率是指仪器分辨邻近两条谱线的能力，可用该两条谱线的平均波长与刚好能分辨出两条谱线的波长差的比来表示。原子吸收分光光度计中多采用衍射光栅作为色散元件。衍射光栅是在金属（或镀有铝层）的平面或凹面镜上刻有许多平行线条（一般每毫米刻有 600 条~2880 条）。光栅分辨率与其表面上每毫米刻线的数量有关，刻线数量越多，分辨率越高。

原子吸收分光光度计要求光栅能将共振线与邻近线分开到一定程度，同时要求有一定的出射光强度以便测量。也就是说单色器既要有一定的分辨率，又要有一定的集光本领。若光源辐射强度一定，就需要选用适当的通带来满足上述要求。所谓通带，是指通过单色器出射狭缝的某标称波长发出辐射的范围。当光栅倒线色散率一定时，通带可通过选择狭缝宽度来确定，其关系式如下

$$W = DL \tag{6-3}$$

式中　W——光栅单色器的通带，nm；

$\quad\quad D$——光栅倒线色散率，nm/mm；

$\quad\quad L$——狭缝宽度，mm。

在原子吸收光度法测定中，通带的大小是仪器的工作条件之一。通带增大，也即狭缝加宽，进入单色器的光强度增加，与此同时，通过单色器出射狭缝的某标称的波长的辐射范围也变宽，使单色器的分辨率降低，靠近分析线的其他非吸收线干扰和光源背景辐射干扰也增大，致使测得的吸收值偏低，使工作曲线弯曲，而产生误差。反之，通带过窄，虽能使分辨率改善，但进入单色器的光强度减少。因此，应根据测定需要来选择通带。如果待测元素的分析线没有邻近谱线的干扰（如碱金属、碱土金属），背景又小，那么通带宜调宽，使进入单色器的光通量增加，能有效地提高信噪比。如果待测元素具有复杂光谱（如铁族元素、稀土元素），邻近谱线干扰和背景干扰大，那么宜调窄通带，这样可以减少非吸收的干扰，单色器的分辨率也相应地得到提高，其工作曲线的线性关系也可得到改善。

四、检测系统

检测系统主要由检测器［光电倍增管、CCD（电荷耦合元件）等］、放大器、对数转换器、显示装置（记录器、表头、数字显示或数字打印机等）组成，它可将经单色器发射的光信号转换成电信号后进行测量。

（一）检测器

原子吸收分光光度计的检测器为可接收 190mm ~ 850nm 波长光的光电倍增管。光电倍增管的光敏阴极和阳极间通常需要施加 300V ~ 650V 的直流高压。其一个重要特性是暗电流，即无光照在光敏阴极上时产生的电流，它是由光敏阴极的热发射和倍增电极之间的场致发射产生的。暗电流随温度上升而增大，从而增加噪声。使用时要注意光电倍增管的疲劳现象，要设法遮挡非信号光，避免使用过高增益，以保证光电倍增管的良好工作特性。

（二）放大器

放大器的作用是将光电倍增管输出的电压信号放大后送入显示器，在原子吸收分光光度计中常使用同步放大器以改善信噪比。

（三）对数转换器

其作用是将检测、放大后的透光度信号，经运算放大器转换成吸光度信号。

（四）显示装置

可以用微安表或检流计直接指示读数或用液晶数字显示，还可用微处理机绘制、校准工作曲线，快速显示测定数据。

在现代的一些仪器中还设有自动调零、自动校准、标尺扩展、浓度直读、自动进样及自动处理数据等装置。

第三节　原子吸收分光光度法的应用

一、试样溶液的制备

进行原子吸收分光光度分析，除必须掌握原子吸收分光光度计的结构和操作方法外，还必须掌握样品的制备方法、常用标准溶液的配制方法及相关知识。

原子吸收分光光度分析通常以液体状态进样，当按照一般取样原则获得具有代表性的平均试样后，对固体样品应进行溶解、灰化或湿法消化处理，以制备成待测元素的无机盐溶液，再进行火焰原子化或石墨炉原子化。

（一）样品的溶解

对无机样品先用去离子水溶解，若不溶可选用稀酸、浓酸或混合酸溶解，常用的酸为 HCl、HNO_3、$HClO_4$、H_2SO_4。对酸不溶的样品可先用酸性熔融剂（如 $KHSO_4$、$K_2S_2O_7$）或碱性熔融剂（如 Na_2CO_3、$NaOH$、Na_2O_2、LiB_4O_7、Na_2BO_7）进行高温熔融处理，再用去离子水或酸溶液进行浸取制成样品溶液以供分析时使用。

（二）样品的干法灰化

此法是将样品置于铂坩埚或石英坩埚中，先于 80℃ ~ 150℃ 低温加热，经空气氧化将有机碳化物分解成 CO_2 和 H_2O，再于 400℃ ~ 600℃ 高温灼烧灰化，冷却后将灰化残渣用酸溶解，定容后备用。但此法不适用于 Pb、Hg、As 等易挥发元素含量的测定；Bi、Cr、Fe、Ni、V、Zn 等元素也有可能以金属、氯化物或有机金属化合物的形式挥发而造成损失。

（三）样品的湿法消化

对含易挥发待测元素的有机样品可使用此法，常使用 $HCl + HNO_3$、$HNO_3 + HClO_4$、$HNO_3 + H_2SO_4$ 等混合酸。在加热、氧化条件下分解样品，尤以三种混合酸的消化效果最好。

湿法消化时仍难以避免易挥发元素的损失。此法要使用高纯度酸，以防止引入干扰杂质。

将样品置于密封聚四氟乙烯容器中，加入混合酸后，可在微波炉中进行微波消解。微波消解法不仅能提高消化效率，还有利于微量和痕量待测元素的分析。

（四）样品中待测元素的分离和富集

原子吸收光度法具有高选择性，通常可在干扰组分存在下完成待测元素的分析。对微量和痕量组分应通过萃取、离子交换、共沉淀、柱层析等技术进行富集，以提高测定方法的灵敏度。

（五）储备标准溶液的配制

在原子吸收光度法的定量分析方法中都要使用待测元素的标准溶液，它们可用各种待测元素高纯度的盐类或高纯金属溶于适当溶剂中制取。配制标准溶液应使用去离子水，保证玻璃器皿纯净，防止沾污。溶解高纯金属使用的硝酸、盐酸应为优级纯。储备液要保持一定酸度防止金属离子水解，存放在玻璃瓶或聚乙烯试剂瓶中。在配制标准溶液时，一般避免使用 H_3PO_4 或 H_2SO_4。

二、测定条件的选择

测定条件的选择对测定的灵敏度、稳定性、线性范围和重复性等有很大的影响。最佳测定条件应根据实际情况进行选择。

（一）吸收波长（分析线、共振线）**的选择**

通常选择每种元素的共振线作为分析线，可保证检测具有高灵敏度，但也要考虑测定中干扰元素的影响，以保证测定的稳定性。例如，在测定锌含量时常选用最灵敏的分析线（213.9nm），但当锌含量高时，为保持工作曲线的线性范围，可改用次灵敏线（307.5nm）进行测定。此外，稳定性差时，也不宜选用共振线作为分析线，如 Pb 的灵敏线为 217.0nm，稳定性差，若用 283.3nm 次灵敏线作为分析线，则可获得稳定结果。原子吸收光度法中常用的分析线见表 6-1。

（二）光谱通带的选择

无临近干扰线时，可选择较大的通带，如测定钾、钠含量时可选用 0.4nm；若有临近干扰线，则选择较小的通带，如测定镁、铁含量时，可选用 0.2nm。不同元素常选用的光谱通带见表 6-2。

（三）空心阴极灯灯电流的选择

在保证有稳定和足够的辐射光通量的情况下，尽量选用较低的灯电流。

（四）原子化条件的选择

1. 火焰燃烧器操作条件的选择

影响火焰原子化效率的因素较多，主要有：

（1）试样溶液的提升量　进样量过小，吸收信号弱，不便于测量；进样量过大，在火焰原子化法中，对火焰产生冷却效应。在实际工作中，应测定吸光度随进样量的变化，达到最满意的吸光度的进样量，即为应选择的进样量。

（2）火焰的选择　在原子吸收光度法中，火焰的作用是提供一定的能量，使试样雾滴蒸发、干燥并经过热离解成游离基态原子。如超过所需要的温度，激发态原子将增加，电离度增大，基态原子减少，这对原子吸收是很不利的。因此，在确保待测元素充分解离为基态

表 6-1 原子吸收光度法中常用的分析线

元素	分析线 λ/nm	元素	分析线 λ/nm	元素	分析线 λ/nm	元素	分析线 λ/nm
Ag	328.1,338.3	Eu	459.4,462.7	Na	589.0,330.3	Sm	429.7,520.1
Al	309.3,308.2	Fe	248.3,352.3	Nb	334.4,358.0	Sn	224.6,286.3
As	193.6,197.2	Ga	287.4,294.4	Nd	463.4,471.9	Sr	460.7,407.8
Au	242.8,267.6	Gd	368.4,407.9	Ni	232.0,341.5	Ta	271.5,277.8
B	249.7,249.8	Ge	265.2,275.5	Os	290.9,305.9	Tb	432.7,431.9
Ba	553.8,455.4	Hf	307.3,286.6	Pb	216.7,283.3	Te	214.3,225.9
Be	234.9	Hg	253.7	Pd	247.6,244.8	Th	371.9,380.3
Bi	223.1,222.8	Ho	410.4,405.4	Pr	495.1,513.3	Ti	364.3,337.2
Ca	422.7,239.9	In	303.9,325.6	Pt	266.0,306.5	Tl	276.8,377.6
Cd	228.8,326.1	Ir	209.3,208.9	Rb	780.0,794.8	Tm	409.4
Ce	520.0,369.7	K	766.5,769.9	Re	346.1,346.5	U	251.5,358.5
Co	240.7,242.5	La	550.1,418.7	Rh	343.5,339.7	V	318.4,335.6
Cr	357.9,359.4	Li	670.8,323.3	Ru	349.9,372.8	W	255.1,294.7
Cs	852.1,455.5	Lu	336.0,328.3	Sb	217.6,206.8	Y	410.2,412.3
Cu	324.8,327.4	Mg	285.2,279.6	Sc	391.2,402.0	Yb	398.8,346.4
Dy	421.2,404.6	Mn	279.5,403.7	Se	196.1,204.0	Zn	213.9,307.6
Er	400.8,415.1	Mo	313.3,317.0	Si	251.6,250.7	Zr	360.1,301.2

原子的前提下，低温火焰比高温火焰具有更高的灵敏度。但对某些元素来说，如果温度过低，则其盐类不能解离，反而使灵敏度降低，并且还会发生分子吸收，造成干扰增大。

表 6-2 不同元素常选用的光谱通带

元素	共振线 λ/nm	通带 W/nm	元素	共振线 λ/nm	通带 W/nm
Al	309.3	0.2	Mn	279.5	0.5
Ag	328.1	0.5	Mo	313.3	0.5
As	193.7	<0.1	Na	589.0	10
Au	242.8	2	Pb	217.0	0.7
Be	234.9	0.2	Pd	244.8	0.5
Bi	223.1	1	Pt	265.9	0.5
Ca	422.7	3	Rb	780.0	1
Cd	228.8	1	Rh	343.5	1
Co	240.7	0.1	Sb	217.6	0.2
Cr	357.9	0.1	Se	496.0	2
Cu	324.7	1	Si	251.6	0.2
Fe	248.3	0.2	Sr	460.7	2
Hg	253.7	0.2	Te	214.3	0.6
In	302.9	1	Ti	364.3	0.2
K	766.5	5	Tl	377.6	1
Li	670.9	5	Sn	286.3	1
Mg	285.2	2	Zn	213.9	5

选择合适的火焰不仅能提高检出限和测定稳定性，还可以减少干扰。一般的选择原则是：

1）对易电离易挥发或电离电位较低的元素如碱金属、部分碱土金属极易与硫化合的元素 Cu、Ag、Zn、Cd、Pb、Sn、Se 可使用低温火焰，如空气-丙烷火焰。

2）与氧易生成耐高温氧化物而难解离的元素（如 Al、V、Mo、Ti、W、B、Be、Si 等），应使用高温火焰，如氧化亚氮-乙炔火焰，富氧空气-乙炔火焰，O_2-H_2 火焰。

氧化亚氮-乙炔火焰：这种火焰最高温度达 3300K 左右，不但温度较高，而且还可形成强还原性气氛，并且可消除在其他火焰中可能存在的化学干扰现象。但由于受到气源供应的影响和用量大、价格高等因素的制约，这一火焰的使用极其有限。

富氧空气-乙炔火焰：这种火焰是我国于 1991 年首先提出，1997 年获得发明专利，并于 1998 年在 WFX-110 型原子吸收分光光度计中正式配制。富氧空气-乙炔火焰的最高温度为 2900K，通过调节乙炔流量、控制富燃条件，已成功应用于 Al、Mo、Sn、V、Be、Ba、Ca、Sr 等元素的测定，多数元素的特征浓度接近或优于氧化亚氮-乙炔火焰。这种火焰的缺点是在计量和贫燃火焰中燃烧速度较快，易向燃烧器管内回火；但在富燃状态下，燃烧速度较慢，可以安全地使用；另外，燃烧缝隙的积炭问题也比较严重。

3）对绝大多数元素如 Ca、Mg、Fe、Co、Mn 等，选用中温火焰：如空气-乙炔火焰。这是用途最广泛的一种火焰。最高温度约为 2600K，能测定 35 种以上的元素。但测定易形成难解离氧化物的元素时灵敏度很低，不宜使用。这种火焰在短波范围内对紫外线吸收较强，易使信噪比降低。

表 6-3 列出了几种常见火焰的温度和燃烧速度。

表 6-3　几种常见火焰的温度和燃烧速度

气体混合物	Air-C_3H_8	Air-H_2	Air-C_2H_2	O_2-H_2	O_2-C_2H_2	N_2O-C_2H_2
燃烧速度/(cm/s)	82	440	160	900	1130	180
温度/℃	1925	2045	2300	2700	3060	2955

（3）火焰状态的选择　火焰温度表示蒸发和分解不同化合物的能力。火焰的温度主要取决于火焰的类型。同种火焰则与其燃烧状态有密切关系。这里以空气-乙炔火焰为例，介绍一下火焰的三种状态。

1）化学计量火焰：燃料和氧化剂比率是按化学计量关系确定的，它具有温度高、干扰少、稳定、背景低等特点。除碱金属和易形成难离解氧化物的元素，大多数常见元素常用这种火焰。

2）富燃火焰：是使用过量燃气时的火焰。由于燃烧不完全，火焰具有较强的还原性气氛，所以这种火焰又称为还原性火焰，它适用于测定较易形成难熔氧化物的元素，如 Mo、Cr 及稀土元素等。

3）贫燃火焰：是指使用过量氧化剂时的火焰。由于大量冷的氧化剂带走火焰中的热量，这种火焰温度比较低；又由于氧化剂充分、燃烧完全，火焰具有氧化性气氛，这种火焰又称为氧化性火焰。适用于碱金属元素的测定。

（4）燃烧器高度（火焰观测高度）及光轴角度的选择　调节燃烧器高度是让来自空心阴极灯的光束通过基态原子浓度最大的火焰区，此时灵敏度高，测量稳定性好。

不需要高灵敏度时，如测定高浓度试样溶液，可通过旋转燃烧器的角度来降低灵敏度，以便于测定。

2. 石墨炉最佳操作条件的选择

（1）惰性气体 原子化时常采用氩气和氮气作为保护气体，通常认为氩气比氮气更好。氩气作为载气通入石墨管内，一面将已汽化的样品带走，另一面可保护石墨管不致因高温灼烧被氧化。氩气流量的大小，在原子化阶段直接影响基态原子蒸气在石墨管中的浓度和滞留时间。目前，仪器都采用石墨管内、外单独供气，管外供气是连续的、流量大的，管内供气流量小并可在原子化间中断。这样可使基态原子停留在光路中的时间更长些，增大浓度，从而可提高测定的灵敏度。

（2）四个阶段 样品在石墨炉原子化法中要经历干燥、灰化、原子化及高温净化除残四个阶段。

1）干燥阶段：干燥条件直接影响分析结果的重现性。干燥温度应稍低于溶剂沸点，以防止试样溶液飞溅，又应有较快的蒸干速度。条件选择是否得当可以用蒸馏水或者空白溶液进行检查。干燥时间可以调节，并和干燥温度相配合。

2）灰化阶段：在保证被测元素没有损失的前提下应尽可能使用较高的灰化温度。一般来说，较低的灰化温度和较短的灰化时间有利于减少待测元素的损失。对中、高温元素，使用较高的灰化温度不易发生损失，而对低温元素，因为它较易损失，所以不能用提高灰化温度的方法来降低干扰。

3）原子化阶段：原子化温度的选择原则是，选用达到最大吸收信号的最低温度作为原子化温度，这样可以延长石墨管的使用寿命。但是原子化温度过低，除了造成峰值灵敏度降低外，重现性也将受到影响。原子化时间应以保证完全原子化为准。

4）高温净化除残阶段：除残的目的是为了消除残留物产生的记忆效应，除残温度应高于原子化温度。进样量过大，在石墨炉原子化法中，会增加除残的困难。

石墨炉最佳灰化温度和最佳原子化温度如图 6-5 所示。

一些石墨管材料的纯度不够，特别是分析一些常见元素时，空白值较高。如果在测定前不进行热排除，即使不加样品，原子化阶段也会出现吸收信号，将影响测定。可以按通常加热程序进行"空烧"来处理石墨管，"空烧"时的原子化温度比分析时使用的温度要高。

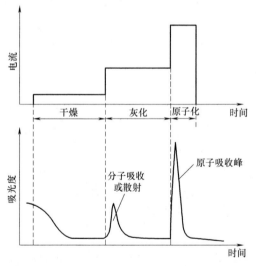

图 6-5 石墨炉最佳灰化温度和最佳原子化温度

三、定量分析的基本方法

当待测元素浓度不高时，在吸收光程固定的情况下，试样的吸光度与待测元素的浓度成正比，根据此原理就可进行定量分析。定量分析常用的方法有标准曲线法、标准加入法、精密内插法等。

（一）标准曲线法

标准曲线法又称为校正曲线法，是用标准物质配制标准系列，在标准条件下，测定多个标准样品的吸光度值 A_i，以吸光度值 A_i（$i=1$，2，…，5）对被测元素的含量 c_i（$i=1$，2，…，5）建立校正曲线 $A=f(c)$，在同样条件下测定样品待测元素的吸光度值，根据其吸光度值由校正曲线求得待测元素的含量。应用校正曲线法的基本条件在于：标准系列与被分析样品组成的精确匹配、标准样品浓度的准确标定、吸光度值的准确测量及校正曲线的正确制作和使用。

分析工作者往往是比较重视标准系列与被分析样品的组成的精确匹配、标样浓度的准确标定、吸光度值的准确测量，而有时却忽视了对校正曲线的正确制作和使用。

（二）标准加入法

分析结果的准确性直接依赖于标准系列与被分析样品的组成的精确匹配，在实际的分析中要找到完全与被分析样品组成相匹配的标准物质是不容易的，而标准加入法正好能满足这方面的要求。标准加入法是在几份等量的被分析试样中分别加入 c_0、c_1、c_2、c_3、c_4、c_5 等不同量的被测元素的标准溶液，依次在标准条件下测定它们的吸光度值 A_0、A_1、A_2、A_3、A_4、A_5，建立吸光度 A_i 对加入量 c_i 的校正曲线。由于基体组成是相同的，可以自动补偿样品基体的物理干扰和化学干扰，提高测定的准确度，校正曲线不通过原点，其截距的大小相当于试样中被测元素含量产生的响应，因此，将校正曲线外延与横轴（c）相交，原点至交点的距离即为试样中被测元素的含量 c_x。

使用标准加入法时应注意以下几点：

1）待测元素的浓度与其对应的吸光度应呈线性关系。

2）最少采用四个点（包括试样溶液）来作外推曲线，并且第一份加入标准溶液的量应大致与试样溶液的浓度相当。这可通过试喷试样溶液和标准溶液，比较两者的吸光度来判断。

3）此法只能消除基体效应带来的影响，不能消除分子吸收、背景吸收等的影响。

4）如形成斜率太小的曲线，则容易引起较大的误差。

（三）精密内插法

当样品中待测元素含量过高（如大于 5%），可在接近样品吸收值±5%左右配置密集的 3~4 点标准，将最低标准调零，利用量程扩大将高标准放大至合适的倍数，然后将样品插入其中测量，能提高测量精度。

四、原子吸收光度法中的干扰及其抑制

原子吸收光度法中的干扰主要有化学干扰、光谱干扰、物理干扰、背景吸收干扰、基体和散射的影响，以及火焰气体的吸收和介质中各种酸所引起的分子吸收等。

（一）化学干扰

化学干扰包括离解化学干扰、氧化-离解化学干扰及电离化学干扰。这是由于原子化器中待测元素离解改变所引起的干扰。通过在标准溶液和试样溶液中加入某种光谱化学缓冲剂可抑制或减小化学干扰。常用的光谱化学缓冲剂有如下几种：

（1）释放剂　与干扰元素形成稳定化合物使待测元素释放出来。如加入 Sr 或 La 可有效

地消除 PO_4^{3-} 对测定钙含量的干扰；此时，Sr 或 La 与 PO_4^{3-} 形成更稳定的化合物而将 Ca 释放出来。

（2）保护剂　与待测元素形成稳定的络合物，将待测元素保护起来，防止干扰元素与其作用。如加入 EDTA 使之与 Ca 形成 EDTA-Ca 络合物，从而把 Ca "保护"起来，避免 Ca 与 PO_4^{3-} 作用，消除了 PO_4^{3-} 对 Ca 的干扰。

（3）饱和剂　在标准溶液和试样溶液中加入足够量的干扰元素，使干扰趋于稳定（即饱和）。例如，用 N_2O-C_2H_2 火焰测定钛含量时，可在标准溶液和试样溶液中均加入 200mg/L 以上的铝盐，使 Al 对 Ti 的干扰趋于稳定。

（4）电离缓冲剂　加入大量容易电离的一种缓冲剂以抑制待测元素的电离。例如，在较高温度时，K、Na 都容易产生电离，致使电离平衡改变，加入足量铯盐，将产生大量自由电子，抑制 K、Na 的电离，从而消除了电离干扰。

除了使用上述方法外，还可使用改变火焰温度、化学预分离等方法来消除化学干扰。表 6-4 所示为常用的抑制化学干扰的试剂。

表 6-4　常用的抑制化学干扰的试剂

试剂	类型	干扰元素	测定元素
La	释放剂	$Al,Si,PO_4^{3-},SO_4^{2-}$	Mg
Sr	释放剂	$Al,Be,Fe,Se,NO_3^-,SO_4^{2-},PO_4^{3-}$	Mg,Ca,Ba
Mg	释放剂	$Al,Si,PO_4^{3-},SO_4^{2-}$	Ca
Ba	释放剂	Al,Fe	Mg,K,Na
Ca	释放剂	Al,F	Mg
Sr	释放剂	Al,F	Mg
Mg+$HClO_4$	释放剂	Al,P,Si,SO_4^{2-}	Ca
Sr+$HClO_4$	释放剂	Al,P,B	Ca,Mg,Ba
Nd,Pr	释放剂	Al,P,B	Sr
Nd,Sm,Y	释放剂	Al,P,B	Ca,Sr
Fe	释放剂	Si	Cu,Zn
La	释放剂	Al,P	Cr
Y	释放剂	Al,B	Cr
Ni	释放剂	Al,Si	Mg
甘油高氯酸	保护剂	$Al,Fe,Tb,Si,B,Cr,Ti,SO_4^{2-},PO_4^{3-},$稀土	Mg,Ca,Sr,Ba
NH_4Cl	保护剂	Al	Na,Cr
NH_4Cl	保护剂	$Sr,Ca,Ba,SO_4^{2-},PO_4^{3-}$	Mo
NH_4Cl	保护剂	Fe,Mo,W,Mn	Cr
乙二醇	保护剂	PO_4^{3-}	Ca
甘露醇	保护剂	PO_4^{3-}	Ca
葡萄糖	保护剂	PO_4^{3-}	Ca,Sr
水杨酸	保护剂	Al	Ca
乙酰丙酮	保护剂	Al	Ca

（续）

试剂	类型	干扰元素	测定元素
蔗糖	保护剂	P,B	Ca,Sr
EDTA	络合剂	Al	Mg,Ca
8-羟基喹啉	络合剂	Al	Mg,Ca
$K_2S_2O_7$	络合剂	Al,Fe,Ti	Cr
Na_2SO_4	络合剂	可抑制 16 种元素的干扰	Cr
$Na_2SO_4+CuSO_4$	—	可抑制 Mg 等十几种元素的干扰	—

（二）光谱干扰

光谱干扰由于待测元素发射或吸收的辐射光谱与干扰元素的辐射光谱不能完全分离所引起的。这类干扰主要来自光源和原子化装置。常见的光谱干扰有以下三种：

1）光源中待测元素线与干扰元素的谱线不能被单色器分开，这种情况多出现在多元素灯中，可用纯度较高的单元素灯来避免这种干扰。在分析线附近有单色器不能分离的待测元素的邻近线，可以用减小狭缝的方法来抑制这种干扰。

2）测定溶液中待测元素分析线与另一元素的吸收线十分接近，产生光谱重叠干扰。可另选分析线或用较小的光谱通带来抑制这种干扰。

3）灯的辐射中有连续背景辐射。可用较小的通带或更换灯等方法解决。

（三）物理干扰

物理干扰是指被测溶液在输送、蒸发和原子化过程中，由于物理性质（如溶液黏度、表面张力）改变所引起吸收强度变化的干扰。主要来源于雾化过程、去溶剂过程及伴随固体转化为蒸气过程中的物理化学现象的干扰。消除物理干扰的方法，可用控制试样溶液与标准溶液的组分尽量一致的办法来消除，也可采用标准加入法或尽可能稀释溶液的方法来减小以致消除物理干扰。

（四）背景吸收干扰

背景吸收是一种非原子吸收，主要包括分子吸收和散射背景。

1. 背景吸收的来源

分子吸收是原子化过程中生成的如卤化物、氢氧化物、氧化物等气体分子吸收光源辐射能量所引起的干扰，不同的分子具有不同的光谱吸收带，如待测元素的吸收线正好处于某分子的吸收带内，则吸收值会增加而产生正干扰，分子吸收是石墨炉原子吸收中背景的主要来源。

光散射是原子化过程中产生的固体微粒对光源辐射光的散射而形成的假吸收，当基体浓度很大时，由于热量不足，基体物质来不及全部蒸发，部分以固体微粒形式存在，这是光散射的主要来源。在石墨炉原子吸收中，石墨管表面在高温时溅射出的碳的微粒，已转变为分子或原子在扩散至石墨管两端较冷部位时，又凝结为固体微粒，以及原子化阶段产生的烟雾，都是产生散射背景的原因。这种类型的干扰可用标准加入法或稀释法来加以抑制。

在火焰原子吸收中还存在火焰气体的吸收和介质中各种酸所引起的分子吸收，这种吸收在短波较为明显，这种干扰可采用空白溶液调零的方法来消除。

2. 背景的扣除方法

背景的扣除方法有氘灯扣背景（≤300nm）、塞曼效应扣背景（190nm～900nm）、空心阴极灯强脉冲自吸收法、邻近非吸收线法和连续光源阶梯光栅分光系统-波长调制法等。目前应用较为广泛的是前面两种方法。

五、灵敏度、检出限、回收率

在分析中，某元素能否应用原子吸收光度法分析，首先要查看待测元素的特征浓度（灵敏度）和检出限，见表6-5。

表6-5　原子吸收光度法测定部分元素的特征浓度（灵敏度）和检出限[①]

元素	$\lambda/$ nm	灵敏度/ $(\mu g/mL)$	检出限/ $(\mu g/mL)$	火焰
Ag	328.1	0.06	0.002	空气-乙炔
Al	309.3	1.0	0.02	氧化亚氮-乙炔
As[②]	193.7	0.15	0.02	氩-氢
		0.8	0.15	空气-乙炔
Au	242.8	0.25	0.01	空气-乙炔
B	249.7	40	2.0	氧化亚氮-乙炔
Ba	553.6	0.4	0.01	氧化亚氮-乙炔
Be	234.8	0.03	0.002	氧化亚氮-乙炔
Bi	223.1	0.4	0.003	空气-乙炔
Ca	422.7	0.05	0.001	空气-乙炔
Cd	228.8	0.03	0.002	空气-乙炔
Co	240.7	0.2	0.01	空气-乙炔
Cr	357.9	0.1	0.003	空气-乙炔
Cs	852.1	0.5	0.05	空气-乙炔
Cu	324.7	0.1	0.001	空气-乙炔
Dy	421.2	0.7	0.05	氧化亚氮-乙炔
Er	400.8	0.9	0.04	氧化亚氮-乙炔
Eu	459.4	0.6	0.02	氧化亚氮-乙炔
Fe	248.3	0.2	0.01	空气-乙炔
Ga	287.4	2.2	0.1	空气-乙炔
Gd	407.9	17	1.2	氧化亚氮-乙炔
Ge	265.1	2.5	0.2	氧化亚氮-乙炔
Hf	286.6	15	2	氧化亚氮-乙炔
Hg	253.7	10	0.2	空气-乙炔
Ho	410.4	0.7	0.04	氧化亚氮-乙炔
In	304.0	1.0	0.02	空气-乙炔
Ir	264.0	10	1	空气-乙炔

（续）

元素	λ/nm	灵敏度/（μg/mL）	检出限/（μg/mL）	火焰
K	766.5	0.05	0.001	空气-乙炔
La	550.1	45	2	氧化亚氮-乙炔
Li	670.8	0.05	0.003	空气-乙炔
Lu	336.0	7.5	0.7	氧化亚氮-乙炔
Mg	285.2	0.01	0.0001	空气-乙炔
Mn	280.1	0.1	0.002	空气-乙炔
Mo	313.3	0.6	0.02	氧化亚氮-乙炔
Na	589.0	0.015	0.0002	空气-乙炔
Nb	334.3	40	2.0	氧化亚氮-乙炔
Nd	463.4	10	1.0	氧化亚氮-乙炔
Ni	232.0	0.15	0.002	空气-乙炔
Os	290.9	1	0.1	氧化亚氮-乙炔
P	213.6	300	100	氧化亚氮-乙炔
Pb	283.3	0.7	0.01	空气-乙炔
Pd	247.6	0.3	0.02	空气-乙炔
Pr	495.1	25	5	氧化亚氮-乙炔
Pt	265.9	2.0	0.1	空气-乙炔
Rb	780.0	0.1	0.002	空气-乙炔
Re	346.0	15	1	氧化亚氮-乙炔
Rh	343.5	0.5	0.005	空气-乙炔
Rn	349.9	0.5	0.1	空气-乙炔
Sb	217.6	0.5	0.04	空气-乙炔
Sc	391.2	0.4	0.02	氧化亚氮-乙炔
Se[②]	196.1	0.25	0.1	氩-氢
		0.5	0.2	空气-乙炔
Si	251.6	1.5	0.02	氧化亚氮-乙炔
Sm	429.7	10	2	氧化亚氮-乙炔
Sn	224.6	1.1	0.02	空气-氢
		2.5	0.5	空气-乙炔
Sr	460.7	0.15	0.002	氧化亚氮-乙炔
Ta	271.4	20	1	氧化亚氮-乙炔
Tb	432.6	7.5	0.6	氧化亚氮-乙炔
Tc	261.5	3		空气-乙炔
Te	214.3	0.7	0.05	空气-乙炔
Ti	364.3	2	0.05	氧化亚氮-乙炔

（续）

元素	$\lambda/$ nm	灵敏度/ $(\mu g/mL)$	检出限/ $(\mu g/mL)$	火焰
Tl	276.8	0.5	0.02	空气-乙炔
Tm	371.8	0.35	0.01	氧化亚氮-乙炔
U	351.5	50	30	氧化亚氮-乙炔
V	318.4	2.0	0.05	氧化亚氮-乙炔
W	400.9	1.5	1	氧化亚氮-乙炔
Y	410.2	1.8	0.1	氧化亚氮-乙炔
Yb	398.8	0.1	0.005	氧化亚氮-乙炔
Zn	213.8	0.02	0.001	空气-乙炔
Zr	360.1	10	1	氧化亚氮-乙炔

① 该数据是用美国 P-E5000 型仪器测定的。
② 用无极放电灯测量。

（一）灵敏度

灵敏度表示测定值（即吸光度）的增量（dA）与相应的待测元素浓度的增量（dc）或质量的增量（dm）之比。

$$S_c = \frac{dA}{dc} \text{或} S_m = \frac{dA}{dm} \qquad (6-4)$$

即标准曲线的斜率，斜率越大，则灵敏度越高。

在原子吸收光谱法中通常用能产生 1% 吸收（即吸光度为 0.0044）时溶液中待测元素的浓度 c_x 或质量 m_x 作为特征灵敏度。在火焰原子吸收法中，以特征浓度 c_0（单位为 $\mu g/mL$）表示，在非火焰原子吸收法中以特征质量 m_0（单位为 ng）表示。

$$c_0 = \frac{0.0044 c_x}{A} \text{或} m_0 = \frac{0.0044 m_x}{A} \qquad (6-5)$$

被测溶液的最适宜浓度范围应选在灵敏度的 15 倍~200 倍的范围内，同一种元素在不同的仪器上测定会得到不同的灵敏度或绝对灵敏度，它是判断仪器性能优劣的重要指标。

从以上讨论可以看出：特征灵敏度和灵敏度、绝对灵敏度是截然不同的概念，应用时注意不要将它们混淆。

（二）检出限

检出限是指能以适当的置信度检出的待测元素的最小浓度或最小量。因为在特征浓度的测定中未考虑仪器噪声的影响，所以不能衡量出仪器的最低检出限。一般在原子吸收光度分析中，将待测元素给出 3 倍于标准偏差的读数时所对应的浓度或质量称作最小检测浓度 D_c（相对检出限，单位为 $\mu g/mL$）或最小检出质量 D_m（绝对检出限，单位为 μg 或 g）。

$$D_c = \frac{3\sigma c}{A} \qquad (6-6)$$

$$D_m = \frac{3\sigma c V}{A} \qquad (6-7)$$

式中　c——待测溶液的浓度，$\mu g/mL$；

　　V——待测溶液的体积，mL；

　　A——待测溶液的吸光度；

　　σ——标准偏差（空白溶液至少连续测定 10 次所得吸光度的标准偏差）。

标准偏差 σ 由式（6-8）求得

$$\sigma = \sqrt{\frac{\sum\limits_{i=1}^{n}(A_i - \bar{A})^2}{n-1}} \tag{6-8}$$

式中　A_i——空白溶液单次测量的吸光度；

　　　$\bar{A}$——空白溶液多次平行测量吸光度的平均值；

　　　n——测定次数（$\geqslant 10$）。

　　检出限不仅与仪器的灵敏度有关，还与仪器的稳定性（噪声）有关，它表明了测定的可靠程度。从实用角度看，提高仪器的灵敏度、降低噪声，是降低检出限、提高信噪比的有效手段。

（三）回收率

　　进行原子吸收光度测定时，为评价测定方法的准确度和可靠性，通常需测定待测元素的回收率，其方法有以下两种：

　　1. 标准物质测定回收率

　　将准确含有待测元素的标准物质，在与测定试样完全相同的试验条件下进行测定，试验测出的标准物质中待测元素的含量（测定值）与标准物质中待测元素的标准值之比即为回收率。

$$回收率 = \frac{待测元素的测定值}{待测元素的标准值} \times 100\%$$

这是测定回收率的标准方法。

　　2. 标准加入测定回收率

　　在不能获得标准物质的情况下可使用标准加入法进行测定。在完全相同的试验条件下，先测定试样中待测元素的含量；再向另一份相同的试样中准确加入一定量的待测元素的纯物质，再次测定待测元素的含量，两次测定待测元素含量之差与待测元素的纯物质的加入量之比即为回收率。

$$回收率 = \frac{加入纯物质样品测定值 - 样品测定值}{纯物质的加入量} \times 100\%$$

　　从回收率的两种测定方法可知，当回收率的测定值接近 100% 时，表明所用的测定方法准确、可靠。

六、应用示例

（一）火焰原子吸收光谱法测定合金中的铜含量

　　1. 测量原理

　　通过被测元素的吸光强度与其含量成正比的原理，根据检测标准溶液得到的回归方程计算出该元素在试样中的含量。

2. 仪器与试剂

SpectrAA200 火焰原子吸收分光光度计（FAAS）；HNO_3、HCl（分析纯）；混合酸：HCl-HNO_3（3+1）；Cu 单元素溶液成分分析标准物质，GBW（E）081007（浓度为 1000μg/mL）。

3. 仪器工作条件

FAAS 测定铜含量的仪器工作条件见表 6-6。

表 6-6　FAAS 测定铜含量的仪器工作条件

参数	工作条件	参数	工作条件
波长/nm	324.8	乙炔流量/（L/min）	2.00
灯电流/mA	4	狭缝宽度/（nm）	0.5

4. 测量过程（见图 6-6）

（1）试样的溶解　称取试样 0.5g（精确至 0.0001g）置于微波消解仪中，加入混合酸 8mL，置于微波消解仪中，按表 6-7 设定的条件消解样品，冷却，转移至 100mL 容量瓶中，高纯水稀释至刻度，混匀，待测。

（2）标准曲线绘制　分别移取 Cu 单元素溶液成分分析标准物质（GBW（E）081007，浓度为 1000μg/mL）0.5mL、1.0mL、1.5mL、2.0mL、2.5mL 于一组 100mL 容量瓶中，分别加入混合酸 8mL，

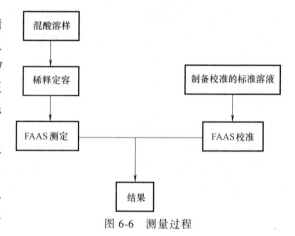

图 6-6　测量过程

用水稀释至刻度，混匀。同步以标准空白溶液作为曲线零点。用原子吸收分光光度计测量其吸收强度值，绘制标准曲线。在标准曲线上查找试样溶液中铜的浓度，然后计算弹钢试样中铜的质量分数。

表 6-7　微波消解条件

升温程序	功率/W	温度/℃	保持时间/min
Step1	1600	180	30

（3）测量次数　标准溶液分别重复测量 3 次，总次数为 18 次，试样溶液平行测定 3 次。

（4）结果计算　按式（6-9）计算 Cu 的质量分数，以"%"表示。

$$w = \frac{cV}{m \times 10^6} \times 100\% \qquad (6-9)$$

式中　w——Cu 的质量分数,%；

　　　c——测量溶液中铜的浓度，μg/mL；

　　　V——溶液的定容体积，mL；

　　　m——试样的称量质量，g。

（二）石墨炉原子吸收光谱法测定 Cu 中的铝含量

1. 测量原理

通过电解分离除去试样中大量的基体 Cu，用石墨炉原子吸收分光光度计在 Al 的灵敏波

长处测定吸光度，根据检测标准溶液得到的回归方程计算出该元素在试样中的含量。

2. 仪器与试剂

SpectrAA 800 型石墨炉原子吸收分光光度计（GFAAS）；恒电流电解仪，配有网状铂电极；红外辐射灯，1000 W；HNO_3、HCl，二级亚沸蒸馏器制备；Al 单元素溶液成分分析标准物质，GBW（E）080219（浓度为 100μg/mL）。

3. 仪器的工作条件

石墨炉原子吸收分光光度法测定铝含量的仪器工作条件及石墨炉升温程序见表 6-8 和表 6-9。

表 6-8 仪器工作条件

元素	Al
灯电流/mA	10
读数方式	峰高
波长/nm	396.2
光谱带宽/nm	0.5
重复次数	3
标准溶液	自动配制
曲线校准方式	线性
体积缩减因子	5
背景校正方式	塞曼效应

表 6-9 石墨炉升温程序

步数	温度/℃	时间/s	Ar 流量/（L/min）
1	80	5	3.0
2	95	40	3.0
3	120	10	3.0
4	300	5	3.0
5	300	1	3.0
6	300	2	0
7	2600	0.9	0
8	2600	2	0
9	2700	2	3.0

4. 测量过程（见图 6-7）

（1）试样的制备 称取 1.000g Cu 样品于 400mL 石英烧杯中，先加入 10mL 水，再缓缓加入 10mL HNO_3，低温加热至完全溶解，再缓缓加热至糊状。用 80mL 水将试样转移至 125mL 聚乙烯杯中。将盛有试样的聚乙烯杯移至电解仪中，加入搅拌磁子搅拌，电解电流为 2A。电解约 4h 后，在不切断电源的情况下，迅速取出电极，边取出边用水冲洗，冲洗液收集于试样烧杯中。将烧杯转移至红外灯下，打开红外灯加热试样液面，进行浓缩，浓缩至 40mL，转移至 100mL 容量瓶中，定容至刻度，待测。

随同试样同样步骤进行空白试验。

（2）标准曲线绘制　移取 Al 单元素溶液成分分析标准溶液各 5μL、10μL、15μL、20μL、25 μL，将 0.5% HNO₃ 稀释至 100mL，配制浓度为 5ng/mL、10ng/mL、15ng/mL、20ng/mL、25ng/mL Al 标准溶液，用 0.5% HNO₃ 做标准空白。

（3）测量　根据仪器工作条件，设置仪器参数及运行程序。以标准空白溶液调零，测定标准溶液，每个标准溶液重复测定 3 次，取 3 次测定吸光度结果的平均值，采用线性方式，仪器自动校正工作曲线。

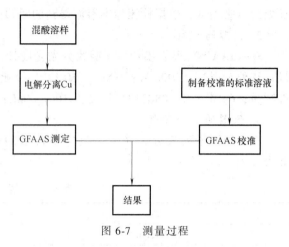

图 6-7　测量过程

进行试样及试样空白吸光度的测定，进样量设为 10μL，利用建立的工作曲线，计算试样和试样空白中待测元素的浓度。

5. 结果计算

按式（6-10）计算铝的质量分数，以"%"表示。

$$w = \frac{cV}{m \times 10^9} \times 100\% \tag{6-10}$$

式中　　w——Al 的质量分数，%；

c——测量溶液中 Al 的浓度，ng/mL；

V——溶液的定容体积，mL；

m——试样的称量质量，g。

第四节　原子吸收分光光度计的保养和维护

一、火焰原子吸收分光光度计的使用

1）仪器检查：检查各部分是否正常。

2）装上待测元素的空心阴极灯。

3）打开总电源。

4）打开光度计的电源。

5）打开计算机。

6）待光度计自检完毕后，点击分析软件，从元素周期表上选择待测元素，调节好空心阴极灯的位置并预热 30min 以上，将灯电流调到规定值。

7）选择狭缝宽度，调节波长。

8）调节燃烧器高度。

9）启动空气压缩机，打开乙炔钢瓶总阀，将分压调至 0.08MPa~0.15MPa，点燃火焰，调节流量。

10）选择测量条件与分析条件。

11）进行标准曲线和样品的测量。

12）计算分析结果。

二、石墨炉原子吸收分光光度计的使用

1）按火焰法原子吸收分光光度计操作的有关步骤，首先使仪器处于工作状态。

2）选择石墨炉的加热程序。

3）选定测量条件和分析条件。

4）进行标准曲线和样品的测量。

5）计算分析结果。

三、气源的使用

1. 空气

空气由压缩空气钢瓶或空气压缩机供给，调节出口压力为 0.15MPa ~ 0.3MPa。在湿度大的地方，气路可附加气水分离器除水。

2. 乙炔

乙炔由钢瓶或乙炔发生器供给，乙炔为易燃、易爆气体，必须严格按照操作步骤进行。钢瓶或乙炔发生器应安置在专用的防爆间内，附近不可有明火；使用空气-乙炔火焰时应先开空气再开乙炔点火，结束或暂停试验时，应先关乙炔，后关空气。乙炔瓶使用至 0.5MPa 就应更换新钢瓶。

乙炔钢瓶为左旋开启，开瓶时，出口处不许有人，要慢开启，不能过猛，否则冲击气流会使温度过高，易引起燃烧或爆炸。开瓶时，阀门不要充分打开，旋开不应超过 1.5r。

3. 氧化亚氮（笑气）

氧化亚氮由钢瓶供气，瓶内压强约为 7MPa，减压后使用，使用时应注意防止回火，点燃时，应先点燃空气-乙炔火焰并调节为富燃火焰，再过渡到氧化亚氮-乙炔火焰，并始终保持为富燃状态，严禁直接点燃氧化亚氮-乙炔火焰。雾化室应装有安全塞，当回火时安全塞被冲开而不造成其他破坏。

四、维护

1）对新购置的空心阴极灯，应进行扫描测试，记录发射线波长、强度及背景发射情况。若长期不用，应定期通电，以延长灯的使用寿命。

2）为防止雾化器被腐蚀，每次使用后要用去离子水冲洗；若发现堵塞，应及时疏通。

3）对不锈钢雾化室，在喷过酸、碱后，应立即用去离子水吸喷 5min ~ 10min 进行清洗，以防腐蚀；对全塑结构的雾化室也应定期清洗。

4）对燃烧器的喷火口应定期清除积炭颗粒，保持火焰正常燃烧，并注意缝口是否因腐蚀变宽而发生回火。

5）经常检查废液缸的水封是否破坏，防止发生回火。

6）严禁用手触摸或擅自调节光学元件，光电倍增管严禁强光照射，检修时要关掉高压电源。

7）原子吸收光谱仪应安装在防震试验台上，燃气乙炔瓶应远离实验室，火焰燃烧会产

生有害废气，应安装通风设备加以排除。

五、紧急情况的处置

1）工作中如遇突然停电，应迅速熄灭火焰。用石墨炉分析，应迅速关断电源。然后将仪器的各部分恢复到停机状态，待恢复供电后再重新启用。

2）进行石墨炉分析时，如遇突然停水，应迅速停止石墨炉工作，以免烧坏石墨炉。

3）进行火焰法测定时，万一发生回火，千万不要慌张，首先要迅速关闭燃气和助燃气，切断仪器的电源；如果回火引燃了供气管道和其他易燃物品，应立即用二氧化碳灭火器灭火；发生回火后，一定要查明回火原因，排除引起回火的故障。在未查明回火原因之前，不要轻易再次点火；在重新点火之前，切记检查水封是否有效、雾室防爆膜是否完好。

思 考 题

1. 采用原子吸收光谱法进行定量分析的依据是什么？进行定量分析的方法有哪些？

2. 什么是共振线？什么是吸收线？

3. 原子吸收分光光度计由哪几部分组成？

4. 原子吸收分光光度计所使用的光源必须满足的条件是什么？

5. 火焰原子化系统的特点是什么？无火焰原子化系统的特点是什么？

6. 石墨炉原子化法要经历几个阶段？分别是什么？

7. 原子吸收分析中产生背景吸收的原因是什么？如何减免这一影响？

8. 当调节燃气和助燃气的体积比例时，原子吸收分光光度计的火焰原子化装置的火焰状态有几种？各有什么特点？

9. 影响火焰原子化效率的因素主要有哪些？

10. 原子吸收分光光度法中的干扰有哪些？其定义分别是什么？

第七章

原子发射光谱分析法

原子发射光谱分析法（Atomic Emission Spectrometry，AES）是利用原子受到电能或热能而激发，外层电子跃迁所发射的特征光谱来判断物质的组成，进行元素的定性与定量分析的方法，它是光学分析中产生与发展最早的一种分析方法。是无机定性分析和定量分析的主要手段之一。

在近代各种元素的定性、定量分析中，原子发射光谱发挥了重要作用。特别是数字火花光源、等离子体光源等新型光源的研制与电子技术的应用，使原子发射光谱分析获得了新的发展，成为仪器分析中最重要的方法之一，为提高产品质量发挥了重要的作用。

原子发射光谱分析法包括了三个主要过程：①由光源提供能量使试样蒸发，形成气态原子，并进一步使气态原子激发而产生光辐射；②将光源发出的复合光经单色器分解成按波长顺序排列的谱线，形成光谱；③用检测器检测光谱中谱线的波长和强度。

1. 原子发射光谱分析的优点

1）具有多元素同时检测能力，可同时测定一个样品中的多种元素。

2）分析速度快。若利用光电直读光谱仪，在几分钟内可同时对几十种元素进行定量分析，分析试样不需要经化学处理。

3）检出限低。一般光源可达 $10\mu g/mL \sim 0.1\mu g/mL$，绝对值可达 $1\mu g \sim 0.01\mu g$，电感耦合高频等离子体原子发射光谱仪（ICP-AES）检出限可达 $100ng/mL \sim 0.1ng/mL$。

4）准确度较高。一般光源的相对误差为 $5\% \sim 10\%$，ICP-AES 的相对误差可达 1% 以下。

5）试样消耗少。

6）线性范围宽。ICP-AES 光源的校准曲线线性范围可达 4 个 ~ 6 个数量级。

2. 原子发射光谱分析的缺点

1）光谱分析是一种相对分析方法，需要用一套标准样品对照，往往由于试样组成的变化及标准样品的不易配制，给光谱定量分析造成了一定困难。

2）光谱仪价格高，较小的工厂实验室很难普遍采用。

3）对非金属元素如：氧（O）、氮（N）、硫（S）、卤素等谱线在远紫外区的，一般光谱仪尚无法完成。

4）磷（P）、硒（Se）、碲（Te）等元素由于激发电位高，灵敏度低。

第一节　原子发射光谱分析的基本原理

原子发射光谱分析与原子吸收光谱分析、原子荧光光谱分析统称为原子光谱分析。

一、原子发射光谱的产生

原子光谱是原子内部运动的一种客观反映，原子光谱的产生与原子的结构密切相关。在原子光谱分析时，最为关键的是光谱线波长的选择，以及所选光谱线的强度。而谱线的波长及影响谱线强度的因素与原子结构密切相关。

原子由原子核和外层电子组成。外层电子围绕原子核在不同能级运行，通常情况下，外层电子处于能量最低的基态。当基态外层电子受到外界能量（如电弧、电火花、高频电流等）作用时，吸收一定特征的能量跃迁到较高的不同能级上，原子的这种运动状态称为激发态。处于激发态的原子并不稳定，大约 10^{-8} s 后返回基态或者其他较低的能级，并将电子跃迁时吸收的能量以一定波长的光的形式释放出来，这样即可得到原子光谱。

电子由低能级向高能级跃迁产生吸收光谱，电子由高能级向低能级跃迁，产生发射光谱。其能量可用式（7-1）表示

$$\Delta E = E_2 - E_1 = h\nu = hc/\lambda \tag{7-1}$$

式中 $E_2 - E_1$——高能级、低能级的能量差；

h——普朗克（Planck）常数（6.6262×10^{-34} J·s）；

ν、λ——所发射的光的频率及波长；

c——光在真空中的速度。

原子中某一外层电子由基态激发到高能级所需要的能量称为激发电位，以 eV（电子伏特）表示，原子光谱中每一条谱线的产生各有其相应的激发电位。这些激发电位在元素谱线表中可以查到。

电子从激发态直接跃回到基态时所发射的谱线称为共振线。从第一激发态（能量最低的激发态）跃回到基态时所产生的谱线称为第一共振线，也叫主共振线，因为其具有最小的激发电位，所以最容易被激发，是该元素的最强谱线，也是该元素波长最长的线。

当元素含量逐渐减少（几乎接近于零）时，最后还能观察到的谱线，通常是第一共振线。称为最后线或"留住线""持久线"，它也是该元素最灵敏的线。

二、能级与能级图

在激发光源作用下，原子获得足够能量就发生电离，电离所必需的能量称为电离能，原子失去一个电子称为一次电离，一次电离的原子再失去一个电子称为二次电离，依此类推。离子也可能被激发，其外层电子跃迁也发射光谱。由于离子和原子具有不同能级，所以离子发射的光谱和原子发射的光谱是不一样的。每一条离子线也都有其激发电位，这些离子线激发电位的大小与电离电位高低无关。

例如，钠离子能级图如图 7-1 所示：钠离子有高于基态 2.2eV 和 3.6eV 的两个激发态，当处于基态的钠原子受外界能量激发时，原子核外的电子跃迁到高能级的激发态，但激发态电子是不稳定的，大约经过 10^{-8} s 以后，激发态电子将返回基态或其他较低能级，并将电子跃迁时所吸收的能量以光的形式释放出去，2.2eV 和 3.6eV 的能量的激发态回到基态分别发射 589.0nm 和 330.3nm 的谱线。核外电子从激发态 I 返回基态时所发射的谱线称为第一共振发射线。由于基态与激发态 I 之间的能级差异最小，所以电子跃迁概率最大，故共振发射线最易产生。对多数元素而言，共振线是所有发射谱线中最灵敏的（如钠的 589.0nm），通

常在原子发射光谱分析中，这条共振线常作为分析线。

原子光谱线通常在元素符号后加上罗马字 I 来表示，如 Na I 589.593nm、Mg I 285.2nm。而对于一级或二级离子光谱线，则常在元素符号后加上罗马字 II、III 来表示，如 Mg II 279.553nm、Ba II 455.403nm、La II 394.910nm 即为这些元素的一级离子光谱线。

图 7-1　钠离子能级图

三、谱线的自吸与自蚀

等离子体内温度和原子浓度的分布不均匀，中间温度高，激发态原子浓度也高，边缘反之。因此，位于中心的激发态原子发出的辐射被边缘的同种基态原子吸收，导致谱线中心强度降低的现象，称为自吸。元素浓度低时，一般不出现自吸，随浓度增加，自吸现象增强，当达到一定值时，谱线中心完全吸收，如同出现两条线，这种现象称为自蚀，如图 7-2 所示。

自吸和自蚀的存在对光谱分析是不利的，它们使校准曲线斜率降低，并在被测定元素含量较高时发生弯曲（向浓度轴方向），如图 7-3 所示。

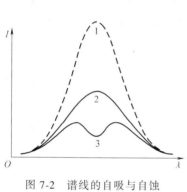

图 7-2　谱线的自吸与自蚀
1—无自吸　2—自吸　3—自蚀

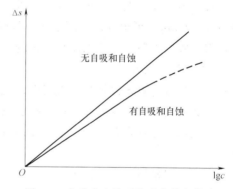

图 7-3　自吸和自蚀对校准曲线的影响

自吸现象严重影响谱线强度，所以在光谱定量分析中是一个必须注意的问题。

第二节　原子发射光谱分析仪器的结构

原子发射光谱分析仪器的基本结构由三部分组成：激发光源、分光系统、检测系统（相比 AAS 减少了原子化器）。

一、激发光源

激发光源的作用是提供足够的能量使试样蒸发、解离、原子化、激发、跃迁产生光谱。光源的特性在很大程度上影响着光谱分析的精密度、准确度、检出限。因此，在选择光源时应尽量满足以下要求：

1）光源应具有足够的激发能量，利于样品的蒸发、原子化和激发，对样品基体成分的变化影响要小。

2）光源的灵敏度要高，具有足够的亮度，对元素浓度的微小变化在线状光谱的强度上应有明显的变化，利于痕量分析。

3）光源对样品的蒸发原子化和激发能力有足够的稳定性和重现性，以保证分析的精密度和准确度。

4）光源本身的本底谱线要简单，背景发射强度要弱，背景信号要小，对样品谱线的自吸效应要小，分析的线性范围要宽。

5）光源设备的结构简单，易于操作、调试，维修方便。

目前常用的光源有电弧光源、火花光源、电感耦合等离子体光源（即 ICP、MIP 和 MPT 光源）等。

（一）电弧光源

电弧是较大电流通过两个电极之间的一种气体放电现象，所产生的弧光具有很大的能量。若把样品引入弧光中，就可使样品蒸发、离解，并进而使原子激发发射出线状光谱，常用电弧光源有直流电弧光源和交流电弧光源。

1. 直流电弧光源

特点：电极温度较高，阳极温度即蒸发温度可达 3800K，阴极温度小于 3000K，与其他光源比较，蒸发能力强，分析的绝对灵敏度高，适用于难挥发试样的分析；激发温度一般可达 4000K~7000K。可很好地应用于矿石等的定性、半定量及痕量元素的定量分析。

缺点：放电不稳定、弧光漂移、再现性差，弧层较厚，自吸现象严重。

2. 交流电弧光源

特点：交流电弧光源是介于直流电弧光源和电火花光源之间的一种光源，与直流电弧光源相比，交流电弧的光源温度略低一些，灵敏度稍差一些，但是有控制放电装置，所以电弧较稳定。因此，这种光源常用于发射光谱仪，主要用于金属、合金中低含量元素的定性、定量分析。

缺点：弧层稍厚，容易产生自吸现象。

（二）电火花光源

特点：放电的稳定性好；激发温度高（10000K 以上）；但电极头温度较低，蒸发能力较差（灵敏度较差）不适用于痕量元素分析。这种光源常用于光电直读光谱仪，由于高压电火花放电时间极短，瞬间通过分析间隙的电流密度很大（高达 $10000A/cm^2 \sim 50000A/cm^2$），因此弧焰瞬间温度很高，可达 10000K 以上，故激发能量大，主要用于合金与金属的定量分析，以及难激发元素的定性分析。

缺点：预燃时间长；光谱背景强度较高；被蒸发和激发的试样区小，对成分分布不均匀的样品，分析结果代表性差。

（三）ICP 光源

ICP 光源（电感耦合等离子体光源）是二十世纪六十年代提出、二十世纪七十年代迅速发展起来的一种新型光源，是有发展前途的光源之一，目前在实际工作中得到广泛应用。

等离子体是一种电离度大于 0.1% 的电离气体，由电子、离子、原子和分子组成，其中电子数目和离子数目基本相等，整体呈现中性。

1. ICP 光源（电感耦合等离子体）的结构

是由高频发生器、高频感应线圈、炬管、供气系统、雾化器及进样系统组成，是 ICP 光谱分析仪器的核心构件。ICP 光源的结构如图 7-4 所示。

电感耦合高频等离子炬炬管由三层同轴石英管组成，最外层石英管通氩气（冷却气），沿切线方向引入，并螺旋上升。其作用是将等离子体吹离外层石英管的内壁，可保护石英管不被烧毁；同时，这部分氩气也参与放电过程。中层石英管通入氩气（工作气体），起维持等离子体的作用。内层石英管内径为 1mm～2mm，以氩气为载气，把经过雾化器的试样溶液以气溶胶的形式引入等离子体中。三层同轴石英炬管放在高频感应线圈内，感应线圈与高频发生器连接。

当感应线圈与高频发生器接通时，高频电流流过负载线圈，并在炬管的轴线方向产生一个高频磁场。若用电火花引燃，管内气体就会有少量电离出来的正离子和电子因受高频磁场的作用而被加速，在运动过

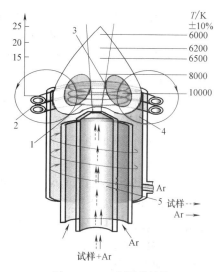

图 7-4　ICP 光源的结构
1—交变磁场　2—感应线圈　3—涡电流
4—高频电流　5—等离子炬管

程中，与其他分子碰撞时，产生碰撞电离，电子和离子的数目就会急剧增加。此时，在气体中形成能量很大的环形涡流（垂直于管轴方向），这个几百安培的环形涡流瞬间就把气体加热到近万度的高温，然后试样气溶胶由喷嘴喷入等离子体中进行蒸发、原子化和激发。

ICP 矩管是 ICP 火焰形成的重要部分，优越的矩管必须具有如下性能：

1）容易点燃 ICP 火焰。

2）产生持续、稳定的等离子体，引入试样对焰炬稳定性的影响轻微，无熄灭或形成沉淀物的危险。

3）样品经中心通道到达分析观测区的量足够大。

4）样品在等离子体中有较长的滞留时间并被充分加热。

5）耗用的工作气体较节省。

6）点燃 ICP 火焰所需功率尽量小。

7）污染容易清洗，拆卸、安装简易方便。

ICP 焰分为三个区域：焰心区、内焰区和尾焰区。

焰心区呈白色，不透明，是高频电流形成的涡流区，等离子体主要通过这一区域与高频感应线圈耦合而获得能量。该区温度高达 10000K，电子密度很高，由于黑体辐射、离子复合等产生很强的连续背景辐射。光谱辐射应避开这个区域，试样气溶胶通过这一区域时被预热、挥发溶剂和蒸发溶质，这一区域称为预热区。

内焰区位于焰心区上方，一般在感应圈以上 10mm～20mm，略带淡蓝色，呈半透明状态。温度为 6000K～8000K，是分析物原子化、激发、电离与辐射的主要区域。光谱分析在该区域进行，称为测光区，测光时在感应线圈上的高度称为观测高度。

尾焰区在内焰区上方，无色透明，温度较低，在 6000K 以下，只能激发低能级的谱线。

2. ICP 光源的特点

1）工作温度高，且在惰性气体气氛条件下，有利于难溶化合物的分解和难激发元素的

激发，因此对大多数元素有很高的灵敏度，而且精密度好（相对标准偏差为 0.5%~2%）。

2）电感耦合高频等离子炬的外观与火焰相似，但不是化学燃烧火焰，而是气体电离放电。其结构是涡流态的，同时高频感应电流形成环流，造成一个电学屏蔽的中心通道。

3）趋肤效应。等离子体外层电流密度大、温度高，中心电流密度最小、温度最低，中心通道进样对等离子体的稳定性影响小。也可有效消除自吸现象，具有线性范围宽（4 个~6 个数量级）的优点。是液体进样分析的最佳光源。

4）同一份试液可用于从常量至痕量元素的分析，试样中基体和共存元素的干扰小，甚至可以用一条工作曲线测定不同基体试样的同一元素。

5）在测定碱金属时，电离干扰很小，并且产生的光谱背景干扰较少。

6）ICP 的载气流速很低（0.5L/min~2L/min），有利于试样在中央管道中充分激发，而且消耗试样量较少。另外，ICP 是无极放电，没有电极污染。

缺点：对非金属含量的测定灵敏度低，仪器价格昂贵，日常运行成本和维护费用较高。

（四）其他光源

原子发射光谱仪使用的其他光源还有：高频火花光源、激光光源、辉光放电光源等。

二、分光系统

原子发射光谱的分光系统目前采用棱镜和光栅两种分光系统。

（一）分光原理

棱镜的分光原理是光的折射，由于不同波长的光有其不同的折射率，据此能把不同波长的光分开。光栅的分光原理是光的干涉与衍射的总效果，不同波长的光通过光栅的作用各有其相应的衍射角，据此能把不同波长的光分开。

它们产生的光谱主要区别有：

1）光栅光谱是均匀排列的光谱，棱镜光谱是非均匀排列的光谱，光栅适用的波长范围比棱镜宽。

2）光栅光谱中各谱线排列是由紫到红（光），棱镜光谱中各谱线排列是由红到紫（光）。

3）光栅光谱的谱线级与级之间有重叠现象，棱镜光谱没有这种现象。

光谱仪使用的光栅分为平面光栅和凹面光栅，摄谱仪一般采用平面光栅，光电直读光谱仪多采用凹面光栅。

（二）分光系统的光学特性

1. 棱镜分光系统的光学特性

棱镜分光系统的光学特性可用色散率、分辨率和集光本领三个指标来表征。

（1）色散率　是把不同波长的光分散开的能力。有线色散率 $dL/d\lambda$ 和角色散率 $d\theta/d\lambda$ 两种表达形式。通常以线色散率的倒数 $d\lambda/dL$ 表示仪器的色散能力，其单位为 nm/mm。

（2）分辨率　棱镜的分辨率是指能正确分辨出紧密相邻的两条谱线的能力。分辨率分为理论分辨率和实际分辨率。

（3）集光本领　表示光谱仪光学系统传递辐射的能力，涉及光谱强度的大小。

光谱仪的色散率、分辨率和集光本领三个特性有时是相互矛盾的。若分辨率、色散率大，则集光本领小。在实际工作中考虑光谱仪的特性时，这三个因素要综合考虑。

2. 光栅分光系统的光学特性

光栅分光系统的光学特性可用色散率、分辨率和闪耀特性三个指标来表征。

（1）色散率 光栅的角色散率只取决于光栅常数及光谱级数，可以认为是常数，这样的光谱在长波及短波的各波段波长间隔是一样的，称为"均排光谱"，这是光栅优于棱镜的一个方面。

（2）分辨率 光栅的分辨率为光谱级次与光栅刻痕总数（光栅的宽度与单位长度的刻痕数的乘积）的乘积。光栅的分辨率比棱镜高得多，这是光栅优于棱镜的又一个方面。光栅的宽度越大，单位长度的刻痕数越多，分辨率就越大。

（3）闪耀特性 在平面光栅中，不同级次光谱的能量分布是不均匀的，未经色散的零级光谱的能量最大。若将光栅的刻痕刻成具有三角形的槽线，每一刻痕的小反射面与光栅平面保持一定的夹角，以控制每一个小反射面对光的反射方向，使光能集中在所需要的一级光谱上，获得特别明亮的光谱，这个现象称为闪耀，这种光栅称为闪耀光栅，刻痕的小反射面与光栅平面的夹角称为闪耀角。

三、检测系统

按光谱检测与记录方法的不同，可分为目视法（看谱法）、摄谱法和光电法。

（一）目视法

用眼睛来观测谱线强度的方法称为目视法（看谱法）。这种方法仅适用于可见光波段，常用的仪器为看谱镜，看谱镜是一种小型的光谱仪，专门用于钢铁及有色金属的半定量分析。

（二）摄谱法

摄谱法是用感光板记录光谱谱线的。将光谱感光板置于摄谱仪焦面上，接受被分析试样的光谱作用而感光，再经过显影、定影等过程后，制得光谱底片，其上有许多黑度不同的谱线。然后用映谱仪观察谱线位置及大致强度，进行光谱定性及半定量分析。用测微光度计测量谱线的黑度，进行光谱定量分析。此方法是传统摄谱法。

（三）光电法

利用光电转换元件将光信号转换为电信号来检测谱线的强度。光电倍增管型号很多，结构各异。是基于二次电子发射的倍增作用将微弱光信号转换为电信号的真空器件，适用于测定微弱光。这类光谱仪常称为光电直读光谱仪，有单道扫描、多道固定狭缝式和全谱直读式三种类型。

（四）阵列检测器

1. 光敏二极管阵列检测器（PDA）

自行扫描的线性硅光敏二极管阵列已成功地应用于ICP光谱分析光源的研究。可供使用的阵列有256个、512个和1024个元件，两个光敏二极管的间距为25.4μm。因此具有坚固、稳定、功耗小、工作电压低、线性动态范围宽、电磁干扰小，以及能同时测定多个光谱等优点。其缺点是检测阵列元尺寸较大、阵元个数较少、暗电流较大、量子效率较低、检测灵敏度不高。近年来，CCD（电荷耦合检测器）几乎取代了PDA。

2. 光导摄像管检测器

光导摄像管是一种半导体光敏器件，通常在一个$12.5cm^2$的面积内512×512个传感器组成一个二维阵列。硅增强靶光导摄像管与 ICP 单色器配合的检出限每毫升可达若干纳克。将光导摄像管冷却到 $-20℃$ 后，对分析线在 260nm 以上的元素进行测定，其检出限并不比光电倍增管差。

3. 固态检测器

目前全谱直读光谱仪中已被采用的固态检测器主要有 CCD、CID 及 SCD。

1）CCD（Charge-Coupled Detector）电荷耦合检测器。二维检测器，每个检测器包含 2500 个像素，将 22 个 CCD 检测器环形排列于罗兰圆上，可同时分析 120nm~800nm 波长范围的谱线。

2）CID（Charge-Injection Detector）电荷注入式检测器。二维阵列，28mm×28 mm 的芯片共有 512×512 个检测单元，覆盖 167nm~1050nm 波长范围。

3）SCD（Subsection Charge-Coupled Detector）分段式电荷耦合检测器。面阵检测器，面积为 13mm×19mm，有 6000 多个感光点，有 5000 条谱线可供选择。

CCD、CID 等固态检测器，作为光电元件具有暗电流小、灵敏度高、信噪比较高的特点，具有很高的量子效率，接近理想器件的理论极限值。是原子发射光谱仪中有良好前景的阵列固体检测器，并已有数种采用这些技术生产的全谱直读光谱仪整机面世。这类检测器中，由光子产生的电荷被收集储存在金属-氧化物-半导体容器中，从而可以准确进行像素寻址，同时记录很多条谱线，快速进行全谱直读。

以 ICP 作为激发光源的全谱直读光谱仪，是现代原子发射光谱仪的代表。

第三节　原子发射光谱仪的类型及分析方法

原子发射光谱仪的种类很多，如看谱镜或光谱镜（目视观测）、摄谱仪（用照相感光摄录光谱）、棱镜光谱仪（用棱镜作分光元件）、光栅光谱仪（用光栅作分光元件）、单道光谱仪（分光系统光谱焦面上只有一个出射狭缝，只测量一个波长的光谱信号）、多道光谱仪（同时测量多个波长的光谱信号），以及全谱直读光谱仪等。

一、发射光谱仪的类型

（一）摄谱仪

直流电弧光源摄谱仪，用光栅或棱镜作色散元件，用照相法记录光谱的原子发射光谱仪器。用于固体样品的测定。

（二）光电直读光谱仪

火花光源光电直读光谱仪分为多道直读光谱仪、单道扫描光谱仪和全谱直读光谱仪三种。前两种仪器采用光电倍增管作为检测器，后一种采用 CCD、CID、SCD 等固态检测器。

1. 多道直读光谱仪

图 7-5 所示为一个多道直读光谱仪的示意图。从光源发出的光经透镜聚焦后，在入射狭缝上成像并进入狭缝。进入狭缝的光投射到凹面光栅上，凹面光栅将光色散，聚焦在焦面上，焦面上安装有一组出射狭缝，每一狭缝允许一条特定波长的光通过，投射到狭缝后的光电倍增管上进行检测，最后经计算机进行数据处理。

多道直读光谱仪的优点是分析速度快，准确度优于摄谱法；光电倍增管对信号放大能力强，可同时分析含量差别较大的不同元素；适用于较宽的波长范围。但由于仪器结构限制，多道直读光谱仪的出射狭缝间存在一定距离，使利用波长相近的谱线有困难。

多道直读光谱仪适合于固定元素的快速定性、半定量和定量分析。这类仪器目前在钢铁冶炼中常用于炉前快速监控碳、硫、磷等元素。

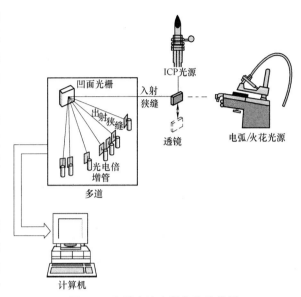

图 7-5　多道直读光谱仪的示意图

2. 单道扫描光谱仪

图 7-6 所示为一个典型的单道扫描光谱仪的简化光路图。从光源发出的光穿过入射狭缝后，反射到一个可以转动的光栅上，该光栅将光色散后，经反射使某一条特定波长的光通过出射狭缝投射到光电倍增管上进行检测。光栅转动至某一固定角度时只允许一条特定波长的光线通过该出射狭缝，随光栅角度的变化，谱线从该狭缝中依次通过并进入检测器检测，完成一次全谱扫描。

和多道直读光谱仪相比，单道扫描光谱仪的波长选择更为灵活方便，分析样品的范围更广，适用于较宽的波长范围。但由于完成一次扫描需要一定时间，因此分析速度受到一定限制。

3. 全谱直读光谱仪

图 7-7 所示为一个全谱直读等离子体发射光谱仪。光源发出的光通过两个曲面反光镜聚焦于入射狭缝，入射光经抛物面准直镜反射成平行光，照射到中阶梯光栅上使光在 X 向上色散，再经另一个光栅（Schmidt 光栅）在 Y 向上进行二次色散，使光谱分析线全部色散在一个平面上，并经反射镜反射进入面阵型 CCD 检测器检测。由于该 CCD 检测器是一个紫外型检测器，对可见区的光谱不敏感，因此，在 Schmidt 光栅的中央开一个孔洞，部分光线穿过孔洞后经棱镜进行 Y 向二次色散，然后经反射镜反射进入另一个 CCD 检测器对可见区的光谱（400nm～780nm）进行检测。

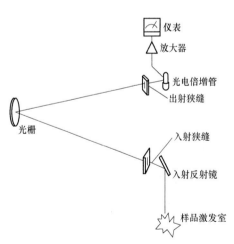

图 7-6　单道扫描光谱仪的简化光路图

这种全谱直读光谱仪不仅克服了多道直读光谱仪谱线少和单道扫描光谱仪速度慢的缺点，而且所有的元件都牢固地安置在机座上成为一个整体，没有任何活动的光学器件，因此具有较好的波长稳定性。

（三）ICP-AES（电感耦合等离子体）光谱仪

ICP 光源的分光测量系统类似于光电直读光谱仪，但是 ICP 光源常规采用液体进样。

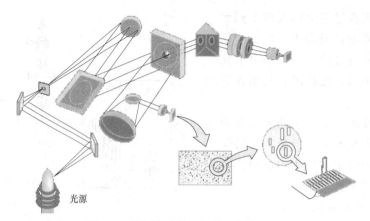

光源

图 7-7　全谱直读等离子体发射光谱仪

通过采用合适的试样引入技术，如试样直接插入、电弧和火花熔融法、电热蒸发、激光熔融法等，ICP 发射光谱法可以用于固体或粉末样品的直接分析，目前国外已有这样的商品面世。

（四）MIP/MPT-AES 光谱仪

等离子体发射光谱仪除大家熟悉的 ICP-AES 外，还有 MIP/MPT-AES。

MIP（Microwave Induced Plasma）是微波诱导等离子体，通过微波耦合器具，把微波的电磁场高效地集中到一个狭小的区域，这样一来通过微波高能区域的氩气（Ar）、氦气（He）或氮气（N_2）可以形成火焰型的等离子体，这种等离子体与 ICP 一样，可以把进入其内部的物质原子化并激发，然后测定样品内不同元素的发射光谱，根据光谱的波长和强度分析不同元素的存在及含量，这种光谱分析方法称 MIP-AES。由于 MIP 使用的气体流量小，可以使用价格昂贵的氦气作为等离子体气体，而氦具有高的激发能量，因此 MIP-AES 可以分析在氩 ICP-AES 中不易测量的非金属元素，如氯、氮、硫和溴等需要高激发能的元素。鉴于 MIP 承受的样品能力较低，一般最好采用气体进样。

MPT（Microwave Plasma Torch）是微波等离子体炬，此技术目前在文献介绍中也称吉林大学微波等离子体（JUMP），这是一个类似于 ICP 火焰的等离子体，但是，采用低的微波功率和具有强的激发能力的原子化光源，此光源集合了 MIP 和 ICP 的优点。MPT-AES 光谱仪器在国内已经生产和使用了十多年。

二、分析方法

（一）进样技术

进样方式对方法的分析性能影响极大，一般来说，试样引入系统应能够将具有代表性的试样重现、高效地转入激发光源中，是否可以达到这一目的或达到这一目的的程度如何，依试样的性质而定。

1. 固体试样

金属与合金本身能导电，可直接做成电极，称为自电极。金属箔丝，可将其置于石墨或碳电极中，粉末样品通常放入制成各种形状的小孔或杯形电极中。

2. 溶液试样

将溶液试样引入原子化器，一般采用气动雾化、超声雾化和电热蒸发方式。其中前两种方式需要事先雾化。雾化是通过压缩气体的气流将试样转变成极细的单个雾状微粒（气溶胶）。然后由流动的气体将雾化好的试样带入原子化器进行原子化。

气动雾化器进样是利用动力学原理将溶液试样变成气溶胶并传输到原子化器的进样方式。当高速气流从雾化器喷口的环形截面喷出时，在喷口毛细管端部形成负压，试液从毛细管中被抽吸出来，运动速率远大于液流的气流强烈冲击液流，使其破碎形成细小雾滴。

气动雾化器的种类很多，大致可以分为三大类：同心型、直角型和特殊型。其中同心型雾化器的应用最广泛。

超声雾化器进样是根据超声波振动的空化作用把溶液雾化成气溶胶后，由载气传输到火焰或等离子体的进样方法。与气动雾化器相比，超声雾化器具有雾化效率高、可产生高密度均匀的气溶胶、不易被阻塞等优点。

电热蒸发进样（ETV）是将蒸发器放在一个有惰性气体（氩气）流过的密闭室内，当有少量的液体或固体试样放在碳棒或钽丝制成的蒸发器上时，电流迅速地将试样蒸发并被惰性气体携带进入原子化器。与一般雾化器不同，电热蒸发产生的是不连续的信号。

ICP 光源，用雾化器将试样溶液直接引入等离子体内。电弧或火花光源通常用溶液干渣法进样。将试液滴在平头或凹液面电极上，烘干后激发。为了防止溶液渗入电极，预先滴聚苯乙烯-苯溶液，在电极表面形成一层有机物薄膜，试液也可以用石墨粉吸收，烘干后装入电极孔内。常用的电极材料为石墨，常常将其加工成各种形状。石墨具有导电性能良好、沸点高（可达 4000K）、有利于试样蒸发、谱线简单、容易制纯及容易加工成形等优点。

3. 气体试样

通常将其充入放电管内。

气体试样可以直接引入激发光源进行分析。有些元素可以转变成其相应的挥发性化合物而采用气体发生法进样。如：砷、锑、铋、锗、锡、铅、硒和碲等元素可以通过将其转变成挥发性氢化物而进入原子化器，这种进样方法就是氢化物发生法。目前普遍应用的是硼氢化钠（钾）-酸还原体系。

氢化物发生法可以将这些元素的检出限提高 10 倍~100 倍。由于这类物质毒性大，在低浓度下检测显得尤为重要。其信号类似于电热原子化获得的峰。

（二）光谱的定性分析

根据试样中各种元素原子所发射的特征光谱，来判断试样中该元素存在与否的分析方法，称为光谱的定性分析。

光谱的定性分析以前多采用摄谱法。试样中所含元素只要达到一定含量，都可以有谱线拍摄在感光板上，通过检查谱片上有无特征谱线的出现，来确定该元素是否存在。每种元素发射的特征谱线有多有少，多的可达几千条。当进行定性分析时，不需要将所有的谱线全部检出，只需检出几条合适的谱线就可以了，进行分析时所使用的谱线称为分析线。如果只见到某元素的一条谱线，不能断定该元素确实存在于试样中，因为有可能有其他元素谱线干扰。检出某元素存在，必须有两条以上不受干扰的最后线和灵敏线。

如果没有检出某元素的特征谱线，也不能贸然做出某元素不存在的结论，因为检验不出某元素的最后线，可以有两种可能，一种可能是试样中确实没有该元素，另一种可能是该元素的含量在所用试验条件下所能达到的检测灵敏度以下。因此，只能说"未检出"某元素，而不能说某元素不存在。

常用定性分析方法有：铁光谱比较法、标准试样光谱比较法、波长比较法。

（1）铁光谱比较法　采用铁的光谱作为波长的标尺，来判断其他元素的谱线。铁光谱比较法实际上是与标准光谱图进行比较，因此又称为标准光谱图比较法。判断某一元素是否存在，必须由其灵敏线决定，铁谱线比较法可同时进行多元素定性鉴定。

（2）标准试样光谱比较法　将待检出元素的纯物质和纯化合物与试样并列摄谱于同一感光板上，在光谱投影仪上检查试样光谱与纯物质光谱。若两者谱线出现在同一波长位置上，即可说明某一元素的某条谱线存在。

（3）波长比较法　当上述两种方法均无法确定未知试样中某些谱线属于何种元素时，可以采用波长比较法。即准确测出该谱线的波长，然后从元素的波长表中查出与未知谱线相对应的元素进行定性。

（三）光谱的半定量分析

原子光谱中元素特征谱线的波长和强度与元素含量密切相关，根据谱线的强度和谱线出现的情况就可以判断被测元素是否存在及其大致含量范围，常用的光谱半定量分析方法有：谱线黑度比较法和谱线呈现法。

1. 谱线黑度比较法

将一系列不同含量待测元素已知的标准样品在相同条件下与试样拍摄于同一块感光板上，然后用目视法或光谱投影仪与标准样品对应的谱线进行黑度比较，以确定待测元素含量的方法，就是谱线黑度比较法。该方法的优点是：在一块光谱感光板上可以分析若干试样、多种元素，简单易行。其准确度取决于试样与标准样品组成的相似程度及标准样品中待测元素含量间隔的大小。样品中的待测元素含量越高，黑度越大。

2. 谱线呈现法

根据试样中待测元素的含量达到检出限时，光谱中仅出现少数灵敏线，随着该元素含量的增加，谱线的数目增多，强度也逐渐增强，一些次灵敏线和较弱的谱线也相继出现而建立起来的一种分析方法。

首先配制一系列不同含量待测元素已知的标准样品，在一定条件下摄谱，列出不同含量待测元素光谱中出现的谱线及强度情况与含量的对应关系表，即谱线呈现表，然后根据试样中待测元素谱线出现数目的多少来估算该元素的大致含量。

该方法的优点：简便快速，不用每次拍摄标准样品的光谱，只需对每种元素事先制作谱线呈现表。但其试样组成和分析条件对结果准确度影响较大，因此分析条件要保持一致。

若分析任务对准确度要求不高，则多采用光谱半定量分析。例如钢材与合金的分类、矿产品的大致估计等，特别是分析大批试样时，采用光谱半定量分析，尤为简单快速。

（四）光谱的定量分析

光谱的定量分析主要是根据谱线强度与被测元素浓度的关系来进行的。在一定条件下，原子发射光谱的谱线强度（I）与试样中被测组分浓度（c）的关系为

$$I = ac^b$$

式中　I——谱线强度；

　　　a——系数，与蒸发、激发过程及试样组成有关；

　　　c——待测元素含量；

　　　b——经验常数，即自吸收系数（$b \leqslant 1$）。

b 值与光源特性、样品中待测元素含量、元素性质、谱线性质等因素有关。当浓度很小，自吸消失时，$b=1$。在 ICP 光源中，多数情况下，$b \approx 1$。

或
$$\lg I = b \lg c + \lg a$$

这个公式称为赛伯-罗马金公式（经验式），是发射光谱定量分析的基本关系式。也可以理解为分析元素谱线的强度与含量成正比。即

$$I = f(c)$$

式中　I——分析谱线的绝对强度；

　　　c——分析元素的含量，常以质量分数表示。

（五）光谱定量分析方法的类型

ICP 等离子体发射光谱定量分析常用标准曲线法、内标法、标准加入法、干扰系数校正法进行待测元素的定量分析，光电法光谱分析常用标准曲线法。

1. 标准曲线法

标准曲线法亦称校准曲线法、工作曲线法，是常用的一种光谱定量分析方法。该法是配制三个或三个以上的已知不同含量的标准样品，测定其谱线的强度或黑度，以获得的分析线对的 $\lg R$（相对强度的对数）或 ΔS（黑度差）为纵坐标，以标准样品中分析元素含量的对数 $\lg c$ 为横坐标绘制工作曲线。再测量试样光谱中分析线和内标线的黑度值 S，算出黑度差 ΔS_x，从工作曲线上求出 $\lg c_x$，从而算出分析元素的含量 c_x。为了提高分析准确度，每一样品应各拍摄三次光谱，取待测元素分析线对黑度差的平均值。

光电直读光谱仪带有内标通道，可自动进行内标法测定。光电直读法中，在相同条件下激发试样与标样的光谱，测量标准样品的电压值 U 和 U_r，U、U_r 分别为分析线与内标线的电压值；再绘制 $\lg U$-$\lg c$ 或 $\lg (U/U_r)$-$\lg c$ 校准曲线；最后求出试样中被测元素含量。这些都由计算机处理。

2. 内标法

内标法又称相对强度法。在被测元素的光谱中选择一条作为分析线（强度为 I_1），在基体元素（或定量加入的其他元素）的谱线中选一条与分析线相近的谱线作为内标线（强度为 I_2），组成分析线对。

分析线与内标线的绝对强度的比值称为相对强度（R），内标法就是借测定分析线对的相对强度来进行定量分析的。

设试样中被测元素的含量为 c_1，对应的分析线强度为 I_1，根据罗马金公式

$$I_1 = a_1 c_1^{b_1} \tag{7-2}$$

同样对内标

$$I_2 = a_2 c_2^{b_2} \tag{7-3}$$

得

$$R = \frac{I_1}{I_2} = \frac{a_1 \cdot c_1^{b_1}}{a_2 \cdot c_2^{b_2}} = A c^{b_1}$$

即

$$R = I_1 / I_2 = A c^{b_1} \tag{7-4}$$

$$\lg R = \lg(I_1/I_2) = b_1 \lg c + \lg A \tag{7-5}$$

由式（7-5）可见，分析线的相对强度 $\lg R$ 与 $\lg c$ 呈线性关系。以 $\lg c$ 为横坐标，以 $\lg R$ 为纵坐标绘制工作曲线，即可进行定量分析。

内标元素及分析线对的选择应遵循以下规则：

1）内标元素含量应不随分析元素含量的变化而变化。标样和试样中内标元素的含量必须相同。

2）内标元素若是外加的，必须是试样中不含或含量极少可以忽略的。一般选择钇和钪作内标元素。

3）分析线对选择要匹配，或两条都是原子线或两条都是离子线，尽量避免一条是原子线，另一条是离子线。

4）分析线对的两条谱线应有相近的电离电位和激发电位，若内标元素与被测元素的电离电位相近，分析线对激发电位也相近，则这样的分析线对称为"匀称线对"。

5）内标元素与分析元素的挥发性应该相似，避免分馏效应影响分析结果的再现性。

6）分析线与内标线的波长距离应尽量靠近，并处于相同背景中，分析线对的两条谱线应不受其他元素谱线的干扰，强度相差不大，无自吸或自吸很小。

3. 标准加入法（增量法）

从光谱定量分析内标法的关系式 $R = ac^b$ 可以看出，当自吸系数 $b = 1$ 时，$R = ac$。设试样中待测元素原含量为 c_x，在几份试样中的加入量分别是 c_1、c_2、c_3、…，则 $R_x = ac_x$，$R_1 = a(c_x + c_1)$，$R_2 = a(c_x + c_2)$，…。以 R 对加入量 c 作图，可得标准加入法的工作曲线。将直线外推至与 c 轴相交（$R_x = 0$ 处），则其截距的绝对值即为 c_x。

标准加入法用于多元基体有干扰但难以匹配的情况，且所测溶液的元素含量不太高。一般不用于高浓度分析。

4. 干扰系数校正法

干扰系数校正法可用于多种场合。经试验发现，基体的干扰为斜率降低或增高，但其条件一经固定，它显示为恒值，即常数（波动在允许范围内）。这时采用纯标准工作曲线以斜率乘上校准系数，它一般小于 1，亦可大于 1。样品用纯标准工作曲线可得到正确的校准结果。

第四节　原子发射光谱分析的应用

一、电感耦合等离子体原子发射光谱（ICP-AES）

根据罗马金公式，将特征谱线强度值与标准溶液中元素的浓度值进行一元线性拟合（即 $Y = aX + b$）建立定量分析工作曲线。测定被测元素的谱线强度，由工作曲线确定出被测元素的含量。当无基体或基体对被测元素无干扰时，可配制高纯标准工作曲线。当基体有干扰时，可配制匹配基体的工作曲线。由于线性范围宽，比原子吸收更方便的是，质量分数在 0.000×% ~ ×.×% 的含量组成元素或杂质元素都可以配在一起，形成复合标准。

（一）分析方法的建立

1. 确定分析方法的类型

可以选择与待测样品基体基本一致的系列标准物质制作工作曲线；也可在基体溶液中添

加单元素标准溶液配制成含所有待测元素的混合标准溶液制作工作曲线。

2. 选择合适的元素分析谱线

可以通过仪器扫描功能查看基体中元素谱线之间的干扰情况，确定最佳分析谱线。例如，钢铁材料中常见的干扰谱线波长见表7-1。

表 7-1 钢铁材料中常见的干扰谱线波长

选定谱线波长/nm	干扰谱线波长/nm	选定谱线波长/nm	干扰谱线波长/nm
Ni216.556	Fe216.586	Ti323.452	Ni323.465
Ni221.647	Si221.667	Cr284.98	Fe284.96
P213.618	Cu213.598		

一般钢铁样品的分析选择的元素谱线为：Mn257.610nm、Si251.611nm、P178.283nm、Cr267.716nm、Ni231.604nm、Mo202.030nm、Cu324.754nm、V309.311nm、Al396.152nm、Ti336.121nm 等。

3. 通过试验确定合适的分析条件

（1）射频功率　射频功率对检出限和干扰效应具有不同的影响。增大功率，温度升高，谱线强度可能增强，但背景增强更甚。因此，信背比将随着功率的增大而增大，继而逐渐减小。采用相对较低的功率，对于提高信背比及降低检出限有利。由于干扰效应的影响，在提高功率的同时又以降低信背比为代价，因此要兼顾检出能力和干扰效应。

（2）载气流量　载气流量增大，一方面可使样品溶液喷雾量及气溶胶的数量增大，进入等离子体待测物的量也增大，使谱线强度增强；另一方面，过大的载气流量将使样品过分稀释，待测物在 ICP 通道的停留时间缩短、温度降低和电子-离子连续光谱背景降低（对有机物分析，可导致 ICP 熄火）。因此，谱线发射强度及其信背比随着载气流速的增大可能出现极大值。载气流量对信背比的影响十分敏感，在实际工作中应认真加以控制和选择。有机物堵塞和无机盐类浓度大时，宜选较小载气流量，以减少进入 ICP 通道的基体总量，避免喷嘴堵塞和碳粒及盐类附着于炬管壁产生记忆效应。冷却气或等离子气的改变应与相应的射频功率相对应。

（3）观察高度　ICP 放电温度、电子密度、激发态原子密度、自吸收、背景发射，以及过布居效应等均随着观察高度而明显改变。

一般原子谱线和易挥发元素（如 As、P、Pb、Sb、Sn、Bi 等）的峰值观测高度较低；而离子线和难挥发元素（如 W、Mo、Zr、Na、K、Li 等）的峰值观测高度较高。但观察高度过高或过低都致使温度降低太多，易电离元素（如 Na、K、Li 等）都有较高的灵敏度。随着观察高度的增大，光源背景发射将减弱，但元素谱线自吸收效应将加强。

干扰效应与观察高度之间也有明显影响。对原子线而言，干扰小的观察高度较大，可能以损害检出能力为代价。对离子线而言，无干扰区与最佳检出限区域的观察高度常常比较接近，因此，ICP-AES 中选用离子线为分析线更为有利。

（4）狭缝和测量步距　单道扫描 ICP 的入射狭缝和出射狭缝的大小和分辨率有着直接反比关系，和信背比大小也有反比关系。但在负高压较高、被测元素浓度较低时，入射狭缝和出射狭缝与被测元素信噪比却有着正比关系；适当增大狭缝，信噪比大，相对标准偏差（RSD）变好。信噪比和信背比是两个概念。经研究，狭缝太小而负高压太高时，光电倍增管散粒噪声大增，光电转换的统计特性变差，这是致使 RSD 变差的主要原因。当分析线受光谱干扰，而关小狭缝可以分开干扰峰时，则需适当地而不要过度地调小狭缝，此时步距也要调小；在有的仪器中它是受计算机自控的。多道 ICP 狭缝已经限定，一般不能变化。全谱固体检测器 ICP，它只有入射狭缝可变化，而没有出射狭缝，其分辨率和入射狭缝直接有关；相同入射狭缝下，分辨率的提高还和棱镜的折射角以及固体检测器的光电转换面积或像素多少直接有关。

（5）蠕动泵速　蠕动泵速的大小直接影响被测溶液的雾化效果，不同基体的试样应选用不同的进样泵速，尽可能最大限度地将被测溶液转为细小、均匀的气溶胶，以保证被测溶液中各元素的分析准确度。泵速过快，被测溶液进入雾化室时产生的气溶胶颗粒较大，影响雾化效果，甚至造成等离子体熄火。泵速过慢，被测溶液进入等离子体的时间较长，影响分析效果，有 HF 存在时，还会对仪器的进样系统和石英炬管产生腐蚀。

（6）分析线的选择　由于光谱分析的元素谱线繁多，光谱干扰不可避免，好在各元素不同波长处的分析谱线较多，因此可以通过仪器的扫描功能选择灵敏度合适、在基体中没有干扰或干扰较小的谱线作为待测元素的最佳分析线。一般含量较高的元素选择次灵敏线，含量较低的元素选择高灵敏线。

（7）分析结果　校准工作曲线，分析试样，直读结果。

（二）参考标准

GB/T 7731.6—2008《钨铁　砷含量的测定　钼蓝光度法和电感耦合等离子体原子发射光谱法》。

GB/T 7731.7—2008《钨铁　锡含量的测定　苯基荧光酮光度法和电感耦合等离子体原子发射光谱法》。

GB/T 7731.9—2008《钨铁　铋含量的测定　碘化铋光度法和电感耦合等离子体原子发射光谱法》。

GB/T 20125—2006《低合金钢　多元素含量的测定　电感耦合等离子体原子发射光谱法》。

GB/T 20127.3—2006《钢铁及合金　痕量元素的测定　第3部分：电感耦合等离子体发射光谱法测定钙、镁和钡含量》。

GB/T 24194—2009《硅铁　铝、钙、锰、铬、钛、铜、磷和镍含量的测定　电感耦合等离子体原子发射光谱法》。

GB/T 24520—2009《铸铁和低合金钢　镧、铈和镁含量的测定　电感耦合等离子体原子发射光谱法》。

GB/T 24585—2009《镍铁磷、锰、铬、铜、钴和硅含量的测定　电感耦合等离子体原子发射光谱法》。

GB/T 5121.27—2008《铜及铜合金化学分析方法　第27部分：电感耦合等离子体原子发射光谱法》。

GB/T 12689.12—2004《锌及锌合金化学分析方法　铅、镉、铁、铜、锡、铝、砷、锑、镁、镧、铈量的测定　电感耦合等离子体-原子发射光谱法》。

GB/T 14849.4—2014《工业硅化学分析方法　第4部分：杂质元素含量的测定　电感耦合等离子体原子发射光谱法》。

GB/T 20975.25—2008《铝及铝合金化学分析方法　第25部分：电感耦合等离子体原

子发射光谱法》。

YS/T 244.9—2008《高纯铝化学分析方法 第9部分：电感耦合等离子体质谱法测定杂质含量》。

YS/T 470.1—2004《铜铍合金化学分析方法 电感耦合等离子体发射光谱法测定铍、钴、镍、钛、铁、铝、硅、铅、镁量》。

（三）分析步骤

1. 标准样品

1）根据被测物种类和含量，选择标准物质。

2）配制标准溶液时应注意以下几点：

① 所用基准物质要有99.9%以上的纯度。

② 用二级及以上的蒸馏水。

③ 校正用的标准溶液应用储备液逐级稀释，并确认移液管和容量瓶的误差水平。

④ 配制 μg/mL 级的标准溶液，稳定期为2个星期~3个星期，因此要经常重新配制。

⑤ 配制标准溶液时，应同时配制校正空白溶液。

⑥ 多元素的标准溶液，元素之间要注意光谱线的相互干扰，尤其是基体或高含量元素对低含量元素的谱线干扰。

⑦ 介质和酸度不合适，会产生沉淀和浑浊，易堵塞雾化器并引起进样量的波动。

⑧ 标准溶液中酸的含量与试样溶液中酸的含量要相匹配，两种溶液的黏度、表面张力和密度应大致相同。

⑨ 要考虑不同元素的标准溶液"寿命"，不能配一套标准长期使用。特别是标准中存在 Si、W、Nb、Ta 等容易水解或形成沉淀的元素时。

⑩ 在混合标准溶液中，混入某些敏感元素的离子，使混合标准溶液受到干扰。因此要了解元素的化学性质，相互间无干扰的可制成混合标准溶液，有干扰的必须分开。例如：Nb 或 Ta 为基准物，溶解时必须加入 HF，而 F^- 与 Al、B、Si 等元素易形成挥发性化合物，所以 Nb 和 Ta 的混合标准应与 Al、B、Si 的混合标准分开。

3）应用标准加入法或内标法时，还应配制标准加入溶液或内标溶液。

2. 样品的制备

（1）取样 取适量有代表性的试样备用。

（2）溶解试样 溶样时应尽量避免使用 NaOH 和 HF，因为 ICP 光源中的石英炬管在高温下，很容易被 NaOH 和 HF 腐蚀。

1）黑色金属：

① 工业纯铁、碳素钢、低碳中低合金钢（$w_{Si}<1\%$，不含 W、Nb）：称取 0.1g~0.2g 试样，置于 100mL 两用瓶中，加入 30mL 稀王水（$HNO_3+HCl+H_2O=1+3+8$）低温加热至完全溶解，用少量水冲洗瓶壁，加热煮沸，冷却至室温，稀释至刻度，摇匀后干过滤，待测。

② 生铁、铸铁、高合金钢、不锈钢、高温合金、低合金钢（硅含量高，含 W、Nb）：称取 0.1g~0.2g 试样，置于可密封的 100mL 聚四氟乙烯烧杯中，加入 10mL 王水和 10 滴 HF 迅速密封好，于 60℃~70℃ 的水浴中加热，直到完全溶解，然后流水冷却至室温，转移至 100mL 聚四氟乙烯容量瓶中，稀释至刻度，摇匀后待测（需配耐氢氟酸进样系统）。

2）有色金属：一般铜合金直接用稀 HNO_3（1+1）溶解后定容待测。

① 纯铜：称取一定量的样品（视样品含量高低而定），置于 100mL 两用瓶中，加入 20mLHNO$_3$（1+1），低温加热溶解，用少量水冲洗瓶壁，加热煮沸，冷却至室温，稀释至刻度，摇匀后干过滤，待测。

② 纯铝、低硅铝合金、低硅铸铝、锌及锌合金：称取一定量的样品（视样品含量高低而定），置于 100mL 两用瓶中，加入 20mL 混合酸（HNO$_3$+HCl+H$_2$O = 6+1+7）或加入 10mLHCl（1+1）溶液，滴加几滴 H$_2$O$_2$ 助溶，低温加热至完全溶解，用少量水冲洗瓶壁，加热煮沸，冷却至室温，稀释至刻度，摇匀后干过滤，待测。

③ 高硅铝合金：称取一定量的样品（视样品含量高低而定），置于 100mL 聚四氟乙烯烧杯中，加入 10mLNaOH（200g/L）溶液，加热溶解完全，滴加几滴 H$_2$O$_2$ 助溶，稍冷却，加 20mL HCl（1+1）溶液酸化。若有黑色残渣，滴加 H$_2$O$_2$，加热溶解，冷却，移入 100mL 容量瓶中，稀释至刻度，摇匀后干过滤，待测。

④ 铅及铅合金、镍及镍合金：称取一定量的样品（视样品含量高低而定），置于 100mL 两用瓶中，加入 20mL 混酸（HNO$_3$+HCl+H$_2$O = 3+1+4），低温加热至完全溶解，用少量水冲洗瓶壁，加热煮沸，冷却至室温，稀释至刻度，摇匀后干过滤，待测。

⑤ 锡及锡合金：称取一定量的样品（视样品含量高低而定），置于 100mL 两用瓶中，加入 20mL HCl（1+1），低温加热至完全溶解，用少量水冲洗瓶壁，加热煮沸，冷却至室温，稀释至刻度，摇匀后干过滤，待测。

⑥ 钛及钛合金、锆及锆合金：称取一定量的样品（视样品含量高低而定），置于 100mL 聚四氟乙烯烧杯中，加入 10mLHNO$_3$，加热溶解，滴加数滴 HF 助溶，用少量水冲洗杯壁，摇匀，冷却至室温，移入 100mL 聚四氟乙烯容量瓶中，稀释至刻度，摇匀后待测。

⑦ 钛及钛合金（不测硅）：称取一定量的样品（视样品含量高低而定），置于 100mL 聚四氟乙烯烧杯中，加入 20mLH$_2$SO$_4$（1+1），加热溶解，滴加几滴 HNO$_3$ 氧化，稍冷却，用少量水冲洗杯壁，摇匀，冷却至室温，移入 100mL 容量瓶中，稀释至刻度，干过滤，待测。

3. 分析

1）按要求调整 ICP 光谱仪。

2）采用相对较低（不是太低）的功率，对于提高信背比及降低检出限是有利的。

3）载气流量增大，可使样品溶液喷雾量及气溶胶的数量增大，使进入等离子体分析物的含量增大，使谱线强度增强，有助于 ICP 环状结构的形成。

4）选择适当的离子线为分析线。

5）需适当地而不要过小地调小狭缝，此时步距也要调小（在有的仪器中它是受计算机自控的）。

6）应用 ICP 光源时，可直接用雾化器将试样溶液引入等离子体内。

7）将标准样品和待测样品同时在同等条件下测定，计算结果并记录。

（四）光谱分析中的干扰及抑制

ICP 光源从本质上说是由一个高温光源 [包括 RF（射频）发生器及炬管等] 和一个高效雾化器系统所组成。从 ICP 问世到如今的大量实践证明，这种光源所进行的分析之所以具有较高的精度和准确度，和光源中的干扰较小是分不开的。但是这并不是说它不存在干扰的问题。现就 ICP 光谱分析中出现的干扰问题分述如下。

1. 物理因素的干扰及抑制

由于 ICP 光谱分析的试样为溶液状态，因此溶液的黏度、密度及表面张力等均对雾化过程、雾滴粒径、气溶胶的传输及溶剂的蒸发等产生影响，而黏度又与溶液的组成、酸的浓度和种类及温度等因素相关。

溶液中含有有机溶剂时，黏度与表面张力均会降低，雾化效率将有所提高；同时有机溶剂大部分可燃，从而提高了尾焰的温度，结果使谱线强度有所提高。当溶液中含有有机溶剂时，ICP 的功率需适当提高，以抑制有机试剂中碳化物的分子光谱的强度。

除有机溶剂外，酸的浓度和种类对溶液的物理性质也有明显的影响，在相同的酸度时，黏度以下列的次序递增 $HCl < HNO_3 < HClO_4 < H_3PO_4 < H_2SO_4$。其中 HCl 和 HNO_3 的黏度要接近些，且较小。而 H_2SO_4、H_3PO_4 的黏度大且沸点高，因此在 ICP 光谱分析的样品处理中，尽可能用 HCl 和 HNO_3 溶解，尽量避免用 H_3PO_4 和 H_2SO_4，同时保证基体匹配。还可以采用内标校正法和标准加入法有效消除物理干扰。

解决的方法：基体匹配、稀释、内标校正法、标准加入法。

2. 光谱干扰及抑制

所谓光谱干扰就是待测光谱线处存在基体或其他待测元素的谱线。光谱干扰是 ICP 光谱分析中最令人头痛的问题，由于 ICP 的激发能力很强，几乎每一种存在于 ICP 中或引入 ICP 中的物质都会发射出相当丰富的谱线，从而产生大量的光谱"干扰"。

光谱干扰主要分为两类，一类是谱线重叠干扰，它是由于光谱仪色散率和分辨率不足，使某些共存元素的谱线重叠在分析上的干扰。另一类是背景干扰，这类干扰与基体成分及 ICP 光源本身所发射的强烈的杂散光的影响有关。对于谱线重叠干扰，采用高分辨率的分光系统，绝不是意味着可以完全消除这类光谱干扰，只能认为当光谱干扰产生时，它们可以减轻至最小强度。因此，最常用的方法是选择另外一条干扰少的谱线作为分析线，或应用干扰因子校正法（IEC）予以校正。对于背景干扰，最有效的办法是利用仪器所具有的功能校正。

（1）谱线重叠干扰　克服光谱谱线重叠干扰的途径主要以改变波长为主，主要途径有：快速谱线自动拟合技术（FACT）、干扰元素校正、稀释样品。

（2）背景干扰　克服背景干扰的途径主要有：Fitted（拟合）背景矫正、Off peak（离峰）背景矫正、观测高度选择、测定波长选择。

3. 化学干扰

由于等离子体的高温，ICP 具有很高的离解能力，化合物很难维持或无法形成，其化学干扰与 FAAS 和 AES 相比小得多，可忽略不计。

4. 电离干扰与基体效应干扰

岩矿分析中的碱金属盐类易电离元素的大量存在，使待测元素的光谱强度（离子线）降低。

一般采用双向观测避免电离干扰，同时采用基体匹配、分离技术或标准加入法消除或抑制基体效应。

克服离子干扰的途径主要有：观察高度的优化、加入离子抑制剂（如 Li 或 Cs）、基体匹配、稀释样品。

5．去溶干扰

去溶干扰就是去除溶剂的干扰，主要是扣除背景。

去溶干扰是指气溶胶通过去溶装置时使一部分分析物质从冷凝器的废液中排出而遭受的损失，对于 ICP 来说，因为加热条件比较好，只要使气溶胶在分析通道的停留时间足够长，即使不用去溶装置也可使分析物完全挥发，而基本上没有什么去溶损失，所以 ICP 的去溶干扰并不十分明显，更不是很重要。

有报道 0.05mol/L HCl 的含 Li 溶液在去溶装置损失约 20%。分析物质和基体的性质对去溶损失有影响，如 Ga、Ge、As、Zn、Cd 等元素在去离子水溶液和含有少量盐类的溶液中的去溶损失是不同的。

某些盐类具有很强烈的吸水性是导致去溶损失的重要原因。

（五）应用示例

1．ICP-AES 法测定碳钢、低合金钢中的铝、砷、铬、钴、铜、磷、锰、钼、镍、硅、锡、钛、钒含量

（1）测定范围　碳钢、低合金钢中各元素的测定范围见表 7-2。

表 7-2　碳钢、低合金钢中各元素的测定范围

元素	$Al_{(s)}$①	As	Co	Cr	Cu
测定范围(%)	0.01~0.50	0.005~0.10	0.005~0.01	0.01~1.0	0.01~0.5
元素	P	Mn	Mo	Ni	Sn
测定范围(%)	0.01~0.05	0.01~1.5	0.01~0.5	0.01~0.1	0.005~0.1
元素	Si	Ti	V		
测定范围(%)	0.05~0.5	0.01~0.50	0.005~0.5		

①表示酸溶铝。

（2）试样的处理　称取试样 0.1000g，随同试样做空白试验，置于 100mL 锥形瓶中，加入 30mL（1+5）HNO_3，3mL HCl，待剧烈反应减缓后，加热溶解。当冒大气泡时，取下冷却，移入 100mL 容量瓶中，用水稀释至刻度，混匀，待测。试样溶液如有碳化物沉淀，需干滤后测定。

（3）标准溶液的配制　称取 0.1000g 不同含量的标准试样，按试样分析步骤操作，或使用单元素标准溶液配制成相对应的标准溶液，一般配制 3 个~4 个标准。

（4）谱线的选择　推荐使用的分析线见表 7-3。

表 7-3　推荐使用的分析线

元素		Al	As	Co	Cr	Cu	Mn	Mo
波长/nm	1	396.1	193.7	288.6	267.7	324.7	257.6	281.6
	2	308.2	197.2	345.3				202.0
	3		189.0	228.6				
元素		Ni	P	Si	Sn	Ti	V	
波长/nm	1	231.6	178.2	251.6	189.9	334.9	311.0	
	2		213.6	288.1	242.9	337.2	310.2	
	3					292.4		

（5）仪器的工作参数　根据使用仪器的不同，选择最佳参数（RF 功率、雾化气压力、泵速、辅助气流量、积分时间），氩气纯度不低于 99.99%。

2. ICP-AES 法测定低碳不锈钢中的硅、锰、磷、镍、铬、钛含量

（1）试样的处理　称取 0.2000g 试样（精确至 0.0001g），置于 150mL 锥形瓶中，加 20mL 混酸（$HNO_3+HCl+H_2O=1+3+8$），低温加热溶解后，冷却至室温，移入 100mL 容量瓶中，用水稀释至刻度，摇匀。

（2）标准溶液的配制　称取 0.2000g 不同含量的标准试样，按试样分析步骤操作，或使用单元素标准溶液配制成相对应的标准溶液，一般配制 3 个~4 个标准。

（3）谱线的选择　推荐使用的分析线见表 7-4。

表 7-4　推荐使用的分析线

元素		Si	Cr	Mn	Ni	P	Ti
波长/nm	1	251.612	283.563	279.482	221.647	178.2	323.452
	2		267.7	257.6	231.6	213.6	337.2

（4）仪器的工作参数　根据使用仪器的不同，选择最佳参数（RF 功率、雾化气压力、泵速、辅助气流量、积分时间），氩气纯度不低于 99.99%。

3. ICP-AES 法测定铸铁中的硅、锰、铬、镍、钼、钒、铜、砷、锡、锑含量

（1）测定范围　铸铁中各元素的测定范围见表 7-5。

表 7-5　铸铁中各元素的测定范围

元素	Si	As	Sb	Cr	Cu
测定范围(%)	0.50~4.00	0.001~0.10	0.0005~0.1	0.01~0.50	0.01~1.0
元素	V	Mn	Mo	Ni	Sn
测定范围(%)	0.010~0.10	0.1~2.00	0.01~0.5	0.01~0.50	0.005~0.50

（2）试样的处理　称取 0.1000g 试样（精确到 0.0001g），置于 150mL 锥形瓶中，加入 85mL 硫硝混酸（$H_2SO+HNO_3+H_2O=50+8+942$）低温加热溶解，小心加入 1g $(NH_4)_2S_2O_8$，继续低温加热并煮沸 2min~3min，滴加数滴 $NaNO_2$ 溶液，至溶液清亮，煮沸约 1min，冷却至室温。将溶液移至 100mL 容量瓶中，用水稀释至刻度，摇匀，干过滤。

（3）标准溶液的配制　称取 0.1000g 不同含量的标准试样，按试样分析步骤操作，或使用标准溶液系列，一般配 3 个~4 个标准即可。

（4）谱线的选择　推荐使用的分析线见表 7-6。

表 7-6　推荐使用的分析线

元素	Si	Mn	Cr	Ni	Mo
波长/nm	251.612	257.610	267.716	231.604	202.030
元素	V	Cu	As	Sn	Sb
波长/nm	309.311	324.754	189.042	189.989	206.833

（5）仪器的工作参数　根据使用仪器的不同，选择最佳参数（RF 功率、雾化气压力、泵速、辅助气流量、积分时间），氩气纯度不低于 99.99%。

4. ICP-AES 法测定纯铝及各种铝合金中的硅、锰、铬、铁、钛、铜、镁、镍、锌、锡含量

（1）测定范围　纯铝及铝合金中各元素的测定范围见表 7-7。

表 7-7　纯铝及铝合金中各元素的测定范围

元素	Si	Mn	Cr	Fe	Ti
测定范围(%)	0.50~10.00	0.001~3.00	0.0020~0.50	0.0020~2.00	0.0010~5.00
元素	Cu	Mg	Ni	Zn	Sn
测定范围(%)	0.0005~5.00	0.0010~10.00	0.0020~1.00	0.0010~5.00	0.020~0.50

（2）试样的处理

1）低硅铝合金（不测定硅含量）：准确称取 0.1000g 试样（精确至 0.0001g）于 50mL 烧杯中，加 10mL 王水，低温溶解，待全部溶解后，取下，冷却，移入 50mL 容量瓶中，加去离子水稀释至刻度，混匀。

2）高硅铝合金：准确称取 0.1000g 试样于银烧杯中，加 10mL NaOH（200g/L）加热溶解，溶解完后移入盛有 30mL 盐硝混酸（$HCl+HNO_3+H_2O=1+3+4$）的烧杯中，继续加热至沸腾，冷却，移入 250mL 容量瓶中，以水稀释至刻度，混匀，待测。

（3）标准溶液的配制　称取 0.1000g 不同含量的标准试样，按试样分析步骤操作，或使用标准溶液系列，一般配 3 个~4 个标准即可。

（4）谱线的选择　推荐使用的分析线见表 7-8。

表 7-8　推荐使用的分析线

元素		Si	Mn	Cr	Fe	Cu	Ti
波长/nm	1	251.6	257.6	283.563	259.940	324.7	334.941
	2	288.1	259.373	267.716	238.204		
元素		Ni	Mg	Sn	Zn		
波长/nm	1	231.604	285.213	189.991	213.856		
	2		279.553				

（5）仪器的工作参数　根据使用仪器的不同，选择最佳参数（RF 功率、雾化气压力、泵速、辅助气流量、积分时间），氩气纯度不低于 99.99%。

二、光电直读光谱仪

（一）工作原理

光电法光谱分析采用的工作曲线法是在一定的分析条件下，用超过三个含有不同质量分数的被测元素的标准样品在相同条件下激发。以分析线和内标线的光强值之比与浓度作工作曲线，或以光强比值的对数与浓度的对数作工作曲线，再在相同分析条件下激发试样，由工作曲线求出试样被测元素的质量分数。

（二）参考标准

GB/T 4336—2016《碳素钢和中低合金钢　多元素含量的测定　火花放电原子发射光谱法（常规法）》。

GB/T 11170—2008《不锈钢　多元素含量的测定　火花放电原子发射光谱法（常规法）》

GB/T 7999—2015《铝及铝合金　光电直读发射光谱分析方法》。

GB/T 24234—2009《铸铁　多元素的测定　火花放电原子发射光谱法（常规法）》。

GB/T 26042—2010《锌及锌合金分析方法　光电发射光谱法》。

GB/T 13748.21—2009《镁及镁合金化学分析方法　第 21 部分：光电直读原子发射光谱分析方法测定元素含量》。

YS/ T 482—2005《铜及铜合金分析方法　光电发射光谱法》。

（三）分析步骤

1. 样品的准备

光电直读光谱所使用的样品有标准样品、标准化样品、控制样品和分析样品。

（1）标准样品　用于建立分析曲线的标准物质（标准样品）应采用公认的权威标准物质。原则上标准物质应与分析样品的化学组成和冶金铸造过程基本一致。应包括分析元素含量的范围，并保持适当的浓度梯度，分析元素的含量应用准确可靠的方法定值。在绘制分析曲线时，通常同时使用几个分析元素含量不同的标准物质作为一个系列。如使用内标元素不同的标准物质时，可以换算成诱导含量使用。

标准物质系列的选择不适当，就会导致分析结果发生偏差，因此对标准物质的选择必须慎重。

（2）标准化样品　又称再校准样品。用于修正由于仪器随时间变化而引起的测量值对分析曲线的偏离。

标准化样品必须非常均匀并有适当的含量。它可以从标准物质中选出，也可以专门冶炼。当选用二点标准化样品时，其含量分别取每个元素分析曲线上限和下限附近的含量。当采用单点标准化样品时，其含量取每个元素分析曲线上限附近的含量。

（3）控制样品　是标准物质的一部分。它应与分析样品有相似的冶炼加工过程和化学成分，用于对分析样品测定结果的校正。

控制样品一般是自制的。购置的控制样品有时会受到因与分析样品的冶炼过程和分析方法不同而产生的影响。控制样品取自熔融状金属铸膜或金属成品。对自制的控制样品，在确定标准值时，应注意标准值误差等；在冶炼控制样品时，应适当规定各元素的含量，使各样品的基本成分大致相等。

（4）分析样品　分析样品必须根据分析目的，在能代表平均化学成分的部位取样。

2. 样品的制备

样品的形状有块状和棒状。制备时要充分注意切割和研磨对样品的沾污，特别是研磨材料引起的沾污。应根据分析的目的选择合适的研磨材料的种类和粒度。分析样品、标准样品、标准化样品和控制样品的制备条件必须一致。

（1）取样　从熔融状态取样时，用已加热过的取样模具浇铸成型，模具的选择应考虑获得均匀的分析样品，便于浇铸和取出。浇铸时应保证试样均匀，无气孔和夹渣。不能从熔融状态取样时，可从铸件的代表性部位取样；若有偏析现象时，可将试样重新熔融浇铸，但对于熔融损失大的元素，必须充分注意熔融的时间和温度。

（2）光谱分析试样工作面的制备　铸钢和铸铁试样，用砂轮或砂带磨削加工。根据需要，选用氧化铝或碳化硅质磨具。铝合金、铜合金和锌合金试样，以车床或铣床用硬质合金刀具加工。工业高纯铝车削时应用分析纯乙醇冷却、润滑刀头，纯铝及铝合金可用工业纯乙醇，不允许使用其他润滑剂。制作块状样品时，将铸块或成品样品切割成具有直径大于仪器要求大小的平面，再把该面磨到一定的光洁度。铸块样品，根据分析的目的，也有把急冷的面直接磨成试样的光谱分析工作面，此时应将其打磨或切割掉 1mm～2mm。棒状样品根据分析目的和激发条件制成直径 12mm、长 30mm 以上的圆棒或方棒。成形面也要加工成一定的光洁度。加工好的光谱分析试样的工作面应平整、光滑，不应有气孔、砂眼、缩孔、缩松、毛刺、裂纹和夹杂类缺陷。

3. 分析

1）按要求调整好仪器。

2）分析前，先用一块样品，激发五次左右，确认仪器处于最佳状态。

3）在选定的工作条件下，激发一系列标准样品，每个样品应激发三次以上，激发部位大约在样品半径的 1/2 处，绘制校准曲线；如果仪器已存储有工作曲线，只需定期用再校准样品对工作曲线进行再校准即可。

4）按选定的工作条件激发分析样品，每个样品至少激发两次，取平均值。必要时，可选择控制样品对分析结果校正。

5）偏差的监控。判断光谱分析值是否发生偏差的一般方法是：用足够多试样进行光谱分析后再进行化学分析，然后对相应的两种分析数据的差值进行统计检验。在对检验结果不满意的情况下，要考虑化学分析值的正确性。同时，对于光谱分析方法，也要考虑标准样品和控制样品是否合适，分析样品的均匀性及制备方法、定量分析方法、氩气的质量等是否存在问题。

6）标准样品系列、控制样品系列和分析样品系列的组成显著不同、冶炼过程和非金属夹杂物的不同，以及标准值不准等，都会引起标准样品和控制样品不合适，此时需要重新选定标准样品、控制样品或校正方法。

7）当分析样品产生成分偏析和缺陷时，需重新考虑取样方法；若制备时被污染，则需重新考虑研磨材料、工具和制备方法，查明其原因。

8）定量方法产生误差的主要原因有：标准曲线绘制有误和校正共存元素的影响。此时，需重新绘制标准曲线或增加标准样品数目，通过试验予以校正。

第五节　光谱仪的性能指标检查及日常维护

一、性能指标的内容

检出限、重复性和稳定性是对仪器性能特征进行评价的重要指标，具体的指标要求参照发射光谱仪检定规程（JJG 768—2005）。

二、（火花/电弧）直读光谱仪的性能指标检查及日常维护

（一）性能指标检查

1. 检出限

在仪器正常工作条件下，连续 10 次激发纯铁（空白）光谱分析标准物质，以 10 次空

白值标准偏差的 3 倍 (3s) 对应的含量为检出限。

2. 重复性

在仪器正常工作条件下，连续 10 次激发某低合金钢光谱分析标准物质测定其代表元素的含量，计算 10 次测量值的相对标准偏差 (RSD) 为重复性。

一般认为，重复性不好是由测定条件的瞬时变化引起的。因此，可从以下几个方面寻找原因，采取必要的措施：

1) 所分析样品的均匀性和样品是否受到污染。

2) 光谱电源的波动 (电压、频率等)。

3) 分析条件的变化 (电极位置、分析间隙、试样面的光洁度、对电极的形状和气体流量等)。

4) 仪器未调整好。

3. 稳定性

在仪器稳定后，激发某低合金钢光谱分析标准物质，对代表性元素进行测量。在不少于 2 h 内，间隔 15 min 以上，重复 6 次测量。计算 6 次测量值的相对标准偏差 (RSD) 为稳定性。

稳定性不好可从以下几个方面寻找原因，采取必要的措施：

1) 对电极的形状是否发生变化。

2) 聚光透镜系统是否有污染。

3) 室内的温度及湿度的变化。

4) 仪器调整是否得当。

5) 断续操作造成的偏差。

(二) 日常维护

1. 光学元件的维护

光学元件上的霉雾对光谱仪损害极大，因而防霉工作十分重要，必须保持实验室灰尘少、无腐蚀性气体，温度和湿度满足仪器的规定要求。工作人员不得用手触摸光学元件的表面，不得向仪器内部吹气，不得让油脂进入仪器内部。

2. 真空系统的维护

真空直读光谱仪的光栅常受到真空泵油雾烟尘的沾污，因而应定期检查真空泵的油位及油的颜色变化。当油位不在规定的范围内、油变得不再清洁透明时，必须更换新的真空泵油，同时应注意更换或再生油收集器中的分子筛。因为一旦分子筛吸收油雾烟尘达到饱和，就会失去吸收油雾烟尘的作用，油雾烟尘就会入侵光学室，使光栅受到沾污。

3. 聚光镜

聚光镜必须定期清理，以保持其尽可能高的透射率，可由积分时间的增加或灵敏度的降低来判断是否污染，并定期校正入射狭缝的位置。

4. 电极

对电极需定期清理、更换并用定距规 (间隙规板) 调整分析间隙的距离，使其保持正常的工作状态。对电极一般使用直径 1mm ~ 8mm、长 30mm ~ 150mm 的银、石墨、钨和铜等材料的圆棒，其一端制成可以得到稳定放电的形状。电极的材料及纯度一般应根据分析目的加以选择。定期检查辅助电极间隙的烧蚀情况，或处理或更换。

5. 火花塞和电极架

定期清理火花塞的内部和电极架。由于放电蒸发物的污染，火花塞与氩气通道很脏。定期清理火花塞是为防止少量水分或蒸发物附在内部而破坏放电室内的绝缘。

6. 其他维护

1）定期检查氩气气源及排气的接头是否漏气，定期清扫过滤器。供给光源电极架部分的气体导管最好用不锈钢管或铜管，内壁应干净，连接部分尽可能短；真空泵排出的气体和光源电极架部分排出的气体最好能排出室外。

2）充分运用光谱仪的状态诊断功能，定时对仪器进行状态诊断，如有异常及时予以处理，保持光谱仪处于良好的工作状态。

3）仪器使用的电线应全部符合有关标准。必须配备一个能切断全部电路的总开关，充分做好仪器的绝缘和接地，同时在室内配置扑灭电器火灾的灭火器。

4）使用制备样品用具时，应充分掌握其操作规程后再进行操作。高速切割机、砂纸磨盘、砂带研磨机和砂轮机等应配备安全罩和集尘装置。操作车床、铣床时不要戴手套。为防止切屑溅入眼睛，需佩戴防护用具。

三、ICP 光谱仪的性能指标检查、故障排查及日常维护

（一）性能指标检查

1. 检出限

在仪器正常工作条件下，吸喷系列标准溶液，制作工作曲线，连续 10 次测量空白溶液，以 10 次空白值标准偏差 3 倍（3s）对应的浓度为检出限。

2. 重复性

在仪器正常工作条件下，吸喷系列标准溶液，制作工作曲线，连续 10 次测量某代表性标准溶液，计算 10 次测量值的相对标准偏差（RSD）为重复性。

3. 稳定性

在仪器稳定后，吸喷系列标准溶液，制作工作曲线，测量某代表性标准溶液，在不少于 2h 内，间隔 15min 以上，重复 6 次测量。计算 6 次测量值的相对标准偏差（RSD）为稳定性。

（二）故障排查及日常维护

1. 故障排查

（1）等离子体炬焰不能点燃或熄火的原因

1）氩气供压是否足够。

2）点火前进样系统是否用氩气吹扫。

3）检查供气管路是否有泄漏。

4）是否引进了有机溶剂。

5）炬管是否正确安装。

6）点火头的位置是否正确。

7）氩气纯度是否满足要求（ICP 光源所用氩气纯度需要 99.99% 以上）。

（2）引起信号漂移的原因 功率的改变，雾化气流速的变化，雾化器的部分堵塞，雾室温度的变化，喷射管尖端的沉积物，进光系统的灰尘沾污，分光系统的温度变化等均能引

起信号漂移。

（3）仪器没有信号的原因

1）蠕动泵是否正确安装（是否卡紧，输液方向是否正确）。

2）吸入 1g/L 的钠溶液观察炬焰颜色是否变黄，如果不变说明雾化器不能正常工作或者泵管没有进液或者喷射管被堵塞。

3）峰信号不在正确的位置，需要进行波长校正。

2. 日常维护

（1）对气体控制系统的维护保养　ICP 的气体控制系统是否稳定、正常地运行，直接影响到仪器测定数据的好坏，如果气路中有水珠、机械杂物杂屑等都会造成气流不稳定，因此，对气体控制系统要经常进行检查和维护。

首先要做气体试验，打开气体控制系统的电源开关，使电磁阀处于工作状态，开启气瓶及减压阀，使气体压力指示在额定值上，然后关闭气瓶，观察减压阀上的压力表指针，气体压力应在几个小时内没有下降或下降很少，否则气路中有漏气现象，需要检查和排除。

其次，由于氩气中常夹杂有水分和其他杂质，管道和接头中也会有一些机械碎屑脱落，造成气路不畅通，因此，需要定期进行清理。在安装气体管道，特别是将载气管路接在雾化器上时，要注意不要让管子弯曲得太厉害，否则会因载气流量不稳而造成脉动，影响测定。

（2）对进样系统及炬管的维护　雾化器是进样系统中最精密、最关键的部分，需要很好的维护和使用。要定期清理，特别是在测定高盐溶液之后，雾化器的顶部、炬管喷嘴会积有盐分，造成气溶胶通道不畅，常常反映出来的是测定强度下降、仪器反射功率升高等。炬管上积尘或积炭都会影响点燃等离子体焰炬和保持稳定，也影响反射功率。因此，操作完成后，要用酸洗、水洗，有的仪器还要用无水乙醇清洗并吹干，经常保持进样系统及炬管的清洁。

（3）对水冷却系统的维护　水冷却系统的维护是操作者经常容易疏忽的地方，一般操作者只注意到水位的变化，及时补充去离子水。其实随着时间的累积，循环水路里会产生许多絮状产物，如果不及时清理，会造成冷却水路堵塞。这时如果进行 ICP 点燃程序，不仅无法正常点火，而且会使冷却水管在高温下熔化与接头粘死，一旦开启水压便会造成水管熔化，部分发生冲破现象，造成仪器内漏水。

（4）使用中尽量减少开停机的次数　开机测定前，必须做好安排，事先做好各项准备工作，切忌在同一段时间里频繁开启，这样容易造成损坏。这是因为仪器在每次开启的时候，瞬时电流大大高于正常运行时的电流，瞬时的脉冲冲击，容易造成功率管灯丝断丝、碰极短路及过早老化等，因此使用中需要倍加注意，一旦开机就一气呵成，把要做的事做完，不要中途关机。

思　考　题

1. 简述 ICP 发射光谱中氩气的作用。

2. 简要说明什么是元素的灵敏线、共振线、最后线、分析线。

3. 简述原子发射光谱产生的过程。

4. 简要说明什么是激发电位、电离电位、原子线、离子线。

5. 简述等离子体光源（ICP）的优点。

6. 棱镜和光栅的分光原理有什么不同？它们产生的光谱特征有什么不同？

7. 发射光谱中的最后线一定是最灵敏线吗？为什么？

8. 简述三种用于 ICP 炬的试样引入方式。

9. 原子发射光谱仪与原子吸收光谱仪在结构上有什么不同？各起什么作用？

10. 为什么 ICP 光源可有效消除自吸现象？

11. ICP 原子发射光谱分析技术有什么特点？

第八章

X射线荧光光谱分析法

  X射线荧光光谱分析法（XRFS）是一种高效率的现代化检测元素的仪器分析方法，是国际标准分析方法之一。由于入射光是X射线，发射出的荧光亦在X射线范围内，因此常称为二次X射线光谱分析或X射线荧光光谱分析。

  1. X射线荧光光谱的产生及发展

  自1895年伦琴发现X射线以来，对X射线及相关技术的研究和应用已经过了100多年。其中，1910年发现的特征X射线光谱，为建立X射线光谱学奠定了基础；20世纪50年代推出的商用X射线发射与荧光光谱仪，使得X射线光谱技术进入实用阶段；20世纪60年代发展了能量色散X射线光谱仪，促进了X射线的光谱学仪器研发的迅速发展，并使现场和原位X射线光谱分析成为可能。近代则出现了全反射和同步辐射X射线荧光光谱仪、粒子激发X射线光谱仪、微区X射线荧光光谱仪等。

  2. X射线荧光光谱分析法的特点

  （1）优点

  1）分析速度快。测定用的时间跟测定精密度有关，但一般都很短，用一般的X射线荧光光谱仪测定一个样品中的一个元素需要10s~100s。用同时测定多个元素的多道光谱仪，则能在10s~100s内测定完全部待测元素。

  2）X射线荧光光谱不仅跟样品的化学结合状态无关，而且跟固体、粉体、液体及晶质、非晶质等物质的状态也基本上没有关系。

  3）非破坏分析。在测定中不会引起化学结合状态的改变，也不会出现试样飞散现象。同一试样可反复多次测定，结果重现性好（一般认为，气体或某些高分子物质会有颜色变化，高分子物质还会有机械性质的变化）。

  4）X射线荧光光谱分析是一种物理分析方法，所以对化学性质上属于同一族的元素也能进行分析，现可用于$_9F \sim _{92}U$间全部元素的分析（有些仪器还可分析$_4Be \sim _{92}U$的元素）。

  5）分析精密度高。由于大功率X射线管、新分析晶体的研制成功，灵敏度、分析精密度都大大提高。

  6）X射线光谱比发射光谱简单，故易于解析（易于定性分析）。

  7）制样简单。板状样品把照射面加工成平面，粉末样品经粉碎、压片后即可分析。粉末氧化物往往还制成玻璃样片。液体样品则使用专用的液体试样槽。

  8）X射线荧光光谱分析是表面分析，测定部位是深度小于0.1mm的表面层。这一特点已用于表面层状态或镀层厚度等的测定中。

  （2）缺点

1）难于做绝对分析，故定量分析需要标样。

2）原子序数低的元素，其检出限及测定误差都比原子序数高的元素差。

第一节　X射线荧光光谱分析的基本原理

原子受高能射线激发发射出特征X射线光谱线，每一元素都有它自己本身的固定波长（或能量）的特征谱线，测定X射线荧光光谱线的波长（或能量），就可知道是何种元素，测定某一元素分析谱线的强度并与标准样品的同一谱线强度对比或根据一些基本参数的理论计算，即可知道该元素的含量。

在X射线荧光光谱分析中，X射线的强度为单位时间内探测器接收到的光子数，单位用cps或kcps表示。

一、X射线

X射线是1895年秋由德国物理学家伦琴发现的，因此X射线又称伦琴射线，是由高能粒子轰击原子产生的电磁辐射，具有波粒二象性。波长在0.01nm～10nm之间，能量为0.124keV～124keV。比同样是电磁波的可见光波长要短，即具有跟可见光类似的性质，又具有一些可见光所没有的特性。

X射线能量与波长的关系见式（8-1）

$$E = \frac{hc}{\lambda} \tag{8-1}$$

式中　E——能量，keV；

　　　h——普朗克常数，$6.63 \times 10^{-34} J \cdot s$；

　　　c——光速，$3.00 \times 10^8 m/s$；

　　　λ——波长，nm。

$$1eV = 1.602 \times 10^{-19} J$$

将以上各量代入式（8-1）得：$E = 1.24/\lambda$ keV。由此可见，X射线能量与波长成反比。

二、X射线光谱

按照波长或能量的顺序把所有X射线排列成谱就成为X射线光谱。用X射线管辐照样品是产生X射线荧光光谱常用的方法。X射线管产生的X射线光谱，被称为原级X射线光谱，它由连续光谱和特征光谱组成。

（一）连续光谱

连续光谱是由某一最短波长λ_0开始的，波长具有连续分布并存在最强谱线λ_{max}的X射线光谱，$\lambda_{max} \approx 3/2\lambda_0$。在X射线管中，当所加电压很低时，只产生连续光谱，连续光谱的总强度$I = AiZV^2$，其中A为比例常数，$A = 1.1 \times 10^{-19}$，i为带电粒子流的电流，Z为阳极材料（靶）的原子序数，V为加速电压。由该式可见，当V升高时，I迅速增大。在X射线荧光分析中，连续光谱是样品的主要激发源和背景的主要来源。

（二）特征光谱

特征光谱是若干具有一定波长而不连续的线状光谱。对于同一元素的原子发射出来的X

射线的波长（或能量）是固定的，所以从原子发射出来的 X 射线就是某种元素的"指纹"，故称为特征 X 射线。特征光谱分为 K、L、M、…等谱系，对于一给定元素，各谱系的能量是 K>L>M…。

原级 X 射线谱的特征光谱的产生机制和 X 射线与物质相互作用发射的特征光谱即 X 射线荧光光谱的产生机制相同，后面将会说明。特征 X 射线的波长 $\lambda = hc/\Delta E$，ΔE 为产生该谱线时电子跃迁的能量差。

在 X 射线管中，管电流用来给阴极（钨灯丝）加热发射电子，管电压用来给产生的电子加速。临界激发电压 V_q 是激发 q 系（q 为 K 或 L、M 等）特征 X 射线所需施加的最低电压，$V_q = 1.24 \times 10^3 / \lambda_q V$，其中 λ_q 为激发限，该电压使加速电子所具有的能量可以克服原子中 q 层电子与原子核的结合能。当所加电压大于 X 射线管阳极材料的临界激发电压 V_q 时，特征光谱即以叠加在连续光谱之上的形式出现。

特征 X 射线的强度 $I = Ci(V - V_q)^n$，其中 C 为比例常数，i 为激发电流，V 为加速电压，V_q 为 q 系谱线的临界激发电压，一般 V 是 V_q 的 3~5 倍，n 为常数。

特征 X 射线的波长与原子序数有关，随着原子序数的增加，特征 X 射线的波长有规律地向波长变短的方向移动，这就是莫塞莱定律。波长和原子序数之间具有如下关系

$$\frac{1}{\lambda} = KR(Z - \sigma)^2 \tag{8-2}$$

式中　R——里德伯常数，$R = 109737.32 \text{cm}^{-1}$。

在 K 系谱线中，$\sigma = 1$，$K = 3/4$；在 L 系谱线中，$\sigma = 7.4$，$K = 5/36$。

莫塞莱定律为 X 射线光谱定性分析奠定了基础。

三、X 射线荧光光谱的产生

当光源辐射出的一次 X 射线照射到物质（样品）的表面上时，样品中的被测元素的原子受到轰击，吸收了一次 X 射线的能量，原子中的芯电子被逐出产生空穴，这个过程称为光电效应，此时原子处于激发态，激发态不稳定，内层的电子空穴随即由能量较高的外层电子跃迁来补充，使原子由激发态返回基态，同时以特征 X 射线形式辐射出多余的能量，这就是 X 射线荧光光谱。

当原子中的 K 层电子被轰击出来后，可以由 L 或 M 层的电子来补充，相应的产生 K_α 和 K_β 等 K 系谱线。同样当原子中的 L 层电子被轰击出来后，可以由 M 或 N 层的电子来补充，相应的产生 L_α 和 L_β 等 L 系谱线。

四、荧光产额

如上所述，原子中芯电子被逐出产生空穴，较外层电子跃迁进入空穴辐射出特征 X 射线。但某个外层电子跃迁后并不进入空穴，而是将另一电子逐出原子，形成具有双空穴的原子，这一电子称为俄歇电子，这就是所谓的俄歇效应，它是无辐射跃迁。俄歇电子的产生使原子中产生特征 X 射线光子的实际数目要比原子内壳层失去电子出现的空穴数少。

原子中某一内壳层 q 出现一个电子空穴后产生相应的 q 系特征 X 射线的概率，称为荧光产额，用 W_q 表示。

$$W_q = N_q / N$$

式中　　N_q——单位时间内发射出的所有 q 系谱线的光子数；

　　　　N——同一时间产生的 q 层电子空穴数。

图 8-1 显示了荧光产额与原子序数间的关系。由于 K 系线的能量最大，所以 K 系线的荧光产额要比 L 系高。因此，在实际分析中，轻元素和中等元素（即原子序数小于 56 的元素）经常采用 K 系线，而到重元素才考虑采用 L 系线。荧光产额是确定 X 射线特征光谱强度的主要因素之一。

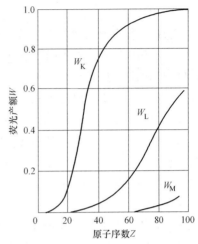

图 8-1　荧光产额与原子序数间的关系

五、X 射线荧光光谱分析中谱线的命名

X 射线谱线可分成 K 系、L 系、M 系和 N 系等几个系列。所有同系的谱线，都是电子由不同能级向同一较低能级跃迁所释放出来的。

当 K 层产生空穴，被一个从 L 层来的电子填充，就得到 K_α 线；如果被一个 M 层来的电子填充，就得到 K_β 线。其中还可以有从亚层来的，如从 L 最高亚层来的就定名为 $K_{\alpha 1}$ 线；如从次亚层来的就定名为 $K_{\alpha 2}$ 线。同样，当 L 层产生空穴，被一个从 M 层来的电子填充，就得到 L_α 线；如果被一个从 N 层来的电子填充，就得到 L_β 线；如果被 O 层电子填充，则形成 L_γ 线。每个元素有它的特征的 K 系、L 系和 M 系线，但轻元素只有 K 系线，中等元素可以有 K 系和 L 系线，而重元素还可以有 M 系线。所以，随着原子序数增加，谱线复杂性增加。

第二节　X 射线荧光光谱仪的结构及工作原理

用来测量 X 射线荧光光谱的波长（或能量）和强度的仪器称为 X 射线荧光光谱仪。X 射线荧光光谱仪在结构上基本由激发样品的光源、色散、探测、谱仪控制和数据处理几部分组成，其中激发和探测是各类谱仪共性的问题。

一、光谱仪的类型

按荧光强度的测定方式，X 射线荧光光谱仪（XRF）分为色散型和非色散型，色散型分为波长色散型和能量色散型两种方式，仪器的类型如图 8-2 所示。

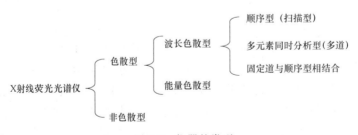

图 8-2　仪器的类型

波长色散型 X 射线荧光光谱仪中的顺序型适用于科研及多用途的工作，多元素同时分

析型适用于相对固定组成和批量试样分析，固定道与顺序型相结合则综合了两者的优点。波长色散型 X 射线荧光光谱仪所用的激发源是不同功率的 X 射线管，其功率高的可达 4kW ~ 4.5kW，低的约为 200W，甚至有 4W 的管子，类型有侧窗、端窗、透射靶和复合靶，靶材有 Rh、Cr、W、Au 和 Mo。探测器有流气和封闭正比计数器、闪烁计数器等。

能量色散 X 射线荧光光谱仪用的激发源有小功率的 X 射线管，功率从 4W ~ 1600W 不等，类型有侧窗和端窗，靶材有 Rh、Cr、W、Au、Mo、Cu 和 Ag 等。除了 X 射线管，激发源还有放射性源。其中，高分辨率的实验室通用的谱仪的激发源是功率较高的 50W ~ 200W 的 X 射线管，用以激发二次靶或产生偏振光，其优点是降低背景、提高峰背比，探测器是高分辨率的在液氮状态下工作的 Si（Li）及高纯 Ge 半导体探测器、电制冷的 Si-PIN 半导体探测器，以及化合物 HgI_2、CdTe 等半导体探测器；台式谱仪的激发源通常是功率为 4W ~ 9W 的 X 射线管，探测器是电制冷的 Si-PIN 半导体及化合物半导体探测器；现场和便携式谱仪的激发源是放射性源，探测器是正比计数器或闪烁计数器，现在也用电制冷的 Si-PIN 探测器。

其他能谱仪如质子和同步辐射 X 射线荧光光谱仪的光源分别用加速器和正负电子对撞机产生，因设备昂贵，通常在具备这种试验条件的核物理或高能物理实验室方可使用。全反射 X 射线荧光光谱仪的光源主要有高功率的旋转阳极 X 射线管、普通 X 射线管、同步辐射源，甚至有放射性源，主要用于半导体硅片中杂质分析、硅片上表面污染分析及表面粗糙程度分析。这几种光谱仪基本上用 Si（Li）半导体探测器进行探测。

非色散 X 射线荧光光谱仪用的激发源是放射性源或小型 X 射线管，一般使用正比计数器作探测器，常作专用仪器或便携式仪器使用。

二、波长色散 X 射线荧光光谱仪

波长色散 X 射线荧光光谱仪是采用分光晶体作为色散元件，对 X 射线荧光光谱按不同波长展开。因此，这种 X 射线荧光光谱仪称为波长色散 X 射线荧光光谱仪。它主要由 X 射线管、滤光片、入射狭缝、分光晶体、出射狭缝、探测器和测角仪等部件组成。

（一）顺序型和多元素同时分析型波长色散 X 射线荧光光谱仪的结构原理

图 8-3 所示为顺序型波长色散 X 射线荧光光谱仪的结构原理。

图 8-4 所示为多元素同时分析型波长色散 X 射线荧光光谱仪的结构原理。

（二）波长色散 X 射线荧光光谱仪的工作原理

X 射线管发射的原级 X 射线，经过一次 X 射线滤光片，利用滤光片的吸收特性，减少了一些杂质谱线和背景谱线，滤光后照射到样品上，样品发射出 X 射线荧光光束。X 射线荧光光束经过限制视野狭缝，被截取适当一部分 X 射线荧光通过吸收器和索拉狭缝，X 射线荧光的发散度和反射效应受到控制，并变成平行光束投射到平面分光晶体上。分光晶体对 X 射线荧光进行色散，使光束按波长展开，按布拉格方程以布拉格角衍射出波长为 λ 的分析线，分析线经过出射狭缝由探测器进行测定。探测器将光信号转换为电脉冲信号，输送到前置放大器，经前置放大器预放大后，再送至主放大器，主放大器输出的电脉冲信号进入脉冲高度分析器，脉冲高度分析器通过选择脉冲高度的最小和最大阈值，将分析线信号从某些干扰线和散射线中分离出来。

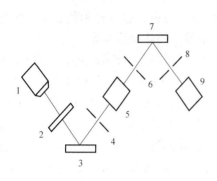

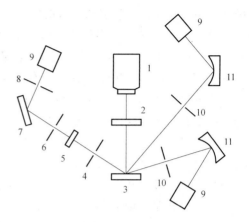

图 8-3　顺序型波长色散 X 射线
荧光光谱仪结构原理图

1—X 射线管　2——次 X 射线滤光片
3—样品　4—限制视野狭缝　5—吸收器
6、8—索拉狭缝　7—分光晶体
9—探测器

图 8-4　多元素同时分析型波长色散
X 射线荧光光谱仪结构原理图

1—X 射线管　2——次 X 射线滤光片
3—样品　4、10—狭缝　5—吸收器
6、8—索拉狭缝　7—平面晶体
9—探测器　11—弯面晶体

布拉格方程见式（8-3）

$$2d\sin\theta = n\lambda \tag{8-3}$$

式中　　d——晶面间距（常数，因晶体而异）；

θ——入射角、衍射角；

λ——X 射线荧光的波长；

n——衍射级数（1，2，3…）。

波长为 λ 的 X 射线荧光入射晶面间距为 d 的晶体上，只有在角度 θ 满足式（8-3）的情况下，才能引起干涉。换言之，测出角度 θ（实际中分光角度用 2θ 表示，晶体和探测器关系 $\theta/(2\theta)$ 的调节由测角仪扫描定位）就知道 λ，再按莫塞莱公式便可确定被测元素。

由布拉格方程可知，即使波长不同，只要波长（λ'）满足 $\lambda = n\lambda'$ 的关系就能在同一衍射角下被反射。所以除一次线（$n=1$）之外，高次线也要入射到探测器中（当高含量元素的高次线与分析谱线重叠时便产生分析误差）。

探测器的信号跟入射的 X 射线的能量成正比，利用不同 X 射线之间能量的差别用电学的方法分离高次线的装置便是脉冲高度分析器。脉冲高度分析器的原理如图 8-5 所示，它由线性放大器、上限甄别器、下限甄别器和反符合电路组成。

从放大器输出的信号包括一次线信号，高次线信号和电噪音，在 D 点只有脉冲高度值超过下限电平（噪音）的脉冲通过，亦即一次线和高次线都通过到达 F 点，在这种状态下测定的方式叫积分法。在 C 点，只有脉冲高度值超过上限电平（高次线）的脉冲通过，经反符合电路，C 与 D 相减后的脉冲即一次线脉冲到达 E 点，像这样上、下限甄别器和反符合电路同时工作的测定方式叫微分法。

在实际工作中，通过选择脉冲高度的上限和下限使一次线信号与高次线信号和电噪声分开。

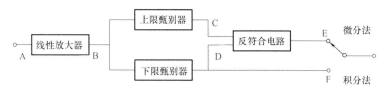

图 8-5 脉冲高度分析器的原理

三、能量色散 X 射线荧光光谱仪

能量色散 X 射线荧光光谱仪与波长色散 X 射线荧光光谱仪不同，它没有分光晶体的分光系统，而是由半导体探测器和多道脉冲幅度分析器接收样品中元素所发射的荧光 X 射线并按入射 X 射线光子能量加以分离。

按其激发源不同分为管激发能量色散 X 射线荧光光谱仪和同位素源能量色散 X 射线荧光光谱仪两类。

（一）管激发能量色散 X 射线荧光光谱仪

图 8-6 所示为管激发能量色散 X 射线荧光光谱仪的结构原理。

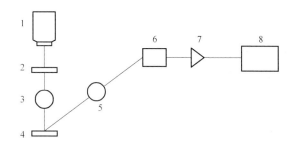

图 8-6 管激发能量色散 X 射线荧光光谱仪的结构原理

1—X 射线管 2——次 X 射线滤光片 3—准直器 4—样品 5—准直器
6—半导体探测器 7—前置放大器 8—多道脉冲幅度分析器

X 射线管发射的 X 射线，经过一次 X 射线滤光片后，X 射线的背景射线被滤光片吸收而减弱，然后经准直器变成平行光束，照射在样品上（或者照射在由纯物质制成的二次靶上，二次靶产生的 X 射线再照射样品）。样品受到激发，产生含有被测元素的 X 射线荧光的复合光束，再经准直器的准直后进入半导体探测器。探测器本身具有能量分辨能力，而样品中各种元素所发射的 X 射线荧光能量不同，从探测器输出的信号与入射的 X 射线荧光能量成正比。该信号经放大器放大为脉冲信号后，进入多道脉冲高度分析器，多道脉冲高度分析器对其甄别进行定性分析。又通过对脉冲高度分布的微分、积分强度的测定进行定量分析。

（二）同位素源激发 X 射线荧光光谱仪

1. 同位素源激发 X 射线荧光光谱仪的组成

主要由探头和主机组成。图 8-7 所示为同位素源激发 X 射线荧光光谱仪的结构原理。

2. 同位素源激发 X 射线荧光光谱仪的工作原理

同位素源发射的 X 射线或 γ 射线轰击样品中的分析元素，分析元素受激发产生 X 射线荧光，X 射线荧光和激发源的散射 X 射线皆被探测器的正比计数管所接收并实现光电转换。电信号经前置放大器放大后，输出很多脉冲幅度很小而且相重叠的电压信号，这些电压信号

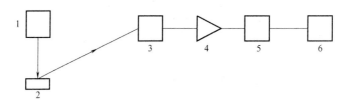

图 8-7 同位素源激发 X 射线荧光光谱仪的结构原理图
1—同位素源 2—样品 3—探测器 4—前置放大器 5—脉冲分析器 6—计算机数据处理系统

进一步被放大器放大和整形后送入脉冲分析器。脉冲分析器把各元素产生的 X 射线荧光电脉冲信号分离出来，分离的依据是电脉冲信号的幅度与 X 射线荧光能量成正比。数据处理器的作用是根据被测元素发出的 X 射线荧光的强度与元素在样品中的浓度成正比，因此就实现对被测元素的定量分析。

第三节　X 射线荧光光谱分析的应用

一、取样、制样及样品保管

在目前仪器性能稳定、采用了计算机处理数据的情况下，样品本身及样品处理方法所造成的误差是 X 射线荧光光谱分析的主要误差之一。要获得准确的分析结果，制样技术是关键。

以下列举各种性状样品引起的误差。

固体样品：样品内部偏析、结构不同引起的误差、样品表面污染和表面粗糙、样品表面变质（氧化）等。

粉末样品：粒度效应、矿物效应、偏析、样品变化（吸潮、氧化）。

液体样品：因沉淀结晶引起的含量变化、酸度变化、产生气泡等。

因为不同种类的样品引起误差的原因不一样，所以必须针对各种样品特性，确定能消除上述误差的采样、制样及保管样品的方法。而且必须对标样采取与测定样品相同的制样方法。制备样品时不要引入外来干扰物质，更不能改变样品的成分。

样品的物理形态有块状、粉末、液体等，可采用不同的制样步骤使之成为仪器能测试的试样。

（一）块状样品

1. 块状样品的制备

块状样品种类繁多，有钢铁、铜合金、铝合金、电镀板、塑料等材料的半成品和成品。

对于金属半成品、成品的取样要有代表性，通常从无缺陷部位（例如在离底部约钢锭全长的 1/5 处的内部）任意取 3~7 个样品来代表钢锭。棒材、压延材等材料一般都用切割法取样，且用切面作分析面。对于棒材都是先在长度方向取很多个样，通过预备试验来确定能代表样品的切割部位。对于铸造样品，不能忘记除偏析外还有结构的影响。例如，铸铁的铸型多半用砂型，分析这种样品便不能使用急冷后标样制作的校准曲线，使用标样必须和产品的制作条件一致（例如可采用切割样品，将部分样品做化学分析之后当作标样的方法）。

表面应光洁，无气孔、偏析和非金属夹杂物，同时尽量使各样片的表面光洁度保持一致。根据样品种类及分析的要求，采用不同方法处理。

钢铁样品：如果不分析碳，可用砂带抛光机（60#～240#）抛光，一般使用80#刚玉磨料，表面用酒精擦拭，为防止污染，分析铝用碳化硅（金刚砂）磨料，分析硅用刚玉类磨料；如果分析碳，则使用（36#～80#）砂轮（白刚玉类磨料），试样表面不能过烧，勿用溶剂擦拭样面，禁止用手触摸分析面。

铝、铜及其合金样品适用车床或铣床对表面进行精加工，注意防止油污，不要在中心部位留下尖头。

金属样品抛光后应立即进行测量，以防金属表面氧化或污染引起强度变化。

表8-1归纳了一些典型固体样品的制样方法，以供参考。

表8-1　典型固体样品的制样方法

样品种类	制样注意事项	样品处理方法	保管中的注意点	备注
金属电镀板	在轧制方向和宽度方向有偏析现象	切断时要剔除毛刺	勿摩擦表面	
硅片	有时会损坏试样,故要采样分析	用玻璃刀切割	勿摩擦表面	会引起放射性损伤
塑料制品	因塑料工业的选定地区在海滨,故有NaCl的污染	热压时存在有铝箔带来的Al的污染	表面产生放射性损伤引起的显微裂纹,裂纹中进入S等便使X射线强度增大	削去分析表面层,或变更热压时的罩材
橡胶制品		切成可装入样盒的大小,O形环等则做一个框架固定在样盒中测定		

2. 需要注意的问题

（1）表面光洁度　表面光滑程度很重要，直接影响X射线的荧光强度（见图8-8）。图8-8中的A、B两个试样中，样品A的表面粗糙，样品B的表面平滑一些，样品B的X射线荧光强度便比样品A的大些。一般来说，越是轻元素，受表面光洁度的影响越大。

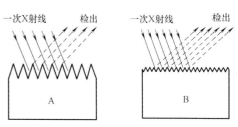

图8-8　样品表面光洁度与荧光强度

进行高含量元素的分析时，以样品B为佳。使用砂带抛光机时，由于表面光洁度有变化，所以要注意控制。例如对于高Ni合金（质量分数在80%以上）中Ni的分析，试样在加工过程中要保持所有试样粒度不变，因为高Ni合金粒度效应严重，如果磨样时不及时更换砂布，那么可能会引起0.20%～0.30%的误差。

对会出现结构效应的元素分析，比如铸造样品或Si的质量分数在4%以上的铝合金，表面要粗糙些，用锉刀或砂轮将表面稍稍打粗一些，做成A类试样。

（2）关于组成结构的变化和分析部位　组成、结构有变化的材料如冷硬化铸铁、硅含量高的铝合金、经热处理的不锈钢等的分析应取成分稳定的部位作分析面。

（3）表面污染　除了上面讲过的，还有在研磨高合金钢后接着就研磨低合金钢，或者在研磨为提高切削性能而掺有 Pb、S 等元素的钢样后再研磨其他试样，都往往给下一个试样带来污染。

（4）试样的保管和再抛光　金属样品抛光后应立即进行测量，以防金属表面氧化或污染引起强度变化。

有些特殊样品更应严格控制，如分析锌合金中的铝含量时，不论样品是放在真空还是空气中，或是否受 X 射线照射，Al 的 X 射线荧光强度均随时间的延长而增加，这是由于表面氧化的缘故。只要将表面再次抛光就可恢复到与前次抛光时相同的 X 射线强度。所以，抛光后应在 7min 内进行分析为好。

此外，空气中的尘埃（Si 等）和气体（S 等）附着在试样的表面，有时也给分析带来不良影响，湿气大会促使钢铁类的样品生锈，保管时要注意。

（二）粉末样品

粉末样品的种类有矿石、耐火材料、炉渣、金属粉、土壤等。通常要经过从粗细不同的样品中取若干小样、粗碎、缩分、汇合、研磨的预加工。在研磨过程中要防止料钵对样品的污染，为此要选择材质和物理性能合适的料钵。一般料钵可能引起的污染有：玛瑙（SiO_2）、不锈钢（Fe、Cr、Mn、Ni）、碳化钨（W）等。

1. 压片法

把粉末样品加压成形，制成 X 射线荧光分析试样的方法叫作压片法。在实际应用中，压片法操作简单快捷，为大多数企业日常分析所使用。因此，掌握好压片技术对保证分析结果的准确性至关重要。图 8-9 所示为压片法的制样流程。

（1）样品的干燥与焙烧　样品含 1% 以上的附着水时，将样品摊开在玻璃皿等容器上，放在烘箱中于 105℃~110℃ 下加热干燥 1h。湿法粉碎的干燥方法是用热风吹干酒精或正己烷等溶剂。黏土和白云石等为了消除矿物效应往往也都跟强制除去结晶水和碳酸根的预焙法（1200℃、1h）联用。

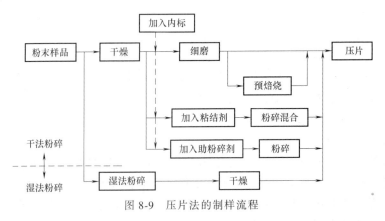

图 8-9　压片法的制样流程

（2）粉碎与混合　盘式振动粉碎机、空气超细粉碎机等都是为除去 X 射线荧光分析误差因素（不均匀性效应）而使用的。下面以一般使用的盘式振动粉碎机为例，说明粉碎样品时的注意事项。

粉碎样品的标准操作按粉碎时间来规定是很简便的，对于干法粉碎，一般都是先求得粉碎时间和 X 射线荧光的强度的关系，再选择斜率变化小的点来决定粉碎条件（时间）。

对硬颗粒和软颗粒混合在一起的场合，硬颗粒往往未粉碎而留下，而且即便继续增加粉碎时间，也会以粗颗粒为核再次结合，粒径不但不会变小反而会像滚雪球似的越变越大。因此，为了进一步提高粉碎效率，必须加入助粉碎剂（湿式或干式）进行处理。

助粉碎剂是主要用来延迟附聚作用促进粉碎过程而少量使用的化学物质。

助粉碎剂有固体和液体两种（见表 8-2）。固体助粉碎剂要留在试样里，故需要称量，液体助粉碎剂则具有可烘干挥发的优点。

除了上面叙述过的注意点之外，还要注意污染和化学反应（脱水、吸潮、氧化）等问题。粒径变小，粉体每个颗粒的表面积增加，吸附水量增大（也有反而减小的），氧化反应也就容易发生。这一点在保存中要特别注意。

污染的情况有两种，一种是碎样容器材质（WC 或铬钢）带来的污染，另一种是前次粉碎后的残留样品对下次粉碎样品的污染。

WC 料钵带进的污染元素有 W，铬钢料钵带进的污染元素是 Cr 和 Fe。

表 8-2　助粉碎剂

种类	特性	种类	使用方法	注意事项
固体助粉碎剂	微米级微粒或因晶界破坏很容易变成微粒的物质	炭黑、硬脂酸、其他	加入样品的百分之几的固定量后粉碎	要称量
液体助粉碎剂	有机极性化合物、乙醇类、乙二醇类、醚类	正己烷、乙醇、四氯化碳、乙二醇、三乙醇胺、其他	每约 20g 样品加入 15mL 左右，粉碎后要烘干	换气要充分

如果延长粉碎时间，污染量当然也增加。在分析有污染危险的元素时（特别是进行微量分析的场合），必须换成不会引入污染物的材质做成的料钵。

料钵内残留样品造成的污染，用充分洗净的方法即可消除。当分析样品足够多时，最好取部分样品先粉碎一遍以清洗料钵，弃除钵内试样再进行正式粉碎。

碳质样、硅砂样等样品的成形性能差，在保存中也往往容易损坏。这种情况下可加入黏结剂以改善成形性能。除了要混合均匀外，加入黏结剂的量还要一定（称 10% 左右）。黏结剂必须选择不含干扰测定的杂质元素的物质。一般采用纤维素粉、硝化纤维素、谷物淀粉、硬脂酸、淀粉、乙基纤维素、硼酸等物质作为黏结剂。

（3）加压成形　细磨后的样品加压成形（压片）后就成为分析试样。压片时一般使用油压机。压片时除油压机外还需要各种模具。

圆环法是使用保护试样用的圆环进行压片的方法，圆环可用铝制或聚氯乙烯来制作。

压片时要注意以下几点：

1）不要弄脏分析表面。

2）装料密度应保持一致（压力固定）。

3）样品容易处理，并能保存。

X 射线分析是表面分析，表面的污染是致命的问题。故每次压片之后都要用溶剂把模具表面洗净。

研究表明，施加压力和 X 射线强度的关系是：压力增大，装料密度就增大，X 射线强度也就变化，最终达到饱和。一般把 X 射线强度变化小的压力（一般为 30MPa）当作预设压力。

当样品在处理过程中损坏或在仪器中损坏时，必须改变成形方法，使得总是能得到平滑的分析面。

当用来压片的样品量少时，可采用双层压片法，将纤维素粉等轻压一层，再在其上加实际样品压制。

2. 熔融法

熔融法是将粉末氧化物样品与熔剂按一定比例混合均匀后，置于铂金坩埚中于 1000℃~1300℃加热熔融，通常是 1050℃~1200℃，冷却后形成玻璃状试样。

（1）样品粉碎　一般样品都要粉碎到 74μm 以下，在 105℃烧 2 h 使样品干燥，铁矿、铜矿、多金属矿需粉碎到 48μm 以下。

（2）熔剂及比例　所用熔剂一般为无水四硼酸钠（$Na_2B_4O_7$）、无水四硼酸锂（$Li_2B_4O_7$）和偏硼酸锂（$LiBO_2$），熔剂与试样的比例一般为 10∶1，也有 5∶1（如硅酸盐矿）和 15∶1（如铁矿）。

（3）熔融　用高频熔样机、马弗炉或燃气喷灯熔融，在熔融过程中，为驱赶气泡和使高温熔体混匀要晃动，熔融温度和时间要合适。

（4）冷却　熔体有的采用自然冷却，有的为防止偏析采用快速冷却，用压缩空气冷却底部，浇铸前模具要预热至 1000℃左右。

（5）分析表面　分析表面可直接利用与坩埚接触的接触面，如表面不平可用砂纸抛光。

（6）脱模剂和氧化剂　为了提高制片的成功率和有效地保护铂金坩埚，在熔融时需加少量的脱模剂和氧化剂。

脱模剂可预先在坩埚底部铺置，有 KI、NaI、NH_4I、LiI、NaBr 或 LiBr。脱模剂不可随意多加，每次仅须 30mg，易挥发物可多加些。

氧化剂有 KNO_3、$LiNO_3$、NH_4NO_3、BaO、CeO_2、Co_2O_3 等。处理一些硫化物矿、赤铁矿、铁矿、铜矿及多金属矿样时，通过试验选择氧化剂，所加的量要保证样品氧化完全，也就是熔融期间坩埚内保持氧化性气氛，防止坩埚被侵蚀破坏。

含有有机物的样品应在熔融前于 450℃预氧化，使有机物分解。对含有大量还原性物质如 C、S 的样品，需进行预处理（在 600℃烧 1h~2h）。

（三）液体样品

液体样品一般指物质的水溶液和油类。一般采用的液体制样方法主要有三种，分别为直接法、富集法和点滴法。

1. 直接法

直接法是将液体样品注入专用样品盒中直接测试。表 8-3 列出了液体样品分析中的注意事项。

2. 富集法

富集法是将液体样品中的微量元素用沉淀法、离子交换法、萃取法、浓缩法等各种物理化学富集法进行富集。浓缩法是将液体试样滴在一定面积的滤纸上，然后在红外辐射下烘干。当一滴试液滴在滤纸中心后，后一滴试液会溶解前一滴试液，向边缘扩散，为防止这种现象，常在滤纸边上加一圈高纯石蜡。

表 8-3　液体样品分析中的注意事项

序号	注意点	内容	直接对策	备注
1	气泡	由于 X 射线照射后液体温度上升,液体中的挥发物及混入液体内的空气变成气泡,液面往往膨胀	1. 混入的空气可用玻璃钟罩事先除去 2. 缩短分析时间	采用内标法可能消除误差
2	沉淀	浮游微粒混入液体后在分析过程中沉淀下来引起测定强度变化	过滤,分析滤液	—
3	析出	因取样时液体温度变化（下降）有时析出沉淀。因酸度变稀,有时还会在容器的内壁析出金属组分	1. 降低浓度,防止析出沉淀 2. 注意固定酸度	—
4	SO_4^{2-} Cl^-	溶剂不同 X 射线的灵敏度变化,特别是用 H_2SO_4、HCl 作溶剂时,S、Cl 的浓度变化,吸收效应就变化	1. 选择像 HNO_3 等吸收小的溶剂 2. 使酸度保持一定	1. 内标法有效 2. 稀释可使酸度影响变小

3. 点滴法

点滴法是用微量点滴管或微量加液器将液体样品滴在滤纸上,干燥后进行测量。液体样品中的 Mg、Na、F 等,特别是原子序数小的轻元素,当使用液体试样槽进行分析时,由于液体试样槽的聚丙烯或聚酯膜以及氦气气氛对 X 射线的吸收等原因,使分析灵敏度变低。而将一定量的液体试样滴加在滤纸上烘干后测定,则可使上述元素的分析灵敏度提高。

采用点滴法时必须注意如下几点:

1）点滴量控制在约 $25\mu L$ 的固定量。这是为了使滴加到滤纸后试样的扩散范围控制在 20mm 直径内。

2）为了减小点滴量及点滴不均的影响,最好在液体试样中加入内标元素。

3）尽可能选用杂质含量小的滤纸。

4）试样盒使用滤纸样片专用的中空式铝样盒。

5）可以在真空中测定。

6）做定性分析时,务必与未滴加试液的滤纸空白进行比较。

7）干燥时要注意挥发元素的问题。

8）与标样的关系:标样与未知样必须采用相同的样品处理方法制成。例如:处理粉末样品时,粉样方法、粉碎时间、压片方法及压力等都必须统一用相同条件。用金属块样时,从取样条件到铸型冷却速度及表面加工方法都要求一致。

9）关于试样厚度:最适于分析的试样厚度由 X 射线的穿透能力决定,当试样非常薄时,会产生由试样厚度带来的误差。所以试样厚度要有大于半衰减层（使透射 X 射线强度衰减一半时所需吸收物质的厚度）两倍以上的足够厚度。

10）用液体试样时,试样厚度至少要有 5mm～10mm。

二、定性分析

（一）定性分析方法

由莫塞莱定律 $\dfrac{1}{\lambda} = KR\,(Z-\sigma)^2$ 可知,分析元素产生的特征 X 射线的波长 λ 与其原子序

数 Z 具有一一对应的关系，在波长色散 X 射线荧光光谱仪中，应用布拉格定律 $n\lambda = 2d\sin\theta$，将特征 X 射线的波长 λ 与其衍射角 θ 联系起来，这样不同元素的谱线对应不同的 $\theta/(2\theta)$。

如果要检测试样中是否存在某个指定元素，只需选择合适的测量条件（比如重元素分析可选用 W、Mo、Rh 靶 X 射线管，轻元素分析可选 Cr、Rh 靶 X 射线管），并对该元素的主要谱线进行定性扫描，将所得扫描图与"谱线-2θ"表对照，就可确定该元素是否存在。

如果要对试样中所有元素进行定性，则需用不同的测量条件（包括 X 射线管、激发电压、过滤片、狭缝、晶体和探测器）和扫描条件（包括扫描的 2θ 角度范围、速度和步长等）编制几个程序段，用测角器对所有元素进行全程扫描，用记录仪将顺次出现的谱线自动记录在记录纸上，利用"谱线-2θ"表，或利用计算机自动解析程序解析谱图。

（二）谱图分析步骤

对扫描获得的谱图进行定性分析的一般步骤为：

1）先将 X 射线管靶材元素的特征谱线标出。

2）从强度最大的谱峰识别起，根据所用分光晶体、谱峰的 2θ 角和 X 射线特征谱线波长及对应的"谱线-2θ"表，假设其为某元素的某条特征谱线。

3）通过对该元素的其他谱线是否存在来验证第 2 条的假设是否成立，同时要考虑同一元素不同谱线之间的相对强度比是否正确。

4）如果第 2 条某元素存在的假设成立，则将该元素的所有其他谱线都标出来。

5）继续按第 2 条寻找下一个强度最大的谱峰，并用同法予以识别。

现代 X 射线荧光光谱仪所带的定性分析软件，一般均可自动对扫描谱图进行搜索和匹配，以确定是何种元素的哪条谱线。

三、定量分析

X 射线荧光分析法基本上就是一种测定出样品产生的 X 射线荧光强度，然后与标准样品的 X 射线强度对比的标样比较方法。要进行定量分析，必须测量分析元素特征 X 射线的强度，找出浓度与强度的关系，然后计算出含量。

（一）测量条件的选择

测量条件的选择包括谱线的选择、测定 X 射线强度的方式的选择，以及仪器测量条件的设定等。

1. 谱线的选择

考虑相对强度和干扰线之后确定。

（1）X 射线光谱的相对强度 K 系、L 系特征 X 射线的相对强度比见表 8-4。一般 K 系线选 K_α 线，L 系线选 L_α 或 L_β 线。选择 K 系线还是 L 系线，是在考虑激发效率和背景后确定的。不过通常原子序数在 60（Nd）以下的元素都选择 K_α 线，原子序数在 48（Cd）以上的元素都使用 L 系线。Cd 和 Nd 之间的元素则用 K 系或 L 系谱线均可。

表 8-4　K 系、L 系特征 X 射线的相对强度

K 系谱线	K_α	$K_{\alpha 1}$	$K_{\alpha 2}$	$K_{\beta 1}$	$K_{\beta 2}$	
相对强度	150	100	50	15	5	
L 系谱线	$L_{\alpha 1}$	$L_{\alpha 2}$	$L_{\beta 1}$	$L_{\beta 2}$	$L_{\beta 3}$	$L_{\beta 4}\cdots$
相对强度	100	10	70	30	10	5

（续）

L 系谱线	$L_{\gamma 1}\cdots L_1\cdots L_n$		
相对强度	10	3	1

（2）干扰线 高次线有干扰时，选择适当的脉冲高度分析器（PHA）条件，一次线的干扰选择狭缝晶体提高分辨率以减轻干扰。另外还可把测定谱线换成没有干扰的谱线。

例如：分析铅含量高的样品中的 Fe 时，使用 Fe K_{β} 代替 Fe K_{α}。稀土元素的 K 系谱线重叠的很多，L 系谱线则重叠影响小，所以都用 L 系线作测定线。

（3）分析深度 当试样的厚薄影响分析时，选择长波谱线（如用 L_{α} 代替 K_{α}）可以消除这种影响。

2. 测定 X 射线强度的方式的选择

测定 X 射线强度的方式有定时计数法、定数计时法和积分计数法。

（1）定时计数法 在预定时间 T 内，记录 X 射线的光子数 N，强度为 $I=N/T$。

（2）定数计时法 预先设定总计数 N，记录计时器的所用时间 T，强度为 $I=N/T$。

（3）积分计数法 先将测角仪调至被测元素分析线衍射峰的一侧，当衍射线全部扫完时，记录总计数 N 和扫描时间 T，强度为 $I=N/T$。

3. 仪器测量条件的设定

仪器测量条件应根据具体样品及分析要求来设定。波长色散谱仪的管压选择应为被测元素激发电位的 4 倍~10 倍，而能量色散谱仪的管压选择应比被测元素的激发电位高 3keV~5keV。波长色散谱仪按确定的测定谱线和干扰谱线选择细或粗的准直器；按灵敏度分辨率、晶体的干扰线选择分析晶体；按与测定精度的关系规定测定时间、测定次数。

（二）常用定量分析法

影响 X 射线荧光光谱定量分析的重要因素是基体效应。基体效应是指样品的化学组成和物理化学状态的变化对分析元素的特征 X 射线强度所造成的影响，大致分为元素间吸收增强效应和物理化学效应两类。

物理化学效应是指样品的均匀性、粒度、表面状态及化学态的变化对分析线强度的影响，这种影响通常借助试样制备尽可能减少。

吸收增强效应是指分析元素荧光谱线出射时受样品中其他较低激发能元素的吸收或分析元素受样品中其他较高激发能元素激发的效应。

消除、减少或校正基体效应的方法分两类：实验校正法和数学校正法。实验校正法有校正曲线法、内标法、标准添加法、稀释法和薄样法等。数学校正法有基本参数法、影响系数法和两种方法相结合的方法。影响系数法又分理论影响系数法和经验影响系数法。

1. 实验校正法

（1）校正曲线法 选取或制备与试样类似的多个标样，测其强度值，以标准系列中被测元素的浓度为横坐标，以相应的 X 射线荧光强度为纵坐标，在计算机中用最小二乘法拟合校正曲线。在相同的条件下测试样的强度值，即可从曲线上得出其浓度值。其数学表达式为

$$c = EI + d \tag{8-4}$$

式中　　E——曲线斜率的倒数；

　　　　d——初始浓度；

　　　　c——被测元素的浓度；

　　　　I——被测元素的强度。

对浓度范围较大的试样，至少需要三个试样，而且试样浓度应在标样浓度范围内。

（2）内标法　内标法是在样品中加入已知量的内标元素，通过测量被测元素分析线与内标元素特征谱线的强度比来进行定量分析的方法。

本方法的关键在于内标元素的选择，如果内标元素的特征谱线的吸收增强效应等特性均与被测元素的分析线相似，那么该元素即构成被测元素的理想内标元素。因为这样内标元素的内标线强度与被测元素的分析线强度比就会等于相应的浓度比，达到校正基体元素吸收增强效应的目的。理想的内标元素应符合以下条件：

1）内标元素的内标线与被测元素的分析线的波长均位于基体元素吸收限的同一侧。

2）内标元素不应存在于样品中。

3）作为内标元素的物质应是高纯物质。

4）内标元素的加入量，应使内标线和分析线的强度值相接近。

5）内标物质与样品应混合均匀。

设样品中被测元素为 A，选定的内标元素为 B。在所有标样和试样中加入一定量的内标元素 B，测量标样和试样中被测元素 A 的分析线和内标元素 B 的内标线的纯强度 I_A、I_B，以标样分析线和内标线的强度比为纵坐标，以标样的浓度为横坐标，作出 $I_A/I_B - c_A$ 的校准曲线，用试样分析线和内标线的强度比在校正曲线上找出待测元素的浓度。

（3）标准添加法　质量一定的试样加入足够少量的纯分析元素，因试样中分析元素的浓度产生一定的变化，使强度发生变化，据此进行基体效应校正。即

$$\frac{I_A}{I_B} = \frac{c_A}{c_A + c_B} \tag{8-5}$$

式中　　I_A——试样中被测元素的强度；

　　　　I_B——试样中混入被测元素后的强度；

　　　　c_A——试样中被测元素的浓度；

　　　　c_B——加入的被测元素浓度。

取几份质量相等的样品，留下一份，其余样品分别加入不同（递增量）的纯分析元素标准物质，然后对这几份样品进行分析元素的强度测定，以分析元素的强度为纵坐标，浓度为横坐标，绘制校正曲线，将校正曲线外延交于横坐标，交点对应的浓度即是分析元素的浓度。该法适用于制备标样较困难、样品的基体较复杂的分析场合，样品份数要大于四，越多越准确。

（4）稀释法　稀释法是加入稀释剂，使试样和标样的吸收系数接近到同一数值，进行基体效应的校正。

（5）薄样法　薄样法是根据单位面积内分析元素的质量与分析线强度成正比的关系，制成薄试样进行分析，例如滤纸片法。

2. 数学校正法

基本参数法和理论影响系数法均基于 X 射线荧光相对强度的理论计算，而经验系数法

是依据一组标准样品，根据所给出组分的参考值和测得的强度值，使用线性或非线性回归的方法求得影响系数。现代 X 射线荧光光谱分析已将理论影响系数法、基本参数法等的分析程序软件用于在线常规定量分析中。

（三）仪器漂移的校正

为保证定量分析方法能长期使用，应对仪器漂移进行校正，即在任何时候均需将仪器工作状态校正到与制定定量分析方法时相同的工作状态。其做法是在测定标样前或后，立即测定用于校正仪器漂移的监控样（标准化样品），将该次测得监控样相应元素的强度 I_S 存入数据文件，在分析未知样时，先测监控样，这时测得的相应元素的强度为 I_M，则校正系数为

$$\alpha = I_S / I_M \tag{8-6}$$

测得试样的强度乘以校正系数 α，即为校正后的强度，用于计算试样被测元素的浓度。

四、应用示例

（一）钢铁多元素含量的测定，X 射线荧光光谱法

1. 试剂与设备

1）P10 气体（90%高纯 Ar+10%高纯 CH_4）。

2）与分析样品相近的系列标准物质。

3）制样设备：切割设备采用砂轮切割机，抛光试样表面的设备采用砂轮机或砂带研磨机，也可使用磨床、铣床或车床。

4）X-射线荧光光谱仪：波长色散型。

2. 样品制备

成品样按相应技术规范或图纸规定取样，采取的样品不应出现空洞、夹渣、疏松、裂纹或其他缺陷。采样的大小按试样盒的尺寸，分析表面应能全部遮盖试样盒面罩。

可用磨样机、磨床、铣床或车床制取分析表面。试样表面需研磨成平整、光洁的分析面。分析前应使用无水乙醇清洁试样表面。

3. 分析步骤

1）将仪器光管电压升到 50kV，电流升为 60mA。

2）将样品表面用无水乙醇清洁，放入样品盒中。

3）选择合适的工作曲线对样品进行分析，从计算机上直接读出各元素的分析值。

4）分析与被测样品含量相近的钢铁标准物质，必要时对结果进行修正。

（二）硅铁多元素含量的测定，X 射线荧光光谱法（压片法）

1. 试剂与设备

1）P10 气体。

2）与分析样品相近的标准物质。

3）制样设备：振动研磨机和粉末压样机。

4）X-射线荧光光谱仪：波长色散型。

2. 样品制备

用振动研磨机将硅铁样品制成 200 目的粉末。用无水乙醇将压片模具的表面清理干净，

放上样品环，在粉末压样机上将硅铁粉末样品压成分析样品。

3. 分析步骤

1）将仪器光管电压升到 50kV，电流升为 50mA。

2）将样品表面用吸耳球吹干净，放入样品盒中。

3）选择硅铁的工作曲线对样品进行分析，从计算机上直接读出各元素的分析值。

4）分析与被测样品含量相近的硅铁标准物质，必要时对结果进行修正。

第四节　X 射线荧光光谱仪的日常维护及保养

为了使仪器保持稳定的运行，必须对仪器进行定期检查和保养。仪器性能指标的定期检查可依据 JJG 810—1993《波长色散 X 射线荧光光谱仪检定规程》进行。日常保养因仪器制造厂家的不同，具体操作可能存在一定的差异，但需检查的项目一致。下面以帕纳克 Axi-osXRF 光谱仪为例叙述仪器的维护。

一、真空泵油位检查

要定期地检查真空泵的油位和油质。如果油中出现脏物或含有白色泡沫，那么必须从排油孔中将原油排走，再按以下步骤重新注入真空泵油。

1）关闭光谱仪电源。

2）卸下右下方的前盖板。

3）将真空泵移动，以便可以看到油位。

4）检查油位，确保在刻度线的上下之间。

5）重新注油，可用漏斗将油注入一个合适的位置。

6）将真空泵移到光谱仪的原位。

7）盖好前面板。

8）打开光谱仪电源。

二、P10 气体的更换

当钢瓶中的 P10 气体的压力在 10atm（1atm＝101.325kPa）时，由于瓶中气体成分的变化及密度的变化，会引起计数率的变化及脉冲幅度的漂移，这时就要更换 P10 气体。其步骤如下：

1）将高压降为 20kV/10mA。

2）关闭光谱仪电源。

3）设定介质为空气。

4）关闭钢瓶主开关，取下减压阀，更换气瓶。

5）快速打开钢瓶主开关，冲走瓶口上的污染物，装上减压阀，检查压力为 0.75bar（1bar＝10^5Pa）。

6）在仪器中检查气体流量为 1.0L/h 左右，更换介质为真空。

7）开高压，检查 PHD（脉冲高度分布）。

三、高压漏气检测

（一）检测步骤

每次将钢瓶连接到光谱仪，都要按以下步骤进行漏气检查：

1）完全关闭减压阀，逆时针转动输出调节器。

2）慢慢打开主阀门，钢瓶压力表显示出 15MPa，记下此数值。

3）完全关闭钢瓶上的主阀门，在此条件下，停留约 30min。

4）约 30min 后，将此压力与刚才记录的比较，若压力没下降，则说明没漏气；若压力下降，则说明高压连接处漏气。

（二）漏气情况处理

1）打开输出调节器，放出残余气体，然后再完全关闭它。

2）卸下钢瓶。

3）用石油醚仔细地将连接器擦干净。

4）重新连接钢瓶，重复高压漏气检测。

四、密闭冷却水循环系统检测

密闭冷却水循环系统用去离子水冷却 X 射线光管的阳极。贮存器水位低了，会因冷却水流量不足，导致内循环水温度太高而报警，因此要周期性地往贮水器中加满去离子水。步骤如下：

1）关闭光谱仪电源。

2）卸下左手边的盖板和前盖板。

3）松开固定在位置上的一个螺丝，慢慢移出贮存器。

4）松开过滤器盖。

5）把一个小漏斗插到过滤器孔中。

6）将去离子水注入水贮存器中。

7）重新盖好过滤器盖。

8）将水处理单元放回原位，重新安装好盖板。

9）打开光谱仪开关。

五、检查初级水过滤器

水过滤器安装在光谱仪外冷却水系统中的蓝色容器中。如果水流量太低，那么就会终止安全回路，关闭高压，计算机上显示"阴极水流量太低"。因此，必须更换水过滤器。其步骤如下：

1）关闭高压和光谱仪电源。

2）关闭循环水制冷机电源。

3）在水过滤器下边，逆时针转动蓝色水容器，卸下容器。

4）从容器中取出水过滤器。

5）若过滤器被污染物堵塞，则一般用大量的水喷射就可以把它清洗干净。

6）放回洗净的过滤器，或更换一个新的过滤器。

7）重新安装好水容器。

8）打开循环水制冷机电源，检查是否有泄漏。

9）打开高压和光谱仪电源。

六、X射线光管的老化

X射线光谱仪关机后再开机时，需要对X射线光管进行老化处理，否则会因电压或电源升得太快，导致X射线光管放电。若停机超过24h，需对X射线光管进行老化处理。

（一）手动老化

1）开机后运行软件，按20kV/10mA、30kV/10mA、40kV/20mA、50kV/30mA、60kV/40mA……的顺序进行老化。

2）如果停机时间大于24h小于100h，那么每步停留的时间为1min；如果停机时间大于100h，那么每步停留的时间为5min。

（二）自动老化

开机后运行软件，如果停机时间大于24h小于100h，那么选择"fast"老化；如果停机时间大于100h，那么选择"normal"老化。

思 考 题

1. X射线荧光光谱法分析固体、粉末、液体样品时，误差的来源是什么？

2. X射线荧光光谱法的优点是什么？

3. X射线荧光光谱仪分为哪几类？

4. 压片法分析粉末样品时应注意哪些方面？

5. 何谓X射线光谱？

6. 波长色散X射线荧光光谱仪主要由何种部件组成？

7. 常见的脱模剂有什么？

8. 点滴法分析液体样品时，应注意什么？

9. X射线管老化时每步的间隔时间如何确定？

10. X射线荧光光谱仪日常维护的项目有哪些？

参 考 文 献

[1] 刘珍. 化验员读本：上册 [M]. 4 版. 北京：化学工业出版社，2015.

[2] 柯以侃，周心如，王崇臣，等. 化验员基本操作与实验技术 [M]. 北京：化学工业出版社，2008.

[3] 李华昌，符斌. 化验师技术问答 [M]. 北京：冶金工业出版社，2006.

[4] 沈静茹，李春涯，等. 分析化学 [M]. 北京：科学出版社，2018.

[5] 周心如，杨俊佼，柯以侃. 化验员读本：上册 [M]. 5 版. 北京：化学工业出版社，2016.

[6] 周心如，杨俊佼，柯以侃. 化验员读本：下册 [M]. 5 版. 北京：化学工业出版社，2016.

[7] 司卫华. 金属材料化学分析 [M]. 北京：机械工业出版社，2016.

[8] 柴逸峰，邸欣. 分析化学 [M]. 8 版. 北京：人民卫生出版社，2016.

[9] 刘英，臧慕文. 金属材料分析原理与技术 [M]. 北京：化学工业出版社，2009.

[10] 刘淑娟，张燮. 工业分析化学实验 [M]. 2 版. 北京：化学工业出版社，2018.

[11] 游文章. 基础化学 [M]. 2 版. 北京：化学工业出版社，2019.

[12] 刘敏丽. 冶金工业分析 [M]. 北京：冶金工业出版社，2012.

[13] 商少明. 无机及分析化学 [M]. 北京：化学工业出版社，2017.

[14] 机械工业理化检验人员技术培训和资格鉴定委员会，中国机械工程学会理化检测分会. 金属材料化学分析 [M]. 北京：科学普及出版社，2015.

[15] 傅作宝. 实用冶金分析 [M]. 沈阳：辽宁科学技术出版社，1989.

[16] 邓勃. 应用原子吸收与原子荧光光谱分析 [M]. 北京：化学工业出版社，2003.

[17] 邓勃，何华焜. 原子吸收光谱分析 [M]. 北京：化学工业出版社，2004.

[18] 朱明华，胡坪. 仪器分析 [M]. 北京：高等教育出版社，2008.

[19] 武汉大学. 分析化学：下册 [M]. 5 版. 北京：高等教育出版社，2007.

[20] 于世林. 化验员读本：下册 [M]. 5 版. 北京：化学工业出版社，2017.

[21] 魏福祥. 现代仪器分析技术及应用 [M]. 2 版. 北京：中国石化出版社，2015.

[22] 胡胜水. 仪器分析：习题精解 [M]. 2 版. 北京：科学出版社，2017.

[23] 罗力强，詹秀春，李国全. X 射线荧光光谱仪 [M]. 北京：化学工业出版社，2008.

[24] 韦进宝，钱沙华. 仪器分析 [M]. 2 版. 北京：中国环境科学出版社，2008.

[25] 王海舟. 钢铁及合金分析：第五分册 高温合金分析 [M]. 北京：科学出版社，2004.

[26] 王海舟. 钢铁及合金分析：第二分册 低合金钢分析 [M]. 北京：科学出版社，2004.

[27] 陈必友，李启华. 工厂分析化验手册 [M]. 2 版. 北京：化学工业出版社，2010.

[28] 张铁坦. 分析化学中的量和单位 [M]. 2 版. 北京：中国标准出版社，2002.

[29] 翟金鸥. 氧化还原滴定法测定铝铬中间合金中铬 [J]. 理化检验（化学分册），2007，43（10）：877-879.

[30] 全国化学标准化技术委员会. 分析化学术语：GB/T 14666—2003 [S]. 北京：中国标准出版社，2003.

[31] 全国钢标准化技术委员会. 钢铁 总碳硫含量的测定 高频感应炉燃烧后红外吸收法（常规方法）：GB/T 20123—2006/ISO 15350：2000 [S]. 北京：中国标准出版社，2006.

[32] 全国有色金属标准化技术委员会. 海绵钛、钛及钛合金化学分析方法 碳量的测定 GB/T 4698.14—2011 [S]. 北京：中国标准出版社，2011.

[33] 全国钢标准化技术委员会. 钢铁及合金化学分析方法 管式炉内燃烧后重量法测定碳含量：GB/T 223.71—1997 [S]. 北京：中国标准出版社，1997.

［34］ 全国钢标准化技术委员会. 钢铁及合金　碳含量的测定　管式炉内燃烧后气体容量法：GB/T 223.69—2008 ［S］. 北京：中国标准出版社，2008.

［35］ 全国钢标准化技术委员会. 钢铁及合金　硫含量的测定　重量法：GB/T 223.72—2008 ［S］. 北京：中国标准出版社，2008.

［36］ 全国钢标准化技术委员会. 钢铁及合金化学分析方法　管式炉内燃烧后碘酸钾滴定法　测定硫含量：GB/T 223.68—1997 ［S］. 北京：中国标准出版社，1997.

［37］ 全国钢标准化技术委员会. 钢铁　氧含量的测定　脉冲加热惰气熔融-红外线吸收法：GB/T 11261—2006 ［S］. 北京：中国标准出版社，2006.

［38］ 全国钢标准化技术委员会. 钢铁　氮含量测定　惰性气体熔融热导法（常规方法）：GB/T 20124—2006/ISO 15351：1999 ［S］. 北京：中国标准出版社，2006.

［39］ 全国有色金属标准化技术委员会. 海绵钛　钛及钛合金化学分析方法　氢量的测定：GB/T 4698.15—2011 ［S］. 北京：中国标准出版社，2011.

［40］ 全国钢标准化技术委员会. 钢铁　氢含量的测定　惰性气体熔融-热导或红外法：GB/T 223.82—2018 ［S］. 北京：中国标准出版社，2018.